Friends
프렌즈

프렌즈

로빈 던바
Robin Dunbar

안진이 옮김 | 정재승 해제

과학이 우정에 대해 알려줄 수 있는 가장 중요한 것

어크로스

프레디, 아서, 에디, 에바, 루퍼스, 테오에게

우정에 대해
우리가 알고 싶은 모든 것

서점에서 읽을 만한 책을 찾기 위해 책장 사이를 돌아다니다가 이 책을 집어 든 당신은 누구일까? 인터넷 서점에서 제목만 보고도 반가운 마음에 얼른 이 책을 주문한 당신은 어떤 사람일까? 페이스북이나 인스타그램, 혹은 신문 북섹션에서 이 책의 출간 소식을 듣고 냉큼 장바구니에 담은 당신은 어떤 삶을 살고 있는 분일까?

이 책을 살펴보고 읽고 소장하고 곁에 둔 분들은 아마도 친구에 대해 제대로 알고 싶은 분들, 혹은 인간관계의 과학적 실체가 궁금한 분들일 것이다. 친구 관계에서 사소한 문제를 겪고 있을 수도 있고, 친구의 행동이 도무지 이해가 안 돼 화가 많이 나 있거나 심각하게 절교를 고민하는 분일 수도 있겠다. 더 많은 친구를 사귀고 싶은데 사교성이 부족해 고민인 분도 계실 거고, '인생에서 친구는 별로 중요하지 않아'라고 생각하면서도 도대체 남들은 왜 그토록 친구들에 매달리는지 궁금해서 이 책을 집었을 수도 있다.

그 모든 사람에게 이 책은 가장 명쾌하고 유익한 대답을 들려줄 것이다. 이 책에는 우리가 너무나 궁금해하고 평생 중요하게 생각해왔으며 때로는 서툴고 간혹 지나치게 의존해온, 바로 그 우정이라는 녀석의 실체가 담겨 있다. 우리는 왜 친구를 사귀며 우정이 필요한지, 우리는 누구와 친구가 되는지, 우정은 어떻게 형성되며 언제 균열이 생기는지, 그야말로 우리가 우정에 대해 알고 싶은 모든 것이 오롯이 담겨 있다. 당신은 아주 훌륭한 선택을 한 것이다.

'우정'이라는 독특한 관계 혹은 현상

어린 시절, 미국의 작가 엘윈 브룩스 화이트가 쓴《샬롯의 거미줄 *Charlotte's Web*》(1952)을 읽은 적이 있다. '우정의 거미줄'로 번역돼 출간된 이 동화는 작고 약하게 태어난 꼬마 돼지 윌버가 샬롯이라는 거미를 통해 자신이 소중한 존재임을 깨닫고 성장하는 과정을 보여준다. 샬롯은 최선을 다해 윌버의 목숨을 구하고 윌버는 이에 보답하면서 동화는 어린이들에게 우정의 중요성을 일깨워준다. 우정이 있는 한 인생은 살 만한 가치가 있다고, 아무리 힘들더라도 우정을 통해 너끈히 살아낼 수 있다고 말이다.

하지만 동화에서처럼 우정은 다른 동물들에게 흔히 보이는 현상이 아니며, 서로 다른 종들 간엔 더욱 그렇다. 사회적 동물 중에는 서로 무리 지어 다니거나 깊은 유대를 보이는 종도 있긴 하지만, 세심히 살펴보면 대개 혈연관계를 맺고 있거나 먹이를 구하기 위해 전략적 협업을 하는 경우가 대부분이다.

다시 말해, 인간의 우정과는 양상이 매우 다르다. 무리 지어 다니는 인간들과 비슷해 보이는데 뭐가 다르냐고? 인간들의 친구는 대개 생존에 크게 도움이 안 된다(너무 냉정했나?). 게다가 친구를 사귀는 동안 신경 써야 할 것이 한두 가지가 아니다. 만나서 친교를 나누는 데 많은 돈과 시간을 써야 하며, 종종 관계가 틀어질라치면 인생에서 가장 골치 아픈 곤란을 겪기도 한다. 솔직히 인생이 피곤한 건 친구 때문 아닌가? 반면, 친구 덕을 본 경우는 생각보다 많지 않다. 특히나 경제적 이득 측면에서 친구는 별로 도움이 되지 않는다(연구에 따르면, 취직자리를 소개해준다거나 경제적 이득에 도움을 주는 경우는 친구보다는 '약한 유대 관계'들이다). 그럼에도 불구하고, 나의 생존이나 경제적 이득과 상관없이, 그저 '관계' 그 자체가 좋아서 곁에 두고 교류하게 되는 사람들을 우리는 '친구'라 부른다. 도대체 왜 우리는 그들과 함께 인생을 살아가는가? 이 책에는 그 답이 있다.

우리는 왜 우정을 이해해야 하는가?

로빈 던바는 친구를 이렇게 정의한다. 공항에서 누군가를 기다리기 위해 앉아 있다가 우연히 만났을 때 그냥 보내지 않고 옆에 앉히고 싶은 사람, 혹은 크리스마스카드를 보낸다면 '받을 사람 리스트'에 꼭 포함시키고 싶은 사람 말이다. 그저 직장동료이거나 같이 학교를 다녔던 동창보다는 좀 더 가까운 사람들을 말한다. 내가 우정을 맺은 사람들은 나를 닮았다. 내가 어떤 사람이고 무엇을 욕망하며 무엇을 중요한 가치로 여기는지를 거울처럼 반영한다(던바는 이것을 '우정의 일곱 기둥'이라 부른다). 따라서 우리는 우정을 통해 나를 이해하고 내 삶의 지향점을 이해하게 된다. 미국의 록가수 짐 모리슨의 말처럼, 친구는 우리가 우리 스스로가 될 수 있는 완전한 자유를 주는 사람이다.

그래서 친구는 더없이 소중하다. 나는 '친구는 인생에 도움이 하나도 안 되며 골칫거리만 안겨준다'고 투덜댔지만, 친구는 종종 상처입은 마음을 위한 치료약이며, 희망찬 영혼을 위한 비타민이다. 친구가 건네는 위로와 응원은 경제적 보상으로 환원될 수 없을 만큼 소중하다. 실제로 소설가 로이스 와이즈는 이렇게 말했다. '좋은 친구는 완전히 미친 세상에서 제정신으로 가는 열쇠'라고. 우리가 친구들과의 관계에 그토록 신경을 쓰는 이유다.

던바는 이 책에서 숱한 연구 결과들을 소개하며 친구가 얼마나 소중한 존재인지 일깨워준다. 진심 어린 우정이 우리의 건강과 행복에 얼마나 크게 기여하는지 조목조목 일러준다. 실제로 고독이란 것도 그저 외롭고 심심한 것이 아니라, 오랜 진화 과정을 통해 발달한 감정으로서 내 삶과 사회적 관계에 있어 뭔가 잘못됐다고 알려주는 사회적 신호라고 경고한다.

세상을 살아가면서 배워야 할 중요한 공부는 '타인과 적절한 관계를 맺는 법'이다. 내가 어떤 사람인지 이해하고 누구와 함께 살아가야 할지, 어떤 관계를 맺으면서 살아가야 할지를 이해하는 것이 매우 중요하다. 이 책은 '타인과의 관계 맺기' 공부를 하는 데 있어 최적의 교과서다. 그저 '인간관계를 잘 맺으려면 어떻게 해야 하나' 같은 처세를 다루는 것이 아니라, 나를 중심으로 뻗어 있는 지름이 다른 동심원들처럼 내 주변의 가깝거나 먼 인간관계들이 어떻게 형성되며 우리는 그들과 어떤 수준에서 관계 맺기를 하며 살아가는지 본질을 들여다보게 만든다. 인류가 누리고 있는 보편적 가치로서 우정과 유대를 다룬다.

과학의 현미경으로 우정 관찰하기

우정을 포함해 인간관계와 사회 형성은 학자들의 오랜 연구주제였다. 사회학자 에밀 뒤르켐의 사회학 이론도 집합의식과 사회적 현상은 어떻게 형성되는지에 관한 것이며, 행동주의적 방법론을 통해 존 볼비의 애착 이론이나 콘라트 로렌츠의 각인 이론 등이 등장한 것도 관계의 형성을 탐구하는 과정에서다. 19세기 다윈의 진화론, 20세기 윌슨의 사회생물학, 여기에 더해 영장류학, 인류학, 사회심리학, 발달심리학, 질병 역학, 유전학 등은 전통적인 방식으로 인간관계의 형성과 본질에 대해 탐구해왔고, 그 덕분에 우리는 사람을 사귀는 행위에 대해 보다 깊은 이해를 얻을 수 있었다.

그런데 로빈 던바의 《프렌즈》는 좀 더 각별하다. 우선 최근 학자들은 인간관계 중에서도 '우정'이라 불릴 만한 관계에 대해 특별히 학문적으로 주목했다. 자연스럽게 형성되고, 나의 성향을 가장 잘 반영하고 있으며, 다른 인간관계들과는 구분되는 뚜렷한 관계적 특질들을 가지고 있고, 서로의 삶에 막대한 영향을 미치고 있으나, 그 본질에 대해 체계적인 연구가 덜 되어온 주제가 바로 우정이다. 나의 특질이 고스란히 반영되고, 아무나와 맺지 않고 매우 선별해서 정하며, 한번 관계를 형성하면 오랫동안 관계를 유지하고, 상호 호혜적인 특징을 매우 중요하게 생각하지만 구체적인 이익/이득이 없음에도 불구하고 유지하기 위해 애쓰며, 행복과 건강에 막대한 영향을 미치는 우정이야말로 그 자체로 매우 독특한 현상이다. 친구는 찾기 어렵고, 떠나기 어렵고, 잊기 어렵다. '관계의 동심원' 맨 안쪽에선 과연 무슨 일이 벌어지고 있는가에 대해 학자들은 최근에야 본격적으로 탐구하게 됐고, 우정 연구의 세계적인 권위자이자 가장 오랜 탐구자인 로빈 던바가 이 책을 통해 연구 결과의 핵심들을 들려주고 있는 것이다.

두 번째는 최근 복잡계 과학과 네크워트 과학, 소셜 미디어를 기반으로 한 빅데이터 테크놀로지와 머신러닝 등이 등장해 인간관계 형성 과정을 데이터 기반으로 과학적으로 탐구할 수 있게 되면서 '우정에 대한 과학적 탐구'가 가능해졌다. 인간관계를 인간이라는 점(노드)과 관계라는 선(링크)으로 이루어진 거대한 네트워크로 간주하고, 이 네트워크가 어떤 구조로 이루어져 있고 어떻게 형성됐으며 변화해 가는지, 또 이 안에서 정보는 어떻게 흘러가는지에 대한 과학적 분석이 가능해지면서 우정 탐구에 대한 지평이 크게 확장되었다. 레스토랑이나 카페에서 나누는 대화들의 녹취록, 핸드폰 통화 및 문자 내역, 친구들 간에 주고받은 이메일 횟수와 내용, 카드사용 내역, 트위터/페이스북 같은 소셜 미디어의 포스팅, 친구/팔로워 맺기, '좋아요' 반응, 리트윗과 공유 등 온라인에서 인간관계를 보여주고 관계의 깊이를 정량적으로 드러내는 데이터들을 분석하면서 우정 탐구는 더욱 가속화되었다. 옛날 같았으면 편지를 얼마나 자주 주고받았는지, 일기에 어떤 방식으로 언급됐는지 정도로 우정을 파악했다면, 인터넷과 스마트폰, 신용카드와 소셜 미디어 덕분에 스스로도 인지하지 못할 우정 패턴을 과학자들이 구체적인 데이터로 파악할 수 있게 됐다. 이 책은 그 결과물들을 일목요연하게 정리해 우리에게 우정의 과학을 알려준다.

덧붙이자면, 사회과학을 탐구하는 학자들은 이 책을 읽으면서 디지털 시대를 맞아 사회과학의 연구 패러다임이 크게 변화하고 있다는 걸 직감할 것이다. 네트워크 과학network science, 복잡계 물리학complex system research, 머신러닝machine learning 같은 방법을 이용해 이른바 '계산 사회과학computational social science'이라 불리는 새로운 접근을 시도한 지 20여 년이 지났다. 이 책은 바로 이 새로운 접근법들을 통해 얻은 우정에 대한 연구 결과들을 주로 다룬다. 개별적인 경험으로 사회 현상을 인지하고 이를 바탕으로 거대 이론을 만들었으나 실제적인 검증은 어려웠던 과거 사회과학적 접근과는 달리, 수십만 명으로부터 얻은 빅데이터를 분석해 구체적인 가설을 만들고 이를 바탕으로 증거 기반의 인간 행동 일반화가 가능한 새로운 접근법을 이 책에서 목격하게 된다. 추측컨대, 앞으로 인공지능, 그중에서도 머신러닝이나 자연어 처리 분석법은 온라인 데이터로 파악된 인간관계만으로 우리가 누구와 친구가 될지, 이 우정이 얼마나 오래갈지 정교하게 예측해 주는 날이 조만간 올 것 같다.

빅데이터를 기반으로 한 복잡계식 접근에 더해서, 뇌과학과 사회 의학의 적용은 우정에 반응하는 인간의 몸을 이해하는 데 큰 도움을 주었다. 사회적 기능을 수행하는 뇌 영역의 크기를 정교하게 측정할 수 있게 되었고, 사회심리학 연구에서 사용했던 실험 패러다임을 자기공명영상장치MRI 안에서 재현하면서 사회적 의사결정이 이루어질 때 뇌에선 무슨 일이 벌어지는지 알게 되었다. 우리는 우정에 대해 훨씬 심층적이고 구체적인 생물학적 증거들을 수집할 수 있게 된 것이다. 특히 우정 형성에 결정적인 역할을 하는 뇌 기능인 공감empathy, 타인에 대한 인지적 이해(마음 이론Theory of mind), 제삼자의 입장 되어보기(정신화mentalising) 같은 기능이 뇌에서 어떻게 이루어지는지 탐구할 수 있게 됐다. 또, 사회성을 담당하는 뇌 영역의 크기가 큰 사람들이 더 사교적이고 더 많은 사람과 교류하는 것도 알게 됐다. 다시 말해, '던바의 수'나 '사회적 뇌 가설'을 (간접이긴 하지만 실증적으로) 지지해주는 생물학적 근거들을 수집할 수 있게 된 것이다.

덧붙여, 경제적 요건, 가족 관계, 인간관계 같은 사회적 요인들이 질병 발병에 미치는 영향을 탐구해온 사회의학이 글로벌 데이터의 수집, 코호트 집단에 대한 분석, 오래 축적된 장기적 연구 등으로 최근 급속도로 발전하면서, 우정이 얼마나 우리의 건강과 행복에 영향을 미치는지 밝혀낸 것도 주목할 만한 사실이다. 우정은 스트레스를 줄이고, 행복감을 상승하게 하며(우정은 우리에게 얼마나 큰 응원과 위로가 되던가!), 면역력을 높여서 실제로 암이나 심장병, 치매 등의 발병률을 유의미하게 줄인다. 주변에 마음을 터놓을 수 있는 가까운 친구들만 있어도 자살이 크게 줄어들 수 있다. 독일 배우 마를레네 디트리히가 말한 것처럼, '새벽 4시에 전화할 수 있는 친구'만 있어도 삶을 스스로 끝내는 선택은 크게 줄어들 것이다. 친구는 인생에 별로 도움이 안 되는 존재가 아니라, 그 효용성이 이미 과학적으로 증명된 '건강과 행복의 가장 중요한 원천'인 것이다. 이것이 우리가 과학으로 배운 우정의 가장 소중한 가치다.

영장류학자 로빈 던바의 연구 집대성

나는 2017년 1월 로빈 던바로부터 초대를 받아 옥스퍼드 대학 실험심리학과를 방문해 세미나를 한 적이 있다. 당시 우리 연구실 (KAIST 바이오및뇌공학과 신경물리학 연구실) 박사과정 이정민 학생이 가십gossip(뒷담화)에 대한 뇌과학적 연구를 수행하고 있었다. 우리는 사람들이 주로 어떤 내용의 가십을 더 많이 퍼뜨리고 싶어 하는지, 친한 친구, 별로 안 친한 지인, 혹은 셀럽 중 누구의 가십에 가장 강하게 반응하는지, 가십을 퍼뜨리겠다는 결정을 할 때 뇌에선 무슨 일이 벌어지는지 알아보기 위해 수백 명의 피험자들을 실험실로 모셔서 온갖 가십거리들을 만들어 제시하고 퍼뜨릴지 말지를 물어보는 실험을 하고 있었다. 우리가 얻은 실험 결과들은 하나같이 놀랍고 흥미로운 것이어서, 옥스퍼드에 갔을 때 로빈 던바와 흥분하면서 상의했던 기억이 난다.

던바 교수는 당시 우리 연구를 매우 흥미로워하면서 가십 연구의 대가답게 통찰력 있는 질문들을 쏟아냈다. 그가 던진 질문들은 우리의 후속 연구에 결정적인 영향을 미쳤고, 지금도 너무나 고마워하고 있다. 그렇지 않아도, 최근 우리 연구실에서 새로 얻은 데이터를 보여주기 위해 한번 더 그의 연구실을 방문하려던 참이었다.

　로빈 던바는 오랫동안 영장류를 관찰하고 연구해온 동물행동학자로서, 동물과 인간의 사회적 행동의 진화적 기원을 밝히는 데 힘을 쏟아왔다. 그의 연구가 독창적인 이유는 영장류 연구를 토대로 다른 대형 유인원들과 인간을 비교하고, 더 나아가 '사회적 뇌 가설social brain hypothesis'이라는 대담한 가설을 제시해, 인간과 영장류들의 사회성을 설명하는 이론적 틀을 제공했다는 점이다. 이 이론은 우정의 핵심 요소인 '공감', '마음 이론'을 넘어 이타주의, 협동 같은 사회적 현상을 설명할 수 있는 근본원리를 제시한다. 이것은 '왜 인간 사회가 지금과 같은 형태가 되었는가', '어떻게 만물의 영장이라고 스스로 칭할 정도로 크게 번성하게 되었는가', '다른 호미닌hominin들과 달리 어떻게 아직 멸종하지 않고 살아남았는가' 등에 답하는 데 중요한 단서를 제공한다.

　특히 그는 인간의 뇌가 사회적 정보를 처리하기 위해 발달해왔으며, 따라서 뇌의 크기와 용량으로 인간관계의 규모를 예측할 수 있다고 주장했다. 그 숫자가 바로 '150명'이며, 이를 우리는 '던바의 수 Dunbar's Number'라고 부른다. 특히 이 책에서 던바는 던바의 수를 비롯해 우정의 기원과 진화, 그리고 그것이 인간 사회에 갖는 의미를 총체적으로 분석하고 있는데, 그의 학문적 여정을 집대성한 결과물이라 볼 수 있다. 그는 인간의 사회성을 관장하는 행동과 마음도 수만 년에 걸친 진화의 산물이라는 것을 온 인생을 걸어 증명해왔다.

　당시 우리가 만났을 때, 던바 교수는 지도학생이 얻은 '레스토랑에서 벌어지는 숱한 뒷담화와 가십'들을 녹음해 그 안에 담긴 어휘 분석의 결과를 흥분된 어조로 내게 설명해주었다. 인간의 가십 행위가 영장류의 털 고르기 행위와 매우 닮아 있다는 걸 보여주는 증거라고 했다. 그러면서 이러한 행위가 트위터나 페이스북 같은 소셜 미디어에서도 여전히 유지되는지 정량적으로 분석해보고 싶다면서 다른 공동연구자들과 진행하려는 것처럼 보였다.

그로부터 5년이 지난 지금, 나는 《프렌즈》를 통해 그가 최근에 얻은 우정에 관한 흥미로운 연구 결과들을 반가운 마음으로 읽고 있다. 던바는 레스토랑이나 카페에서의 가십 행위, 핸드폰 사용 내역 같은 데이터들을 정교하게 분석해 마치 침팬지나 오랑우탄을 관찰하듯이 인간의 털 고르기를 관찰했다. 이 책이 무엇보다 흥미로운 부분은 던바의 수 '150명'이 소셜 미디어의 시대에서도 여전히 유효하다는 것을 논증하는 대목이다. 트위터나 페이스북을 사용하면서 인간의 친구관계도 보다 가늘지만 폭넓어졌다는 인상을 갖고 있는데, 그중에서도 여전히 대화하고 친교를 나누는 친구의 수는 150~250명 사이라는 것이다. 인터넷과 모바일 시대에도 인간의 인간관계는 무한히 확장되지 못하며 사회적 뇌의 용량에 지배를 받는다고 주장한다. 자신의 이론이 소셜 미디어 안에서도 적용될 수 있다는 '확장 가능성'을 스스로 증명한 셈이다. 이렇게 우정 연구의 최전선에 있는 석학이 친근한 어조로 우정의 실체를 총망라해 설명해주었다는 점에서 이 책은 각별하다. 이 분야를 직접 연구해온 학자답게 우정에 대한 최신 연구 논문들의 의미를 정확하게 짚어주고 있는 점도 이 책의 미덕이다.

로빈 던바에 대한 비판

물론 로빈 던바의 이론에 대한 비판이 없는 것은 아니다. '인간의 사회적 복잡성과 지능 사이에 상관관계가 존재할 수 있다'는 생각은 1976년 케임브리지 대학 신경심리학자 니콜라스 험프리Nicholas Humphrey에 의해 처음 제안됐다. 불행히도 동물에 대한 승인된 지능 검사가 존재하지 않기 때문에, 연구자들은 지능에 대한 가상의 대리인으로 '뇌 크기'를 사용했다. 로빈 던바는 대뇌 반구의 최상층인 신피질이 사회적 정보를 처리하는 두뇌의 지능적인 영역이라고 가정했다. 던바는 다른 유인원들의 사회적 정보 처리의 연장선상에서 인간을 바라보았다.

하지만 '인간이 다른 유인원과 똑같이 사회적 정보를 처리할 것이라는 생각은 지나치게 대담하고 근거가 부족하다'는 주장을 하는 학자들도 많다. 최근 학계에서는 인간이 맺고 있는 사회적 인간관계 크기가 150명이 훨씬 넘으며, 이 숫자는 어떤 가정하에 어떻게 계산하느냐 따라 크게 달라질 수 있음을 보여주는 논문들이 꾸준히 늘어나고 있다.

어떤 연구자들은 다른 영장류의 인지적 특징과 인간의 그것을 단순 비교하는 것에 의문을 제기한다. 인간의 뇌는 해부학적으로 다른 영장류의 뇌와 놀라울 정도로 유사하지만, 기억이나 몇몇 기능의 정보 처리는 매우 다르기도 하기 때문이다. 예를 들어, 인간이 아닌 종은 정보의 순서화된 시퀀스, 즉 일련의 단어를 인식하는 능력이 인간에 비해 매우 제한되어 있다. 인간을 다른 동물과 구별하는 이 핵심

인지요소는 인간만이 언어를 배우고 미래를 유연하게 계획하는 이 유라고 믿는 학자들도 있다. 특히나 인간의 사회적 학습 능력은 고릴라나 침팬지들에 비해 월등히 발달해 있어서, 다른 영장류들과 연장 선상에서 비교해서는 안 된다는 것이다.

덧붙여, 인간 두뇌의 크기와 기능이 인간관계 규모에 대한 한계를 규정한다는 던바의 가정은 인간이 인간관계를 확장하기 위해 개발해 온 문화적 메커니즘, 관행 및 사회 구조 같은 비생물학적 요소들을 무시하고 있다고 비판한다. 학자들은 던바의 수를 더 큰 숫자로 대체하려는 것이 아니라 애초에 그런 수를 결정할 수 있다는 개념을 일축한다. 던바의 수에 대한 추정치는 일관성이 없으며 추정치의 확실성을 측정하는 95% 신뢰 구간은 일관되게 너무 커서 어느 하나의 추정치를 인간 그룹 크기에 대한 인지적 한계로 지정할 수 없다는 것이다.

이런 연구들은 사회적 뇌의 크기 외에도 인간관계의 규모와 깊이를 결정하는 다른 요소들을 폭넓게 연구하고 이를 뒷받침할 실증적 증거들을 다양한 영역에서 찾는 데 기여할 것이라 기대한다. 이 연구가 '던바의 수'의 폐기로 이어지는 것이 아니라, 안정적인 사회 집단이 얼마나 커질 수 있는지를 결정하는 새로운 연구를 촉발하길 기대한다.

이 책을 읽으면 자연스럽게 우정의 과학에 대한 호기심이 폭발하게 될 텐데, 니컬러스 크리스태키스와 제임스 파울러가 쓴《행복은 전염된다》(김영사, 2010년)와《우정의 과학》(리디아 덴워스 저, 흐름출판, 2021년)을 함께 읽기를 추천한다. 니컬러스 크리스태키스와 제임스 파울러는 우정을 포함해 인간의 유대 관계를 네트워크 과학과 사회의학 관점에서 연구하는 최고의 연구자들로서,《행복은 전염된다》에는 개인들이 모여 사회를 이루지만 개인은 사회 안에서 서로 어떻게 연결되며 사회적 연결망이 개인에게 어떤 영향을 주는지를 다양한 예시를 통해 흥미롭게 보여준다. 과학 저널리스트 리디아 덴워스는 우정을 탐구해온 과학자들의 지성사를 저널리스트 관점에서 명료하게 기술하면서, 사회심리학, 영장류학, 유전학, 발달심리학, 최신 뇌과학의 성과들을 본인의 가족사, 친구 및 세 아들의 친구 관계 등 개인적 체험을 통해 살가운 이야기로 풀어낸다.

동물들의 공감 능력이나 사회성이 인간과 어떻게 다른가를 좀 더 구체적으로 이해하고 싶다면, 프란스 드 발의《공감의 시대》(김영사, 2017년)나《동물의 감정에 관한 생각》(세종서적, 2019년)을 함께 읽어도 좋은 비교가 될 것이다. 어떻게 호모 사피엔스가 사회적 학습을 통해 문명을 이룰 수 있었는지를 문화-유전자 공진화를 통해 설명하는 하버드 대학 생물인류학과 조지프 헨릭 교수의《호모 사피엔스, 그 성공의 비밀》(뿌리와이파리, 2019년)도 같이 읽는다면, 적절한 참고가 될 것이다. 인간의 사회적 관계망을 네트워크 관점에서 기술한《휴먼 네트워크》(매슈 O. 잭슨 저, 바다출판사, 2021년)도 우정의 그물망을 총체적으로 이해할 수 있게 해주는 귀한 참고서적이다.

친구와 함께, 비로소 인생의 모험은 시작된다

인생에서 가장 중요한 질문은 '나는 누구와 함께 있을 때 가장 행복한가?'이다. 내 인생에서 소중한 사람들이 누구이며, 내 삶의 의미 있는 친구들을 늘 곁에 두기 위해 나는 무엇을 해야 하는지를 깨닫는 건 인생의 화두다. 미국의 정치가 휴버트 험프리가 말한 것처럼, 우정은 인생의 가장 소중한 선물이기 때문이다.

이 책은 평생 품고 살아가야 할 이 질문들에 답을 얻기 위해 우리가 친구처럼 곁에 두어야 할 책이다. 우정을 제대로 이해하게 해주고, 어떻게 만들고 유지할지 조언하며, 균열이 생겼을 때 어떻게 해결해야 하는지 통찰을 준다.

할레드 호세이니의 소설의 한 대목처럼, 친구는 나와 아무 말을 나누지 않더라도 할 말이 없어서가 아니라 아무 말도 필요 없는 사이인, 남들이 내 얼굴의 미소를 보는 동안 내 눈의 슬픔을 이해하는 사람인, 서로 반대 방향을 향하더라도 나란히 곁에 있어주는, 그런 사람이다. 이 책을 읽는 모든 독자들이 그런 진정한 친구를 만나시길 바란다.

곰돌이 푸가 등장하는 '위니 더 푸'의 명대사, "널 만났을 때 모험이 일어날 줄 알았어!" 그렇다! 인생은 친구와 함께 있을 때 비로소 모험이 시작된다. 당신이 친구들과 귀한 우정을 맺는 공간 한편에 이 책은 흐뭇하게 당신을 바라보며 살포시 놓여 있을 것이다.

정재승
KAIST 바이오및뇌공학과 교수

| 책머리에 |

이 책에 인용된 연구는 대부분 지난 30년 동안 나와 함께한 대학
원생들, 박사후 연구자들, 동료 연구원들, 그리고 외부에서 도와주시
는 여러 분들이 수행한 것이다. 워낙 많아서 이름을 일일이 나열하기
는 어렵지만 이 이야기는 전적으로 그분들의 개인적 혹은 집단적인
노력, 그분들의 우정과 열정의 결과물이다. 이 책은 우정과 커다란
재미의 결합으로 만들어진 공동 작품이나 마찬가지다. 그분들의 기
여가 없었다면 이야기는 아주 짧아졌을 것이다. 모두에게 가슴에서
우러나는 감사를 전한다. 그리고 우리의 연구는 영국의 공학 및 자
연과학 연구위원회EPSRC와 경제·사회 연구협의회ESRC 기금(DTESS
프로젝트), 리버풀 대학, 옥스퍼드 대학, 모들린 칼리지의 칼레바 연
구센터, 영국 아카데미(연구교수 자격과 '루시 투 랭귀지' 학술 프로젝
트), 핀란드 알토 대학, EU의 FP7 프로그램과 호라이즌 2020 프로그
램SOCIALNET(ICTe-콜렉티브 앤드 IBSEN 프로젝트), 유럽 연구위원회
(RELNET 프로젝트), 영국학사원의 지원을 받는 개인 연구 프로그램,

EU의 마리 퀴리 프로그램의 지원을 받아 이뤄졌다. 개별 연구에 도움을 준 기관으로는 홀로코스트 추모일 기금, CAMRAthe Campaign for Real Ale, 빅 런치 프로젝트, 토머스 퍼지 더 도싯 베이커스가 있다. 마지막으로 진화심리학자 존 아처John Archer는 친절하게도 13장을 읽어주었다.

차례

1장

왜 지금
우정을 말하는가

"연구진은 대학 신입생들이 고독감을 느낄 때
독감 예방접종 후의 면역 반응이 감소한다는 것을 발견했다.
고독을 느낀 신입생들의 면역체계는 위축되었고
백신의 침투에 대응하기 위한 적절한 수준의 면역 반응을 일으키지 않았다.
다시 말하자면 그들은 예방접종을 했음에도 불구하고
독감 바이러스가 들어올 경우 잘 막아내지 못했다."

언론인이자 30대 엄마인 마리아 랠리는 직장 생활을 시작했을 때부터 줄곧 복잡한 런던 생활을 즐기다가 어린아이들과 함께 조용히 생활하기 위해 서리Surrey라는 시골 동네로 이사한 경험을 글로 썼다. 이사 직후 그녀는 동네 사람들을 하나도 모르는데 다른 사람들은 서로 오랫동안 끈끈한 우정을 이어온 사이라서 자신이 친구를 사귀기가 어렵다는 사실을 깨달았다. "어떤 여자 둘이서 커피 마시러 가자고 약속하는 광경을 보며 울음을 터뜨릴 뻔했던 기억이 아직도 생생하다." 이것은 대다수가 공감할 수 있는 감정이다. 마치 빅토리아 시대에 배를 곯던 아이들처럼 우리는 흐릿한 창문을 통해 남의 방을 들여다보는 일에 정말 많은 시간을 쓰는 것 같다. 남의 방 안에는 웃음이 가득하고, 거기 있는 사람들은 이런저런 관계에 행복해한다.

우정과 고독은 '사회적 동전social coin'의 양면이다. 우리는 우정과 고독 사이를 계속 옮겨 다니며 인생을 살아간다. 지난 10여 년 동안 의학 연구자들은 친구가 있다는 것의 효능이 생각보다 크다는 데 놀랐다. 친구가 있으면 더 행복해지고 건강과 웰빙, 그리고 장수에도 도움이 된다. 우리는 고독에 잘 대처하지 못한다. 그러나 우정은 쌍방향 과정으로서 나와 상대가 서로를 받아들이고 인내하며 기꺼이 함께 시간을 보내려고 해야만 유지된다. 우정의 이러한 특징은 현대사회에서 더욱 두드러진다. 우리는 인간관계가 최고로 좋다고 자부하는 순간 갑자기 고독의 수렁 한가운데에 빠진 자신을 발견하곤 한다.

2014년 모벰버 재단의 의뢰를 받아 오스트레일리아 남성 4000명을 대상으로 한 연구에 따르면, 친구가 별로 없고 사회적 관계의 지원을 받지 못하는 남성들의 불안감이 가장 컸다. 가장 취약한 남성들은 스포츠 클럽처럼 공통의 관심사만으로 관계를 맺었던 사람들이었다. 어느 회원이 그 활동에 참여를 덜 하게 되거나, 결혼을 하거나, 아이를 낳거나, 이사를 하면 클럽에 남은 회원들은 친구를 잃었고 그 친구를 다른 사람으로 쉽게 대체할 수도 없었다. 고독은 현대사회의 가장 골치 아픈 질병으로서, 다른 심각한 질병들을 빠르게 추월해 제1의 사망 원인이 되었다. 왜 이런 일이 벌어질까? 아니, 표현을 바꿔보자. 혹시 우정이 우리에게 이롭다는 말을 납득하지 못하는 사람이 있다면 내가 한번 설득해보겠다.

친구는 건강과 행복의 원천

지난 20년 동안의 의학 문헌에서 도출되는 결론들 가운데 가장 놀라운 것은 친구가 많을수록 우리가 덜 아프고 오래 산다는 증거가 아닐까 한다. 미국 유타주 브리검 영 대학의 '사회적 관계와 건강 실험실'에서 인간관계와 고독이 삶의 기회에 미치는 영향을 전문적으로 연구하는 줄리안 홀트 룬스타드Julianne Holt-Lunstad는 우리에게 흥미진진한 증거를 제시한다. 그녀는 사람들의 사망 위험에 영향을 미치는 요인에 관한 데이터를 제공하는 148편의 역학 연구를 분석했다.

나는 이 연구의 2가지 측면이 마음에 든다. 첫째, 여기서 분석한 148편의 역학 연구는 총 30만 명이 넘는 환자에게서 표본을 추출한 것이다. 어떤 기준으로 보더라도 표본 수가 아주 많은 것이므로 연구 결과의 신빙성도 높아진다. 둘째, 이 연구는 타협의 여지가 없다. 이 연구에서 도출된 결과는 사람이 살아 있느냐 아니면 사망했느냐다. 보통 점수를 매겨 수치화하는 연구들은 약간 모호하게 "당신은 X를 얼마나 좋아합니까? 1~5까지의 숫자로 답하시오"(나도 다른 사람들과 마찬가지로 이런 방법을 선택한다)와 같은 질문을 던진다. 이런 연구는 다양한 개인들이 질문 속 단어를 각기 다르게 해석할 가능성과 사람들이 그날의 기분에 따라 주관적으로 반응할 가능성이 있다. 만약 내가 '오늘 나는 아주 행복하다'라고 답했다면 그 답변은 당신의 '오늘 나는 아주 행복하다'와 정확히 같은 뜻일까? 내가 지난주에 느꼈던 '아주 행복한' 감정은 이번 주의 '아주 행복한' 감정과 같은 의미일까? 하지만 어떤 사람이 사망했는가 아닌가를 기준으로 삼는 경우에는 이러한 함정을 피해갈 수 있다. 이 질문에는 논쟁의 여지가 없다. 그 사람은 살아 있든가 죽었든가 둘 중 하나다. '만약', '그러나', '언제', '하지만'은 없다.

줄리안의 연구에 포함된 요소들은 모두 의사들이 사랑하는 일반

적인 사항이었다. 체중이 평균보다 얼마나 많이 나갑니까? 당신의
흡연량은? 당신의 알코올 섭취량은? 운동을 얼마나 합니까? 당신이
사는 곳의 공기 오염은 어느 정도인가요? 독감 예방접종을 했나요?
어떤 재활치료를 하고 있나요? 병원에서 처방받은 약이 있나요? 하
지만 이 연구에는 대상자의 사교 생활을 수치화하는 일련의 질문들
도 들어갔다. 당신은 미혼인가요, 기혼인가요? 사회 활동에 얼마나
많이 참여하나요? 친구가 몇이나 되나요? 친구들과 얼마나 가깝게
지내나요? 지역사회의 일에는 얼마나 참여하고 있나요? 고독이나
사회적 고립을 느끼나요? 다른 사람들에게서 감정적 지원을 얼마나
많이 받는다고 느끼시나요?

　놀랍게도 연구 대상자들의 생존 확률에 가장 큰 영향을 미친 것은
사교 활동 수치였다. 특히 심장 발작이나 심장마비를 일으킨 적이 있
는 사람들에게 사교 활동 척도의 영향이 컸다. 결과를 가장 잘 예측
하는 변수는 사회적 지원을 자주 받는 사람들과 그렇지 못한 사람들
의 차이를 나타내는 수치, 그리고 사회적 네트워크와 지역 공동체에
얼마나 안정적으로 소속되어 있는가를 평가하는 수치였다. 이 두 항
목의 점수가 높았던 사람들은 생존 확률이 50퍼센트나 높았다. 이것
과 비슷한 효과를 나타낸 유일한 변수는 금연이었다.

　이런 이야기를 하면 의료계 종사자들은 나를 좋아하지 않을 것이
다. 하지만 내가 당신에게 '음식을 양껏 먹고 술을 맘껏 마시고 게으
름을 피우고 대기 오염이 극심한 지역에 살아도 괜찮다. 별 차이를
못 느낄 것이다'라고 말하더라도 과장은 아니다. 그러나 당신에게 친
구가 하나도 없거나 당신이 공동체 활동에 참여하지 않는다면 그것

은 당신의 수명에 크디큰 영향을 끼친다. 앞에 나열한 변수들이 아무런 영향이 없다고 말하려는 것은 당연히 아니다. 나의 주장은 친구의 수와 우정의 질, 또는 금연 여부에 비하면 당신의 친절한 동네 의사가 걱정해 마지않는 다른 변수들의 영향은 사실 그렇게 크지 않다는 것이다. 물론 좋은 음식을 먹고, 운동을 열심히 하고, 병원에서 주는 약을 삼키면 당신에게 좋겠지만, 그냥 친구 몇 명과 잘 지내기만 해도 상당한 효과가 있다.

코펜하겐에 위치한 덴마크 국립공중보건연구소의 지기 산티니 Ziggi Santini와 동료들은 50세 이상인 사람들 약 3만 8000명에게서 얻은 데이터를 분석한 결과, 친한 친구들이 있고 외부 클럽과 단체 활동(교회, 자원봉사 기구, 교육 활동, 정치 활동, 시민단체)에 적극적으로 참여했던 사람들이 그렇지 않은 사람들보다 우울증을 훨씬 적게 앓았다는 사실을 발견했다. 이 2가지 사회적 요인은 어느 정도까지는 서로 대체가 가능하다. 우리는 친구를 더 많이 사귀는 대신 사회 활동을 줄일 수도 있고, 반대로 친구를 줄이면서 사회 활동을 늘릴 수도 있다. 하지만 너무 많은 것을 한꺼번에 하려고 하면 역효과가 났다. 아마도 그것은 일을 너무 벌여놓기만 하고 관계의 질을 높이는 데는 소홀했기 때문일 것이다. 심리학적으로 보자면 한 친구에서 다른 친구에게로, 한 단체에서 다른 단체로 바삐 옮겨다니는 '사회적 나비'가 되는 것은 친한 친구 1~2명을 깊게 사귀는 것과 전혀 다르다. 사회적 나비처럼 살면 단체의 일원이라는 느낌이 들지 않는다. 정말 바쁘게 사교 활동을 하는 것 같은데도 고독을 느낀다. 아마도 이 점이 연구의 핵심인 것 같다. 우리에게 필요한 것은 친구들과 시간을 보낼 때의 여유로움이지, 맹렬하게 돌아다니면서 이곳에서 몇 분, 저곳에서 몇 분을 보내는 것이 아니다.

줄리안 홀트 룬스타드는 다른 연구에서 60세를 넘긴 사람들의 기대 수명에 고독이 미치는 영향을 조사했다. 이번에는 70편의 연구에서 데이터를 모았다. 평균 7년에 걸쳐 350만 명에 가까운 사람들에게서 얻은 데이터였다. 사람들의 연령과 성별, 연구 시작 시점의 건강 상태를 통제한 결과 사회적 고립, 혼자 살기, 고독감과 같은 요인들은 사망 확률을 약 30퍼센트 높이는 것으로 나타났다. 달리 말하면 친구가 많았거나 누군가와 함께 살았던 사람들(반드시 배우자일 필요는 없다!), 또는 지역 공동체에 활발하게 참여했던 사람들은 이 영역의 점수가 낮은 사람들보다 오래 살았다. 그리고 우리는 질병이나 장애가 있는 사람들이 집 밖에 나가지 못했기 때문에 친구가 더 적었거나 고독을 더 많이 느꼈을 것이라는 논리로 이 결과를 비판할 수도 없다. 연구자들은 질병과 장애 같은 변인을 상수로 취급했기 때문이다.

더 설득력 있는 증거는 사회학자 닉 크리스태키스Nick Christakis와 제임스 파울러James Fowler(연구 당시에는 둘 다 하버드 대학에 재직 중이었으나 지금은 근무지를 옮겼다)가 수행한 일련의 수준 높은 연구에서 발견된다. 크리스태키스와 파울러는 매사추세츠주에서 1만 2000명에 가까운 사람들로 이뤄진 하나의 공동체를 수십 년에 걸쳐 분석한 종적 연구인 '프레이밍햄 심장 연구Framingham Heart Study'의 데이터를 사용했다. 프레이밍햄 심장 연구는 원래 어떤 사람들이 심혈관질환에 걸리기 쉬운지를 알아보기 위해 설계된 것으로서 해당 지역의 성인 전체를 대상으로 진행됐다. 모든 대상자에 대해 1970년대 초반부터

2003년까지 30년 동안 추적이 이뤄졌다. 이 지역의 친구 관계에 관한 데이터는 이상적인 것은 아니었지만(대상자들에게 친한 친구들 이름을 알려달라는 질문을 했을 뿐이다), 그래도 그 데이터를 바탕으로 지역사회 전체의 관계 지도를 만들 수 있었다. 크리스태키스와 파울러는 단순히 누가 누구와 친구였는지를 넘어 그 친구의 친구는 누구였는지, 친구의 친구의 친구는 누구였는지까지 재구성할 수 있었다. 그들은 사람들의 행동이나 건강 상태를 그들의 친구의 행동 또는 건강에 생긴 변화, 나아가 친구의 친구들의 행동 또는 건강에 생긴 변화의 결과로 해석했다(연쇄 관계는 이런 식으로 계속 이어졌다).

크리스태키스와 파울러는 우리가 미래에 행복하거나 우울하거나 비만이 될 확률, 그리고 금연에 성공할 확률은 모두 우리와 가까운 친구에게 일어나는 비슷한 변화들과 강한 상관관계가 있음을 발견했다. 친구의 친구들의 행동은 우리에게 작지만 의미 있는 변화를 일으키고, 친구의 친구의 친구들의 행동은 우리에게 약하지만 감지할 수 있는 변화를 일으켰다. 하지만 그 이상은 아니었다. 지역사회 전체를 표시한 그래프를 들여다보면 행복한 사람들끼리 모여 있고 행복하지 않은 사람들끼리도 모여 있는 모습이 확연히 드러난다. 즉 친구들이 행복하다면 우리도 행복해질 확률이 높다. 또 행복이 지역사회 전체 주민들에게 천천히 퍼져나가는 모습도 그래프에서 확인 가능했다. 만약 이번 표본조사에서 어떤 사람의 친구들이 행복했다면, 다음 표본조사에서는 그 사람도 행복해졌을 확률이 상당히 높았다.

우정이 상호적인 경우, 즉 두 사람이 서로를 친구로 생각할 경우 이 법칙은 더 뚜렷하게 나타났다. 그 우정이 상호적이지 않은 경우,

즉 둘 중 하나만 상대를 친구로 여긴다면 이 법칙의 효과는 미미했다. 어떤 사람에게 우울해하지 않는 친구가 있으면 그 사람이 우울해질 확률이 유의미하게 낮아졌지만, 어떤 사람에게 우울해하는 친구가 있을 때 그가 우울해질 확률은 행복한 친구가 그를 행복하게 만들어줄 확률의 6배에 달했다. 특히 여성 친구들 사이에서 우울감의 전파 효과가 컸다.

크리스태키스와 파울러가 찾아낸 다른 효과들 중 하나는 강력한 공간적 효과였다. 만약 어떤 사람에게 1마일(약 1.6킬로미터) 반경 내에 사는 행복한 친구가 있다면, 그 사람이 행복해질 확률은 25퍼센트 높아진다. 그리고 그 사람의 바로 옆집에 사는 이웃이 행복하다면 그 사람이 행복해질 확률은 34퍼센트 높아진다. 이 효과가 이 지역에만 적용되는 것인지 아닌지는 나도 잘 모르겠지만, 미국인 가족의 미래를 생각하면 불길한 일이라는 생각이 든다. 행복한 배우자 또는 행복한 형제의 효과가 행복한 이웃의 효과보다 훨씬 낮았기 때문이다. 배우자는 단 8퍼센트, 형제는 14퍼센트에 지나지 않았다! 어쩌면 이것은 미국의 높은 이혼율이 반영된 수치인지도 모르겠다. 임상적 우울증에 관한 분석의 결과도 거의 동일했다. 우리에게 우울증을 앓는 친구 또는 이웃이 있으면 일정한 기간 동안 우리가 우울해지는 날이 유의미하게 증가한다.

오랜 세월 동안 적어도 경험적으로 확실하게 입증된 효과가 하나 있다. 부부 중 한 사람이 사망하면 남은 한 사람도 비교적 일찍 사망한다는 것이다. 우리 부모님을 보면 확실히 그랬다. 우리 어머니는 아버지가 돌아가시고 6개월째 되던 날 세상을 떠나셨다. 두 분 다 80대였고 전반적으로 건강하셨고 정신적으로도 안정된 상태였는데도 그랬다. 펠릭스 엘베르트Felix Elwert와 닉 크리스태키스는 미국의 의료보장제도인 메디케어의 데이터베이스에서 40만 명에 가까운 기혼자들의 데이터를 추출했다. 남성의 경우 배우자의 사망은 그들 자신이 머지않은 미래에 사망할 위험을 18퍼센트 증가시켰고, 남편의 사망은 아내의 사망 위험을 16퍼센트 증가시켰다. 사망 원인은 놀라울 만큼 구체적이었다. 남성의 경우 배우자가 어떤 이유로든 먼저 세상을 떠나면 만성폐쇄성폐질환(COPD), 당뇨병, 사고, 감염 및 패혈증, 폐암으로 사망할 확률이 20퍼센트 증가했다. 다른 사망 원인에 대한 영향은 그만큼 크지 않았다. 여성의 경우 배우자가 먼저 세상을 떠나면 COPD, 대장암, 폐암, 사고로 사망할 확률이 높아졌다. 남성과 여성 모두 알츠하이머 또는 파킨슨병의 위험은 유의미하게 증가하지 않았다. 일반적으로 매우 빠르게 진행되며 예후가 좋지 않은 다른 암들(예를 들면 췌장암, 전립선암, 간암)의 발병률도 별다른 영향을 받지 않았다.

여러 면에서 가족은 특별한 종류의 친구에 불과했고, 가족의 역할도 친구의 역할과 비슷했다. 1947년 역학자인 찰스 스펜스Charles Spence는 뉴캐슬 일부 지역의 영아 건강에 관한 종적 연구를 시작했다. 그는 그해 5월과 6월에 태어난 1000명이 조금 넘는 아기들을 생후 첫 한 달 동안 자세히 관찰하고, 만 15세가 될 때까지는 간헐적으로 점검했다. 이 연구에서 확인된 강력한 효과 중 하나는 확대가족의 규모가 아이들이 병에 걸릴 확률 또는 사망할 확률에 유의미한 영향을 끼친다는 것이다. 친척이 많은 아이들은 병에 적게 걸렸고 생존율이 높았다. 2000년대 초반에 우리는 영국 리버풀에서 2세 아이를 키우는 74명의 젊은 엄마들을 표본으로 엄마의 질병, 아이의 질병, 그리고 그들이 가족 구성원 및 친구들과 접촉하는 빈도를 1년 동안 기록했다. 가족과 자주 접촉한다고 답한 엄마들은 질병에 적게 걸렸고(사회적 접촉으로 병이 옮은 경우는 예외), 특히 그 접촉이 아주 가까운 가족들과의 만남이라면 효과가 더 컸다. 이러한 결과는 그 엄마들이 키우는 아기에게도 적용된다. 그러니까 앞에서 언급한 대로 확대가족의 규모가 크면 건강 문제는 적었다.

역사적으로 유명한 몇 가지 사례에서도 가족의 이로움에 관한 통찰을 얻을 수 있다. 역사적 사례에서 사람들에게 친구가 얼마나 많았는지를 확인할 방법은 없지만 그들에게 가족이 얼마나 많았는지는 어느 정도 확인이 가능하다. 가족은 같은 성을 쓰기 때문이다. 1607년 (더 유명한 '순례의 조상들Pilgrim Fathers'이 북쪽의 플리머스 록에 상륙하기 15년 전), 104명의 영국인 식민주의자들이 오늘날 미국 버지니아주에 속하는 해안 지대에 도착해서 그곳을 '제임스타운Jamestown(당시 영국의 왕이었던 제임스 1세의 이름을 땄다)'으로 명명했다. 그들은 그 일대의 동식물에 익숙하지 않았고, 그렇다고 숲의 나무를 다 베어내고 유럽에서 가져온 곡식을 심을 수도 없었다. 그들은 기근에 시달렸고 많은 이가 사망했다. 지역의 원주민들(그들 중 어린 포카혼타스가 가장 유명하다)이 도와주지 않았다면 모두가 죽었을 것이다. 그들 중에 생존율이 가장 높았던 집단은 가족 단위로 이주한 사람들(그리고 그들의 하인들)이었고, 생존율이 가장 낮았던 집단은 혼자 여행하던 건장한 청년들이었다. 미국인들의 민담에 남아 있는 또 하나의 상징적인 사건으로 '도너 파티Donner Party'의 이주가 있다. 1846년 중서부의 미주리에서 '도너 파티'라고 불리는 건장한 사람들 90명이 새로운 삶을 개척하기 위해 마차를 타고 시에라네바다산맥을 넘어 캘리포니아로이주했다. 먼 길을 가는 동안 일정이 지체되는 바람에 그들은 산속에 갇힌 채 겨울을 보내게 됐다. 그들 중 다수는 이듬해 봄에 구조되기전에 사망했는데, 이번에도 혼자 여행하던 젊은 남자들은 대부분 사망했지만 함께 여행한 아이들과 부모들은 높은 생존율을 기록했다. 가족의 온기 속에서 산다는 것에는 분명히 뭔가가 있다. 그 온기는 이주자들이 경험한 최악의 상황에서도 충격을 줄여주었다.

우정이 어떻게 건강에 이롭게 작용하는지는 정확히 밝혀지지 않았다. 하지만 몇 가지 가설은 존재하는데, 이 모든 가설은 나름의 가능성을 지니고 있다. 그중 하나는 당신이 아플 때 친구들은 닭고기 수프 한 그릇을 들고 찾아오기도 하고 회복하는 데 여러 도움을 준다는 것이다(참, 네브래스카 대학 의료센터의 스티븐 레너드Stephen Rennard가 동료들과 함께 수행한 연구에 따르면 닭고기 수프는 항균 효과가 좋은음식이다. 그래서 할머니들이 늘 하시는 말씀처럼 닭고기 수프는 정말로건강에 이롭다). 또 하나의 가설은 친구들이 당신을 찾아와서 즐겁게해주고 심리적 안정을 주기 때문에 투병의 스트레스가 줄어들고 회복도 빨라진다는 것이다. 실제로 친구들은 가상의 아스피린과 비슷한 작용을 한다. 친구들은 우리를 지치게 하고 우울하게 만드는 증상들을 순간적으로 마비시킨다. 더욱 흥미로운 가설은 뇌의 엔도르핀 시스템과 관련된 것이다. 엔도르핀은 마약인 모르핀morphine과 비슷한 화학구조를 가진 신경전달물질이다(엔도르핀은 '내인성 모르핀

endogenous morphine'의 줄임말이고, '내인성'이란 '사람의 몸에서 만들어진다'는 뜻이다). 이 책의 8장에서 다시 다루겠지만 우리가 친구들과 함께 깔깔 웃거나 노래를 부르고 춤을 추거나 서로를 쓰다듬으면 엔도르핀이 활성화된다. 러트거스 대학의 디팍 사르카Dipak Sarkar는 엔도르핀이 체내 NK세포natural killer cell의 생성을 촉진한다는 사실을 밝혀냈다. NK세포는 백혈구의 일종으로 질병의 원인이 되는 박테리아와 바이러스를 찾아내 파괴하는 면역체계의 '돌격대' 역할을 한다. 그러니까 친구들과 함께 있으면 엔도르핀이 활성화되고, 그 엔도르핀이 면역체계를 조절해서 각종 질병의 원인이 되는 미생물에 대한 저항력을 높여준다는 설명도 가능하다.

하지만 우리는 잠재의식적으로는 엔도르핀의 중요성을 잘 알면서도 성공적인 인생의 기반이 되는 정신적 웰빙의 중요성을 과소평가한다. 만약 우리 자신이 잘 살고 있다는 웰빙의 느낌이 일정 기간 감소한다면 우리는 우울해지고 건강도 나빠질 것이다. 만약 마음이 편하고 모든 일이 순조롭다면 우리는 기꺼이 사람들과 어울리려 하며 모든 일에 낙관적이고 열정적이 된다. 심지어는 지루하기 짝이 없는 일들도 열심히 하게 된다. 닉 크리스태키스와 제임스 파울러가 프레이밍햄 심장 연구에서 발견한 것처럼 행복, 긍정적인 마음, '할 수 있다'는 자세는 공동체 안에서 빠르게 전파된다.

어떤 친구가 나를 도와줄까?

지금까지 나는 친구가 건강에 도움이 된다는 점을 강조했다. 이러한 발견은 사람들이 생각지도 못했던 것이기 때문이다. 친구가 건강에 도움이 될 것이라고는 아무도 예상하지 못했다. 막연히 그럴 수도 있겠다고 생각했을 수는 있지만 말이다. 그러나 우정의 이점은 건강과 공동체 참여에서 끝나지 않는다. 우정의 가장 확실한 이점은 우리가 어려울 때 친구들이 위로해주고, 이사를 도와준다거나, 돈을 빌려준다거나, 연장을 빌려준다거나 하는 평범한 방법으로도 기꺼이 우리를 도와줄 것이라는 사실이다. 규모가 작은 전통적인 사회에서는 추수나 집 짓기를 도와주는 일이 중요했다. 이런 일들은 개인의 힘으로 해결하기가 어려웠고, 반드시 가족과 친구들의 도움을 받아야 했다. 친한 친구라면 대가 없이 이런 일들을 기꺼이 도와주겠지만, 그냥 알고 지내는 사람이라면 '지금 내가 당신을 도와주는 대신 내일은 당신이 나를 도와주러 오라'는 계약을 맺으려 할 것이다.

올리버 커리Oliver Curry는 친구들의 이타적 행동에 관한 많은 연구를 진행했다. 그중 한 연구에서 그는 참가자들에게 그들이 관계를 맺고 있는 사람들 중 1명을 떠올리도록 했다. 그리고 그 사람과 감정적으로 얼마나 친밀하다고 느끼는지, 그 사람이 곤란한 상황에 처했을 때 얼마간의 돈을 빌려주거나 신장을 떼어 줄 의사가 있는지를 물었다. 응답자들은 가족 구성원 2명과 혈연관계가 없는 친구 2명을 지정해야 했다. 친구 2명 중 1명은 남성이고 1명은 여성이어야 했으며, 그 친구들이 '아주 친한 친구', '좋은 친구', '그냥 친구(특별하지는 않은 친구)'의 3가지 항목 중 어디에 해당하는지 답해야 했다. 연구 결과, 친구의 성별에 따른 차이는 크지 않았지만 감정적 친밀감과 2가지 이타성 지표의 수치는 '아주 친한 친구'에서 '그냥 친구'로 갈수록 지속적이고 일관성 있게 감소했다. 모든 단계에서 가족 구성원들은 친구들보다 높은 점수를 받았지만, 이것은 이른바 '혈연 혜택kinship premium'이라고 불리는 현상이다. 대부분의 사람(모든 사람은 아니다)은 친구보다 가족을 우선시한다. 우리는 친구들에게도 의무감을 느끼지만, 그 의무감은 우리가 그들과 많은 시간을 함께한다는 사실에서 비롯되는 감정이다. 맥스 버턴Max Burton의 연구 역시 이 가설을 뒷받침한다. 버턴은 사람들에게 자신이 어려울 때 부탁하면 잘 도와줄 것 같은 친구들의 순위를 매겨보라고 했다. 또 그 친구들 각각에 대해 얼마나 친밀감을 느끼는지, 그 친구들을 얼마나 자주 만나는지 평가해보라고 요청했다. 버턴은 우리가 감정적 애착을 많이 느끼고 자주 만나는 친구들이 우리를 도와줄 확률이 가장 높은 친구들과 일치한다는 사실을 발견했다. 다시 말하면 친구들은 우리에게 많은 도움을 주며, 우리는 필요할 때 친구들의 도움을 받기 위해 그들에게 투자하는 셈이다.

약한 유대 관계의 힘

1973년 미국 사회학자 마크 그래노베터Mark Granovetter가 발표한 〈약한 유대 관계의 힘 *The strength of weak ties*〉은 널리 인용되는 유명한 논문이다. 이 논문에서 그래노베터는 사회적 관계가 강한 유대 관계와 약한 유대 관계, 두 종류로 나뉜다고 주장했다. 강한 유대 관계는 몇 가지 밖에 없고, 인간관계의 대부분은 약한 유대 관계에 해당한다. 그래노베터는 약한 유대 관계에 특별한 관심을 기울였다. 그의 주장은 약한 유대 관계가 정보의 네트워크를 제공한다는 것이다. 우리는 그 네트워크를 통해, 혼자만의 힘으로는 절대로 찾아내지 못할 기회에 관한 정보를 얻는다. 예컨대 구직 기회, 슈퍼마켓의 할인 행사, 우리가 재미있어 할 만한 영화나 음악회, 새로 인기를 끄는 만화를 알게 된다. 우리에게 친구들이 있으면 혼자일 때보다 훨씬 많은 정보를 모을 수 있다. 닉 크리스태키스와 제임스 파울러는 공동 저서인《행복은 전염된다 Connected》에서 2010년 정도까지는 미국인의 70퍼센트가 친구나 가족을 통해 인생의 동반자를 만났으며 나머지 30퍼센트도 대부분 학교나 대학에서 배우자를 만났다고 추정했다. 이 오랜 전통을 가진 '선보기' 서비스는 지난 10년 동안 불가피한 흐름에 따라 인터넷 데이트 사이트로 대체됐다. 현재 미국인 부부의 약 40퍼센트는 인터넷을 통해 만난 사이라고 한다. 그런데도 미국인 부부의 30퍼센트는 여전히 가족이나 친구 같은 전통적인 경로를 통해 만난 사람들이고, 술집이나 동호회(친구들과 함께 있었던 자리가 틀림없다)에서 우연히 만났다는 부부도 25퍼센트에 달한다.

  소규모 수렵-채집 사회에서 약한 유대 관계는 멀리 떨어진 물가에 갑자기 사냥감이 몰려들었다거나 어떤 과일나무에 곧 열매가 맺힐 것이라는 정보를 주었다. 이런 종류의 식량 공급원은 대부분 일시적이다. 사슴이나 영양은 목초지의 어느 한 구역에 며칠 동안 몰려들기도 하지만, 그곳의 풀을 다 뜯어 먹고 나면 다른 곳으로 옮겨간다. 나무들은 대부분 단 몇 주만 열매를 맺는다. 우리가 생활하는 영역을 돌아다니는 사람이 많을수록 그중 하나가 과일이 막 열리려고 하는 나무를 발견할 확률은 높아진다. 만약 우리가 어떤 영역을 혼자 수색해야 한다면, 우리는 십중팔구 새들과 포유동물이 열매를 다 먹어 치울 때까지 그 나무를 발견하지 못할 것이다. 아니면 과일이 다 땅에 떨어진 뒤에야 그 나무를 발견할 수도 있다.

내 생각에는 약한 유대 관계를 이야기한 마크 그래노베터조차도 자신이 누구를 지칭하는지 정확히 알지는 못했던 것 같다. 그가 말한 약한 유대 관계란 우리의 보통 친구들일까, 아니면 우리가 퇴근 후에 가끔 만나 맥주를 한잔씩 하지만 집에는 초대하지 않는 지인들일까? 마크는 이 점을 구체적으로 밝히지 않았다. 그는 이 모든 관계를 서로 연결된 하나의 거대한 사회적 네트워크로 바라본 것 같다. 그 네트워크는 페이스북과도 비슷하다. 친구들의 친구들의 친구들의 친구들. 한 친구가 자신이 새롭게 알아낸 사실을 다른 친구에게 이야기하면 그 정보는 수다 네트워크를 통해 우리에게도 전해지고, 결국에는 모든 사람이 알게 된다. 정보 전달이 느릴 때도 있지만, 언젠가는 우리에게도 정보가 온다. 약한 유대 관계는 '이번 주에 기름 값이 가장 싼 주유소가 어디인가'와 같은 단순한 정보를 넘어 훨씬 흥미진진한 혜택을 주기도 한다. 이 점에 관해서는 뒷부분에서 다시 설명하겠다. 이런 종류의 정보 교환에 참여하는 친구들의 수는 그래노베터가 상상했던 것보다 훨씬 적은 것으로 밝혀졌기 때문이다.

고독이 보내는 신호

사회집단에 소속되는 것은 아주 중요한 일이다. 그래서 우리는 우리 자신이 혼자라고 느끼거나 아웃사이더라고 느낄 때 고독해지고 극심한 불안을 느끼며, 그 상황에서 벗어나기 위해 적극적이 된다. 구조될 가망이 전혀 없는 무인도에서 고립된 상태로 잘 살 수 있는 사람은 거의 없다. 스코틀랜드 어부인 알렉산더 셀커크('로빈슨 크루소' 이야기의 실제 주인공)는 원래 사람들과 잘 지내지 못하던 사람이었지만 그도 현재 '로빈슨 크루소 섬'이라 불리는 곳에서 혼자 4년을 보내고 나서 구조되었을 때 굉장히 기뻐했다. 고독은 우리에게 해롭다. 그래서 우리는 사람들을 만나기 위해 최선을 다한다. 집단에 소속되어 있을 때 우리는 자신이 괜찮은 사람이라는 느낌을 받는다. 어딘가에 소속되어 있다고 생각할 때 마음이 편해진다. 사람들이 자신을 원한다는 것을 확인할 때 우리는 삶에 더 큰 만족을 느낀다.

시카고 대학의 혁신적인 신경과학자 존 카치오포John Cacioppo는 동료 교수 게리 번트슨Gary Berntson, 진 디세티Jean Decety와 힘을 합쳐 '사회신경과학social neuroscience'이라는 새로운 학문을 창시했다. 카치오포는 특히 고독에 관심을 가졌다. 나중에 그가 진행한 연구의 상당 부분은 고독의 신경생물학적 영향을 알아보기 위한 노력이었다. 그런 노력을 하는 동안 존은 고독이란 진화의 과정에서 발달한 감정으로서 뭔가 잘못됐다고 알려주는 신호라는 결론에 도달했다. 고독은 우리의 삶에 즉시 어떤 조치를 취해야 한다는 신호음이다. 우리 자신이 사회적으로 고립되어 있다는 인식은 그 자체만으로도 생리 현상을 교란하고 면역체계와 정신 건강을 해친다. 고독이라는 신호를 그냥 지나칠 경우 건강이 급격히 나빠져서 조기 사망에 이르기도 한다. 이러한 주장들에 대한 근거는 존 카치오포가 윌리엄 패트릭William Patrick과 함께 저술한 《인간은 왜 외로움을 느끼는가: 사회신경과학으로 본 인간 본성과 사회의 탄생Loneliness: Human Nature and the Need for Social Connection》에 수록되어 있다.

카네기 멜론 대학에 근무하는 세라 프레스먼Sarah Pressman의 연구진은 고독이 실제로 면역체계에 악영향을 끼친다는 것을 입증했다. 연구진은 대학 신입생들이 고독감을 느낄 때 독감 예방접종 후의 면역반응이 감소한다는 것을 발견했다. 고독을 느낀 신입생들의 면역체계는 위축되었고 백신의 침투에 대응하기 위한 적절한 수준의 면역반응을 일으키지 않았다. 다시 말하자면 그들은 예방접종을 했음에도 불구하고 독감 바이러스가 들어올 경우 잘 막아내지 못했다. 이와 별개로 친구의 수도 그들의 면역체계에 영향을 끼쳤다. 친구가 4명에서 12명인 학생들은 친구가 13명에서 20명인 학생들보다 면역 반응이 약했다. '고독감'과 '친구의 수'는 서로 영향을 미치는 것으로 보인다. 친구가 많으면(19명이나 20명의 친구들로 이뤄진 사회집단) 면역력이 약해질 때 그 친구들이 완충장치 역할을 해주지만, 고독을 느끼고 친구도 별로 없으면 면역반응이 매우 약해진다. 면역체계의 생리적 작용이라는 측면만 보더라도 친구는 정말로 우리에게 이로운 존재다.

언젠가 내가 북 페스티벌에서 강연을 마쳤을 때의 일이다. 어떤 사람이 나에게 다가와서 자신의 이야기를 들려줬다. 군대에서 오랜 세월을 보낸 그는 제대하고 나서 민간인으로 돌아왔을 때 몸이 많이 아팠다고 말했다. 군대는 부대원들끼리 가족으로 느끼게 하려고 많은 노력을 기울인다. 전쟁터에서 어떤 일이 있어도 군인들이 합심하려면 서로를 가족처럼 여겨야 했다. 실제로 군인들은 좁은 부대 안에서 함께 먹고, 자고, 훈련과 사교 활동을 하므로(일반적으로 120~180명 규모의 중대 단위로 생활한다) 그들 사이에는 깊은 유대감이 형성된다. 그 결과 민간인 사회에 비해 군대에서는 질병이 훨씬 적게 발병하는 것 같다.

데이비드 킴, 제임스 파울러, 닉 크리스태키스는 사교성과 질환 위험의 상관관계를 알아보기 위해 프레이밍햄 심장 연구의 부표본subsample을 사용했다. 프레이밍햄 심장 연구는 자원한 참가자들의 혈액 샘플을 수집한 바 있었다. 킴과 파울러와 크리스태키스는 자신의 사회적 네트워크 안에서 접촉이 적었던 사람들은 혈중 피브리노겐fibrinogen(글로불린에 속하는 단백질-옮긴이) 농도가 높아진 반면 사회적 접촉이 많았던 사람들은 낮았다는 사실을 알아냈다. 피브리노겐은 혈액 응고를 촉진하는 화학물질로서 혈관이 터질 때 과도한 출혈을 막아준다. 또 피브리노겐은 상처의 치유와 조직 재생을 도와주기 때문에 일반적으로 몸에 염증, 조직 손상, 암과 같은 문제가 생길 때 그 수치가 올라간다. 피브리노겐 농도가 높으면 혈액이 필요 이상으로 응고될 수 있으므로 피브리노겐 수치가 일정 기간 높을 경우 혈전증 위험이 커진다. 따라서 혈중 피브리노겐 농도의 증가는 건강이 좋지 않다는 뜻이다. 이것은 친구들의 존재가 앞으로 발생할지 모를 심장마비와 심장 발작 위험을 낮춰주고 건강 악화를 막아준다는 매우 직접적인 증거가 된다. 다른 연구에서 앤드루 스텝토Andrew Steptoe와 제인 위델Jane Wardell 연구진은 50대 영국인 남녀 6500명의 종적 데이터를 분석했는데, 연령과 성별, 신체적·정신적 건강과 같은 변수를 통제하더라도 사회적 고립(자신이 고독감을 느낀다고 응답한 경우가 아니라)을 통해 향후 12년 동안의 사망 위험을 예측할 수 있었다. 사회적 고립은 사람이 10년 내에 사망할 위험을 약 25퍼센트 높였다.

고독의 부작용은 여기저기로 퍼지는 특징이 있다. 쥐를 어릴 때부터 고립시키면 신경연결성과 신경가소성이 떨어진다. 특히 전전두피질prefrontal cortex(인간을 영리한 존재로 만드는 기능이 모두 모여 있는 뇌의 앞부분. 특히 영리한 사교 활동을 관장한다)의 기능과 전전두피질의 수초화myelinisation(지방으로 이뤄진 표피로 신경세포를 둘러싸서 신호가 더 빠르고 효율적으로 전달되도록 하는 과정)에 회복 불가능한 변형을 일으킨다. 이런 손상은 한번 생기면 복구할 수 없다. 사람의 경우 일시적인 고독감은 장기적인 부작용을 일으키지 않지만, 고독감이 계속되면 알츠하이머, 우울증, 치매, 불면증의 위험을 높인다(잠을 깊이 못 자면 심리적 안정을 느끼기가 어렵다).

최근 오스트레일리아 퀸즐랜드 대학의 티간 크루이Tegan Cruwys와 동료들은 영국에서 수행한 노화에 관한 종적 연구ELSA: Longitudinal Study of Ageing의 데이터를 분석했다. ELSA는 50세 전후인 사람들 5000명에게서 수차례 표본을 추출했다. 건강과 웰빙에 관한 질문지에는 '클럽 활동과 사회 활동에 참여하는가'라는 질문이 들어갔다. 클럽 활동과 사회 활동에는 정치 행사, 노동조합, 세입자협회, 교회, 취미 모임, 음악 활동, 자선 행사 등 온갖 것이 포함된다. 크루이 연구진은 여러 집단에 소속된 사람들이 우울증을 적게 앓았다는 사실을 발견했다. 그것은 단지 우울해하는 사람들이 사회단체에 가입하지 않기 때문만은 아니었다. 연구진은 하나의 표본에서 다음 표본으로 옮겨가며 개인들을 일일이 추적했다. 표본 추출을 시작한 시점에는 어떤 집단에도 속하지 않았던 우울한 사람들이 다음 표본을 추출할 때까지 단 하나라도 집단에 속하게 된 경우 우울증 발병률은 25퍼센트 가까이 낮아졌다. 3개의 집단에 소속된 경우 우울증 위험은 3분의 2 가까이 낮아졌다. 연구진은 이렇게 지적한다. "사회집단에 소속되면 우울증을 예방하는 효과가 있으며, 원래 있었던 우울증의 치유에도 도움이 된다."

이와 비슷한 사례로서 클레어 양Claire Yang의 연구진은 미국의 대규모 종적 건강 데이터베이스 4개에서 얻은 데이터를 분석했다. 그들은 연령대별 4개 집단(청소년, 청년, 중년, 노년)에서 사회적 관계가 좋은 사람들은 생체 지표도 좋다는 사실을 발견했다. 사회적 연계가 탄탄한 사람들은 수축기 혈압과 체질량지수(비만을 측정하는 지표)와 C 반응성 단백질 지수(염증 지표로 사용된다)가 더 낮았다. 청소년기에 사회적 교류의 결여는 신체 활동의 결여와 같은 정도로 염증 위험을 높였다. 또 노년기의 친구 부족은 고혈압에 큰 영향을 끼쳤다. 친구의 결여는 일반적으로 고혈압의 임상적 원인으로 인용되는 당뇨병 같은 질환보다도 영향이 컸다. 더욱 걱정되는 점은 청소년기와 청년기에 사회적 관계가 건강 상태를 나타내는 생체 지표에 끼친 영향이 청년기 이후에도 남아 있었다는 것이다. 남성 267명을 대상으로 한 제니 컨디프Jenny Cundiff와 캐런 매슈스Karen Matthews의 종적 연구에서는 만 6세 때 사회적 연계가 좋았던 아이들이 20년이 지난 30대 초반에도 혈압과 체질량지수가 낮았다는 결과가 나왔다. 인종, 아동기의 체질량지수, 부모의 사회경제적 지위, 아동기의 건강, 외향성 변수를 통제했을 때도 결과는 같았다. 다시 말하면 어린 시절의 사회적 참여는 성인이 되고 나서도 오랜 시간 영향을 끼친다. 정신이 번쩍 들게 하는 이야기다.

한편 앤−로라 반 하멜렌Anne-Laura van Harmelen 연구진은 800명에 가까운 영국 청소년들을 대상으로 가족 관계와 관련된 11세 이전의 부정적인 경험이 17세 때 우울증 발병에 끼치는 영향을 조사했다. 결론은 어린 시절의 부정적인 경험이 17세 때 우울증에 걸릴 위험을 상당히 높인다는 것이었다. 가족 관계와 관련된 부정적인 경험에는 부모의 부적절한 양육 태도, 감정적·신체적·성적 학대, 부모의 애정 결여, 가정불화, 경제적 어려움, 가족의 사망, 가족의 범죄 행위 또는 실직, 부모의 정신질환 등이 포함된다. 다음으로는 어린 시절에 괴롭힘을 당했는지 여부가 중요했다. 어떤 아이가 가족에게 자주 괴롭힘을 당한 경우 그 아이가 14세 때 사귄 친구의 수는 적었고, 14세 때 친구가 적었던 아이는 17세 때 우울증 발병 위험이 커졌다.

존 카치오포의 주장에 따르면, 이러한 영향은 매우 강력해 건강을 심하게 해칠 수도 있기 때문에 자연이 우리에게 문제가 있다고 알려주는 메커니즘을 발달시켰다고 볼 수 있다. 즉 인간은 일종의 진화론적 알람 장치를 가지게 됐다. 고독에 진화론적 기원이 있다고 보는 근거는 고독이 옥시토신 수용체 유전자(적어도 청소년기 여성의 경우) 및 세로토닌 운반 유전자와 연결되어 있다는 것이다. 옥시토신 수용체 유전자와 세로토닌 운반 유전자는 뇌 안에 있는 신경화학물질로서 각각 사회적 행동을 조절하는 중요한 역할을 한다. 이 2가지 유전자에 특정한 변이가 있는 사람들은 군중 속에서도 쉽게 고독에 빠진다.

아나 히틀리 테하다Ana Heatley Tejada라는 연구자 덕분에 나 자신도 이 특별한 이론에 약간의 기여를 했다. 아나가 멕시코와 옥스퍼드에서 일련의 실험을 진행한 결과, 스트레스를 받는 상황에서 낯선 사람이 우리에게 공감을 표현했을 때 고독감이 감소했을 뿐 아니라 심장 박동과 같은 생리 반응도 긍정적으로 변했다. 반대로 우리가 혼자 있을 때나 우리에게 공감해주지 않는 낯선 사람과 함께 있을 때는 고독감이 커지고 생리 반응도 부정적으로 변화했다. 우리는 우리 자신이 상황을 어떻게 인식하느냐에 바로 반응한다. 그리고 어떤 사람이 특정한 상황에서 고독을 느끼는 정도는 그 사람의 애착 유형(원래 친구들과 상호작용할 때 따뜻하고 감정 표현이 풍부한가, 아니면 담담하고 냉정한가), 친한 친구의 수, 가까운 관계에 부여하는 가치에 따라 달라진다. 흥미롭게도 연구 대상자들 중에서 멕시코인과 영국인을 비교해봤더니, 특히 영국인에게는 고독감을 더는 데 핵가족 구성원과의 관계가 매우 중요했다. 멕시코 가톨릭 교도들은 주로 확대가족을 이루고 살기 때문에 사람들이 핵가족 구성원과 좋지 않은 관계를 맺는 상황은 잘 생기지 않았지만, 일반적으로 가족 규모가 작은 영국인의 경우 친척의 수가 적어서 그런 보호를 받지 못했다.

일반적으로 사회적 고립은 우리에게 좋지 않다. 우리는 사회적 고립을 피하기 위해 할 수 있는 노력을 다해야 한다. 사교성이 좋고 친구가 많으면 정신적, 신체적으로 이로운 점이 많다. 우정은 질병뿐 아니라 인지능력 감퇴로부터 우리를 보호하고, 우리가 꼭 해야 하는 일들을 더 열심히 하도록 해주며, 우리가 살아가는 커다란 공동체 안에 더 깊이 자리 잡고 공동체를 신뢰하게 해준다. 공동체 안에 우리가 잘 알지 못하는, 또는 아예 모르는 사람이 아주 많은 현대사회에서는 공동체에 대한 신뢰가 더욱 중요할 것이다. 친구들은 우리에게 도움과 지지를 보내며, 우리와 어울리기 위해 그들의 시간을(어쩌면 돈도) 기꺼이 내줄 사람들의 집합이다. 그런데 친구들이 우리에게 그렇게 좋다면 친구가 얼마나 많아야 할까? 친구가 너무 많아서 문제일 수도 있을까? 답은 다음 장에서 알려주려고 한다. 하지만 그 이전에 내가 어떻게 해서 우정이라는 주제에 관심을 가지게 됐는가를 먼저 이야기하고 싶다. 간단히 말하자면 내가 어쩌다 이 책을 쓰게 됐는가를 이야기하려 한다.

우정을 설명하는 4가지 아이디어

과학의 학설들이 대부분 그렇듯, 이 책과 이 책에 실린 이야기는 개인적인 경험의 여정이다. 그 경험은 우연에서 비롯됐다. 나는 학자가 되고 나서 25년이라는 세월의 대부분을 야생동물의 행동을 연구하며 보냈다. 주로 원숭이, 일부일처제를 철저히 지키는 아프리카의 작은 영양(바위타기영양), 그리고 스코틀랜드 북서부 해안 지대의 럼 아일Isle of Rum과 웨일스의 북서쪽 그레이트 오르메Great Orme에 서식하는 야생 염소를 주로 연구했다. 나는 꼬박 25년 동안 사회적 진화라는 주제에 관심을 기울였다. 생물 종들이 각자 독특한 사회 시스템을 가지고 있는 이유가 궁금했다. 인간에 대해서는 피상적인 수준의 관심만 있었는데, 그 정도의 관심도 순전히 내가 인생의 25년 정도를 동아프리카의 풍부한 다문화 환경에 푹 빠져서 보냈기 때문에 생긴 것이었다. 그러나 지금 생각하면 내가 어릴 때부터 극명하게 다른 4개의 문화에 동시에 노출되어 자란 덕분에 동물의 사회적 세계를 주의 깊게 관찰하는 데 필요한 감각을 발달시킬 수 있었던 것 같다. 수십 년 후에 인간이라는 종으로 관심사를 넓히기로 결심한 데도 나의 배경이 중요한 촉매로 작용했다.

내가 원숭이를 가까운 곳에서 관찰하면서 배운 것은 원숭이들이 다른 포유동물 또는 새들과는 다른 방식으로 활발한 사교 활동을 한다는 것이다. 겉으로는 잘 드러나지 않지만 미묘하게 벌어지는 일들이 많았고, 그 일들의 의미를 파악하려면 원숭이들의 세계를 깊이 알아야 했다. 나에게는 원숭이들이 얼마나 미묘한 사교 활동을 할 수 있는가를 보여주는 사진 한 장이 있다. 암컷 성체인 겔라다개코원숭이의 털을 두 암컷 새끼 원숭이가 손질해주는 사진이다. 첫째 새끼 원숭이는 세 살쯤 됐고(원숭이 기준으로는 사춘기에 접어들었다), 둘째 새끼 원숭이는 18개월이었다. 그들 주위에 동물들이 모여 앉아 털을 손질하고 있다. 어미 원숭이는 허리를 숙여 머리가 땅에 닿도록 하고 엉덩이는 공중으로 쳐들고 있다. 둘째 새끼 원숭이는 어미 원숭이의 허벅지 뒤쪽 털을 손질한다. 어미 원숭이의 고개는 오른쪽으로 돌아가 있다. 아마도 두 눈을 감고 이른 아침 햇살의 온기 속에서 털 손질을 받는 즐거움에 취해 있는 것 같다. 어미 원숭이는 새끼들의 보살핌을 받는 엄마만이 느낄 수 있는 편안함을 드러낸다. 평화…… 고요…… 이보다 좋을 수가 있을까?

눈길을 끄는 것은 첫째 새끼 원숭이의 행동이다. 첫째는 둘째의 왼쪽, 어미의 엉덩이 옆에 앉아 있다. 첫째는 동생의 이마 앞으로 오른팔을 쑥 내밀고, 어미의 털 손질을 자기가 맡기 위해 동생을 살짝 밀어내고 있다. 진실을 드러내는 것은 첫째의 머리 부분이다. 첫째의 머리는 왼쪽으로 기울어진 채 아래쪽을 향하고 있다. 첫째는 동생을 살살 밀어내면서 어미의 뒤통수를 열심히 살피고 있다. 어미가 눈치채지 못하도록 신중하게 행동하는 것이다. 첫째는 어미가 털 손질을 받으면서 편안함과 친밀함을 느낀 뒤에, 아침에 엄마를 보살펴준 새끼가 동생이 아닌 자신이었다는 것을 알아차리기를 바란다. 어미 원숭이는 분명히 털 손질을 해준 새끼에게 보답을 해주기 위해 돌아설 것이고, 그때 그 보답을 받을 원숭이는 자신이어야 한다. 그래야 이번에는 자신이 미용사의 손길 아래 편안하게 낮잠을 즐길 수 있을 테니까. 첫째는 둘째를 너무 세게 밀어내면 둘째가 항의할 것을 잘 알기 때문에 부드럽지만 단호한 동작으로 동생을 살살 밀어낸다. 동생이 다른 데 정신이 팔려서 혼자 뭔가를 즐기거나 다른 원숭이와 놀려고 가버리기를 바란다. 만약 동생이 항의를 하거나 어미가 고개를 돌려서 눈치를 채게 되면 대가를 치러야 할 테니 말이다.

이런 식의 미묘하고 순간적인 상호작용은 원숭이와 유인원에게서 보편적으로 발견된다. 원숭이들 사이의 관계 역학을 알지 못하거나, 결정적인 순간에 그 자리에 없거나, 어떤 일이 벌어지는지 깨닫지 못하고 그냥 보기만 하는 사람은 이 원초적인 사회생활의 미묘함을 절대로 파악하지 못한다. 눈을 한 번 깜박이고 나면 중요한 순간은 지나가고 만다. 마치 사람들의 집단을 알아갈 때처럼 동물과 줄곧 함께하면서 그 동물을 개별적으로 알아갔던 오랜 경험이 없었다면 나도 내 눈앞에서 벌어지는 사건들의 의미를 이해하지 못했을 것이다.

하지만 이런 현장 관찰은 1990년대에 대부분 종료됐다. 경기가 하강기에 접어들자 이런 동물 연구는 각국 정부의 지원 대상에서 밀려났다. 더 나은 것을 원했던 나는 인간에게 눈길을 돌리되 원숭이들에게 적용했던 것과 똑같은 관찰 방법으로 연구를 진행했다. 이런 일들이 벌어지는 동안, 나는 어느 한 해에 4가지 아이디어를 떠올렸는데 당시로서는 이 4가지가 서로 무관해 보였다. 4가지 아이디어란 사회적 뇌 가설Social Brain Hypothesis(동물의 뇌 크기가 사회집단의 크기를 결정한다. 더 정확히 말하면 뇌 크기가 사회집단의 크기를 제약한다), 나중에 이 가설을 유명하게 만든 '던바의 수Dunbar's Number(사람이 유지할 수 있는 친구의 수에는 한계가 있다)', 영장류의 유대 관계에서 사회적 털 손질의 중요성, 그리고 언어 진화의 뒷담화 이론(언어는 사교 활동의 시간 제약에 대한 부분적인 해결책으로서 사회적 정보의 교환을 위해 진화했다는 이론)이었다. 나중에는 사실 이 4가지는 모두 '우정'이라는 동일한 현상의 부분이고 구획이라는 점을 명백하게 깨달았다. 이 4가지 아이디어는 이 책의 골조와도 같은 역할을 한다.

돌이켜보면 나는 운이 참 좋았다는 생각이 든다. 나는 원래 심리학을 공부했지만 연구자로서 살아온 시간의 절반은 동물학자와 진화생물학자로서 활동했다. 그 결과 나는 서로 자주 대화를 나누지 않는 두 분야에 각각 한 발을 들여놓게 됐다. 이러한 나의 위치는 어색한 긴장을 유발할 수도 있지만(특히 서로 관련이 없는 연구 문헌들을 읽어 나가야 한다는 점이 힘들다), 그 위치 덕분에 나는 현미경의 양쪽 끝에서 동시에 세상을 바라볼 수 있는 드문 자리에 섰다. 운 좋게도 진화생물학은 본질상 학제간 통합이 필요한 영역이고, 진화생물학의 핵심 이론(다윈의 자연선택에 의한 진화론)은 여러 가닥의 실을 엮어 단단하게 응집된 하나의 덩어리를 만들어낸다. 진화생물학에 관해서는 전작인 《진화 *Evolution: What Everyone Needs to Know*》에서 자세히 다뤘기 때문에 여기서는 자세히 설명하지 않겠다. 하지만 이런 이야기는 내가 원래 어떤 사람이었고 어떻게 지금의 자리에 왔는지를 설명하는 데 도움이 될 것 같다.

─────※─────

지금까지의 이야기는 이렇다. 친구가 있다는 것은 우리에게 정말 좋은 일이고, 친구가 없다는 것은 우리에게 해로운 일이다. 물론 여기에는 중요한 조건이 있다. '친구가 있다'는 표현은 그 조건을 강조하고 있다. 친구가 우리에게 도움이 되려면 우리에게 재앙이 닥치기 전에 친구를 사귀어놓아야 한다는 것. 나중에 살펴보겠지만 그 이유 중 하나는, 사람들은 어떤 사람과 원래 친구였던 경우에만 그 사람을 도와주려고 애쓰기 때문이다. 우리는 낯선 사람이나 잘 모르는 사람을 선뜻 도우려 하지 않는다(때때로 우리는 그 반대라고 주장하지만). 하지만 친구를 사귀는 일에는 정말 많은 노력과 시간이 든다. 우정은 커피 한 잔을 마시면서 마법처럼 뚝딱 만들어내는 것이 아니다. 게다가 모든 사람은 이미 각자 자신의 우정 네트워크 안에 들어가 있다. 어떤 사람이 당신을 새로운 친구로 받아들이기 위해 시간과 공간을 내주려면 다른 누군가와의 우정을 그만큼 포기해야 한다.

그렇다면 친구는 몇이나 있어야 할까?

2장

던바의 수

"인간의 자생적인 공동체와 개인들의 사회적 네트워크는
보통 150명 정도로 구성된다.
…그 사람의 사회적 세계는 곧 그 사람의 마을이었고,
그 사람은 마을의 다른 구성원들과 그 세계를 공유했다."

나는 BBC TV의 퀴즈 프로그램인 〈QI〉를 아주 좋아한다. 어느 날 저녁 〈QI〉를 보고 있는데, 그 프로그램의 장수 진행자인 스티븐 프라이Stephen Fry가 출연자들에게 '던바의 수'를 아느냐고 물었다. 출연자들이 모두 멍한 표정으로 그를 쳐다보자, 그는 "던바의 수란 한 사람이 유지할 수 있는 친구 수의 최대치를 뜻하며, 그 수는 150명"이라고 설명했다. 이어 그는 내가 펴낸 책 속 비유를 인용해 그 150명은 새벽 3시에 홍콩 공항의 라운지에서 우연히 그 사람을 발견했을 때도 주저하지 않고 다가가서 옆자리에 앉을 만큼 가까운 사람을 가리킨다고 덧붙였다. 그 사람은 당신이 누구인지, 당신과 그가 어떤 관계인지를 금방 알아차려야 하며, 당신도 그 사람이 당신에게 어떤 존재인지를 알아야 한다. 두 사람의 관계는 오랜 시간을 두고 만들어진 것이어야 한다. 자기소개는 필요하지 않다. 프라이가 여기까지 설명했을 때, 〈QI〉의 고정 출연자로 우스운 소리를 잘 하는 코미디언 앨런 데이비스가 절망한 사람처럼 두 팔을 뻗으며 외쳤다. '저는 친구가 5명밖에 없는데요!' 하지만 그는 그의 생각만큼 친구가 적은 것은 아니었다. 실제로 대부분의 사람들은 친밀한 친구를 약 5명쯤 두고 있다. 그리고 우리에게는 '그냥 친구'가 150명쯤 있다.

이제 던바의 수(영어에서는 Dunbar's Number라고도 하고 The Dunbar Number라고도 한다)라는 개념은 꽤 많이 알려진 것 같다. 구글에서 '던바의 수'로 검색을 해보면 3480만 개에 달하는 결과가 나온다. 가장 재미있는 검색 결과는 아마도 젊은 네덜란드 여성이 그녀의 친구들 152명의 얼굴을 자기 팔에 문신으로 새기는 유튜브 동영상일 것이다. 이 동영상은 www.youtube.com/watch?v=ApOWWb7Mqdo에서 볼 수 있다. 놀랍게도 사람의 팔 길이는 152명의 얼굴을 집어넣기에 딱 맞았다. 이것이야말로 진화의 승리고, 다윈 이론의 증거(군이 증거가 필요하다면)가 틀림없다! 아니, 슬프게도 이것은 암스테르담 타투 예술가의 광고 동영상이었다. 바로 그 때문에 이 동영상은 더욱 흥미롭다. 던바의 수가 타투 예술의 세계에까지 침투했다는 이야기니까. 내가 보기에는 네덜란드 사람들이 과학 책을 많이 읽는 것 같다!

그렇다면 어떤 조건을 갖춰야 친구가 되는가? '친구'라는 단어의 의미부터 확실하게 정해놓아야 우리가 무엇을 세려고 하는지를 알 수 있을 것이다. 나는 상식적인 정의를 따르려 한다. 즉 대면 세계에서 '친구'라는 단어가 의미하는 바를 그대로 사용하려 한다. 비록 우리는 친구들을 친한 친구와 덜 친한 친구로 나누기도 하고, 우리는 모두 앨런 데이비스가 말하는 아주 가까운 친구도 몇 명 있지만, 내가 보기에 넓은 의미의 우정은 가족 관계와 비슷한 점이 많다. 물론 친구는 우리가 선택할 수 있지만, 가족은 좋든 나쁘든 선택이 불가능하다. 여러 면에서 친한 친구나 가족과의 관계는 의무감과 호의의 교환으로 이뤄진다. 진정한 친구들은 당신이 창피해하지 않고 뭔가를 부탁할 수 있는 사람들이다. 그 사람들이 어려울 때는 당신도 주저 없이 도와주려고 할 것이다. 진정한 친구들은 당신에게 다른 선택권이 있을 때도 같이 시간을 보내고 싶은 사람들이다. 당신은 그들과 시간을 보내기 위해 노력한다. 당신은 그들의 이름을 알고 성도 안다. 당신은 그들이 어디에 사는지(그들은 당신의 주소록에 기록되어 있다) 알고 있으며, 그들의 직계가족에 관해서도 잘 알고, 그들이 과거에 어디에 살았고 어떤 일을 했는지도 알고 있다. 직장 동료들처럼 그냥 알고 지내는 사람들은 여기에 포함되지 않는다. 우리는 손해를 무릅쓰면서 그들을 도와주려고 하지는 않는다. 우리가 친하게 지내는 사람들의 무리에 그들을 넣기 위해 굳이 애쓰지도 않는다. 우리는 때때로 그들에게 술을 한잔 사기도 하고, 우리가 잃어버려도 괜찮다고 생각하는 책을 빌려주기도 한다. 하지만 큰 위험이나 비용이 따르는데도 그들에게 호의를 베풀지는 않는다.

친구의 수를 센다는 것

사람들에게 친구가 몇이나 되는지 알아내는 가장 좋은 방법을 고민하던 중에 내가 맨 처음 생각해낸 아이디어는 크리스마스카드 명단을 활용하는 것이었다. 이런 아이디어를 떠올린 데는 2가지 이유가 있다. 첫째, 적어도 영국에서는 이메일과 왓츠앱 같은 메신저가 생기기 전까지 오래된 친구들에게 크리스마스카드를 보내는 것이 우정을 유지하기 위한 진실한 활동이었다(적어도 영국에서는 그랬다. 미국인들은 항상 크리스마스카드에 대해 다소 미심쩍어했던 것 같다. 크리스마스카드 보내기는 미국인들이 열성적으로 뛰어드는 일은 아니었다). 12월이 시작되면 대부분의 영국인은 누구누구에게 카드를 보낼지 생각하기 시작한다. 이 작업에는 큰 고민이 따른다. 저 사람들이 작년에 우리에게 카드를 보냈던가? 우리는 그들과 정말 연락이 끊긴 건가? 그들은 이사를 한다고 했는데, 우리에게 새 주소를 알려줬던가? 사람들이 이런 질문을 던진다는 사실 자체가 자신들의 우정의 질을 매우 섬세하게 평가하고 있다는 뜻이다. 따지고 보면 크리스마스카드에는 돈이 들어간다. 카드를 구입하고 우편 요금도 내야 한다. 명단에 올리는 사람이 많아지면 돈도 많이 든다. 따라서 누군가의 크리스마스카드 명단에 포함된다는 것은 진짜로 의미 있는 관계를 맺고 있다는 징표였다. 크리스마스카드 명단을 활용하기로 했던 두 번째 이유는 카드 보내기가 1년에 한 번, 규칙적으로 일어나는 일이기 때문이다. 1년 동안 어떤 사람을 한 번도 접촉하지 않았다는 것은 자연스럽게 루비콘강을 건넌 것과 비슷하다. 내가 어떤 사람에게 연락하려고 노력한 지 1년 넘게 지났다면 나는 다시 노력을 하게 될까? 우리가 물어본 사람들은 대부분 아니라고 답했다.

그래서 나는 러셀 힐Russell Hill에게 사람들이 그해 크리스마스에 누구에게 카드를 보냈는지 설문 조사를 해달라고 부탁했다. 우리는 사람들이 크리스마스카드를 몇 장이나 보냈는가는 물론이고 그 집안의 누구에게 보낸 것인지, 그 사람들 각각에게 마지막으로 연락한 시기가 언제인지, 그 사람들 각각에 대해 얼마나 친밀하다고 느끼는지를 알고 싶었다. 우리는 의사, 변호사, 정육점 주인, 빵집 주인 등 순전히 영업 목적으로 카드를 보내는 사람들은 제외해달라고 요청했다. 그래도 남들보다 너그러운 기준으로 카드 보낼 사람들을 정하는 사람들은 항상 있었다. 하지만 그것은 합리적으로 설명 가능한 기준이었다. 크리스마스카드 명단에 포함된 사람들(어른과 아이 모두) 개개인에 대해 우리의 질문에 답하는 일은 좋게 말해도 지루하고 따분한 작업이었고, 그것만으로도 그들이 아무나 명단에 올릴 동기는 줄어들 것이라고 짐작했다.

이렇게 수집한 첫 번째 표본에서 사람들의 친구 수의 평균은 아이들을 포함해 154명이었다. 설문에 응답한 사람들은 평균 68장의 카드를 보냈고, 가구당 약 2.5명의 수령인이 있었다. 당연히 이 표본에는 다양한 수치가 포함된다. 어떤 사람들은 20명도 안 되는 사람에게 카드를 보냈고, 카드를 가장 많이 보낸 사람은 374장이었다. 그러나 숫자는 120~170 구간에 아주 많이 집중됐고 양쪽 끝으로 갈수록 가파르게 줄었다. 다시 말하면 절대 다수의 사람들은 약 150명에게 카드를 보냈고, 어떤 사람들은 200명이 넘는 사람에게 카드를 보냈지만 그런 사람들은 많지 않았다.

몇십 년 전 피터 킬워스Peter Killworth(영국의 해양학자)와 러셀 바너드Russell Barnard(미국의 인류학자)가 힘을 합쳐 사람들의 사회적 네트워크의 규모를 측정하려는 과감한 시도를 했다. 그들은 1960년대에 미국의 사회학자 스탠리 밀그램Stanley Milgram이 주장했던 '6단계 분리 이론

six degrees of separation'을 활용하기로 했다. 6단계 분리 이론은 하나의 맥락에서 사용된 개념을 빌려 전혀 다른 맥락의 어떤 현상을 연구하거나 설명하면서 학문이 발전하는 좋은 예라고 생각한다. 1929년 헝가리 작가 프리제스 커린치Frigyes Karinthy는 〈사슬Chains〉이라는 제목의 단편소설을 집필했다. 그 소설에서 커린치는 세상의 어떤 사람이든 6단계를 거치면 서로 접점이 있다고 주장했다(참고로 나는 커린치가 이 소설을 쓴 장소로 알려진 부다페스트의 카페에서 맥주를 마신 적이 있다). 밀그램은 커린치의 가설을 시험해보기로 했고, 상징적인 실험을 통해 6단계만 거치면 미국 내에서 임의로 선택한 두 사람을 연결할 수 있다는 것을 입증했다. 밀그램은 미국 중서부에 사는 사람들에게 동부 해안가의 보스턴에 사는 어떤 사람(그들이 개인적으로 알지 못하는 사람이었다)에게 편지를 보내라고 요청했다. 그들이 개인적으로 알지 못하는 어떤 사람에게 편지를 보내기 위해서는 주변의 아는 사람에게 먼저 편지를 보내서 물어봐야 했다. 그러면 그 편지를 받은 사람도 똑같이 주변 사람에게 편지를 보냈다. 예를 들어 당신의 삼촌인 짐이 비행기 조종사라고 치자. 짐은 그가 근무하는 항공사에서 보스턴 항공로로 비행하는 동료 조종사를 알고 있을 가능성이 높고, 그 조종사는 보스턴에 사는 누군가를 알고 있을 것이고, 그 누군가는 자기가 일하는 회사의 직원들 가운데 원래 찾으려 했던 사람을 고용한 사람을 알고 있다. 사슬은 이런 식으로 이어졌다. 이것은 실제로 진행된 실험이었고, 사슬의 각 단계에 포함된 사람들은 자신의 이름을 편지 봉투의 명단에 추가해야 했다. 최종 단계에서 보니 처음 지정받은 사람과 목표로 선택된 임의의 사람을 연결하는 사슬에 6명이 넘는 사람이 필요한 경우는 거의 없었다. 즉 우리가 6단계 이하의 '인맥'을 거치면 세계 어느 곳의 어떤 사람과도 연결될 수 있다.

킬워스와 바너드는 그 사슬의 첫 단계에만 관심을 가졌다. 우리는 누구에게 편지를 보내는가? 그들의 논리에 따르면 그 사람들이야말로 우리가 마음 편히 어떤 부탁을 할 수 있는 사람들이다. 이것은 내가 앞에서 제시한 '친구'의 정의에서도 중심에 놓이는 내용이다. 킬워스와 바너드는 실험 대상자들에게 미국 내 여러 지역에 사는 목표 인물 500명의 이름을 알려주고 주변에 도움을 청하도록 했다. 그들은 대상자들이 새롭게 물어볼 사람이 없어서 같은 사람에게 다시 물어보기 시작할 때가 언제인지를 알아내면, 대상자들의 사회적 네트워크 규모를 파악할 수 있으리라고 생각했다. 두 차례의 실험에서 얻은 평균값은 134였다. 대상자들이 어린아이들과 접촉해서 연결고리를 많이 만들 수는 없다는 점을 감안하면 사회적 네트워크의 크기는 총 150명 정도가 된다. 실제로 사람들의 사회적 네트워크는 30~300명 사이에 많이 분포했는데, 그것은 우리가 크리스마스카드 연구에서 얻은 결과와 놀랄 만큼 비슷했다. 나중에는 맨체스터 대학에 있는 나의 조력자인 앨리스테어 서트클리프Alistair Sutcliff와 옌스 바인더Jens Binder가 학생과 교직원 250명에게 친구와 가족이 몇 명인지를 물었다. 서트클리프와 바인더는 사람들이 어떤 선입견에 빠져서 특정한 숫자를 이야기하는 일이 없도록 하기 위해 친구와 가족의 정의를 열린 상태로 두었다. 평균은 175명이었고 수치의 범위도 일반적인 선을 벗어나지 않았다.

한편 러셀 힐은 더낫(미국의 결혼정보업체)의 '리얼웨딩서베이Real

Wedding Surveys'라는 웹사이트에서 미국의 결혼식 하객 수에 관한 데이터를 내려받을 수 있다는 사실을 발견했다. 하객 수의 평균은 144명이었고, 이 숫자는 지난 10년 내내 놀라울 만큼 일정했다. 흥미롭게도 버지니아 대학의 갈레나 로즈Galena Rhoades와 스콧 스탠리Scott Stanley가 제시한 초창기 미국인들의 결혼식에 관한 표본에 따르면, 결혼식에 150명 이상의 하객이 찾아온 결혼이 하객 수가 적었던 결혼보다 안정적이고 오래 유지됐으며 결혼식의 규모가 아주 작은 결혼(하객이 50명 미만인 결혼식)의 경우 결과가 가장 나빴다. 로즈와 스탠리는 이런 결과가 나온 이유가 많은 사람들 앞에서 사랑을 공표하면 몇 년 후에 그 결혼이 실패라고 이야기하기가 더 어려워서(또는 창피해서?) 그렇다고 생각했다. 그 말이 옳다면 그것은 사람들이 결혼 전에 고민을 정말 많이 했다는 뜻이다. 우리가 결혼식에 초대하는 사람들의 숫자는 부부 관계가 얼마나 오래갈 것인지에 관한 우리의 직관을 반영하며, 추측건대 자신과 배우자가 비슷한 직관을 가져야 한다. 솔직히 말해서 나는 그럴 확률은 높지 않다고 생각한다. 냉소적이지 않은 가설은 다음과 같다. 결혼식에 하객을 많이 초대하는 부부는 가족과 친구로 이뤄진 큰 네트워크 안에 있는 사람들이고, 그 네트워크가 결혼 후 부부생활이 힘들어질 때도 그들이 잘 헤쳐나갈 수 있도록 완충 역할을 해준다.

한편 나는 통계물리학자 키모 카스키Kimmo Kaski가 소속된 핀란드 알토 대학의 연구팀과 협업을 하게 됐다. 키모는 화통한 성격에 항상 열정이 넘치고 모든 일에 흥미를 가지는 사람이었다. 한마디로 사교적인 과학자의 살아 있는 전형이었다. 그와 협업을 시작한 후에 나의 공동 저자 명단이 갑자기 길어졌다. 그가 나에게 수많은 사람을 소개해준 덕분이었다(나는 이러한 현상에 특별한 이름이 필요하다고 생각해서, 사회적 네트워크의 급격한 발전을 '카스키의 도약Kaski's katapult'이라고 부르기로 했다). 키모 덕분에 우리는 운 좋게도 600만 명의 통화 기록이 포함된 방대한 휴대전화 데이터에 접근할 권리를 얻었다(유럽의 상당히 큰 어떤 나라의 전체 전화 가입자 중 20퍼센트에 이르는 데이터였다. 그리고 혹시 궁금해하는 독자가 있을까 봐 밝히는데, 그 나라는 영국도 핀란드도 아니었다). 물론 사람들이 했던 통화 중에는 업무용 통화 또는 법적 의무에 따른 통화 또는 수신자 부담 통화(0800으로 시작하는 번호)도 있었다. 이런 통화를 걸러내는 일은 쉬웠다(적어도 당신이 컴퓨터공학자라면). 우리는 어떤 사람이 특정한 번호에 전화를 걸었고 그 번호로부터 답신을 받은 적이 있으면 인간관계로 간주한다는 기준을 정해서, 최종적으로 2만 7000명에 가까운 사람들의 인간관계에 관한 매우 방대한 표본을 얻어냈다(덧붙이자면 통화가 녹음된 것이 아니므로 우리는 통화의 내용은 전혀 몰랐다. 우리는 사람들이 어느 번호에 전화를 걸었고 어느 번호로부터 전화를 받았는지만 알고 있었다). 한 사람이 전화를 건 사람들의 수는 평균 130명 정도였다. 사람들이 자기가 아는 사람들 중 어린아이들에게는 전화를 걸지 않을 가능성이 높다는 사실을 감안하면 150에 상당히 가까운 숫자였으므로 결과는 매우 고무적이었다. 이번에도 한 사람이 전화를 건 사람들의 숫자는 100명에서 250명 사이에 주로 분포했다.

사실 150이라는 수는 어디에서나 인간이 자연스럽게 형성하는 공동체의 규모와 일치한다. 내가 그것을 처음 발견한 곳은 소규모 사회

(수렵-채집 사회와 전통적인 농경 사회)의 공동체였다. 공동체 10여 개의 평균 규모는 148.4명이었다. 나중에 뉴멕시코 대학의 마커스 해밀턴Marcus Hamilton이 다른 데이터를 토대로 실시한 연구에서는 165라는 값이 나왔다. 또 중세 초기 잉글랜드에서도 마을의 일반적인 규모가 그 정도였던 것 같다. 이를 알려주는 자료는 1086년 잉글랜드의 정복왕 윌리엄이 20년 전 헤이스팅스 전투에서 자신이 얻은 것이 무엇인지를 파악하기 위해 제작한《토지대장Domesday Book》이다.《토지대장》의 주된 목적은 세금을 징수하기 위해 토지 현황을 파악하는 것이었다. 이 독특한 책에는 잉글랜드의 모든 자치구county가 빠짐없이 수록됐으며 모든 집과 농지, 농기구, 소와 말의 숫자가 그 소유주의 이름과 함께 기록됐다. 유일하게 기록되지 않은 것은 각각의 집에 살던 사람들의 수였다. 사람 수는 세금과 관련이 없었기 때문이다. 하지만 역사학자들은 가구 수에 가족의 평균 규모를 곱하는 방법으로 마을의 규모를 추산할 수 있었다. 당시 마을의 평균 규모는 잉글랜드와 웨일스 둘 다 정확히 150명에 가까웠다.

700년 후 영국 국교회는 출생(정확히 말하면 '세례'), 혼인, 사망(장례)을 기록하기 위해 많은 공을 들였다. 이런 기록이 보관된 교회 저장소의 일부는 세월, 인간의 부주의, 기후, 벌레, 홍수, 화재 등으로 파괴됐지만 그 기록은 상당 부분은 보존되어, 우리에게 18세기와 19세기 영국의 농촌 생활에 관한 풍부한 역사적 기록을 제공한다. 역사학자들은 이 자료를 토대로 과거의 가구 규모, 출생률, 사망률, 수명을 재구성하고 그 수치들이 몇 세기 동안 어떻게 변화했는지를 연구한다. 우리에게 특히 흥미로운 점은 학자들이 이런 기록을 활용해서 특정 시점에 살아 있었던 사람들의 수를 계산하고 이를 근거로 마을의 실제 규모를 추정할 수 있다는 것이다. 《토지대장》이 제작된 지 700년이 지난 1780년대에도 잉글랜드 농촌 마을의 평균 규모는 여전히 160명 정도였다.

클라우디오 탈리아피에트라Claudio Tagliapietra는 또 하나의 역사적 사례를 제공했다. 이탈리아 경제학자인 마르코 카사리Marco Casari와 탈리아피에트라는 역사적 기록을 토대로 1312년에서 1810년 사이의 500년 동안 이탈리아령 알프스산맥인 트렌티노Trentino 지역의 마을 규모를 추산했다. 이 기록이 특히 훌륭한 이유는 마을의 목초지 사용권을 규제했던 낙농협회의 기록을 토대로 했기 때문이다. 500년이 넘는 세월 동안 지역 전체의 인구는 8만 3000명에서 약 23만 명으로 증가했는데도 불구하고, 마을의 규모는 175명 전후로 놀라울 만큼 일정하게 유지되었다. 다시 말하면 인구가 증가할 때 관리들은 낙농협회의 규모가 걷잡을 수 없게 커지도록 놓아두지 않고 조직을 관리 가능한 작은 규모로 분할했다. 그것은 땅이 부족해질 것을 염려해서가 아니라(실제로는 땅이 충분했기 때문에 새로운 협회들을 설립할 수 있었다), 조직의 규모가 지나치게 커지면 사람들을 통제하기가 어려웠기 때문이다.

현대사회에서 찾아볼 수 있는 예로는 기독교 재세례파 중에 19세기 중반 중부 유럽에서 미국 다코타와 캐나다 남부로 이동해서 정착한 후터파Hutterites 공동체가 있다. 후터파는 농장을 공동으로 소유하고 공동체 전체(그게…… 사실은…… 공동체의 남성들 전체)가 민주주의 원리에 따라 그 농장을 관리하면서 생활한다. 후터파는 공동체에 속한 사람이 150명이 넘으면 분리해야 한다는 확고한 원칙을 가지고 있다. 공동체가 150명보다 커지면 암묵적인 규범으로 운영되기가 어렵기 때문이라고 그들은 주장한다. 그러면 법과 경찰이 필요해지는데, 그것은 공동체 정신에 어긋나는 일이다. 공동체를 분리할 때는 원래 공동체의 절반이 근처로 이사해서 새로운 공동 농장을 시작한다. 내가 미국 인류학자 리치 소시스Rich Sosis와 함께 지난 100년 동안의 공동체 핵분열을 분석한 결과, 서로 다른 2개의 공동체 계보에서 분열이 일어난 시점의 평균 규모는 167명이었다.

던바의 수가 현대사회에 적용되는 예를 몇 가지 더 살펴보자. '사회적 뇌 가설'이 발견되기 한참 전의 일이지만 가장 유명한 사례로 방수 섬유를 제작하는 고어텍스Gore-Tex라는 회사가 있다. 1970년대에 고어텍스를 설립한 윌러드 고어Willard Gore는 회사의 효율성을 저해하는 것 중 하나가 회사의 규모라는 것을 깨달았다. 규모가 일정 수준을 넘어서면 직원들은 서로 정보를 교환하려 하지 않았고 서로를 깊이 신뢰하지도 않았다. 이 문제를 피해가기 위해 고어는 고어텍스의 모든 공장은 항상 직원을 200명 미만으로 유지해야 한다고 강력하게 주장했다. 그래야 직원들이 서로 알고 지내면서 협력할 수 있다고 생각했다. 또 스웨덴 정부의 세금 징수 기관은 조직을 개편하면서 세금 징수관 1명이 고객을 150명까지만 담당하도록 했다. 세금 징수관이 자신이 담당하는 사람을 개인적으로 알고 지내도록 한 것이다. 또 하나의 최근 사례로 암스테르담에 설립된 에이뷔르흐 대학IJburg College이 있다. 공동체 내 교육이라는 특수한 목적을 가지고 설립된 이 대학은 총 재학생 수가 800명이며, 약 175명 단위의 '데일스

홀런deelscholen'이라는 자족적인 학습 공동체로 구성된다.

　다시 말하자면 인간의 자생적인 공동체와 개인들의 사회적 네트워크는 보통 150명 정도로 구성된다. 이것은 서로 무관한 사실들처럼 보일 수도 있지만, 100년쯤 전에 빠르고 저렴한 교통수단이 보급되기 전까지 사람들의 사회적 네트워크는 곧 마을이었다는 사실을 기억해야 한다. 그때 살던 사람은 이웃 마을에 사는 사람들 몇몇을 알고 있었을 것이고, 아마도 그 사람의 사촌이나 삼촌에게는 대도시로 출근하는 '친구들'이 있었겠지만, 그런 경우를 빼면 그 사람의 사회적 세계는 곧 그 사람의 마을이었고, 그 사람은 마을의 다른 구성원들과 그 세계를 공유했다.

온라인의 친구들

　던바의 수에 관해 이야기하면 가장 흔한 반응은 이렇다. "그건 말이 안 돼. 내 페이스북 친구만 500명(또는 1000명, 또는 2000명일 수도 있다)인걸." 페이스북이 성장을 거듭한 이래로, 그리고 페이스북이 친구의 친구들…… 그리고 그 친구들의 친구들을 추천해주는 전략을 구사한 이래로 어떤 사람들은 온라인에 엄청나게 많은 '친구'를 확보했다. 하지만 정말 중요한 질문은 이 '친구'들 중 의미 있는 친구가 얼마나 되느냐는 것이다. 몇 년 전에 나는 스웨덴의 유명한 TV 프로그램 진행자와 인터뷰를 했다. 그 진행자는 자신의 프로그램에서 이 질문의 답을 찾아보기로 했다. 그는 미디어에 노출되는 다른 방송인들과 마찬가지로 페이스북 팔로어를 아주 많이 거느리고 있었다. 그는 자신의 '친구' 명단에 있는 수많은 사람들을 하나씩 찾아가서 던바의 수가 실제로 유효한지 검증하기로 했다. 그는 몇 달 동안 촬영진을 데리고 북유럽 일대를 누비며 친구 명단에 있는 사람들을 일일이 찾아갔다. 어떤 사람의 결혼식에 초대받지 않고 불쑥 등장한 적도 있었다. 나중에 그는 자신의 프로그램에서 실험 결과를 발표하면서 나의 이론이 맞는 것 같다고 인정했다. 그를 반겨준 사람들은 그가 원래 알던 사람들 또는 그의 사교 생활 범위 내에 있는 사람들이었다. 나머지 사람들은 대부분 놀라움을 표시했고, 어떤 사람들은 그의 방문에 불편한 기색을 보였으며, 그의 행동이 무례하다면서 문을 쾅 닫아버린 사람도 있었다. 그렇게 힘들게 노력했건만 그들 대부분은 친구로 여길 수 없는 사람들이라는 결론이 나왔다. 그와 처음 인터뷰할 때부터 그럴 거라고 내가 경고하긴 했지만…….

그렇다면 사람들은 페이스북에 얼마나 많은 친구를 두고 있을까?

우리가 페이스북이라는 세계에 진입한 계기 중 하나는 도싯의 제빵업체인 '토머스 제이 퍼지Thomas J. Fudge'와의 우연한 협업이었다. 토머스 제이 퍼지는 광고 목적으로 사람들이 친구들과 어떤 활동을 하는지를 알아보려 했고 나는 사람들의 온라인 친구 네트워크를 알고 싶었으므로 우리의 관심사는 상당 부분 겹쳤다. 토머스 제이 퍼지는 영국제도British Isles 일대에 거주하는 사람들 약 3500명을 대상으로 두 차례의 설문 조사를 했다. 설문 조사는 사람들에게 소셜 미디어 계정에 친구가 몇이나 되는지를 물었다. 평균은 169명이었고, 대다수 사람들의 응답은 50명에서 300명 구간에 위치했다. 이것은 우리가 오프라인 표본조사에서 얻은 결과와 일치했다. 그러니까 사람들의 온라인 친구 수는 오프라인 세계의 친구 수보다 훨씬 많지는 않은 셈이다.

톰 폴렛Tom Pollet과 샘 로버츠Sam Roberts는 네덜란드 대학생들을 표본으로 삼아 소셜 미디어 사용이 사회적 네트워크 규모에 미치는 영향을 조사했다. 응답자들의 친구 수의 평균은 온라인과 오프라인을 통틀어 180명이었다. 당연하게도 소셜 미디어 활동에 시간을 많이 쓰는 학생이 온라인 친구가 더 많았다. 온라인에서 많은 시간을 보낼수록 더 많은 사람과 접촉할 시간이 생기는 것은 당연한 일이다. 하지만 그들이 온라인에서 사용한 시간의 양은 오프라인 대면 세계의 사회적 네트워크 규모와는 상관관계가 없었다. 아니, 오프라인 친구 및 가족과의 감정적 친밀도와도 상관관계가 없었다. 적어도 이 표본에 따르면 소셜 미디어에서 활발하게 활동한다고 해서 반드시 친구가 많아지는 것은 아니었다.

혁신적 소프트웨어 기술자이자 사업가인 스티븐 울프럼Stephen Wolfram은 이보다 훨씬 이해하기 쉽고 인상적인 분석 결과를 제시했다. 그는 사람들의 인터넷 사용 양상에 관한 광범위한 분석을 했다. 그는 페이스북 페이지 100만 개에 공개된 친구의 수를 수집해 그 수들의 분포 그래프를 자신의 블로그에 올렸다. 그의 그래프는 2가지 중요한 사실을 보여준다. 첫째, 사람들은 대부분 친구 150명에서 250명 사이 구간에 몰려 있다. 둘째, 우측에 긴 꼬리처럼 이어지는 구간에는 아주 많은 친구를 갖고 있는 소수의 사람들이 있다. 규모가 훨씬 작았던 우리의 토머스 제이 퍼지 표본과 마찬가지로, 이 사람들 중 친구가 400명이 넘는 사람의 비율은 매우 낮았고 친구가 1000명 이상인 사람은 극소수였다. 그럼에도 페이스북에는 사람이 정말 많기 때문에 그 아주, 아주 많은 사람 중에 친구가 1000명 이상 있는 사람은 극소수라도 거의 모든 가입자가 그런 사람을 하나쯤 알게 된다.

한편 던바의 수에 관한 글을 읽고 영감을 얻은 물리학자 집단 두 곳에서 온라인 세계의 트래픽을 조사한다는 아이디어를 떠올렸다. 덴마크 코펜하겐 대학의 얀 헤아르테르Jan Hearter 연구진은 노르웨이 오슬로 대학의 교직원 5600명과 학생 3만 명이 3개월 동안 보낸 2300만 통의 이메일을 조사했다. 그 이메일 중에는 학교 내부에서 주고받은 것도 있고 1000만 명에 달하는 대학 외부의 사람들과 주고받은 것도 있었다. 연구진은 시간의 흐름에 따라 접촉이 늘거나 끊기는 패턴, 상호작용이 이뤄지거나 이뤄지지 않는 패턴(이메일을 보냈을 때 답장이 왔다면 진짜 관계가 있다고 본다)을 분석한 결과, 한 사람당 접촉하는 사람의 수는 150명에서 250명 사이로 일정한 수준이었다는 결론을 이끌어냈다.

두 번째 물리학자 집단인 브루노 곤살베스Bruno Gonçalves와 알레산드로 베스피냐니Alessandro Vespignani는 트위터 대화(즉 트위터 계정의 팔로어에 속한 사람들과의 대화)를 들여다보기로 했다. 그들은 6개월 동안 3억 8000만 개의 트위터 멘션을 살펴보고 그중 2500만 개의 대화를 추출해 상세히 분석했다. 그들은 한 사람이 몇 명과 접촉하는가는 물론이고 그 접촉의 강도(트윗을 주고받은 수)까지 분석했으므로 1~2회로 끝난 가벼운 대화는 빼버리고 더 중요한 관계에 집중할 수 있었다. 그들은 접촉의 강도를 고려할 때 한 개인이 가진 트위터 친구의 수는 대부분 100~200명 사이라는 결론에 도달했다.*

　그래서 여러 번 되풀이된 주장과 달리, 실제로 대다수 사람들은 페이스북에 아주 많은 친구를 두고 있지는 않은 듯하다. 물론 소수의 유명인들은 온라인 친구를 아주 많이 맺고 있지만, 평범한 사람들은 일상적인 대면 세계에서 만나는 친구와 온라인 친구의 수가 엇비슷하다. 사실 우리가 페이스북 친구를 맺는 사람들은 대부분 일상생활에서도 친하게 지내는 사람들이고, 여기에 온라인에서 만난 사람들이 몇 명 추가되는 정도일 것이다. 어떤 사람들은 '친구 맺기'에 열성적이어서 모르는 사람들도 기꺼이 친구로 등록하지만, 사실 그런 사람들은 많지 않다. 대부분의 사람들은 잘 모르는 사람이 자신의 사생활을 들여다보는 것을 원하지 않는다.

왜 어떤 사람은 다른 사람보다 친구가 많은가?

　우리가 살펴본 모든 연구는 친구 수가 100~250명 사이에서 다양하게 분포한다고 말하고 있었다. 그러면 왜 어떤 사람들은 다른 사람들보다 친구가 많은가? 성격, 성별, 나이 등을 포함한 여러 가지 가능성이 있다.

　우리의 초창기 연구 중 하나를 보자. 우리는 250명의 영국 여성들과 벨기에 여성들에게 사회적 네트워크에 관한 매우 길고 지루한 설

---

* 　내가 알기로 그들은 학술지 논문에서 '던바의 수'라는 용어를 처음 사용한 사람들이었다.

문지 작성을 부탁했다. 그 결과 여성들의 연령과 친구의 수 사이에 확실한 ∩자 모양의 상관관계가 나타났다. 네트워크의 규모는 30세 정도까지 커지고, 이후로는 안정된 상태를 유지하다가 60세쯤 되면 감소하기 시작했다. 제빵업체 토머스 제이 퍼지와의 공동 연구에서 우리가 여론조사 기관에 의뢰해 얻은 표본에 따르면 네트워크 규모가 18~24세 때 250명이었다가 55세 이상 집단에서는 73명으로 꾸준히 감소세를 나타냈다(이 경우 페이스북 친구의 수를 기준으로 삼았다). 30대와 40대 집단에 속하는 사람들의 경우 친구의 수는 150명에 매우 가까웠다.

젊은 사람들에게 친구가 많은 이유 중 하나는 그들이 새 친구를 사귀는 데 까다롭지 않다는 것이다. 이것은 어린아이들만 봐도 알 수 있다. 아이들은 상대가 자기에게 관심이 전혀 없더라도 자기가 그 아이와 친해지고 싶으면 그 아이를 친구로 생각한다. 성장하는 과정에서 우리는 누구를 믿어야 하고 누구를 조심해야 하는지 배우게 되며 친구를 선택할 때도 신중해진다. 아마도 나와 다른 사람들의 세계관의 섬세한 차이를 감지하려면 생각보다 긴 세월이 필요한 모양이다. 이 점에 대해서는 15장에서 더 이야기하자. 요점은 젊은 사람들이 우정의 정의에 더 유연하다는 것이다.

반드시 상호배타적인 것은 아니지만 이것과 다른 설명은 연령에 따른 친구 수의 변화가 사회적 우선순위 변화를 반영한다는 것이다. 실제로 젊은 성인들은 별생각 없는 쇼핑객처럼 행동한다. 그들은 평생의 동반자와 가장 좋은 친구들을 찾기 위해 앞으로 친구가 될 가능성이 있는 사람들을 두루 만나면서 많은 표본을 모은다. 그 결과 그들은 시간을 더 많은 사람들에게 분배하게 된다. 따지고 보면 젊은 사람들은 나이 든 사람들보다 인간관계에 쓸 시간이 많기도 하니까. 그리고 젊은 사람들은 접촉 가능한 사람들의 표본을 최대한 확보할 수 있다면 관계의 양을 위해 질을 희생할 의사가 있다. 30대에 접어들면 사람들은 친구 사귀는 데 더 까다로워진다. 부모라는 책임 때문에 더 그렇기도 한다. 부모 노릇을 해본 사람들은 알겠지만, 아이가 태어나면 몇 년 동안 자유 시간이라곤 없기에 사교 활동에 쓸 시간 (그리고 에너지!)도 당연히 줄어든다. 그래서 우리는 덜 친한 친구들을 끊어내고 정말로 중요한 친구들 몇 명에게 시간과 정성을 쏟는다. 그때부터 몇십 년 동안 사회적 네트워크의 규모는 150명 정도로 일정하게 유지되며, 덜 가까운 우정은 포기하게 된다.

흥미롭게도 우리는 1970년대에 에티오피아에서 겔라다개코원숭이를 연구하던 중 정확히 똑같은 현상을 발견했다. 암컷 원숭이와 유인원들은 수유에 에너지를 많이 투입해야 하기 때문에, 새끼들이 자라서 모유를 더 많이 요구하면 어미가 수유에 들이는 시간이 길어진다. 암컷 원숭이들은 수유를 위해서 가장 중요한 사교 활동 상대만 남기고 거의 모든 상호작용에서 빠진다. 새끼가 젖을 떼면(생후 1년 정도) 암컷들은 책임에서 벗어나 다시 친구들과 상호작용을 시작한다. 물론 다음 새끼가 태어나면 주기는 다시 시작된다. 이것은 보편적인 문제인 듯하다.

인간의 생애주기는 60세를 전후해서 마지막 단계에 접어드는 것 같다. 이때부터 우리는 친구들을 떠나보내기 시작한다. 만약 우리가 60세 이전에 이사 등의 이유로 친구들을 잃었다면 노력을 해서 새 친구를 사귀면 그만이다. 하지만 노년기에 접어들면 새로운 친구를 찾고 사귈 에너지와 동기가 줄어든다(그리고 이동도 힘들어진다). 그리고 젊은 시절에 친구를 사귀던 장소들은 더 이상 우리에게 어울리지 않는 것 같다. 노년기에는 사람을 처음 만날 때 어떻게 행동하고 어떻게 말문을 터야 할지도 잘 모르겠다는 생각이 든다. 그래서 새로운 친구를 사귀러 나갈 마음이 들지 않는다. 그 결과 우리는 서서히 친구와 가족을 멀리하게 되며 나이가 아주 많아지면 종일 혼자 집에만 머무른다. 우리는 바로 옆에서 우리를 돌봐주는 사람 1~2명과 함께 인생을 시작했는데, 오래 살면 인생의 끝도 그렇게 된다.

하지만 같은 연령 집단 내에서도 사람들이 사귀는 친구의 수는 개인별로 차이가 있다. 따라서 연령 외의 요인들도 작용한다고 봐야 한다. 가장 큰 것으로 보이는 요인은 성격이다. 외향적인 사람과 내향적인 사람은 당연히 친구 수에 차이가 있다. 솔직히 말해서 나는 성격을 활용한 심리학적 논증을 좋아하는 편은 아니다. 심리학자들이 맨 먼저 고려하는(때로는 유일하게 고려하는) 것이 성격이기 때문이다. 그럼에도 불구하고 토머스 폴렛Thomas Pollet이 네덜란드 사람들의 표본을 분석하면서 성격이라는 변수를 넣었더니 일반적으로 외향적인 사람들이 내향적인 사람들보다 큰 네트워크를 가지고 있었다. 이러한 결과는 남녀 모두에게서 나타났다. 우리가 예전에 진행했던 영국과 벨기에 여성들의 네트워크 표본 분석에서도 큰 네트워크를 가진 사람들은 작은 네트워크를 가진 사람들에 비해 자기 네트워크 안에 있는 사람들과 감정적으로 덜 친밀하다는 사실이 발견됐다. 이 점은 폴렛의 표본에서도 동일했다. 외향적인 사람은 나비처럼 이 사람에게서 저 사람에게로 자주 이동했으며 그들 중 누구에게도 시간을 많이 쓰지는 않았다.

말하자면 우리 모두가 똑같은 양의 감정 자본(사람들과 보낼 수 있는 시간의 양이라고 생각하라)을 가지고 있는데, 내향적인 사람들은 이 자본을 몇 명에게 집중해서 쓰고 외향적인 사람들은 많은 사람에게 조금씩 나눠주는 셈이다. 그래서 외향적인 사람들은 내향적인 사람들보다 전반적으로 우정의 깊이가 얕다. 어떤 사람이 얼마나 적극적으로 우리를 지지할 것인가는 우리가 그 사람들과 사교 활동을 하는 시간(그들이 우리와 감정적으로 친밀하다고 느끼는 정도)과 관련이 있으므로, 외향적인 사람들은 친구들의 지지를 적게 받을 가능성이 높다. 말하자면 내향적인 사람들은 사교적인 공간에서 마음이 편하지 않기 때문에 정말 친하고 의지할 수 있는 사람들 몇몇에게 집중한다. 둘 중에 어느 전략이 더 낫다고 말하기는 어렵다. 두 전략은 우리가 원하는 종류의 자원을 제공받기 위해 사회적 네트워크를 활용하는 서로 다른 방법일 따름이다. 아마도 내향적인 사람들이 원하는 자원은 감정적 지지(기대서 울 수 있는 친구)인 반면 외향적인 사람들이 원하는 자원은 넓은 세계에 관한 정보일 것이다. 즉 모든 것은 당신이 어떤 자원을 더 가치 있게 여기느냐에 달려 있다.

친지와 친척의 경우

지금까지 나는 페이스북의 방침을 충실히 따랐다. 우리와 관계 맺고 있는 모든 사람을 '친구'라고 불렀다는 점에서 그렇다. 그러나 우리의 사회적 네트워크에는 우리가(그리고 페이스북도) 말없이 무시하고 있는 하나의 중요한 측면이 있다. 그것은 바로 가족이다. 현실에서 우리의 사회적 세계는 서로 이질적인 두 묶음의 사람들, 즉 친구와 가족으로 구성된다. 아니면 오래된 영어 표현처럼 '친지와 친척 kith and kin'이라고 해도 된다. 내가 보기에 우리는 가족을 사교 생활의 '가구' 같은 존재로 당연하게 취급하고 우리의 친구들을 더 중요하게 생각하는 경향이 있다. 페이스북을 비롯한 네트워크 사이트들이 친구를 더 강조하는 이유도 여기에 있는 것 같다. 우리는 확대가족 구성원들과 함께 시간을 보내기 위해서보다 친구들을 만나기 위해서 훨씬 많은 노력을 한다. 하지만 가족 구성원들은 언제나 사회적 네트워크의 중요한 구성 요소가 된다. 영국과 벨기에 여성들의 사회적 네트워크 조사에서 확대가족 구성원들은 평균적으로 사회적 네트워크의 절반 정도를 차지했다.*

사람들의 사회적 네트워크에서 가족이라는 요소를 자세히 관찰해보니, 사회적 네트워크의 절반씩을 차지하는 두 부분은 매우 다르게 움직이고 있었다. 마치 우리가 서로 얽혀 있는 2개의 사회적 세계를

---

* '친지'를 뜻하는 kith라는 영어 단어의 뜻이 궁금한가? kith는 앵글로색슨족의 고어 단어로서 친구를 의미한다. kith는 원래 '잘 알려진 것들the things that are couth'이라는 뜻이며 우리가 살고 있는 동네와 그 동네에 사는 사람들을 가리킨다. 나중에 kith는 우리의 가족은 아니지만 우리가 잘 아는 마을 사람들을 가리키는 말이 됐다. kith의 반대말은 우리에게 조금 더 친숙한 uncouth(unkith)인데, 이 단어는 원래 익숙하지 않고 '적절하지 않은' 것들을 가리킨다. 현대 영어에서 이와 비슷한 단어는 문명인이 아니라는 뜻의 uncivillised가 있다(사실 우리의 혈족에 속하지 않은 사람들은 모두 문명인이 아니라고도 할 수 있다. 그 사람들은 우리의 생활 풍습을 알지 못하기 때문에 우리의 눈에는 그들의 행동이 무례하고 부적절하고 괴상해 보인다).

가지고 있는 것 같았다. 두 세계는 서로 맞물려 있지만 분리된 상태로 존재한다. 첫째, 우리는 가족에게 우선권을 준다. 한 예로서 여성들의 네트워크에 관한 우리의 데이터에 따르면 확대가족의 규모가 큰 사람들은 그렇지 않은 사람들보다 친구가 적었다. 우리가 이 연구를 시작하기 몇 년 전, 나는 맷 스푸어스Matt Spoors와 함께 사람들의 중심 네트워크(적어도 한 달에 한 번은 접촉하는 사람들의 수) 표본을 만들었는데 여기서도 똑같은 결과를 얻었다. 친척이 적은 사람들은 자신의 네트워크에 피가 섞이지 않은 친구들을 더 많이 포함시켰고, 친척이 많은 사람들의 네트워크에는 친구가 상대적으로 적었다. 한번은 내가 과학 페스티벌에서 이 내용으로 강연을 끝마쳤을 때 어떤 사람이 다가와서 그녀와 남편이 전형적인 사례라고 말했다. 그녀는 대가족 출신이어서 그녀의 시간은 수많은 사촌, 고모, 삼촌 들에게 다 쓰인다. 그래서 그녀에게는 친구가 아주 적었다. 반대로 그녀의 남편은 가족 규모가 작은 대신 친구가 많았다.

이것은 우리의 네트워크에 자리가 150개 정도밖에 없고, 우리가 그 안에 친척들을 우선 할당하고 나서 남은 자리가 있으면 친구들로 채우기 때문에 그런 것이다. 이런 의미에서 친구는 상대적으로 새로운 개념이며, 특히 유럽과 북아메리카에서는 지난 200년 동안 가족 규모가 급격히 작아진 결과 친구의 비중이 커졌다. 사람들이 피임을 하지 않는 경우(또는 피임을 해도 현대 의학이 제공하는 작은 알약만큼 효과적인 방법이 아닌 경우) 150은 족외혼(직계가족 외의 사람과 결혼하는 관습. 인간 집단에서 거의 유일하게 발견된다)을 하는 집단의 고조부모 조상에서 출발해 3세대(자녀, 부모, 조부모)를 이어 내려오면 도달하는 공동체의 숫자다. 이것은 그 자체로도 충분히 흥미롭다. 공동체의 가장 오래된 구성원이 누군지(조부모의 조부모)를 개인적 경험으로 기억할 수 있고 모든 구성원이 결혼과 출생을 통해 서로 어떤 관계로 맺어져 있는지를 구별할 수 있는 기간의 한계가 3세대이기 때문이다. 150명 규모의 공동체에서는 모두가 다른 구성원과 아무리 멀어도 팔촌third cousin지간이고 대부분의 사람들은 서로 그보다 훨씬 가깝다. 인류학자들이 우리에게 계속 상기시키는 것처럼 소규모 사회에서 혈연은 사회생활을 규제하는 가장 중요한 단일 요인이다. 혈연은 우리가 어떤 사람에게 얼마나 정중하게 말을 해야 하는지, 우리가 어떤 사람에게 농담을 해도 되는지, 우리가 어떤 책임을 져야 하는지, 심지어는 우리가 누구와 결혼할 수 있는지를 결정한다. 혈연의 힘은 공동체 전체를 관통한다. 혈연은 사회에(적어도 마을 단위에서는) 구조와 조화를 제공한다.

이 점을 뒷받침하는 매우 흥미로운 사실은 세계적으로 널리 사용되는 혈연의 호칭 체계 중 어떤 것도 사촌보다 먼 관계를 지칭하는 용어를 따로 가지고 있지 않다는 것이다(한국어에는 사촌을 넘어 팔촌까지의 관계를 지칭하는 단어가 있는데, 저자는 이를 몰랐던 것 같다. 영어에서 다양한 친척을 aunt, uncle, cousin으로 뭉뚱그려 표현하는 것처럼, 대부분의 서양 언어에는 친척을 가리키는 단어가 사촌을 넘어 세분화되어 있지는 않다 - 옮긴이). 마치 사촌까지가 인간 공동체의 자연스러운 경계선이며 사촌이라는 마법의 테두리 밖에 있는 모든 사람은 별로 중요하지 않은 사람인 것만 같다. 과거의 민족지적ethnographic 사회에서는 공동체에 새로 들어오는 사람은 반드시 가공의(또는 허구의) 어떤 혈연관계를 부여받아야 했다. 보통은 누군가의 양아들이 되거나 의형제가 되었다. 그런 관계를 맺기 전까지는 그 공동체에 발을 들여놓을 수가 없었다. 예컨대 내가 누군가와 혈연관계를 맺으면 그 누군가의 친척은 모두 나의 친척이 되며 진짜 친척과 똑같은 권리와 의무도 부여된다. 현대인들도 아이를 입양할 때 똑같은 규칙을 따른다. 또 우리는 우리와 아주 가까운 친구들이 오면 그들이 진짜 이모나 삼촌이 아닌데도 우리 아이들에게 그들을 '메리 이모' 또는 '짐 삼촌'이라고 부르게 한다. 혈연은 소규모 사회에 특히 중요한 것이어서, 인간의 사회적 세계를 조직하는 중요한 원칙들 중 하나로 간주돼야 마땅하다.

혈연의 중요성을 반영하는 현상 중 하나는, 모든 조건이 같을 때 우리는 친구보다 친척을 도와주려고 한다는 것이다. 이러한 현상은 '혈연 혜택kinship premium'이라고도 불린다. 만약 어떤 사람이 당신에게 불쑥 연락해서 자신이 오래전에 잃어버린 팔촌이고 당신과 그 사람의 고조모가 같다고 말한다면 어떤 일이 벌어지겠는가? 당신은 그 사람의 이야기가 정말인지 확인하기 위해 몇 가지 질문을 하겠지만, 증거를 확인하고 나면 기꺼이 당신 집에서 하룻밤 자고 가라고 할 것이다. 며칠 더 머물고 가라고 권할지도 모른다. 하지만 그 사람이 당신의 친구의 친구의 친구라고 밝혔다면 당신의 반응은 크게 다를 것이다. 당신은 그와 가벼운 대화를 몇 마디 나눈 후 길 끄트머리에 있는 호텔 이름을 알려주면서 빈방이 있는지 알아보라고 말할 것이다. 어쩌면 나중에 차 한 잔 하러 들르라고 이야기할지도 모른다.

혈연 혜택은 진화생물학의 가장 중요한 법칙 중 하나인 친족 선택

이론the theory of kin selection에 뿌리를 둔 개념이다. 친족 선택이란 동물이 먼 친척보다 가까운 친척에게 이타적인 행동을 하고 이기적인 행동은 적게 한다는 이론이다. 이 이론은 뉴질랜드 진화생물학자인 빌 해밀턴Bill Hamilton이 대학원생일 때 발견했다고 해서 '해밀턴의 법칙Hamilton's Rule'으로 불리기도 한다. 이것은 모든 종의 동물에게(사실은 식물에게도) 적용 가능한 일반적인 조직의 법칙이다. 토머스 폴렛은 독일과 네덜란드 학생들을 대상으로 한 연구에서 이 점을 훌륭히 입증했다. 그는 학생들에게 최근에 언제 친척 집을 방문했는지, 그 친척과 어떤 관계인지, 그 친척과 얼마나 떨어진 곳에 사는지를 물었다. 그는 해밀턴의 법칙대로 학생들이 먼 친척보다 가까운 친척을 만나기 위해 더 많이 노력하는지 여부를 알아보려고 했다. 그는 학생들이 실제로 먼 친척보다 가까운 친척을 만나기 위해 더 먼 거리를 이동했다는 결과를 얻었다. 먼 친척보다는 가까운 친척을 위해 먼 길을 가는 것이 더 가치 있는 일이 된다.

릭 오거먼Rick O'Gorman과 루스 로버츠Ruth Roberts는 가족과 친구의 차이를 알아보기 위해 내재적 연관 검사Implicit Association Test, IAT라는 널리 알려진 방법을 사용했다. 이 테스트는 어떤 대상이나 사람에 관한 무의식적 연상의 강도를 알아보기 위해 고안된 방법으로서, 암묵적인 편견과 고정관념을 연구하는 데 널리 사용된다. 오거먼과 로버츠는 사람들이 가족보다 친구들에 더 긍정적인 태도를 가지고 있으며 친구들을 자기 자신과 더 가까운 존재로 인식하지만, 자신의 '진짜 공동체'를 대표하는 사람들은 친구들보다는 가족(먼 친척은 제외)이라고 생각한다는 결과를 얻었다.

가족 관계와 친구 관계의 또 다른 차이점은 친구 관계가 유지하는 데 비용이 더 많이 든다는 것이다. 우리가 확보한 여성들의 네트워크 데이터는 보편적인 법칙을 따르고 있었다. 여성들은 일반적으로 가까운 친구들보다 가까운 가족에게 더 많은 시간을 썼지만, 덜 가까운 친척들보다는 덜 가까운 친구들에게 더 많은 시간을 썼다. 먼 친척은 이따금씩 떠올리는 정도만 해도 현상 유지가 되지만, 우정은 일정 기간 만나지 않으면 금방 시들어버린다. 대학에 가는 고등학생들을 추적한 우리의 종적 연구에서도 우정의 이런 특성은 명백하게 드러났다. 어떤 친구들과 정기적으로 만나지 않게 되면 그들은 몇 달 만에 친구 명단의 아래쪽으로 내려갔다. 어떤 친구가 그냥 '알던 사람'으로 바뀌는 데는 2년이면 충분했다. 반면 가족과는 훨씬 노력을 적게 해도 관계를 유지할 수 있었고, 연구를 진행한 18개월 동안 연구 대상자들과 가족 구성원들 사이의 감정적 친밀감은 조금도 손상되지 않았다. 오히려 친밀감이 좋아지는 변화가 있었다. 가족을 자주 만나지 못할 때 그들을 향한 우리의 마음은 더 애틋해진다(이것은 가족에 국한된다). 우리는 몇 년 동안 가족을 만나지 못하고 살 수도 있다. 그래도 가족은 두 팔 벌려 우리를 환영하고, 우리가 정말로 도움이 필요할 때는 언덕을 넘어오는 기사the cavalry coming over the hill처럼 우리를 구해주러 올 것이다.

가족과 친구 사이에 어중간하게 위치한 사람들은 배우자의 가족들이다(인류학의 전문용어로는 인척affine, relatives by marriage이라고 한다). 그들은 피를 나눈 친척은 아니지만 그냥 친구와도 다르다. 그들은 좋든 싫든 간에 우리의 삶에 개입한다는 점에서 가족과 비슷하다. 맥스 버턴은 영국과 벨기에 여성들의 사회적 네트워크 데이터베이스에서 그 여성들이 혈연관계인 가족, 배우자의 가족, 친구들과 상호작용하는 방식의 차이점을 알아냈다. 그 결과 친구와 가족 사이의 접촉 빈도는 뚜렷한 차이를 나타냈다. 배우자의 가족과 접촉하는 빈도는 혈연관계인 가족과 동일해 보였다. 물론 우리는 우리 자신의 사회적 네트워크에 배우자의 확대가족 전체를 포함시키지는 않는다. 일반적으로 우리는 배우자의 직계가족(부모, 조부모, 형제자매) 정도만 사회적 네트워크로 간주한다. 예컨대 형제자매의 인척들을 우리 자신의 네트워크에 포함시키는 일은 거의 없다. 그리고 우리는 배우자의 가족을 우리의 직계가족의 동등한 구성원보다 한 단계 덜 가까운 것처럼 인식한다. 예컨대 우리는 배우자의 언니를 사촌 언니와 비슷하게 생각한다. 가깝지만 지나치게 가까운 것은 꺼려지는 사이. 그래도 우리는 배우자의 가족을 친구보다는 가족에 가깝게 취급한다. 배우자의 가족은 결혼이라는 사회적 의식을 치른 결과 갑자기 범주에 들어온 사람들이다. 하지만 결정적인 차이가 하나 있다. 배우자의 가족은 우리와 혈연으로 이어지지는 않을지라도 우리의 아이들에 대해 공통의 관심을 기울이는 사람들이고, 그래서 생물학적 견지에서 그들은 친척의 반열에 오른다. 고인이 된 오스틴 휴스Austin Hughes도《진화와 혈연Evolution and Human Kinship》이라는 훌륭하지만 까다로운 수학적 계산이 담겨 있는 작은 책에서 이 점을 설명했다.

우리의 네트워크에 포함시킬 수 있는 사람들은 친구와 가족만이 아니라는 사실을 기억할 필요가 있다. 지금까지 했던 이야기는 우리의 사회적 네트워크에 살아 있는 인간만 포함시켜야 한다는 뜻은 아니다. 사실 우리의 사회적 네트워크는 특정한 종류의 존재들로 이뤄지는 것이 아니라 관계로 이뤄진다. 따라서 사람들이 자신의 사회적 네트워크에 세상을 떠난 지 얼마 안 된 친척을 포함시키는 것은 부적절한 일이 아니다. 우리는 고인이 된 친척들의 묘지를 방문하고 그들의 생일과 기일을 기억한다. 어떤 사회에서는 오래전에 사망한 조상들을 기리는 의식을 매년 거행한다. 멕시코의 포묵Pomuch이라는 마을에서는 매년 '망자의 날Day of Dead'(10월 31일, 우리는 이날을 핼러윈으로 알고 있다)에 주민 9000명이 인근 묘지를 찾아가 조부모와 증조부모의 유골을 모두 꺼내 꼼꼼하게 닦고 새 옷을 입혀 이듬해까지 제자리에 넣어둔다. 포묵 사람들은 그런 풍습을 통해 조상들과 계속 연결된다고 생각한다. 또 과거에 뉴기니의 일부 부족들은 조상의 유골을 팔걸이 포대에 담아서 들고 다녔다.

우리에게 중요한 사람이라면 누구든지 사회적 네트워크에 포함시킬 수 있다. 우리가 가장 존경하는 성인, 성모 마리아, 심지어는 하느님을 넣어도 된다. 우리가 어떤 드라마의 주인공에게 홀딱 반했다면 그 주인공을 넣어도 된다. 그리고 우리가 사랑하는 고양이, 개, 말, 닭과 같은 반려동물도 넣을 수 있다. 우리가 반려동물과 감정적으로 친밀하다고 느낀다면 우리의 내면에 가장 가까이 있는 친구 5명에 반려동물을 포함시킬 수도 있다. 사람들과의 우정에서는 일정한 수준의 호혜성을 기대할 수 있어야 그 관계가 진짜 우정으로 간주된다. 하지만 사람이 아닌 존재에 대해서는 그 존재가 우리에게 말을 건다고 우리가 생각하기만 하면 사회적 네트워크에 포함시킬 수 있다. 반려동물을 키우는 사람들을 보면 정말로 그렇다(그들 대부분은 반려동물이 그들에게 말을 건다고 생각한다). 그리고 이것은 신앙심이 깊은 사람들에게도 적용된다(그런 사람들은 기도를 통해 성인들이나 신과 대화하곤 한다). 물론 개들은 이것을 최대한 활용한다. 그것은 개들이 평생 한 상대와 짝짓기를 하는 늑대의 후예라서 원래 표현력이 풍부하기 때문이기도 하고, 수천 년 전에 우리가 개의 조상들을 우리의 집에 들여놓은 이후로 그들이 애정을 표현할 때마다 먹이를 주었기 때문이기도 하다. 반려동물에 대한 감정적 친밀감을 보여주는 하나의 증거는 사람들이 도덕적인 문제에서 항상 자신의 반려동물에게 편파적인 기준을 적용한다는 것이다. 방금 개가 아무 잘못이 없는 낯선 사람을 공격했다고 해도 주인은 자신의 개가 평소에는 그러지 않으니 개의 잘못이 아니라고 믿는다.

3장

당신의 뇌가
친구를 만드는 방법

"사회적 뇌 가설이 종과 종을 비교할 때
적용 가능하다면 한 종의 내부에도 적용 가능할까?
나의 뇌 크기를 통해 나의 친구 집단의 크기를 예측할 수 있을까?
진화생물학은 그럴 것이라고 대답한다."

우리가 유지할 수 있는 친구 수의 한계인 150은 아무렇게나 정한 값이 아니다. 나는 원숭이와 유인원의 사회집단의 크기와 뇌 크기의 관계 분석을 통해 그 값을 예측한 바 있다. 사실 그 분석도 우연히 얻은 성과였다. 당시에 나는 집단의 크기의 한계와 아무런 상관이 없는, 그때는 사소하다고 생각했던 어떤 문제를 해결하려고 애쓰고 있었다. 행동과학자들에게는 물리학이나 화학과 같은 자연과학에서 사용하는 것과 비슷한 방식으로 진지한 예측을 할 기회가 자주 주어지지 않는다. 행동과학자와 사회과학자들이 하는 예측은 보통 사소하고 지극히 명백한 것들이다. 인간이 자연스럽게 형성하는 집단의 크기가 150명밖에 안 된다고 예측하는 것은 저 푸른 창공 너머로 한 걸음 나아가는 행동이었다. 그 예측이 정확할 것이라고 기대한 사람은 없었을 것이다. 지금부터 그 수가 어떻게 나왔는지 설명해보겠다.

브레인스토밍

1990년대 초반에 나는 아주 사소하지만 신경 쓰이는 문제에 주의를 기울이고 있었다. 영장류는 왜 서로의 털을 손질하는 일에 그렇게 많은 시간을 쓸까? 그때까지 통용되던 전통적인 견해는 털 관리는 순전히 위생을 위한 일이라는 것이었다. 서로 털을 손질해주면 털에 달라붙은 풀이나 씨앗 따위가 제거되고 피부를 깨끗하고 건강하게 유지할 수 있다고 생각했다. 털 손질은 실제로 그런 기능을 하지만, 오랫동안 야생 상태의 원숭이들을 관찰한 나는 원숭이들이 단순히 위생에 필요한 것보다 훨씬 많은 털 손질을 받는다는 사실에 깊은 인상을 받았다. 내가 보기에 그들의 털 손질은 사교적인 활동이자 하나의 쾌락이었다.

물론 털 손질은 청결을 유지하는 데 도움이 되고, 처음에는 그런 이유로 진화했으리라 짐작된다. 하지만 어떤 이유에선지 털 손질은 영장류(말 계통의 동물이나 일부 조류처럼 친사회적인 동물도 마찬가지)의 진화 과정에서 사교적 성격이 명백한 기능을 보조하기 위해 선택된 것처럼 보였다. 가장 사교적인 몇몇 원숭이들은 하루 활동 시간의 5분의 1을 털 손질을 해주는 데 쓰기도 했는데, 이것이 전부 위생상 필요에 의한 것이라는 주장은 말이 되지 않았다. 원숭이와 몸 크기가 비슷한 다른 종들은 자신들이 가진 시간의 1~2퍼센트만을 서로의 털 관리에 쓴다는 점을 보면 더욱 그랬다. 문제는 2가지 가설을 어떻게 시험하느냐였다.

내가 생각해낸 검증 방법 중 하나는 여러 종의 동물들이 털 손질에 쓰는 시간이 그 동물들의 사회집단의 크기와 상관관계가 강한지(만약 그렇다면 털 손질에 사회적 기능이 있다는 추론이 가능하다), 아니면 그 동물들의 몸 크기와 상관관계가 강한지(몸 크기는 깨끗이 손질할 털의 양을 측정하는 지표다)를 알아보는 것이었다. 분석을 해보니 동물들의 털 손질 시간은 집단의 크기와 상관관계가 있었고 몸 크기와는 아무런 상관이 없었다. 나는 나 자신의 무죄를 입증한 느낌이었다. 불과 1~2년 전 스코틀랜드 세인트앤드루스 대학의 앤디 휘튼Andy Whiten과 딕 번Dick Byrne은 원숭이와 유인원이 다른 동물에 비해 훨씬 복잡한 사회집단을 이뤄 생활하기 때문에 다른 포유동물들보다 큰 뇌를 가지고 있다고 주장했다. 그들은 중세 이탈리아 정치철학자 니콜로 마키아벨리의 이름을 따서 그 가설을 '마키아벨리 지능 가설'이라고 불렀다. 나는 그 가설이 옳다면 동물들의 털 손질 시간, 집단의 규모, 뇌의 크기가 모두 연관성을 나타낼 것이라고 생각했다. 큰 집단에는 작은 집단보다 개체의 상호관계(친구가 될 수 있는 쌍의 개수)가 더 많으므로, 큰 집단을 이루고 사는 종들은 그 관계를 관리하기 위해 큰 뇌가 필요할 것이며, 집단의 유대를 유지하기 위해 털 손질에 더 많은 시간을 쓸 것이라는 생각이었다. 그리고 실제 결과도 그렇게 나타났다. 모든 영장류 동물의 뇌 크기와 털 손질에 쓰는 시간은 집단의 크기가 클수록 늘어났다.

이러한 상관관계를 발견하고 나니 당연한 의문이 생겨났다. 포유동물의 뇌 크기와 집단 크기의 상관관계는 인간 집단의 적절한 크기에 관해 무엇을 말해주는가? 영장류의 뇌에 관한 데이터를 제공한 바로 그 데이터베이스에 인간의 뇌와 관련된 데이터도 있으므로, 인간의 뇌 크기(더 정확히 말하면 대뇌 신피질neocortex의 크기) 데이터를 골라내 사회적 뇌 공식에 집어넣으면 될 일이었다. 하지만 문제가 있었다. 〈그림 1〉과 같이 '사회적 뇌 가설'은 집단 크기와 뇌 크기의 상관관계를 4개의 등급으로 구분한다. 등급이 올라갈수록 집단의 규모는 점진적으로 커지고 그에 맞춰 인지능력도 우수해진다. 유인원들은 이 중 하나의 등급(4등급)에 해당하므로, 우리는 등급 전체가 아니라 이 등급을 활용해야 한다. 인간의 신피질 크기를 구해서 유인원의 사회적 뇌 공식에 넣으면 우리는 148이라는 답을 얻는다. 올림이나 내림으로 구할 수 있는 가장 가까운 어림수는 150이다.

이것은 옳은 계산일까? 인간은 정말로 150명 정도 크기의 집단으로 살아갈까? 우리는 수백만 단위로 모여 거대한 도시와 광역도시에 살지 않나? 그러나 인류의 역사에서 보면 도시는 물론이고 군(소도시)도 아주 최근에 생겨난 것이다. 5000년 전만 해도 수천 명이 함께 거주하는 도시는 거의 없었다. 수백 명이 모여 집을 짓고 살았던 인류 최초의 정착지들은 불과 1만 년 전에 만들어졌다. 그전에는? 진화의 희미한 흔적을 찾아 수백만 년 전으로 거슬러 올라가면 수렵과 채집을 하며 살던 사람들을 만나게 된다. 어떤 부족들은 지금도 수렵과 채집으로 살아간다. 세계 곳곳의 수렵-채집 사회들은 매우 독특한 형태를 띠고 있었다. 수렵-채집 사회의 공동체는 일정한 영역 내에서 서너 개의 야영 집단camp group 또는 무리band가 흩어져 있는 형태였다. 나중에는 몇몇 공동체가 합쳐져 군집mega band으로 바뀌었고, 몇 개의 군집이 합쳐져 부족tribe을 형성했다. 일반적으로 사람들은 자기 공동체의 사람들과 함께 생활했지만, 공동체 내에서는 이 무리에서 저 무

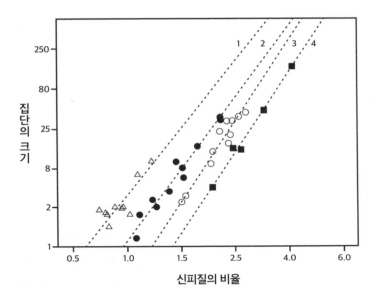

그림 1 사회적 뇌 가설. 영장류에 속한 여러 종들의 집단 크기의 평균을 신피질 비율(신피질의 부피를 뇌의 나머지 부분의 부피로 나눈 값)과 함께 표시했다. 신피질은 뇌에서 고차원적 사고를 담당하는 부분이다. 신피질은 얇고 넓은 막으로서 안쪽의 오래된 척추동물 뇌를 감싸고 있다(척추동물 뇌는 신체와 정신이 조화를 이루도록 한다). 통계를 분석한 결과 사회적 뇌 관계에는 4개의 등급이 있었다. 반쯤 고독한 원원류(△), 사교적인 원원류와 약간 사교적인 원숭이(●), 아주 사교적인 원숭이(○), 유인원(■). 인간은 오른쪽 상단 구석의 사각형으로 표시된다. 등급은 1~4의 숫자로 표시된다.(*원원류: 원숭이와 유인원을 제외한 영장류. 여우원숭이 등이 포함된다.)

리로 비교적 자유롭게 옮겨 다닐 수 있었다. 사람들은 자신의 군집에 속한 다른 무리들을 가끔 방문하고(하지만 다른 무리에 영구적으로 정착하지는 않았을 것이다), 다른 부족의 구성원들에게는 선물을 주거나 물물교환을 했다. 다시 말하자면 사회의 층위별로 관계의 성격이 다 달랐다.

당시에 나는 이처럼 많은 층위들 가운데 어느 것을 인간의 집단 크기로 사용해야 적합할지 감을 잡지 못했다. 내가 문의했던 인류학자들 중 누구도 시원한 대답을 해주지 않았다. 꼭 뭔가를 선택해야 했다면 그들은 유목민들의 야영 집단 또는 무리를 선택했을 것이다. 하지만 야영 집단은 생태의 영향을 받는다. 야영 집단은 사람들이 자신을 보호하기 위해 밤을 보내는 집단으로서 그 크기는 계절, 고도, 환경에 따라 달라진다. 야영 집단은 사회적으로 형성된 집단이 아니다. 그래서 나는 애초의 질문을 뒤집어서 집단의 여러 층위들 가운데 크기가 150명에 가까운 것이 있는지를 알아보기로 했다. 나는 세계 곳곳의 21개 나라에서 데이터를 찾아냈다. 그중에는 북극 지방의 이누이트족과 오스트레일리아의 원주민들, 베네수엘라의 야노나모족, 중앙아프리카 우림지대의 피그미족도 있었다. 분석 결과 4개의 층위 가운데 150에 가장 가까운 것은 공동체community의 규모였다. 민족지적 사회의 집단을 설명하는 데 사용되는 용어들은 다소 가변적이었지만 공동체 또는 씨족clan으로 일컬어지는 집단은 사냥터를 함께 사용하는 사람들로서 1~2년에 한 번 모여 성인식과 결혼식 같은 행사를 치렀다. 이런 집단은 정식으로 혈족의 지위를 가지고 있지만(오스트레일리아의 원주민들과 북아메리카의 일부 인디언 부족들처럼), 그들은 대개 공통의 조상을 가졌다는 사실을 유대의 근거로 삼으며 족외혼을 한다(일반적으로 결혼할 상대는 공동체 바깥에서 찾는다). 이 집단의 규모는 100명에서 200명 사이인데 평균은 148.4였다. 원래 예상했던 값인 147.8에 근접한 수치였다.

사회적 뇌는 누구에게나 있다

사회적 뇌 가설을 처음 생각해냈을 때 나는 그것이 모든 포유동물에게 적용된다고 가정하고 식충동물(땃쥐와 들쥐 같은 가장 원시적인 포유동물을 이것저것 모아놓은 다소 잡스러운 항목)과 육식동물을 대상으로 약간의 분석을 해봤다. 식충동물과 육식동물은 둘 다 집단 크기와 뇌 크기 사이에 일정한 상관관계를 나타내긴 했지만 결과는 좀 혼란스러웠고 영장류처럼 명백하지 않았다. 한참 뒤에 수산네 슐츠 Susanne Shultz라는 학자가 이 점을 더 진지하게 탐구했다. 그녀가 유제류(척추동물 중에 소나 말처럼 발굽을 가진 동물), 육식동물, 박쥐, 새들을 살펴본 결과 영장류에서는 선행 연구와 마찬가지로 집단 크기와 뇌 크기에 선형의 상관관계가 발견된 반면 영장류가 아닌 동물들의 경우 그런 상관관계가 유효하지 않았다. 조류와 박쥐, 육식동물과 유제류 동물들은 모두 사회적 뇌 효과를 뚜렷한 수치로 보여주었다. 일자일웅(오직 한 개체와 짝짓기를 하는 습성 - 옮긴이) 동물은 혼자 사는 동물이나 암컷 한 마리가 수컷 여러 마리를 거느리고 사는 동물이나 무정형의 큰 무리를 이루고 사는 동물보다 큰 뇌를 가지고 있었다. 그리고 같은 조류라도 짝을 지어 평생 함께 사는 종들(앵무새, 까마귀, 맹금류)과 짝짓기 철에만 함께 살고 이듬해에는 새로운 짝을 찾는 종들(우리가 정원에서 흔히 보는 새들) 사이에는 뚜렷한 차이가 있었다. 전자가 후자보다 확실히 큰 뇌를 가지고 있었고, 후자는 마구잡이로 짝짓기를 하는 종들(앞의 두 부류에 속하지 않는 새들의 대부분)보다 큰 뇌를 가지고 있었다. 자기 짝에게 충실한 새인 까마귀가 작은 몸에 무겁고 뭉툭한 머리를 달고 있는 데 반해 마구잡이로 짝짓기를 하는 공작은 커다란 몸뚱이에 조그만 머리를 가지고 있다는 사실을 생각해보라.

몇 년 후 수산네는 오랜 세월 동안 포유동물의 여러 목에 속한 동물들의 뇌 크기가 커진 정도가 그 목에 속한 종들 가운데 사회적 집단을 형성한 종의 비율과 상관관계가 있음을 입증했다. 뇌 크기가 급격히 커진 동물들은 인간과 비슷한 유인원인 진원류anthropoid primates(원숭이와 유인원), 낙타과 동물들(남아메리카의 과나코, 비쿠냐, 아시아의 전통적인 낙타), 돌고래, 코끼리, 말과 동물(말, 당나귀, 얼룩말)이었다. 이들 가운데 지금껏 멸종하지 않고 살아 있는 동물들은 대부분 사회적 관계를 맺고 있다. 진원류(여우원숭이, 갈라고원숭이 등)는 이 서열의 후미에 위치했고, 뇌 크기가 조금밖에 커지지 않은 개들이 그 뒤를 따랐다(개과 동물은 모두 일자일웅이다). 지난 2천만 년 동안 뇌 크기가 거의 커지지 않은 고양이와 사슴과 영양(이 동물들은 대부분 혼자 살거나 마구잡이로 짝짓기를 한다)은 맨 뒤에 위치했다. 나중에 수산네는 브리티시 콜롬비아 대학의 키이런 폭스Keiran Fox와 함께 고래와 돌고래에 관한 데이터를 분석해서, 무리 지어 살며 사회적 유대를 맺고 먹이를 채집하는 다른 종들과 마찬가지로 이 두 동물에서도 뇌 크기와 사회집단의 크기(무리의 크기)가 상관 있음을 밝혀냈다.

우리는 이 데이터를 통해 진짜로 중요한 것은 집단의 크기 자체가 아니라 사회적 유대라는 사실을 깨달았다. 유인원과 일자일웅 육식동물, 유제류, 박쥐, 조류 들에게 공통으로 적용되는 포괄적인 법칙은 모든 집단이 개별화된 관계로 이뤄진다는 것이다. 관계 속에서 개체들은 신뢰, 호혜, 책임의 형태로 서로에게 헌신한다. 다시 말하면 너와 나의 우정에 헌신한다.

그럼에도 불구하고 적어도 영장류의 사회생활과 육식동물 및 유제류의 사회생활에는 차이점이 있다. 나와 수산네와 하비에르 페레즈-바베리아Javier Perez-Barberia는 이 3가지 집단의 계통발생 과정에서 비사교성에서 사교성으로의 전환과 작은 뇌에서 큰 뇌로의 전환의 상관관계를 조사했다. 그 결과 영장류가 뚜렷한 차별성을 드러냈다. 영장류의 경우 두 변수들 사이의 전환이 동시에 일어난 것처럼 보였기 때문이다. 영장류의 사교성과 뇌 크기는 둘 중 하나가 변화하면 나머지 하나도 같이 변화하는, 대단히 밀접한 공진화 관계를 나타냈다. 반면 유제류와 육식동물의 경우 변화는 불규칙적이었다. 사교성과 뇌 크기 중 하나가 변화하더라도 다른 하나는 한참 동안 그대로 있었다. 유제류와 육식동물의 진화 과정에서는 그 반대의 일이 벌어지기도 했다. 혼자 살고 작은 뇌를 가진 동물이 큰 뇌를 가지고 사회생활을 하는 동물로 바뀌었다가 다시 혼자 사는 동물로 바뀌는 식이었다. 이런 현상은 영장류에서는 단 한 번도 발견되지 않았다. 영장류의 사회성과 뇌 크기는 다른 포유동물보다 훨씬 긴밀한 공진화 관계라는 추측이 가능했다. 모든 영장류가 사회적 관계를 형성했지만 유제류와 육식동물 중에서는 단 몇 종만이 사회적 관계를 맺고 살아가기 때문이다. 그리고 동물의 사회적 관계는 대부분 일자일웅과 관계있다.

이 모든 사실을 종합하면 영장류가 다른 포유동물 중에 아주 소수만이 따라갈 수 있는 사회적 관계를 맺고 있다는 결론이 나온다. 유대 관계의 강도라는 측면에서도 그렇고, 영장류는 재생산을 함께 하는 짝만이 아니라 여러 개체와 유대 관계를 맺을 수 있다는 점에서도 그렇다. 포유류와 새들의 계통에서 발견되는 일자일웅의 재생산 관계는 높은 수준의 사회성과 유대감을 의미하지만(조류에 속하는 종들의 90퍼센트는 이런 사회 시스템을 가지고 있다), 영장류에게는 일자일웅의 재생산 관계가 가장 유지하기 쉬운 사회 시스템의 형태인 것 같다.

사회적 집단과 뇌 크기의 관계가 무엇을 의미하는지에 대해서는 굉장히 많은 오해가 있었다. 그래서 설명을 이어가기 전에 몇 가지만 분명히 하고 싶다. 때때로 '사회적 뇌 가설'은 영장류의 뇌가 크게 진화한 이유에 관한 생태학적 가설의 대안으로 여겨진다. 생태학적 가설은 한마디로 '식량을 잘 찾아내기 위해서'라는 가설이다. 사실은 사회적 뇌 가설이 곧 생태학적 가설이다. 대안 가설은 사교 활동이냐 식량 찾기냐가 아니라 동물들이 개별 개체의 시행착오 학습을 통해 생태학적 문제를 스스로 해결하느냐(그리고 사회집단은 순전히 동물들이 먹이가 풍부한 곳에 모여들기 때문에 형성되느냐), 아니면 생존의 문제를 해결하기 위해 사교 활동과 무리 생활을 하느냐에 주목한다. 한군데에 정착해서 안정적인 집단을 이뤄 생활할 때의 문제점은 다른 개체들과 함께 살아가면서 느끼는 스트레스와 귀찮은 일들을 잘 처리하기 위해 상당한 수준의 외교 능력과 사교술이 필요하다는 것이다. 만약 우리가 무리 생활의 스트레스를 잘 다스리지 못한다면 그 스트레스는 우리를 포함한 모든 포유동물에게 큰 타격을 입힐 수도 있다. 우리의 면역체계는 심각하게 손상되고 여성들의 생리 내분비 시스템이 망가져서 생식 능력까지 잃어버릴지도 모른다. 이런 일을 막아내지 못하면 결국 개체들이 그 집단을 떠나 스트레스가 덜한 작은 집단으로 옮겨갈 것이다. 최종적으로 우리는 모두 혼자 살아가게 될 것이다.

해결책의 핵심은 유대감이 있는 관계와 이런 관계를 뒷받침하는 복잡한 인지능력이다. 그래서 영장류가 사회집단을 유지하는 쪽으로 진화한 것이다. 이것을 보여주는 사례 중 하나는 유대감이 있는 사회집단에서는 친구들이 항상 당신을 지켜봐주고 당신이 잠시 멀어지더라도 당신을 저버리지 않는다는 것이다. 우리가 알아낸 바로는 영장류와 자기 짝에게 충실한 영양들은 항상 가장 친한 친구들의 소재를 확인하는 반면, 무리 단위로 짝짓기를 하는 종들(내가 연구했던 야생 염소 같은 동물)은 그런 행동을 거의 보이지 않는다. 그래서 사회적 뇌 가설은 다음과 같이 2단계로 구성된다.

1단계: 생존의 문제는 집단생활을 통해 해결한다.
2단계: 집단생활의 어려움을 해결하기 위해 그 생활의 스트레스를 관리할 수 있을 정도로 큰 뇌를 가진다.

두 가설의 또 하나의 차이점은 생존의 동력이 무엇이라고 생각하느냐에 있다. 큰 뇌에 관한 1단계 생태학적 설명을 선호하는 사람들은 오직 먹이 찾기라는 관점에서만 생각한다. 사회적 뇌 가설을 선호하는 사람들은 포식자로부터의 보호를 강조한다. 사실 이것은 영장류가 특정 서식지에서 번창하는 능력을 제약하는 가장 큰 요인이 무엇인가의 문제다. 현실에서는 먹이가 문제였던 적은 별로 없다. 적어도 초식동물에게는 그랬다. 언제나 포식자에게 먹히는 것이 훨씬 심각한 문제였고, 영장류의 여러 종들은 적당한 장소가 있어도 포식자 때문에 그곳에 정착하지 못했다. 내 생각에 포식자의 위험을 강조하는 시각의 문제점 중 하나는, 여러 연구자들이 유대가 형성된 사회(인간 사회도 여기에 포함된다) 내부의 사회적 관계라는 것이 얼마나 복잡한지를 이해하지 못하고 있다는 것이다. 그에 비하면 이 열매를 먹을지 저 뿌리를 먹을지 결정하는 일은 인지적 측면에서 누워서 떡 먹기라 할 수 있다. 한마디로 우리의 사회적 세계는 현재로서는 우주에서 가장 복잡한 것이다. 우리의 사회적 세계는 너무나 역동적이기 때문에, 그 변화를 따라가고 대응하는 일은 정보 처리라는 측면에서는 정말 힘든 일이다.

머릿속의 친구

이번에는 중요한 질문에 답해보자. 사회적 뇌 가설이 종과 종을 비교할 때 적용 가능하다면 한 종의 내부에도 적용 가능할까? 나의 뇌 크기를 통해 나의 친구 집단의 크기를 예측할 수 있을까? 진화생물학은 그럴 것이라고 대답한다. 진화의 과정에서 새로운 형질이 출현하기 위해서는 변이가 일어나야 하기 때문이다. 애초에 개체들 사이에 차이가 전혀 없었다면 서로 다른 종도 생겨나지 않았을 것이다.

옛날이었다면 죽은 사람들의 두개골에서 뇌를 꺼내 보기 전까지는 이 가설을 검증할 수 없었을 것이다. 하지만 사람이 죽고 나서는 그 사람에게 친구가 몇이나 있었는지를 알아낼 방법이 없다. 우리는 그들이 고독한 말년에 친구를 몇이나 두고 있었는지가 아니고 그들의 전성기에 친구가 몇이었는지를 알아야 한다. 지난 20년 동안 뇌 영상화 기술이 도입되면서 큰 변화가 생겼다. 이제 우리는 살아 있는 사람들의 뇌를 스캔해서 별다른 통증을 주지 않고 뇌의 크기와 구조를 파악할 수 있다. 가장 널리 보급된 뇌 영상화 기술은 의료용으로 많이 사용되고 있는 자기공명영상MRI이다. MRI는 강력한 자기장을 이용해 뇌 속의 수소 또는 산소 원자의 위치를 추적하는 기술로서 뇌를 세밀하게 촬영할 수 있다.

그래서 2006년 무렵에 나는 몇몇 사람들과 MRI로 사회적 뇌의 개체별 적용 여부를 검증하자는 논의를 시작했다. 당시 리버풀 대학(그때 나도 이 학교에 있었다)의 젊은 강사였고 지금은 카디프 대학 교수인 페니 루이스Penny Lewis가 열렬히 호응했다. 우리의 아이디어는 한 무리의 사람들에게 가족과 친구들의 명단을 작성하도록 한 다음 그들을 MRI 기계에 넣고 뇌의 관련 부위들의 크기를 측정하는 것이었다. 이전의 연구 경험을 통해 우리는 인간관계 네트워크에 포함되는 사람들 전부의 목록을 작성하는 것은 힘들고 따분한 작업이라는 사실을 알고 있었으므로, 실험 대상자들에게 지난달에 접촉한 친구들과 가족의 수를 알려달라고 부탁했다. 이유는 다음 장에서 자세히 설명하겠지만, 이 수는 사회적 네트워크 전체의 크기와 밀접한 관계가 있다.

뇌를 스캔하는 실험에는 아주 많은 시간이 필요하다. 한 번에 1명만 MRI 기계에 들어갈 수 있고, 스캔을 한 번 할 때마다 1시간 가까이 소요된다. 그리고 우리가 나눠준 사회적 네트워크에 관한 설문지를 사람들이 작성하는 데도 시간이 필요했다. 그럼에도 불구하고 오랜 시간 동안 열심히 일한 결과 우리는 여러 장의 뇌 스캔 사진과 설문에 대한 개인별 답변을 얻어냈다. 이제 친구가 많을수록 뇌의 어느 영역이 큰지를 알아내는 작업만 남았다. 페니는 뇌를 직경 몇 밀리미터의 작은 덩어리로 분할해서 분석한 후 동일한 인지 시스템에 속하는 부위들을 모두 합산하는 방법을 선택했다. 그러고 나서는 조앤 파월Joanne Powell(현재 리버풀 호프 대학의 강사)이 전전두피질 전체의 부피와 전전두피질 각 부분의 부피를 측정하는 번거로운 작업을 했다. 전전두피질은 이마 바로 뒤, 뇌의 앞쪽에 위치한 부분으로서 고차원적 사고의 대부분을 담당한다. 이처럼 서로 다른 2가지 방법(하나는 광범위하지만 매우 미세하게 쪼개서 접근하고, 다른 하나는 한 부위에 집중하되 분할은 대충하는 방법이다)을 사용해서 얻은 결과는 거의 비슷했다. 친구가 많을수록 사교 기술을 관장한다고 알려진 부위들의 크기가 컸다. 전전두피질(대략 뇌 앞부분의 4분의 1에 해당한다), 측두엽(귀 옆을 따라 이어지는 부분), 그리고 귀 바로 뒤쪽의 측두엽과 두정엽이 만나는 측두두정 접합(TPJ라고 부른다)이 여기에 해당한다(〈그림 2〉). 친구가 많다고 응답한 사람들은 이 모든 부위가 다른 사람들보다 컸지만, 상관관계가 가장 높게 나타난 곳은 전전두피질이었다. 6장에서 살펴보겠지만 이 부위들은 사교적 관계를 처리하는 데 긴밀하게 관여한다. 지금으로서는 사교적 상황에서 활용하는 뇌의 주요 부위들의 크기와 친구 수가 상관있다는 점을 알아두기만 해도 충분하다.

일반적으로 과학 분야에서는 새로운 사실이 발견되면 그 실험의

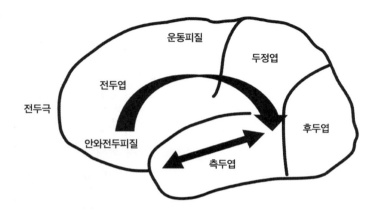

그림 2 뇌의 주요 영역. 정신화 네트워크를 화살표로 표시했다.

결과가 그저 우연은 아니었는지 확인하기 위해 다른 실험실에서도 그 실험을 반복한다. 그래서 우리의 연구 결과가 발표되고 나서도 몇 년간 10여 차례의 다른 연구가 이뤄졌다. 연구자들은 각기 다른 척도로 우정을 측정하고 각기 다른 뇌 영상화 기술을 사용해 이 가설을 시험했다. 어떤 연구에서는 사람들에게 150명이 넘는 친구와 가족의 이름을 모두 써달라고 요청했는가 하면 어떤 연구에서는 페이스북 친구의 수를 활용했고, 일부 연구에서는 의지가 되는 사람들의 수를 측정했다. 또 어떤 연구자들은 친구의 수가 아니라 사람들의 사교성을 수치화한 값을 사용했다. 이 모든 연구는 사회적 네트워크의 크기(수치화 방법은 각기 달랐지만)와 뇌에서 사교 활동을 담당하는 부위의 크기가 연관 있다는 결론을 얻었다. 일부 연구들은 편도체와 대뇌변연계(뇌에서 감정을 담당하는 영역)의 역할을 강조했고, 어떤 연구들은 전두엽과 측두엽(마음 이론 네트워크, 최근에는 디폴트 모드 신경 네트워크default mode neural network로 불리는 뇌의 부위: 디폴트 모드 신경 네트워크는 뇌가 과제를 수행하지 않고 쉬는 조건에서 활성화되는 뇌 영역들의 조합을 의미한다)을 강조했다. 중요한 사실은 모든 연구가 우리의 발견을 광범위하게 인정한다는 것이다. 어떤 사람이 가진 친구의 수는 그 사람의 뇌에서 사교 활동을 관장하는 부위의 크기와 상관있었다.

하지만 여러 면에서 가장 큰 공로는 한국의 곽세열 교수가 이끄는 연구진에게 돌아가야 할 것 같다. 곽세열은 한 마을에 거주하는 약 600명의 성인들을 조사해서 누가 누구에게 감정적 지원을 얻는지를 알아내 사회적 네트워크를 그렸다. 연구진은 이 네트워크를 바탕으로 사람들이 누구의 이름을 많이 언급했는지(인기의 직접적인 척도)를 파악한 후, 이름이 많이 언급된 사람들의 뇌를 촬영했다. 이 연구가 특히 중요한 이유는 마을 사람 전부에게 어떤 사람에 대해 어떻게 생각하는지를 물었다는 데 있다. 그 결과 연구진은 사람들이 친구라고 '생각하는' 사람의 수(우리의 연구를 포함한 대다수 연구에서는 이것을 묻는다)가 아니라 그 사람들이 '실제로' 가지고 있는 친구의 수(그 사람과 자신이 친구라고 답한 사람들의 수)를 알아낼 수 있었다. 다시 말하면 이 연구는 대부분의 선행 연구보다 조금 더 객관적이었다. 연구진은 뇌에서 친구의 수와 가장 뚜렷한 상관관계를 나타내는 부위는 안와전두피질orbitofrontal cortex, 배내측 전전두피질dorsomedial prefrontal cortex, 설회lingual gyrus(안와전두피질 바로 위 영역으로 때때로 고차원적 시각 정보 처리과 사건의 논리적 구성에 관여한다)라는 사실을 발견했다.

료타 카나이Ryota Kanai의 뇌 영상 촬영 연구는 친구 수가 적은 사람들(그의 연구에서는 페이스북 친구 수를 지표로 사용했다)의 뇌가 더 작을 것이라는 가설을 확인했다. 이 연구 결과를 발표한 후에 카나이는 자신이 고독한 사람이라고 했던 사람들이 자신은 고독하지 않다고 답했던 사람들과 뇌 구조가 다른지를 알아본다는 아이디어를 떠올렸다. 그는 고독한 사람들은 상측두구superior temporal sulcus, STS(양쪽 귀 옆에 위치한 측두엽의 한 부분)에 회백질이 적다는 사실을 알아냈다. 상측두구는 마음 이론 연구와 정신화mentalising에 관한 모든 뇌 영상 촬영 연구에 공통적으로 등장하는 영역이다. 측두엽은 기억(예를 들면 단어의 뜻)의 저장에도 깊이 관여하기 때문에, 정신화에서 측두엽이 수행하는 역할은 이런 종류의 연구에 사용되는 짧은 일화 속의 다양한 사건 기억들을 서로 비교하게 해주는 것으로 짐작된다. 또 충분히 예상 가능한 결과긴 하지만, 카나이의 연구는 고독이 사회적 단서를 잘 처리하지 못하는 것과 관련 있음을 확인했다. 그리고 사회적 네트워크의 규모가 작은 것, 높은 불안, 낮은 공감 능력과 같은 심리 요인들 역시 고독에 기여한다는 사실을 확인했다. 그러나 측두엽의 부피와 고독의 관계를 설명해주는 요인은 사교적 인지능력밖에 없었다.

여러 편의 연구가 편도체에 주목하고 있었다는 사실도 흥미롭다. 편도체는 대뇌변연계의 한 부분으로서 공포를 비롯한 갖가지 감정적 단서를 처리하는 일에 관여하며 우리로 하여금 위험한 상황을 피하도록 해준다. 편도체는 뇌에서 신피질 바깥의 오래된 영역에 위치하지만 뇌 바로 앞의 안와전두피질과 직접 연결된다. 안와전두피질은 감정적 단서를 해석하는 일에 관여하는데, 편도체의 공포 반응이 잘못된 것이라고 판단될 경우 그 반응을 억제한다고 알려져 있다. 모든 인간관계, 특히 낯선 사람과의 관계에는 잠재적 위험이 따르기 때문에(우리는 그 사람들이 어떤 행동을 할지 모른다) 최초의 본능적 반응은 항상 달아나는 것이다. 실제로 달아날 필요가 없을 때는 안와전두피질이 이러한 반응을 약화시킬 수 있다. 구애나 짝짓기를 하고 있을 때는 이런 기능이 매우 중요하다. 이것은 뇌의 각기 다른 영역들이 상호작용으로 미세한 균형을 만들어내는 덕분에 우리가 복잡한 상황에서도 효율적으로 행동한다는 것을 보여주는 중요한 단서다.

또 하나의 중요한 단서는 나의 동료인 옥스퍼드 대학의 메리앤 누난MaryAnne Noonan이 한 연구에서 발견된다. 메리앤은 뇌의 백질을 관찰한 결과 백질의 부피 역시 친구 집단의 크기와 상관관계가 있음을 밝혀냈다. 뇌의 표면은 백질과 회백질이라는 완전히 달라 보이는 두 종류의 세포로 구성된다. 회백질은 미엘린으로 덮이지 않은 무수신경세포들의 집합으로서 정보 처리와 연산 같은 딱딱한 작업을 도맡아 처리한다. 즉 회백질은 뇌의 컴퓨터 엔진이다. 백질은 뇌의 여러 영역에 분포하는 서로 다른 회백질들을 연결하는 배선과도 같다. 백질이 흰색인 이유는 전선의 플라스틱 절연 물질과 같은 역할을 하는 미엘린myelin이라는 지방조직으로 덮여 있기 때문이다. 미엘린 조직은 서로 연관 있는 2가지 기능을 수행한다. 첫째, 미엘린은 신경의 발화가 다른 신경으로 넘어가지 않도록 한다(다른 신경으로 넘어가면 메시지가 잘못된 곳에 전달되기 때문이다). 둘째, 미엘린은 신경이 전자 신호를 전달하는 속도를 높임으로써 뇌의 여러 부분들이 빠르게 소통하도록 해준다. 메리앤은 백질의 부피가 사회적 네트워크의 크기와 높은 상관관계를 나타낸다는 사실을 발견했다. 아마도 이런 이유에서 우리가 맨 처음에 사회적 뇌를 분석했을 때처럼 신피질(회백질과 백질을 모두 포함)을 하나의 완결된 단위로 취급하는 방법이 효과적일 것이다. 예컨대 '짐이 말썽을 피웠는지 아닌지'를 알아내는 일은 뇌의 한쪽 구석에서 수행되는 작업이 아니라 뇌의 여러 영역에서 메시지들이 이쪽저쪽으로 이동하는 과정이다.

지금까지 언급한 연구의 대부분은 오른손잡이인 사람들을 대상으로 했다. 오른손잡이를 대상으로 하는 것은 뇌 영상 촬영 연구의 표준 관행이다. 오른손잡이인 사람들을 대상으로 하면 왼손잡이인 사람들의 대다수(불편하게도 전부는 아니다)는 오른손잡이인 사람들과 뇌 구조가 정반대라는 사실에서 비롯되는 복잡성을 피해갈 수 있다. 실험 대상자가 오른손잡이인 경우, 우리의 실험에서 친구 수를 가장 잘 예측하는 뇌의 부위는 뇌의 맨 앞쪽에 위치한 부위(정확히 말하면 눈 바로 위에 위치한 안와전두피질, 또는 그 옆에 위치한 내측 전두엽피질medial frontal cortex)였다. 이 부위는 여러 가지 감정을 느끼고 통제하는 일에 관여한다. 그리고 관계에 관한 정보를 처리하는 일은 반자동으로 이뤄지거나 의식의 지평선 밑에서 이뤄지는 것처럼 보였다. 조앤 파웰은 왼손잡이인 사람들을 대상으로 뇌 영상 연구를 추가로 수행했다. 결과는 기본적으로 같았지만, 왼손잡이인 사람들의 전두엽에서 친구 수와 상관관계가 가장 뚜렷하게 나타난 영역은 뇌의 표면 위쪽 안와전두피질에서 약간 뒤쪽에 위치한 배외측 전두엽피질dorso-frontal cortex이었다. 이 영역은 평소 이성적 사고와 추론에 관여한다. 이 결과는 왼손잡이인 사람들이 오른손잡이들보다 자신의 인간관계에 관해 의식적 사고를 많이 한다는 것으로 해석될 수도 있다. 다시 말하면 왼손잡이와 오른손잡이는 인간관계를 처리하는 방식이 다를지도 모른다. 오른손잡이인 사람들은 조금 더 감정적으로 처리하고 왼손잡이인 사람들은 더 이성적으로 처리할지도 모른다.

후속 연구들은 뇌가 사회적 정보를 처리하는 과정이 매우 복잡하며 어떤 사회 맥락이 포함되는가에 따라 처리 과정이 달라질 수도 있다고 지적했다. 실비아 모렐리Sylvia Morelli의 연구진은 대학 기숙사에 사는 2학년 학생 전원에게 자신에게 우정, 공감, 지지를 주는 소중한 사람들의 이름을 알려달라고 해서 사회적 네트워크 지도를 제작했다. 그러자 누가 네트워크에서 중심지 역할을 하는지(즉 누가 인기가 많은지)를 파악할 수 있었다. 연구진은 학생들에게 다른 학생들의 사진을 보여주면서 뇌를 스캔했다. 그러자 네트워크의 중심지에 해당하는 인물의 사진을 보고 있는 학생의 뇌에서는 정신화를 관장한다고 알려진 영역(특히 내측 전두엽, 측두엽의 일부, 쐐기앞소엽precuneus)들과 보상의 가치를 판단하는 영역(복측 선조체ventral striatum)의 활동이 활발해졌다. 학생들 개개인과 중심지 인물의 개인적인 관계를 통제해도 결과는 같았다.

노암 제루바벨Noam Zerubavel과 케빈 오슈너Kevin Ochsner가 회원 14명으로 구성된 2개의 학생 동아리를 대상으로 한 연구에서도 비슷한 결과가 나왔다. 제루바벨과 오슈너는 모든 학생에게 동아리 회원들의 호감도를 각각 평가하도록 한 다음 다른 회원들의 사진을 차례로 보여주면서 그 학생의 뇌를 스캔했다. 모렐리의 연구와 마찬가지로 학생들이 인기가 많은 다른 학생의 사진을 보고 있을 때는 정신화와 가치 판단을 담당하는 부위의 활동량이 늘었다. 가치 판단을 담당하는 부위란 안와전두피질과 편도체, 복측 선조체를 의미한다. 그러나

이 실험에서 특히 흥미로운 점은 가치 판단 영역의 활성화는 본인의 호감도 점수가 높았던 학생들에게만 나타났다는 것이다. 낮은 호감도 점수를 받은 학생들은 누구의 사진을 보고 있든 간에 뇌 활동량에 큰 차이가 없었다. 하지만 그들은 가치 판단을 담당하는 영역 전체의 활동량이 훨씬 많았다. 다시 말하면 인기가 별로 없는 사람들은 동아리의 다른 회원들 모두에게 관심을 많이 기울였고, 인기가 많은 사람들은 동아리에서 인기가 많은 핵심 인물들에게만 관심을 가졌다.

세 번째 후속 연구를 실시한 캐럴린 파킨슨Carolyn Parkinson의 연구진은 대학원 MBA 과정의 한 반 전체 학생들을 대상으로 뇌의 정신화 영역의 활동을 측정한 결과 비슷한 패턴을 발견했다. 우선 반 학생들 전부가 다른 학생들 개개인과 얼마나 여가 시간을 함께 보냈는지를 점수화했다. 다음으로 자원한 학생들 20명에게 다른 반 학생들이 나오는 동영상을 보여주고 뇌를 스캔했다. 그러자 이번에도 자기도 인기가 많고 다른 인기 많은 학생들을 친구로 둔 학생들의 뇌에서 가치 판단 및 정신화와 연관된 영역들의 반응이 가장 강했다. 즉, 가치 판단 및 정신화 네트워크는 동영상을 시청하는 사람과 그 동영상에 나오는 사람의 관계에만 반응하는 것이 아니고 그 사람이 집단 내의 다른 사람들과 맺고 있는 관계에도 반응했다. 다시 말하자면 친구들도 중요하지만 친구들의 친구들도 똑같이 중요했다. 이것은 프레이밍햄 심장 연구에서 얻은 것과 같은 결론이다.

더욱 흥미로운 점은 사회성이 매우 높은 구대륙(유럽, 아시아, 아프리카)의 원숭이 종들을 대상으로 한 두 편의 최신 연구에서 원숭이 한 마리와 함께 사는 원숭이의 수는 측두엽, 전전두피질, 편도체의 처리 장치 크기와 관련 있음이 밝혀졌다는 것이다. 사람에게서 발견된 상관관계가 원숭이에게서도 동일하게 나타났다. 따라서 사회적 뇌 가설은 종들 사이에만 적용되는 것이 아니라 원숭이와 인간의 경우 종 내부의 개별 개체들 사이에서도 성립하는 것으로 보인다. 정말 신기한 일이다. 그리고 사회적 뇌 가설은 사회적 뇌의 진화론적 토대에 관한 단서를 준다.

물론 지금까지 내가 설명한 연구 결과들은 뇌 크기에 관한 단편적인 관찰에 근거하고 있다. 뇌의 크기가 우리가 가질 수 있는 친구의 수를 결정하는지, 아니면 우리가 가진 친구의 수가 뇌의 크기를 결정하는지는 아직 모른다. 적어도 부분적으로는 후자의 가설이 옳다는 근거들은 있다. 이제 우리는 뇌가 상상 이상으로 환경에 유연하게 반응한다는 사실을 알고 있다. 나중에 우리는 사회적 뇌 효과를 중재하는 사교 기술이 매우 복잡해서 인간이 이 기술을 습득하는 데 20년 이상 걸리고 그 과정이 뇌의 발달에 큰 영향을 끼친다는 점을 살펴볼 것이다. 전전두피질을 비롯한 인간의 사회적 뇌 영역은 많이 사용할수록 커질 가능성도 있다. 20대 중반이 지나면 이 영역의 성장도 멈추겠지만, 어쨌든 사람이 성인이 될 무렵이면 그 사람의 뇌는 상당 부분 발달이 끝나는 것 같다. 20대 중반 이후 뇌에 생기는 변화들은 모서리를 다듬는 정도에 불과하다.

성별과 사회적 뇌

우리가 사회적 네트워크에 관한 여러 연구를 진행하면서 발견한 것 중 하나는 언제나 여성이 남성보다 친구가 조금 더 많다는 것이다. 그 차이가 크지 않을 때도 항상 여성의 친구 수가 남성의 친구 수보다 많았다. 그렇다면 우정과 관련된 뇌의 영역들도 성별에 따른 차이를 나타낼까? 남성과 여성은 뇌의 전체적인 크기가 다를 뿐 아니라(남성의 몸이 더 크고 뇌도 더 크다) 뇌의 일부 영역의 크기도 다르다는(일반적으로 여성이 전전두피질의 백질을 남성보다 많이 가지고 있다) 사실은 오래전부터 알려져 있었다.

간단히 말하자면 이런 발견은 케임브리지 대학의 저명한 신경과학자 배리 케버른Barry Keverne이 발견한 내용과 일치한다. 1980년대에 배리는 당시에 새롭게 떠오르던 게놈 각인이라는 연구 주제에 관심을 가지게 됐다. 아주 단순화해서 말하면 게놈 각인이란 우리가 부모에게서 물려받는 유전자들이 마치 자신이 어느 쪽에서 왔는지를 알고 있는 것처럼 행동해서 결과적으로 한쪽 유전자가 적극적으로 억제되어 우리의 성장에 영향을 미치지 못하는 현상이다. 이 유전자들은 대부분 뇌의 발달에 관여하는 것으로 보이는데, 배리는 게놈 각인의 2가지 측면에 주목했다. 첫째, 우리가 성장하는 동안 아버지의 신피질 유전자는 발현이 억제되기 때문에 우리의 신피질은 어머니의 유전자에 의해 결정된다. 둘째, 우리의 대뇌변연계 유전자는 아버지에게서 물려받는다(어머니 쪽 대뇌변연계 유전자는 억제된다).

다소 이상한 이 과정은 남성과 여성의 재생산 전략을 생각하면 일면 타당해 보인다. 대다수 포유류의 암컷, 특히 영장류의 암컷들은 재생산에 성공하려면 무엇보다 사회 환경에 잘 적응해야 한다. 대다수 포유류 수컷에게 재생산의 성공은 주로 다른 수컷들과 경쟁을 얼마나 잘 하느냐에 달려 있다. 수컷에게는 다른 수컷들과 경쟁에서 느끼는 극단적인 분노야말로 승리하기 위한 동력이 된다. '제가 양보할게요! 많이 드세요!'라고 예의 바르게 말하는 포유류 수컷이 자손을 많이 남기기는 힘들다. 반대로 적어도 영장류에서는 암컷이 재생산에 성공하는 열쇠는 사교성이다. 친구가 많은 암컷은 수컷이 난동을 부린다든가 하는 사태가 생겨도 스트레스를 덜 받고, 자손을 많이 낳기 때문에 그 자손들이 어른이 될 때까지 살아남을 확률도 높아지며, 자기 자신도 오래 산다(참, 야생마들의 세계에서도 비슷한 사실이 발견됐다). 따라서 우정을 쌓기 위해 필요한 사교술은 자연선택된 형질일 확률이 높고, 뇌에서 사교 기능을 담당하는 영역들은 진화의 과정에서 우선순위가 높아졌을 것이다. 그리고 앞에서 설명한 대로 이 영역들은 신피질의 전두엽에 많이 분포해 있다.

하지만 이러한 단서들과 별개로 성별에 따른 뇌의 차이, 특히 뇌 크기의 차이는 사람들의 관심사에서 밀려나 있다. 어떤 경우에는 이 주제 자체가 위험한 것이기 때문이다. 그러다 2018년에 나는 흥미로운 이메일을 받았다. 이메일을 보낸 사람은 독일 아헨 대학에서 조용히 명성을 쌓고 있던 젊은 신경과학자 다닐로 브즈독Danilo Bzdok이었다. 그는 영국인들 못지 않게 조심스러운 태도로, 사회적 뇌 이론을 뒷받침하는 것으로 보이는 결과를 얻었는데 내가 흥미로워할 것 같다고 이야기했다. 그리고 그 이야기를 나누기 위해 만날 생각이 있느냐고 물었다. 나는 호기심이 동해서 당연히 좋다고 대답했다. 마침 몇 달 뒤에 둘 다 런던에 갈 일이 있었다. 다닐로는 아헨으로 돌아가는 길에 런던을 지나칠 예정이었고 나는 런던에서 열리는 학술회의에 가야 했다. 다닐로는 히스로 공항으로 가는 길에 내가 머물던 호텔에 들렀고, 우리는 호텔 바에서 만났다. 그는 맥주잔을 앞에 놓고 자신의 자료를 나에게 보여주었다.

다닐로의 연구진은 영국 바이오뱅크Biobank 데이터베이스에서 얻은 자료를 분석했다. 바이오뱅크 데이터베이스는 2000년대 초반에 영국인 50만 명에게 특정한 심리적, 생리적 수치를 측정하는 검사를 받고 건강 정보를 기증해줄 것을 요청했다. 더 흥미로운 사실은 바이오뱅크가 1만 건이 넘는 방대한 뇌 스캔 사진을 그 환자의 생리적, 심리적, 사회적 상황에 관한 정보와 함께 제공했다는 것이다. 그 덕분에 다닐로의 연구진은 사람들의 사교성 척도와 뇌의 여러 영역들의 크기가 어떤 관련이 있는지를 자세히 살펴볼 수 있었다. 특히 남녀 차이가 두드러지게 나타난 부분은 대뇌변연계(편도체)와 전전두피질이 사회적 접촉의 빈도 및 강도와 맺고 있는 관계였다. 다닐로의 분석 결과 식구가 많은 집에 사는 여성들은 그렇지 않은 여성들보다 편도체가 컸고, 남성의 경우에는 식구 수가 편도체 크기에 별다른 영향을 미치지 않았다. 반대로 식구가 많은 집에 사는 남성들은 안와전두피질이 큰 것으로 나타났지만 여성들에게는 그런 패턴이 발견되지 않았다. 감정적으로 친밀한 관계를 맺을 기회가 많았던 사람들의 경우 정반대의 결과가 나타났다. 자신의 인간관계에 매우 만족한다고 답변한 여성과 주변 사람에게 속마음을 털어놓을 기회가 많다고 답변한 여성은 그렇지 못하다고 답변한 여성보다 이 두 영역의 부피가 컸다.

성별의 차이에 관한 난처한 질문은 13장에서 다시 다룰 예정이다. 우선 몇 개의 메시지만 전달하고 넘어가자. 첫째, 사교적 진화, 즉 뇌의 진화는 주로 여성의 필요에 의해 이뤄진 것으로 짐작된다. 둘째, 이러한 사실은 사교성의 기반이 되는 신경 시스템의 조직에 결정적인 영향을 끼치는 것처럼 보인다. 그 영향은 성별에 따라 다를 수도 있다. 셋째, 우리의 신경생물학 기계가 조직된 방식의 차이는 우리의 생각과 행동에 미묘하지만 중요한 영향을 미치는 것 같다.

❧

지금까지 나는 우리의 사회적 네트워크가 모두 똑같은 것처럼 이야기했다. 소셜 미디어가 끊임없이 전하는 메시지에 따르면 이 친구도 친구고 저 친구도 친구니까. 하지만 나는 우정에 여러 종류가 있다는 것도 암시했다. 어떤 우정은 친밀하고 어떤 우정은 덜 친밀하다. 처음부터 나는 우리에게 아주 가까운 친구가 5명 정도 있다고 언급했다. 나아가 우리가 친구로 간주하는 사람들보다 덜 가까운 '지인'도 있다고 했다. 다음 장에서는 관계의 종류에 관해 더 자세히 알아보려고 한다.

4장

우정의 원

"사회적 네트워크에는 우리가 생각했던 것 이상의 구조가 있는 것이 분명했고,
그 구조에는 놀라울 정도의 일관성이 있었다.
마치 모든 사람이 똑같은 패턴을 가지고 있는 것 같았다.
그것은 우리를 둘러싸고 있는 150명의 사회적 네트워크가 사실은
여러 층으로 이뤄져 있음을 알려주는 최초의 단서였다."

다음의 공통점은 무엇일까? 재판의 배심원, 대부분의 단체 운동 경기, 정부의 내각, 그리스도의 제자들, 군대의 가장 작은 단위(일반적으로 '반'이라고 한다), 내일 죽는다면 당신이 진짜로 슬퍼할 사람들의 수. 답은 모두 비슷한 수라는 것이다. 이들은 각각 12명, 11~15명, 12~15명, 12명, 11~16명, 11~15명이다. 인간의 심리에서는 12라는 숫자가 특별한 작용을 하는 것만 같다. 사람들이 서로 협력해서 일해야 하는 곳이면 어디나 12라는 숫자가 반복적으로 나타난다. 내가이 사실을 처음 알게 된 것은 1990년대 초반 인간 집단의 자연스러운 규모에 관한 증거를 수집하던 때였다. 나는 미국 사회심리학자 크리스천 바이스Christian Buys와 케네스 라슨Kenneth Larsen이 쓴 논문을 우연히 발견했다. 바이스와 라슨은 12명 전후로 형성된 집단을 연민집단sympathy group이라고 불렀다. 그들은 사람들에게 지인들 가운데 죽는다면 진짜로 슬플 것 같은 사람들의 명단을 만들어달라고 요청해서 그 사람들의 수에 관한 자료를 수집한 최초의 과학자들이었다.

그들은 우리가 연민을 느낄 수 있는 사람들의 수에는 한계가 있으며, 그래서 긴밀한 심리적 상호작용이 요구되는 집단의 크기에도 한계가 있다고 주장했다.

축구팀이 명백한 사례이다. 실력이 좋은 축구팀은 자신이 최대한 많이 득점하려고 애쓰면서 경기장을 돌진하고 필요하다면 자기 편의 다른 선수에게서도 공을 빼앗는 11명의 선수로 이뤄진 팀이 아니다. 좋은 팀은 득점을 위해 자신의 행동을 다른 선수들에게 맞추는 선수 11명으로 구성된다.* 포워드와 백은 서로 다른 역할을 하며, 미친 듯이 공을 쫓아다니기보다 각자 역할에 충실해야 한다. 진짜 좋은 팀에서는 선수들 각자가 자신의 움직임을 동료 선수들의 움직임에 맞추기 때문에 언제 어떤 선수가 필드에 있을지를 안다. 그들은 공을 가진 선수가 어디서 그 공을 찰지를 정확히 안다. 그래서 공이 떨어지기도 전에 미리 그 지점에 가서 기다린다. 그러려면 선수들이 서로의 생각을 속속들이 알아야 한다.

연민 집단의 규모를 알아보려고 했던 첫 시도는 1990년대 초반에 대학원생이었던 맷 스푸어스가 수행한 조사였다(그는 나중에 생물학 교사가 됐다). 그 조사는 연민 집단의 존재를 확인했다. 또한 그 조사는 연민 집단 내에 5명 정도로 구성되는 더 작은 집단이 존재한다는 사실을 밝혀냈다. 우리는 그 작은 집단을 지지 모둠support clique이라고

---

* 미식축구는 한 팀이 15명으로 구성된다고 지적하는 사람도 있을 것이다. 미식축구를 변형한 종목인 럭비의 경우 한 팀은 13명(오스트레일리아식 풋볼의 경우는 18명)이다. 그러나 이런 종목에서는 '팀'을 2개의 소그룹으로 나눠서(오스트레일리아식 풋볼의 경우 3개의 소그룹으로 나눈다) 소그룹별로 각기 다른 게임을 하고 주로 같은 소그룹에 속한 선수들과 공을 주고받도록 한다.

불렀다. 그 집단은 1명이 지지나 도움을 필요로 할 때마다 아낌없이 지지와 도움을 주는 사람들로 구성되기 때문이다. 사회적 네트워크에는 우리가 생각했던 것 이상의 구조가 있는 것이 분명했고, 그 구조에는 놀라울 정도의 일관성이 있었다. 마치 모든 사람이 똑같은 패턴을 가지고 있는 것 같았다. 그것은 우리를 둘러싸고 있는 150명의 사회적 네트워크가 사실은 여러 층으로 이뤄져 있음을 알려주는 최초의 단서였다.

우정의 원들

나는 소규모 사회의 크기에 관한 데이터를 분석해, 여러 개의 사회적 층이 약 50명, 150명, 500명, 1500명이라는 형태로 상당히 뚜렷한 연쇄를 형성하며 하나의 층이 순차적으로 다음 층에 포함된다는 사실을 발견했다. 나중에 보니 우리의 크리스마스카드 데이터에도 5, 15, 150(이들 사이에 다른 층이 있다는 암시도 있었다)이라는 유사한 패턴이 나타났고 이 패턴은 사회적 층 연쇄의 한쪽 끝과 거의 일치했다. 새로 발견한 사실의 의미를 어떻게 탐색할지 고민하고 있던 중 나는 프랑스 물리학자 디디에 소르네트Didier Sornette에게서 갑작스러운 이메일을 받았다. 소르네트는 평생 지진을 예측하려고 노력했던 학자였는데 나중에는 지진만큼이나 예측 불가능한 주식시장과 금융 버블에도 관심을 가지게 됐다. 그는 수렵-채집 사회의 무리 크기에 관한 나의 논문을 우연히 알게 됐다면서 나에게 데이터에 나타난 패턴을 발견했느냐고 물었다. 그리고 자신이 그 데이터를 분석해서 패턴을 찾아봐도 되겠느냐고 했다. 그래서 나는 우리의 데이터를 그에게 보냈고, 그는 웨이싱저우Wei-Xing Zhou(현재 상하이의 화동 이공대학 교수)라는 젊은 중국인 연구자에게 부탁해서 복잡한 수학적 방법으로 그 데이터를 분석하도록 했다. 웨이싱저우는 두 데이터 모두에서 일관되는 패턴을 발견했다. 사람들의 관계는 연속되는 원 또는 층*의 구조를 이루고 있었고 각 층의 크기는 바로 전 층의 3배였다. 〈그림 3〉은 그 패턴을 보여준다(1.5에 또 하나의 층이 보이는데, 이 점에 대해서는 잠시 후에 다시 설명하겠다). 이 층들은 각각 이전 층을 포괄하면서 이어지기 때문에, 15명 원은 5명 원의 구성원 전체를 포괄하며 50명 원은 5명 원과 15명 원의 구성원을 포괄한다. 다시 말하면 15-층은 당신이 자주 만나는 가까운 친구 5명, 그리고 당신이 뜸하게 만나는 친구 5명씩으로 이뤄진 모둠 2개로 구성된다.

이 원들을 일상생활의 용어로 설명하자면, 5명 원은 '절친한 친구들', 15명 원은 '친한 친구들', 50명 원은 '좋은 친구들', 150명 원은 '그냥 친구들'이라고 생각하면 된다. 안쪽에 있는 원들은 우리가 일상적으로 경험하기 때문에 직관적으로 이해된다. 하지만 150보다 큰 바깥쪽의 원 2개는 조금 막연하다. 나는 그 원 2개가 '지인(함께 일하는 사람들 또는 그냥 알고 지내는 사람들 약 500명)'과 '이름만 아는 사람들(약 1500명)'에 가깝다고 판단했다. '이름만 아는 사람들'은 1970년대 초반에 이뤄진 어느 연구에서 인용했다. 이 연구에서는 우리가 얼굴

---

* 앞으로 나는 층과 원이라는 명칭을 함께 사용하겠다.

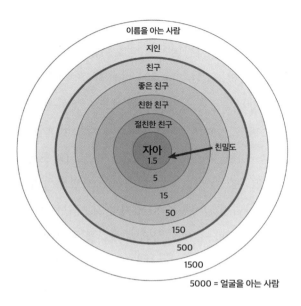

이름을 아는 사람

지인

친구

좋은 친구

친한 친구

절친한 친구

자아
1.5

친밀도

5

15

50

150

500

1500

5000 = 얼굴을 아는 사람

그림 3 우정의 원. 각각의 층에 속하는 사람들의 수는 그 층보다 안쪽에 있는 층의 사람 수를 포함한다. 모든 층이 안쪽의 층들과 똑같은 구조를 가지는 규칙적인 패턴을 형성하며 비율척도는 약 3이다(각 층은 바로 안쪽의 층보다 3배 크다).

만 보고 이름을 댈 수 있는 사람들이 최대 2000명이라고 추정했다. 우리가 보기에도 2000명 이상은 아닐 것 같다.

하지만 최근 요크 대학의 로버트 젱킨스Rob Jenkins가 수행한 연구 덕택에 우리는 바깥쪽 층들을 조금 더 명확하게 정의할 수 있게 됐다. 롭은 사람들이 얼마나 많은 사람의 얼굴을 인식하는지(이름을 대지는 못하더라도 얼굴만 알아보면 된다) 알아보기 위해 안면 인식 과제를 활용했다. 그는 연구 대상자들에게 다수의 얼굴 사진을 보여주고 그중에 아는 사람이나 전에 만났던 사람이 있는지를 물었다. 그의 데이터에 따르면 우리가 개인적으로 얼굴을 아는 사람은 약 500명이다(이 연구에서는 주로 친구, 가족, 동료가 여기에 포함된다). 그리고 얼굴을 보고 인식할 수 있는 사람(반드시 이름을 대지 못해도 된다)은 다 합쳐서 5000명 정도라고 한다. 따라서 여러 연구의 결과를 종합해서 추측하자면, 1500-층은 우리가 얼굴을 보고 이름을 댈 수 있는 사람들(퀸, 도널드 트럼프, 모하메드 파라가 여기에 포함된다)이며 로버트 젱킨스가 발견한 5000-층은 우리가 이름은 모르더라도 얼굴을 보고 전에 본 적이 있다고(또는 없다고) 인식하는 사람들이다. 우리는 그 사람을 길에서 만나면 알아볼 수도 있지만 그 사람은 우리가 누군지 전혀 모를 것이다. 500-층에 포함되는 사람들은 '지인'으로 표현하는 것이 가장 적합하다. 이들 대부분은 우리와 함께 일하는 동료이거나 어떤 사교 모임을 통해 알게 된 사람들, 또는 출근길에 들르는 단골 커피숍 직원일 것이다. 1500-층에 유명인이나 개인적으로 잘 모르는 사람들이 있는 것과 달리, 500-층에는 우리를 아는 사람들이 있다. 그들은 퇴근 후에 같이 맥주를 마실 정도로 가깝게 생각하지만 축하할 일이 있을 때 초대할 생각은 하지 않는 사람들이다. 그리고 그들 역시 우리의 장례식에 굳이 참석하지 않을 것이다. 참고로 로버트 젱킨스는 원래 이런 층들의 존재를 입증하려고 했던 것이 아니다. 그는 시각 과학자로서 안면 인식의 메커니즘을 연구하다가 우리가 몇 명까지 얼굴을 알아볼 수 있느냐라는 문제에 관심을 가졌을 뿐이다. 그의 실험 결과가 우리의 연구 결과와 딱 맞아떨어진다는 것은 고무적인 일이었다.

우리 모두를 놀라게 했던 것은 연속되는 층들 사이의 비율(이른바 '비율척도')이 3에 근접했다는 점이다. 비율이 2나 4가 아니라 3이어야 하는 뚜렷한 이유는 없다. 그래서 우리는 다른 데이터에서도 비슷한 패턴을 찾을 수 있는지 알아보기로 했다. 우리가 검토한 데이터 중 하나는 여성 250명의 사회적 네트워크 표본이었는데, 그 표본에도 확실히 비슷한 패턴이 있었다. 이 표본에서는 사람들이 친구를 얼마나 자주 만나는가, 그리고 그 친구들 하나하나와 얼마나 친밀감을 느끼는가에 따라 층이 정해지는 것처럼 보였다. 5-층은 우리가 적어도 일주일에 한 번은 접촉하고 강한 친밀감을 느끼는 사람들과 일치했고, 15-층은 적어도 한 달에 한 번은 접촉하고 조금 약한 친밀감을 느끼는 사람들에 상응했으며, 50-층은 적어도 6개월에 한 번 접촉하는 사람들에 상응했고, 150-층은 우리가 1년에 한 번은 접촉하려고 노력하며 친밀감을 가장 적게 느끼는 사람들에 상응했다.

앨리스테어 서트클리프와 옌스 바인더는 맨체스터 대학 학생들과 교수들 사이의 사회적 네트워크 규모와 구조를 표본으로 만들었다. 그들은 사람들의 지지 모둠이 평균 6명으로 이뤄져 있으며 연민 집단은 평균 21명, 네트워크 전체의 크기는 175명이라는 결과를 얻었다. 이 수치는 우리의 평균값인 5명, 15명, 150명과 충분히 비슷했다. 나중에 내 연구진의 일원이며 아일랜드 박사후 과정 연구자인 페드레이그 매카론Padraig MacCarron이 우리가 핀란드 연구자들의 도움으로 확보한 유럽인들의 휴대전화 데이터 표본을 분석했다. 솔직히 말해서 페드레이그 매카론은 원래 사회적 층의 존재 자체에 회의적이었다. 더 정확히 말하자면 그는 층이라는 것이 존재한다 해도 비율척도가 꼭 3일 이유는 없다고 생각했다(비율척도는 사람마다, 층마다도 다를 수 있다고 생각했다). 하지만 누가 누구에게 전화를 자주 걸었는지를 분석한 결과, 층들은 확실히 존재하는 것으로 나타났고 각 층 크기의 누적값은 4, 11, 31, 130이었다. 이것은 우리가 대면 네트워크에서 산정한 층들의 크기보다는 약간 작았지만 어쨌든 층은 존재했으며 비율척도는 3.3이었다. 페드레이그는 단순히 사람들이 전화를 거는 빈도만이 아니라 이 숫자에 포함되는 사람들과 실제로 통화한 시간도 분석했는데, 그 분석에서도 비슷한 결과를 얻었다. 다음으로는 웨이싱저우와 디디에 소르네트가 중국의 어느 통신사의 고객 400만 명의 통화 기록 1조 건 이상을 분석했다. 그들 역시 층을 발견했고, 층의 규모의 누적값은 2, 7, 20, 54, 141이었으며 비율척도는 2.9였다. 이보다 좋을 수는 없었다.

한편으로는 예전에 나와 협력한 적 있는 피사의 유쾌한 이탈리아 컴퓨터 과학자들이 다른 데이터에서 비슷한 패턴을 찾아봤다. 발레리오 아르나볼디Valerio Arnabaldi(당시에는 대학원생이었다)와 그의 두 지도교수였던 안드레아 파사렐라Andrea Passarella와 마르코 콘티Marco Conti는 좋은 와인을 곁들인 훌륭한 식사를 함께 하며 두 종류의 페이스북 데이터를 확보했다. 하나는 규모가 작은 데이터였고 다른 하나는 규모가 큰 데이터였다(오해할까 봐 밝혀두는데, 그들은 페이스북을 이용해 유권자들의 정보를 빼내 문제가 되었던 케임브리지 애널리티카Cambridge Analytica에서 데이터를 구하지 않았다…… 둘 다 공개적으로 입수 가능한 데이터였다). 그리고 그들은 방대한 트위터 트래픽 표본을 내려받았다(트위터 트래픽 표본 내려받기는 방법만 알면 쉽다. 트위터는 공개적으로 접근 가능하며 내려받기에도 아무런 법적 문제가 없다). 이 2종의 데이터 표본은 모두 실명이 적시된 포스트로 구성됐다. 휴대전화 데이터와 마찬가지로 우리는 메시지의 내용은 알지 못하고 누가 누구에게 메시지를 보냈는지만 알 수 있었다. 이 디지털 세계의 데이터에 나타나는 패턴을 분석한 결과, 우리가 대면 사회적 네트워크와 휴대전화 데이터에서 발견했던 것과 규모가 거의 똑같은 원들이 발견됐다. 더욱 놀라운 점은 각각의 원 안에서 사람들이 서로 접촉하는 빈도가 4개 데이터 집단(대면, 전화 통화, 페이스북 포스트, 트위터 트윗) 모두에서 거의 동일했다는 것이다.

개인적으로 나는 트위터 데이터를 보고 깜짝 놀랐다. 페이스북 네트워크가 대면 네트워크와 비슷해 보이는 이유는 쉽게 이해된다. 페이스북 친구들의 대부분은 실제로도 우리의 친구들이며, 우리는 그 친구들에게 온라인으로 포스트를 보내거나 업데이트를 하는 것과 마찬가지로 일상생활에서 대면으로도 그들을 만난다. 반면 우리가 트위터에서 대화를 주고받는 사람들은 낯선 사람일 가능성이 높다. 하지만 우리가 트위터 네트워크에서 발견한 패턴은 대면 네트워크에 나타난 패턴과 구별할 수 없을 정도로 유사했다. 유일한 차이는 트위터 네트워크에서 발견한 패턴에는 층이 3개밖에 없었다(5명, 15명, 50명 원만 있었다!)는 것이다. 이 사람들은 정말로 사교 생활을 온라인에서 다 하고 현실 세계에서는 소수의 사람만 만나면서 사는 걸까? 물론 그것도 가능한 일이고, 온라인에 익숙한 젊은 세대의 특징일 수도 있다. 아니면 그것은 시간은 많은데 사교 생활의 폭이 넓지 않은 중년 이후 남성들의 특징일지도 모른다. 중년 이후 남성들은 트위터에서 가장 적극적으로 활동하는 집단 중 하나다. 하지만 그게 정말이라면 이 패턴은 나의 예상을 뛰어넘는 수준의 사회적 고립을 의미한다. 우려 섞인 질문들이 떠오른다.

다음으로 발레리오는 30만 명이 넘는 과학자들의 공동 저자 네트워크를 분석했다. 일반적으로 학자들이 협업을 하면 논문의 공동 저자가 된다. 따라서 어떤 논문의 공동 저자의 수는 당신이 누구와 협력을 했는지를 나타내는 가장 단순한 척도라 할 수 있다. 발레리오의 분석 결과 공동 저자의 수 자체는 학문의 분야에 따라 다르게 나타났지만 논문 한 편당 공동 저자의 평균 수는 6명이었다(다시 말하면 어떤 학자와 친구 5명). 영향력 있는 저자들(논문 피인용 횟수가 많은 저자들—일반적으로 피인용 횟수는 논문의 영향력을 평가하는 척도로 간주된다)은 영향력이 별로 없는 저자들보다 공동 저자의 수가 많았다. 사람들이 다른 사람과 논문을 공동 집필하는 빈도를 분석했더니 여러 층으로 이뤄진 숨은 구조가 나타났다. 물리학과 컴퓨터공학, 생물학을 비롯한 과학의 6개 분야에서 각 층의 평균값은 2, 6, 15, 38, 117이었고 인접한 층의 비율척도는 2.8이었다. 이 수치는 〈그림 3〉에서 보여주는 대면 네트워크와 온라인상의 사회적 네트워크의 비율척도에 매우 가깝다. 층별로 공동 저자의 빈도가 감소하는 비율도 현실의 사회적 네트워크에서 관계의 질이 떨어지는 정도와 거의 동일하다. 바깥쪽 층들의 숫자가 우리의 예상보다 다소 적었다는 것은 안심할 일인지도 모른다. 친구와 가족을 위한 약간의 여유가 생기기 때문이다. 약간이긴 하지만!

원들의 연쇄가 시작되는 지점에는 항상 1~2라는 값이 있다는 사실도 발견된다. 우리는 이 패턴이 일관되게 나타나는 것에 놀랐다. 5명원의 안쪽에 뭔가가 또 있으리라고는 예상치 못했기 때문이다. 아니,

우리 연구진은 그것을 예상하지 못했지만 나는 그것을 예상하고 있었다고 말할 수도 있겠다. 비록 농담으로 한 말이었지만. 우정이라는 주제에 관해 강연을 할 때 나는 종종 〈그림 3〉에 있는 5, 15, 50, 150, 500, 1500의 원들을 보여주고 3이라는 비율척도가 뚜렷하게 나타난다고 밝히면서 다음과 같은 질문을 던졌다. "우리가 빼먹은 원이 하나 있지 않나요? 그렇죠. 1.5명짜리 원이 빠져 있죠! 이 1.5명 원은 우리가 나만의 친구로 생각하는 사람들이 아닐까요? 예를 들면 애인처럼 아주 강렬한 관계요." 그러면 청중의 반응은 대체로 다음과 같았다. "그런데 어떻게 연애 상대가 0.5명만 있을 수 있나요?" 글쎄, 그 답은 다 나와 있다. 세상 사람들의 절반은 나만의 특별한 친구가 2명이 있고 나머지 절반은 1명만 있다는 것. 그러면 애인이 아닌 1명은 누구인가요? 여자들은 나만의 친구가 2명 있지만(하나는 애인이나 남편이고 하나는 '영원한 절친'이다. 절친은 여자친구인 것이 보통이다), 남자들은 1명밖에 없다(애인이나 아내일 수도 있고 같이 술을 마시는 친구일 수도 있다. 술 친구는 보통 남자다). 남자들은 한 번에 둘을 관리하지 못하기 때문이다. 그리고 혹시라도 당신이 이 2명을 '아내와 내연녀' 또는 '남편과 애인'의 조합으로 생각할 경우에 대비해서, 12장에 소개될 연구 결과를 미리 이야기하겠다. 연구 결과는 사람들이 애인 또는 배우자가 아닌 사람과 연애 관계를 맺고 있는 경우 기존의 애인 또는 배우자는 2-층은 고사하고 5-층에도 포함되지 않음을 보여준다. 사실 나는 그것이 현실이라고는 생각해보지 못했다. 나는 그저 이런 종류의 특별한 친구들은 가장 안쪽에 위치한 5-원에 속할 거라고 짐작했을 뿐이다. 하지만 피사의 과학자들이 디지털 데이터베이스를 분석한 결과는 대단히 명백해서 이론의 여지가 없었다. 1.5층은 정말로 있었다. 그것이 존재하는 이유는 어떤 사람들(주로 남성들)은 자신의 사교 세계의 중심에 단 하나의 특별한 친구만 두고 있으며 어떤 사람들(주로 여성)은 그런 친구를 2명 두고 있기 때문이다. 그렇다면 배우자 외의 1명은 누구일까? 대개의 경우 그 사람은 내가 생각했던 대로 '가장 가까운 친구'다. 이런 친구는 거의 동성 친구다. 하지만 이것은 전적으로 여성에게 해당되는 이야기로서 남성에게는 이런 일이 거의 없다. 애나 머친Anna Machin이 입수한 친구 관계의 표본에서 98퍼센트의 여성은 자신에게 가장 가까운 친구가 있다고 답했고, 그 친구의 85퍼센트는 여성이었다. 그 표본에서 남성의 85퍼센트 역시 우리의 요구에 따라 누군가를 가장 친한 친구로 지목하긴 했지만(그 친구의 76퍼센트는 남성이었다), 그 친구들은 여성의 '특별한 친구'와는 다른 것 같았다. 여성의 가장 친한 친구는 정말 가까운 사이라서 비밀을 털어놓거나 조언을 구할 수 있는 사람이지만, 남성의 가장 친한 친구는 술집에서 저녁 시간을 같이 보내는 사람이었다. 우정의 성격이 완전히 다른 셈이다. 남성의 경우 결혼한 남성보다 독신 남성에게 가장 친한 친구(같이 술을 마시러 가는 친구)가 있을 확률이 4배 높았다(독신 남성은 63퍼센트, 결혼한 남성은 15퍼센트)는 사실만 봐도 이를 짐작할 수 있다.

사실 3이라는 비율척도를 가진 이러한 패턴은 사람과 동물을 막론하고 모든 복잡한 사회에 공통적으로 나타나는 특징으로 보인다. 우리는 수렵-채집 사회의 구조에서 이것을 처음 발견했다. 수렵-채집 사회들은 일반적으로 위계가 있는 동심원 같은 구조로 이뤄지며 각각의 층은 하위층에 속한 서너 개의 집단으로 이뤄진다. 몇 가족이 모여 야영 집단 또는 무리를 형성하며, 야영 집단 몇 개가 모여 공동체를 이루고, 공동체 몇 개가 모여 군집을 형성하고, 군집이 여러 개 모이면 부족이 된다. 우리는 수렵-채집 사회에 관한 서로 다른 데이터베이스 2개를 분석했다. 하나는 내가 수집한 민족지적 데이터였고 다른 하나는 뉴멕시코 대학의 마커스 해밀턴과 로버트 워커Rob Walker가 입수한 데이터였다. 두 데이터를 분석한 결과는 매우 비슷했다. 우리 표본의 경우 층들의 평균 규모는 각각 42명, 127명, 567명, 1728명이고 비율척도는 3.5였다. 마커스의 표본에서는 층들의 평균 크기가 각각 15명, 54명, 165명, 839명이고 비율척도는 3.9였다. 839는 마치 500과 1500이라는 바깥쪽 원의 수치 2개를 평균한 값처럼 보인다. 그렇다면 실제 비율척도는 3.3이 되고 우리가 얻은 수치와 거의 같아진다.

　이런 층들의 존재를 알려주는 다른 2개의 사례는 예상치 못한 곳에서 나왔다. 맷 그로브Matt Grove는 기원전 3000년에서 기원전 1200년 사이 청동기 시대의 유적인 아일랜드 환상열석stone circles의 규모를 조사했다. 이 환상열석들은 잉글랜드 남부의 유명한 스톤헨지Stonehenge만큼 웅장하지는 않지만, 140개의 선돌이 놓여 있으며 그 돌들의 크기는 아주 작은 것부터 큰 것까지 다양하다. 고고학자들은 이 환상열석이 일종의 종교의식을 거행하는 장소였다고 추측한다. 즉 공동체 구성원들이 종교의식 또는 정치의식을 행하기 위해 이곳에 모였을 것으로 짐작된다. 맷 그로브는 공동체의 구성원 전부가 환상열석의 원 안에 들어올 수 있었다고 가정하고 원의 크기를 측정해 공동체의 규모를 추정하기로 했다. 그는 사람들이 편안하게 서 있기 위해서 필요한 공간을 1명당 2.6제곱미터로 계산하고, 원 내부 면적의 절반은 몇 명의 지도자들이 종교의식을 거행하는 데 사용하고 나머지 절반을 공동체 구성원들이 차지했다고 가정했다. 그 결과 그는 공동체의 규모가 1명에서 156명 사이에 다양하게 분포했다는 추정치를 얻었다. 신중한 통계학적 분석에 따르면 공동체 규모의 분포는 4개의 범주(이것이 '층'이다)로 나눌 수 있다. 4개 범주의 평균값은 4명, 11명, 38명, 148명이고 평균 비율척도는 3.4였다. 중간의 층들은 수가 조금 적지만 실제로 우리가 예상했던 값과 유의미한 차이를 보이는 숫자는 38밖에 없었다. 데이터의 특성을 감안하면 이 평균값은 우리가 사람들 개개인의 사회적 네트워크 층에서 발견한 5-15-50-150이라는 패턴과 굉장히 일치한다.

우리가 이 패턴을 발견하고 몇 년이 지나서 토비아스 코르츠마이어Tobias Kordsmeyer라는 젊은 독일 학생이 나에게 연락을 했다. 그는 독일의 트레일러 파크 규모를 분석해보면 좋겠다는 제안을 했다. 10~20년 전부터 독일에는 노년층이 도시 주택을 팔고 교외의 야영장에 위치한 이동식 주택으로 이사하는 새로운 흐름이 나타났다. 이런 야영장은 대부분 산이 보이는 아름다운 호숫가에 위치한다. 때로는 전통적인 관광용 야영장 내에 특별 구역을 만들어 장기적으로 정착한 주민들을 받았고, 때로는 야영장 전체를 장기 입주민들에게만 개방했다. 어느 쪽이든 간에 현재는 세금 징수를 위해 이동식 주택도 공식 주택으로 인정하며, 이동식 주택에 사는 사람들은 작고 안정적인 공동체를 이루어 생활한다. 토비아스는 이런 장소에서도 똑같이 프랙털fractal 패턴이 나타나리라고 생각했다. 솔직히 말해서 나는 조금 회의적이었다. 내가 보기에는 야영장 주인들이 일부러 내가 발견한 숫자들을 염두에 두고 야영장을 설계할 이유는 없어 보였다. 야영장 주인들이 과학 논문을 꼬박꼬박 읽는 사람들이어서 던바의 수와 숫자의 원들을 알 것 같지도 않았다. 하지만 놀랍게도 이 야영장들의 크기는 정말로 뚜렷한 패턴을 나타냈다. 입주민 수의 최대치는 16명, 56명, 140명, 350명, 677명이었고 비율척도는 2.6으로, 이번에도 사회적 네트워크의 층 크기와 비슷했다. 특히 제일 큰 수 2개의 중간에 500이 위치한다는 점이 신기했다. 야영장을 설계한 사람들은 뚜렷한 의도를 가지고 이런 숫자들을 사용하지는 않았을 것이고, 이런 숫자들을 도입할 경제적 이유나 건축학적 이유도 딱히 없었다. 그들은 이동식 주택의 배치를 결정할 때 머릿속에 떠오른 자연스러운 집단의 규모를 따랐을 것이다. 이 정도면 놀랍다고 말할 만하다.

이것은 인간에게만 나타나는 독특한 패턴은 아니다. 복잡한 사회생활을 하는 다른 종들의 무리 짓기 패턴도 같은 순서를 따른다. 러셀 힐(앞에서 소개한 크리스마스카드 연구의 원조)과 알렉스 벤틀리Alex Bentley(물리학자였다가 고고학자가 된 사람)는 복잡한 사회생활을 하는 포유류인 침팬지, 개코원숭이, 코끼리, 범고래의 무리 짓기 패턴을 살펴봤다. 똑같은 패턴이 발견되었다(하지만 동물의 무리는 50마리 원을 넘어가지는 않았다). 인간의 패턴과 동일한 숫자가 나타났고, 모든 원은 바로 안쪽 원의 3배 크기로 비율척도도 같았다. 실제로 10년쯤 전에 나는 일본의 영장류 동물학자인 쿠도 히로코Kudo Hiroko와 함께 구대륙의 원숭이와 유인원에 속하는 여러 종들의 털 손질 네트워크 구조에 3이라는 비율척도가 존재한다는 사실을 입증했다. 그때만 해도 우리는 그 발견의 의미를 알지 못했다. 그때 이후로 3이라는 비율척도는 멧박쥐, 갈라파고스 바다사자, 콜롬비아 들다람쥐의 사회조직에서도 발견됐다. 숫자 3은 어디에나 있는 것 같다.

나중에 내가 페드레이그 매카론, 수산네 슐츠와 함께 영장류에 속한 종들 전체의 평균 무리 크기를 살펴봤더니 정확히 동일한 프랙털 패턴이 발견됐다. 무리 크기의 최대치는 1.5마리(혼자 사는 것에 가까운 동물), 5마리(주로 한 마리와 짝짓기를 하는 동물의 경우 직계가족), 15마리(주로 무리 내에서 짝짓기를 하는 종들의 경우. 무리는 수컷 한 마리와 암컷 여러 마리와 자손들로 구성된다), 그리고 50마리(큰 사회집단을 이루고 사는 종들로, 무리마다 어른인 수컷과 암컷 몇 마리가 포함된다)였다. 이번에도 비율척도는 똑같이 3이었다. 마법의 숫자 3. 그러니까 동물 종들은 환경에 대처하기 위해 무리의 규모를 키울 수밖에 없고, 그래서 작은 무리들을 합쳐서 더 큰 무리를 만든다. 그렇게 해야 무리들이 다시 쪼개지고 핵분열을 일으키는 사태가 방지되고 하위 집단들이 떨어져나가기보다 뭉쳐 있게 된다. 아마도 작은 무리들을 합쳐 큰 무리를 만들 때 특정한 규모의 무리들만 안정적으로 유지되는 것 같다.

이번에도 〈그림 3〉에 표시된 인간의 층 크기는 평균값이다. 각 층의 숫자들은 조금씩 편차가 있다. 물론 안쪽의 층들은 크기 자체가 작아서 바깥쪽 층들보다 편차가 적지만. 이번에도 성별에 따라 층들의 규모가 약간씩 다르다(여성은 남성보다 '5-층'에 속하는 친구가 많다는 결과가 일관되게 나타났다). 그리고 안쪽의 두 층은 처음에는 나이를 먹을수록 커지다가 나중에는 작아진다. 그리고 우리가 2장에서 친구의 수에 관해 발견했던 것과 마찬가지로 성격에 따른 층의 규모 차이도 일관되게 나타난다. 톰 폴렛과 샘 로버츠가 네덜란드 대학생들의 표본에서 외향적 성격이 네트워크 규모에 미치는 영향을 살펴본 결과, 외향적인 학생들이 내향적인 학생들보다 각각의 층에 속하는 친구의 수가 더 많고 모든 층을 합친 친구의 수도 더 많았다. 우리가 예상한 대로 외향적인 학생들은 각각의 층에 속한 친구 개개인과 감정적으로 덜 친밀했다. 우리가 네트워크 규모를 통제했을 때도 결과는 같았다. 외향적인 학생들은 내향적인 학생들보다 사교 능력이 더 좋은 것으로 나타났고, 따라서 외향적인 학생들의 관계의 질이 낮은 원인은 사교 능력의 부족이 아니라 시간(즉 감정 자본)을 더 많은 친구에게 나눠주기 때문으로 짐작된다. 캐서린 몰호Catharine Molho가 다른 데이터를 가지고 더 상세하게 분석한 결과, 넓은 지원 네트워크를 가지고 있는 외향적인 사람들은 경험에 대한 개방성(즉 새로운 일에 도전하기를 즐기는 성향)과 정서성emotionality(감정 표현을 더 많이 하고 덜 경직된 성향) 점수가 높았다. 반면 연민 집단의 크기는 진실성 및 겸손과 상관관계를 나타냈다.

3자 관계의 원리: 구조적 균형 이론

우리의 연구에서는 항상 사회적 네트워크를 여러 개의 연속적인 층 또는 동심원으로 파악했다. 동심원의 중심에는 당신이 있고, 당신의 개인적인 관점에서 세상을 바라본다. 하지만 사회심리학에는 사회적 관계를 3자 관계의 집합으로 바라보는 오랜 전통이 있다. 3자 관계에서는 세 사람이 각기 다른 관계를 맺고 다양한 조합으로 연결된다. 하이더의 구조적 균형 이론Structural Balance Theory이라는 이름으로 알려진 이 이론은, 1958년 오스트리아 심리학자 프리츠 하이더Fritz Heider가 《관계의 심리학The Psychology of Interpersonal Relations》이라는 책에서 처음 제시했다. 구조적 균형 이론의 핵심은 3명의 개인이 여러 형태로 관계를 맺을 수 있다는 것이다. 3명 모두가 서로를 좋아할 수도 있고, 2명은 서로 좋아하지만 그 2명 모두가 나머지 한 사람을 싫어할 수도 있다. A는 B를 좋아하고 B는 C를 좋아하지만 그 역은 성립하지 않을 수도 있고, 셋 다 서로를 싫어할 수도 있다. 이런 식으로 경우의 수가 많다. 미국의 수학자인 도윈 카트라이트Dorwin Cartright와 프랭크 하라리Frank Harary가 3자 관계를 기반으로 하는 사회적 네트워크에 관한 수학 이론을 발표하면서 구조적 균형 이론은 더욱 유명해졌다. 이 이론은 이제 사회적 네트워크 연구의 기초로서 확고하게 자리 잡았다. 잘 알려진 인터넷 기업에서 일하는 유명한 연구자 한 사람은 우리의 '우정의 원'에 관한 설명을 듣고 나서 사회적 세계가 3자 관계로 구성된다는 것은 누구나 아는 상식이기 때문에 그런 원이 진짜로 존재할 리가 없다고 단언했다(적어도 나는 그가 그렇게 단언했다고 느꼈다). 그러므로 여기서 잠깐 쉬면서 구조적 균형 이론을 살펴보고, 그 이론이 우리의 원으로 이뤄진 세계와 어떤 관련이 있는지를 알아보자.

3자 관계는 친구 관계와 다르다는 사실을 잊지 말자. 3자 관계는 그저 네트워크 그래프에 놓인 3인의 관계를 조합한 것이다(네트워크 그래프는 여러 명으로 이뤄진 공동체 내에서 우호적인 관계 또는 비우호적인 관계를 표시한 상호관계의 그물망이다). 구조적 균형 이론의 역할은 어떤 종류의 3자 관계가 안정적인지 또 불안정한지를 예측하는 것이다. 보통은 3개의 관계가 모두 동일한 신호를 보낼 때(모두가 서로를 좋아하거나 모두가 서로를 싫어한다)가 관계의 신호들이 불일치할 때(나는 당신과 짐을 좋아하지만, 당신과 짐은 서로를 싫어한다)보다 안정적이다. 당연한 이야기지만 후자의 조합이라면 세 사람이 재미있게 저녁 식사를 즐기기는 힘들 것이다. 또 이런 조합은 3인의 관계에 스트레스를 유발하므로 당신은 불가피하게 나와 짐 중에 1명을 선택해야 할지도 모른다. 관계의 신호가 모두 동일하지 않은 3자 관계들 중에 일부(예컨대 당신과 나는 서로를 좋아하지만 둘 다 짐을 싫어한다)는 안정적으로 유지될 수도 있지만 대부분은 불안정할 확률이 높다.

네트워크를 3자 관계들의 연속과 확장으로 바라볼 수도 있다. 그 안에서 개인들은 서로 이웃하는 여러 개의 3자 관계에 포함되기도 한다. 중요한 것은 네트워크 전체가 안정적이기 위해서는 모든 연결고리가 긍정적이어야 한다는 것이다. 그러나 네트워크의 통일성 또는 응집력은 모든 사람이 다른 모든 사람을 좋아하는 것에 달려 있지 않고 단순히 서로 이웃하는 3자 관계들 사이의 연결고리(다리라고도 불린다)를 만드는 몇몇 개인들에게 달려 있는지도 모른다. 다시 말하면 2개의 3자 관계가 연결되면 1개의 네트워크가 형성된다. 이쪽 3자 관계에 속한 사람 1명과 저쪽 3자 관계에 속한 사람 1명이 서로를 좋아하면 일종의 8자 형태가 만들어진다. 사회적 공동체(예컨대 당신의 친구 150명으로 이뤄진 네트워크)란 다수의 3자 관계(아마도 50개의 3자 관계일 것이다!)가 이런 식으로 연결된 결과물이라고 가정하자. 가장 안쪽 층을 구성하는 3자 관계들은 안정적일 확률이 높다. 안쪽의 관계들이 안정적이지 못하면 공동체 전체의 구조가 망가질 테니까. 하지만 가장 바깥쪽인 150-층에 속하는 사람들과의 관계가 모두 긍정적일 필요는 없다. 예컨대 제미나는 당신의 6촌이지만 당신은 제미나를 진심으로 좋아하지 않을 수도 있다. 그래도 할머니가 뭐라고 하실지 모르기 때문에 당신은 그녀를 네트워크에서 빼버릴 수는 없다.

그렇다면 3이라는 비율척도는 그것이 사회적 관계가 3자 관계로 조직되는 데서 자연스럽게 생긴다는 것이다. 프리츠 하이더의 주장에 따르면 가까운 친구가 너무 많아도 그 친구들 사이에 갈등의 소지가 커져서 불리하다. 그래서 우리가 가질 수 있는 가까운 친구들의 수에 제한이 생긴다고 주장했다. 그리고 친구들은 의무를 부과하는데, 의무가 너무 많아지면 우리에게 부담이 된다. 특히 여러 명의 가까운 친구에게 지켜야 하는 의무들이 부딪힐 때는 더욱 부담스럽다. 친구의 적과 친구로 지낼 수는 없다. 따라서 하이더는 우리가 높은 책임이 따르는 우정을 1~2개밖에 감당할 수 없지만 낮은 책임이 따르는 우정은 더 많이 가질 수도 있다고 주장한다. 후자의 친구들은 '주변 인물'과 비슷한 사람들로서 우리가 큰 책임감을 느끼지는 않는 사람들이다. 그들은 친구의 친구라는 이유로 우리의 우정 네트워크 안에 있는 사람들이다. 하이더의 이론은 우리의 '동심원'과 비슷해 보인다. 몇 년 전 노스캐롤라이나 대학의 조지프 휘트메이어Joseph Whitmeyer는 하이더의 3자 관계를 기반으로 수학적 모형을 개발했고, 가까운 친구 수의 최대치는 5라는 결론에 도달했다. 그는 이 결론을 뒷받침하는 광범위한 데이터를 제시했다. 그러니까 5-층이 인간관계의 기초 단위라는 증거는 어느 정도 나와 있는 셈이다. 이 기초 단위 위에 확장된 네트워크를 초고층으로 올리고 하이더의 방식으로 비계를 설치하면 될 것 같다.

하이더가 처음에 언급한 3자 관계로 돌아가보자. 3명이 긍정적 관계와 부정적 관계로 연결되는 유형 중에 안정적일 가능성이 높고 보편적인(안정적이라서 보편적이기도 하다) 유형은 크게 4가지다. 이 4가지 중 2가지는 균형 잡힌 관계라서 매우 안정적이고, 2가지는 불균형 관계라서 안정성이 떨어진다. 피터 클리멕Peter Klimek과 스테판 서너Stefan Thurner는 4개월이 넘는 기간 동안 오스트리아의 온라인 게임인 파르두스Pardus에서 7만 8000개에 달하는 3자 관계의 표본을 추출해 분석한 결과, 3자 관계의 4가지 유형 중에 자주 발견되는 것은 2가지라는 사실을 알아냈다. 이 2가지는 3개의 긍정적 우정으로 구성된 유형(이런 유형은 3자 관계를 무작위로 형성한 경우에 예측되는 것보다 3배나 많았다)과 2명이 공통의 적을 가진 유형(3자 관계를 무작위로 형성한 경우보다 3분의 1만큼 많았다)이었다. 안정성이 낮은 2가지 유형(셋 다 서로를 싫어하는 관계와 A-B와 B-C는 서로 좋아하는데 A와 C가 서로를 싫어하는 관계)는 드물었다(전체 3자 관계의 5~10퍼센트밖에 안 된다). 다시 말하면 세 친구로 이뤄진 3자 관계가 다른 경우보다 안정적일 뿐 아니라 보편적이기도 하다. 이 유형과 2인이 친한 유형(두 친구와 공통의 적)을 합치면 사회적 네트워크의 토대가 마련된다고 말할 수 있다.

동물의 네트워크와 마찬가지로 인간의 네트워크에도 고차원적인 무리 짓기에 3이라는 비율척도가 존재하는 현상도 같은 논리로 설명될 것 같다. 모두가 서로를 '좋아하는' 3개의 하위 집단이 결합되면 그 집단은 구조적 안정성을 획득하고 외부 충격에도 강해진다. 원숭이와 유인원에 속하는 종들(당연히 사람도 포함된다)의 광범위한 세계에서는 5라는 숫자도 상당히 일관되게 발견된다. 5는 친밀한 사회적 동반자의 수에 해당한다. 적어도 원숭이의 경우 5는 친구를 사귀기 위해 필요한 사회적 상호작용에 사용 가능한 시간과 우리가 도움을 필요로 할 때 상대가 도와주러 오도록 하기 위해 우정에 들여야 하는 최소한의 시간에 의해 설정되는 한계로 보인다. 그렇다면 자연스럽게 또 하나의 의문이 생겨난다. 친구를 사귀는 데서 시간은 어떤 역할을 하는가?

어떤 친구에게 더 많은 시간을 쓸 것인가

시간은 한정된 재화고, 우리가 사회적 상호작용에 쓸 수 있는 시간은 제로섬의 법칙을 따른다. 어느 한 친구에게 내주는 시간은 다른 친구에게는 내줄 수 없는 시간이다. 우리가 원숭이와 인간에 관한 연구를 통해 알아낸 바에 따르면, 우정의 질은 그 사람과의 관계에 투자한 시간에 직접적으로 의존한다. 1970년대에 우리가 에티오피아에서 연구한 개코원숭이들의 경우 어른 암컷이 다른 암컷을 도울 확률은 그들이 서로 털 손질을 해주며 보낸 시간에 정확히 비례했다. 인간의 경우에는 맥스 버턴의 연구 결과가 있다. 버턴은 누군가가 우리를 도와줄 확률은 우리가 그들에게 쏟아부은 시간과 직접적인 관련이 있음을 증명했다. 우리는 누가 우리에게 중요한 사람인가를 판단하고 우리 자신에게 그들이 얼마나 큰 가치를 지니는가를 반영해서 시간을 할당한다.

〈그림 4〉는 이를 확실하게 보여준다. 〈그림 4〉는 영국과 벨기에 여성들에 관한 우리의 데이터에서 여성들이 사회적 네트워크의 여러 원에 소속된 사람들과 접촉한 빈도의 평균을 나타낸다. 층에 따른 차이는 뚜렷해서, 상호작용의 빈도 차이가 구체적인 수치로 확인된다. 각각의 층에 속한 사람들의 수와 평균 상호작용 시간을 곱해보면, 사교 시간 전체의 약 40퍼센트는 가장 안쪽 층에 속한 5명에게 투입되며 20퍼센트는 다음 층에 속하는 사람들 중에 가장 안쪽 층의 5명을 제외한 10명에게 투입된다. 즉 우리의 사교적 노력의 60퍼센트가 단 15명에게 집중된다. 나머지 135명은 나머지 시간으로 만족해야 한다. 우리가 가진 시간의 3분의 1에도 못 미치는 시간을 그들 각자가 나눠 가져야 한다. 계산을 해보면 하루에 30초 정도가 된다.

친구 관계에 사용할 시간이 한정되어 있다는 점은 조반나 미리텔로Giovanna Miritello와 에스테반 모로Estaban Moro가 수행한 일련의 분석을 통해서도 입증됐다. 당시 두 사람은 바르셀로나에 위치한 통신 회사 텔레포니카Telefonica의 연구 부서에 있었다. 샘 로버츠가 학술회의에서 그들의 팀원 1명을 만난 후로 우리는 그들과 일종의 협력 관계를 맺게 됐다. 그들은 텔레포니카의 스페인 통신망을 이용하는 고객 2000만 명의 통화 패턴(7개월 동안 90억 통 정도의 통화)을 분석했다. 그 결과 더 많은 사람에게 전화를 건 사람들이 통화에 더 많은 시간

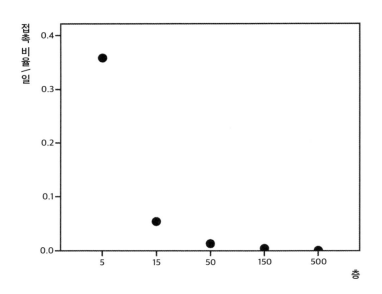

그림 4 우리가 하루에 접촉하는 사람 수의 평균을 사회적 네트워크의 층별로 표시했다. 데이터는 여성 250명의 사회적 네트워크 연구에서 얻은 것이다.

을 쓰지는 않았다. 그들은 몇 명에게만 전화를 건 사람들에 비해 각각의 통화에 쓴 시간이 적었다. 따라서 시간의 제약은 모든 사람에게 동일했다는 추론이 가능하다. 최적의 친구 수는 정확히 150명에 근접했다. 150명보다 많은 사람에게 전화를 걸기 위해서는 적어도 그 150명 중 일부에게 투자하는 시간을 줄여야만 했다.

타카노 마사노리Takano Masanori와 후쿠다 이치로Fukuda Ichiro는 일본인들이 주로 이용하는 6개의 소셜 네트워크 사이트에서 확보한 데이터를 분석했다. 그들은 어떤 사람이 타인과 접촉하는 횟수가 많을수록 한 번의 접촉에서 보내는 메시지의 개수는 줄어들고 따라서 접촉의 평균 강도는 점점 감소한다는 사실을 알아냈다. 이러한 결과는 온라인 세상에서조차 사람들이 접촉에 쓰는 역량은 시간의 제약을 받는다는 것을 의미한다. 또한 마사노리와 이치로는 친구들에 대한 투자에도 종류가 있음을 알아냈다. 소셜 네트워크 사이트에는 소수의 강한 관계와 다수의 비교적 약한 관계가 있었다. 그러니까 시간 배분에 따라 관계의 층이 결정되는 것은 유럽에서만 일어나는 일은 아닌 것 같다. 유럽와 아시아라는 별개의 문화권에서 같은 경향이 나타났다.

우리는 시간이 사회적 네트워크의 층 구조에 어떤 영향을 미치는지 알아보기 위해 2가지 시도를 했다. 둘 다 매우 복잡한 수학적 모형을 만들어야 하는 과정이었으므로 여기서는 그 모형을 자세히 설명하기보다는 우리가 발견한 사실들을 요약해서 소개하겠다.

첫 번째 모형은 맨체스터 대학 경영대학원의 앨리스테어 서트클리프가 개발했다. 앨리스테어와 나는 1970년대부터 알고 지냈다. 그때 우리는 둘 다 대학원생으로서 영장류의 행동에 관한 실용적인 연구를 진행하고 있었다. 우리가 박사과정을 마쳤을 때 고용 시장은 경기 하강으로 급격히 얼어붙었고, 특히 학계의 채용 상황은 좋지 않았다. 나는 생존을 위해 몸부림쳤지만 앨리스테어는 컴퓨터공학이라는 신생 학문 분야에서 쌓은 전문 지식을 자본화하기로 결정했다. 나의 레이더에서 사라졌던 그는 25년 후 내 삶에 다시 들어왔다. 네트워크의 층 구조화layer structuring를 모형화하면 흥미로울 것 같다는 제안을 들고 나를 찾아온 것이다.

앨리스테어와 그의 동료 다이앤 왕Diane Wang은 이 문제에 접근하기 위해 행위자 기반 모델agent-based model이라는 컴퓨터 모델을 활용했다. 행위자 기반 모델에는 가상의 행위자가 여러 명 있는데, 그들은 무작위로 상호작용을 할 수 있으며 그들의 행동은 일련의 규칙에 따라 결정된다. 목표는 서로 다른 행동 규범을 가진 다수의 행위자가 상호작용할 때 어떤 일이 벌어지는지 알아보는 것이었다. 행위자 기반 모델은 문제가 너무 복잡해서 분석의 방법으로 해결할 수 없을 때, 예컨대 수많은 사물(또는 사람)들이 동시에 상호작용을 할 때 널리 사용된다. 물론 연구자는 자신이 모형화하려는 세계가 실제로 어떻게 작동하는지를 이해하고 있어야 한다. 실제 세계의 작동 방식을 이해하지 못하면 IT 업계에서 기고GIGO: garbage in, garbage out(부정확한 데이터를 입력하면 부정확한 결과가 나온다는 뜻-옮긴이)로 일컬어지는 불완전한 결과를 얻게 된다. 우리는 모형의 내부에서 실제로 어떤 일이 벌어지는지를 전혀 모르기 때문에(컴퓨터 안에서 벌어지는 일이니까) 그 모형이 왜 그렇게 움직이는지도 알지 못한다. 이런 경우 그 모형이 현실에서 벌어지는 일과 어떤 식으로든 관련이 있다고 가정하는 것은 위험하다. 실력이 부족한 연구자들은 종종 이 현명한 충고를 무시하고 복잡성을 이해와 혼동한다. 이 문제에 대한 해결책은 현실 세계에 아주 명확한 기준점을 정하고 그 기준점과 모형의 예측을 비교하는 것이다. 이 모형은 우리가 현실에서 목격하는 것을 정확히 예측할 수 있는가? 만약 정확한 예측이 가능하다면 어떤 모형에 어떤 변숫값을 넣었을 때 현실과 일치하는 결과가 나오는가? (다른 결과가 나올 때는 없나?) 이것은 역설계reverse engineering라고 불리는 과정이다. 우리는 현실에서 벌어지는 일을 이미 알고 있다. 그렇다면 우리가 관찰하는 현실과 정확히 일치하는 결과를 얻기 위해 모형의 규칙과 변숫값을 얼마나 수정해야 하는가? 그리고 이 특정한 변숫값은 현실 세계가 작동하는 원리에 관해 우리에게 무엇을 알려주는가?

우리는 식량 찾기의 효율과 사회적 관계에 대한 투자의 상충 관계에 초점을 맞추기로 했다. 우리는 사회적 관계에 요구되는 시간 비용과 그 관계에서 얻어지는 이득의 함수를 탐구했다. 식량 찾기와 사회적 관계는 원숭이와 유인원이 시간을 많이 들이는 2가지 활동이기 때문이다. 간단히 말하자면 우리의 모형은 다수의 개인들이 일상적으로 식량 찾기와 사교 활동을 하도록 하되 그들의 사회적 선호도를 결정하는 규칙들을 여러 가지로 바꿔봤다. 규칙을 바꾼다는 것은 식량과 사회적 관계가 개인들의 생물학적 적합도(생물학의 세계에서 생물학적 적합도fitness란 성공적인 재생산 능력을 의미한다)에 끼치는 영향을 변화시켰다는 뜻이다. 우리의 목표는 우리가 인간의 사회적 네트워크와 사회집단 형성 연구에서 발견한 것과 크기가 정확히 일치하는 층으로 이뤄진 공동체를 형성하는 행동의 규칙들과 매개변수의 값을 알아내는 것이었다. 인간의 삶을 조금 단순화하기 위해 우리는 5명, 15명, 150명으로 이뤄진 세 층에 집중했다. 우리는 이 층들을 각각 강한 관계, 중간 관계, 약한 관계로 정의했다. 우리의 모형은 정확히 이 숫자들을 재생산해야 했다.

우리는 인간 사회에서 발견되는 5, 15, 150에 가까운 수로 이뤄진 층별 네트워크 구조는 특정한 상황에서만 형성된다는 결과를 얻었다. 그렇다면 자연 세계에서는 이런 구조가 극히 드물게 나타나야 했다. 물론 자연계에서 5, 15, 150으로 이뤄지는 구조는 찾아보기 힘든 것이 사실이다(이런 식의 사회 시스템은 인간을 포함한 몇몇 포유동물에게서만 발견된다). 이런 시스템은 웰빙과 동맹 관계와 높은 수준의 사회적 상호작용이라는 측면에서 상당한 이득이 있을 때만 생성된다. 식량 찾기와 사교적 선호도에 관한 대부분의 선택은 무정형의 무리와 유사한 결과(내부 구조랄 게 거의 없는 커다란 무리가 형성된다) 또는 작은 하렘harem(포유류의 번식 집단 형태의 하나. 한 마리의 수컷과 여러 마리의 암컷으로 구성된 집단 – 옮긴이)과 유사한 결과(규모가 크고 느슨하지만 중간층은 없는 집단이 형성된다)로 이어진다. 다시 말하면 소규모 사회적 집단clique을 형성해서 상당한 이익을 얻지 않는 한, 우리는 대다수의 포유류와 새들에게서 발견할 수 있는 사회조직인 하렘 또는 익명의 무리를 형성한다. 여러 개의 뚜렷한 층으로 이뤄진 특수하고 복잡한 구조는 사회적 관계에서 얻는 이익이라는 측면에서 강한 선택의 압박이 있을 때만 형성된다.

우리가 이 모형을 개발해서 발표할 무렵, 나는 스페인 마드리드에서 활동하는 통계물리학자 안소 산체스Anxo Sánchez가 주도하는 사회경제 모델에 관한 대규모 프로젝트에 참여하고 있었다. 이 프로젝트에 참여한 사람들 중에 이그나시오 타마리트Ignacio Tamarit라는 대학원생이 있었다. 이그나시오는 물리학자로 활동하면서 클래식 기타 연주자로도 활동해서 주변 사람들을 민망하게 만드는 뛰어난 인물이었다. 그는 이런 층들이 형성되는 이유를 전통적인 통계물리학의 방정식을 활용해서 설명할 수 있을지도 모른다고 주장했다. 나와 앨리스테어 서트클리프, 다이앤 왕이 오랜 시간과 많은 노력을 들여 제작한 복잡한 행위자 기반 모형을 순수한 수학 이론으로 풀어보자는 제안이었다. 처음에 우리는 이 문제를 수학만으로 풀기에는 너무 복잡하다고 생각기 때문에 다소 거추장스러운 컴퓨터 모형을 만들어 문제를 푸는 방식을 선택했다. 그런데 물리학자인 이그나시오는 우리가 가진 것보다 규모가 훨씬 큰 수학 소프트웨어를 가지고 있었다. 그가 개발한 모형은 개인이 여러 가지 이익을 얻기 위해 노력과 시간을 다양한 관계에 할당한다고 가정했다. 개인들은 제약을 받는다. 관계에 할당할 수 있는 시간은 한정되어 있으며 어떤 이익을 얻기 위해 각각의 관계에 투자해야 하는 최소한의 시간이 정해져 있기 때문이다. 이런 제약을 가정하고 수학적 분석을 해봤더니 정말로 인간의 사회적 네트워크에서 발견되는 수와 정확히 일치하는 층별 구조가 나왔다.

이 모델이 예상보다 훨씬 흥미로웠던 이유는 최적의 수학적 해법은 2가지라는 결론을 도출했기 때문이다. 첫 번째 해법은 우리가 발견한 층별 구조(소수의 강한 우정과 다수의 약한 우정)였고, 두 번째 해법은 거꾸로 된 구조(다수의 강한 우정과 소수의 약한 우정)였다. 어떤 조건에서는 세상이 완전히 뒤집어지는 것 같았다. 처음에 우리는 이것을 이상하게 여기고 우리의 계산이 잘못된 것이 아닌가 의심했다. 그러나 나중에는 수학이 우리에게 진짜로 하려는 이야기는 우리가 사람들과 관계를 맺을 수 있는 집단의 크기라는 점을 깨달았다. 공동체의 규모가 크다면 그 공동체에 속한 개인들은 표준에 가까운 패턴을 얻는다. 공동체의 규모가 작다면 약한 관계를 유지할 기회가 줄어들기 때문에 개인들은 친밀한 친구를 만드는 일에 시간을 투자한다. 우리는 이것이 이민자들이 자신들이 처한 환경을 바라보는 시선과 일치할 것이라고 생각했다. 이민자들은 외부자들이므로 약한 관계의 형성이 가능한 큰 공동체에 접근하기가 쉽지 않다. 그들은 이민자들로 이뤄진 소규모 공동체 안에서만 친구를 선택할 수 있으며, 대개의 경우 이민자 공동체의 규모는 한정되어 있다.

이런 식으로 공동체가 발칸화balkanisation 또는 게토화하는 일은 실생활에서 흔하다. 하지만 수학적 모델로 공동체의 네트워크 구조를 알아본다는 목표를 생각할 때 중요한 점은 그 모델이 이처럼 예측을 뒤집는 값을 내놓았다는 것이다. 그래서 우리는 그것을 시험하기 위해 데이터를 찾아보기로 했다. 이그나시오는 스페인의 몇몇 이민자 공동체에서 네트워크 구조에 관한 데이터를 찾아냈는데, 거꾸로 된 구조의 네트워크가 확실히 존재했다. 더 중요한 점은 우리가 이민자와 스페인 사회의 전통적인 구성원들의 네트워크 데이터를 살펴봤더니 층별 구조와 거꾸로 된 구조의 두 패턴이 모두 나타났지만 빈도에 차이가 있었다는 것이다. 이민자 공동체에 속한 사람들 몇몇은 비율척도가 3인 전통적인 네트워크를 가지고 있었다. 그들의 네트워크는 평균보다 규모가 컸다. 반면 스페인 공동체에 속한 사람들 몇몇은 거꾸로 된 구조의 네트워크를 가지고 있었고, 그들의 네트워크 규모는 평균보다 작았다. 그전까지 우리는 항상 평균적인 패턴에 초점을 맞췄기 때문에 규칙에서 벗어나는 사람들이 있다는 점에 주목하지 않았다. 설령 우리가 그들에게 주목했다 해도 우리는 그것을 현실 세계의 데이터에 항상 나타나는 자연스러운 변동성natural variability의 일부로 바라봤을 가능성이 높다. 이 모델은 우리의 주의를 끌었고, 우리는 '왜 그런 차이가 나타나는가'라는 의문을 품게 됐다.

네트워크 층들의 차이

우리의 사회적 네트워크에 여러 층이 존재한다는 사실은 아주 중요한 마지막 질문으로 이어진다. 네트워크의 여러 층은 각기 다른 혜택을 주는가? 우리는 앨리스테어 서트클리프의 행위자 기반 모델과 이그나시오의 수학적 모델을 만들면서 층별로 다른 혜택이 있으리라는 추측은 했지만, 그 혜택에 관해 많은 것을 알지는 못했고 층별로 각기 다른 혜택이 있다는 확신을 가지지도 못했다. 특히 우리는 관계에 투자해야 하는 시간에 따른 혜택의 차이를 알지 못했다. 1990년에 사회적 네트워크 연구자인 캐나다의 배리 웰먼Barry Wellman은 〈십인십색 Different strokes for different folks〉이라는 논문을 발표했다. 그는 여러 해 동안 캐나다에서 인구가 가장 많은 도시인 토론토의 외곽에 위치한 이스트요크 지방의 공동체를 연구했다. 인구 10만인 이스트요크 지역사회 내의 사회적 네트워크 구조를 자세히 분석한 그는 다양한 관계의 기능에 주목하게 됐다. 그는 관계의 혜택은 여러 종류가 있으며 한 종류의 관계가 그 모든 혜택을 제공하는 경우는 거의 없다는 결론을 내렸다. 당연하게도 이것은 우리에게 여러 종류의 친구가 필요한 이유 중 하나다. 배리 웰먼의 주장에 따르면 강한 연계는 감정적 지원을 해주고, 가재도구를 빌려주고, 가끔 서로의 집안일도 도와주고, 말벗이 되어준다. 부모와 성인 자녀는 서로에게 금전적 지원, 감정적 지원, 집수리, 자녀 양육, 건강관리와 관련된 갖가지 서비스를 제공한다. 약한 연계는 정보 교환과 같은 조금 더 가벼운 혜택을 제공한다.

한참 후에 네트워크의 층별 구조를 발견한 우리는 웰먼의 견해를 우리의 층에 적용하면 어떨지 궁금해졌다. 우리가 발견한 층들은 각기 다른 관계를 표현하고 있었고, 서로 다른 층에 속하는 우정은 서로 다른 혜택을 제공할 것 같았다. 앞서 설명한 바와 같이 15명으로 이뤄진 층은 연민 집단의 역할을 한다. 5-층은 지지 모둠의 역할을 한다. 지지 모둠이란 감정적, 물리적, 금전적인 도움과 조언을 아낌없이 제공하는 작은 집단을 뜻한다. 내가 종종 사용하는 표현으로는 '기대서 울 수 있는' 친구들이다. 15-층에는 일상적인 사교 생활의 상대가 되는 사람들이 포함된다. 우리가 저녁 식사에 초대하거나 술집 또는 영화관에 같이 가곤 하는 사람들이다. 나는 50-층에 속한 사람들을 '파티 친구들'이라고 부르고 싶다. 우리는 주말 바비큐, 생일 파티, 기념일 파티에 이들을 초대한다. 150-층은 결혼식 하객들이라고 불러도 무방하다. 이들은 우리에게 평생 한 번 있는 행사에 참가할 사람들이다. 그리고 우리와 가까운 친구들의 자녀도 대부분 이 층에 속한다. 우리가 분석한 여성들의 네트워크 데이터에서 이 층은 주로 확대가족 구성원들로 채워졌다. 이 사람들과는 혈연이라는 고리로 유지되기 때문에 관계를 정기적으로 강화할 필요가 없다.

가장 안쪽 층들의 역할에 관한 증거는 옌스 바인더와 샘 로버츠의 연구에서 제시됐다. 옌스와 샘은 300명이 넘는 사람에게 각자의 지지 모둠과 연민 집단에 속한 사람들의 명단을 요청했다. 그 결과 두 집단의 크기(지지 모둠은 6명보다 약간 적었고, 연민 집단은 16명에 약간 못 미쳤다)는 우리가 다른 표본에서 발견했던 5와 15라는 값에 매우 가깝게 나왔다. 친구 집단이 특정한 규모로 형성된다는 점을 다시 확인한 셈이다. 옌스와 샘은 연구 대상자들에게 그 2개 층에 포함된 사람을 1명씩 선택한 다음 그 사람과 어떤 활동을 함께 하고 싶은지를 물었다. 20가지 활동을 제시하고 각각의 활동을 함께 하고 싶은 정도를 점수로 매기도록 하는 방식이었다. 이 20가지 활동은 우정을 유지하는 방식에 따라 긍정(함께 웃고, 감사를 표시한다), 지지(어려운 시기에 도움을 주고, 상대를 있는 그대로 받아들인다), 개방(지적인 대화를 나누고, 생각을 공유한다), 함께하기(함께 시간을 보내고, 서로의 집을 방문한다)의 4가지 범주로 나뉜다. 그리고 연구 대상자들은 자신의 연민 집단에 속한 사람들 각각이 제공하는 사회적 혜택을 8개 항목(말벗, 애정, 인도, 가치 확인, 속마음 털어놓기, 도구적 지원, 감정적 지원, 동맹)으로 평가했다. 그 결과 연민 집단에 속한 사람들보다 지지 모둠에 속한 사람들이 우정을 유지하는 활동 4가지와 사회적 혜택 8가지 모두에서 높은 점수를 받았거나 더 고른 점수를 받았다. 사교 활동의 요구를 채워준 것은 연민 집단(절친한 친구들)이었던 반면 친밀감에 대한 필요를 채워준 사람들은 지지 모둠(가까운 친구들)에 속한 사람들이었다.

또한 옌스와 샘은 연구 대상자들로 하여금 고독감을 느끼는 정도를 평가하도록 했다. 고독은 사람들이 2개의 층에 확보하고 있는 친구의 수 및 가족의 수와 음의 상관관계를 나타냈다. 즉 친구와 가족이 많을수록 고독을 덜 느꼈다. 따라서 이 층들은 확실히 긍정적인 혜택을 제공할 뿐 아니라, 고독감에 따르는 모든 부작용으로부터 우리를 보호한다.

앞서 1장에서 올리버 커리의 이타주의 실험을 언급했는데, 여기서도 그 실험의 결과가 매우 중요하다. 올리버는 사람들에게 3개의 중요한 층(5-층, 15-층, 150-층)에 속하는 사람들을 하나하나 적어보라고 했고, 그 사람들이 급할 경우 돈을 빌려주거나 신장을 기증하는 것과 같은 이타적인 행동을 할 마음이 얼마나 있는지를 점수로 매겨달라고 했다. 2가지 이타적인 행동의 의향은 바깥쪽 층으로 한 칸 이동할 때마다 일관되게 감소했다. 즉 우리는 가장 안쪽의 우정 원에서는 이타적으로 행동할 확률이 매우 높다. 하지만 바깥쪽 층에 속한 사람들을 위해 이타적인 행동을 하고 싶은 마음은 그보다 훨씬 적다. 이타적 행동에 대한 우리의 의지가 갑자기 꺾이는 지점은 150-층인 듯하다. 친사회적으로 행동하려는 우리의 의지는 150-층에서 일종의 위상변이phase shift를 일으킨다. 마치 150-층을 기준으로 세계가 '우리'와 '그들'로 뚜렷하게 나뉘는 것만 같다.

~~

지금까지 3개 장에서 알게 된 사실들을 정리해보자. 첫째, 유의미한 친구들의 수는 놀랄 만큼 적다. 또 유의미한 친구의 수는 전반적으로 개인차가 별로 없고 문화에 따른 차이도 크지 않다. 둘째, 우리의 사회적 세계는 연속적인 원(또는 층)으로 이뤄진다. 이 원들은 특정한 규모로 형성되며 각각의 원(또는 층)은 특정한 접촉 빈도, 감정적 친밀도, 도움을 주려는 의지와 관련이 있다. 유의미한 친구를 나타내는 원들의 바깥쪽에는 더 약한 관계를 나타내는 원 3개가 존재한다. 이곳으로 넘어오면 이타적으로 행동하려는 의지에 상전벽해와 같은 변화가 생긴다. 우리는 이 바깥쪽 원(층)에 속한 사람들을 도와주려는 의지가 별로 없다. 설령 우리가 그들을 도와준다 해도 철저한 호혜주의를 바탕으로 행동한다. '지금은 내가 당신을 도와주지만, 나중에 당신이 호의를 되돌려주기를 기대할게요.' 우리가 150명의 친구들을 도와줄 때는 반드시 보답을 기대하지는 않는다(하지만 보답을 받으면 좋은 일이다). 아주 가까운 친구들을 도와줄 때는 아예 보답을 바라지 않는다. 셋째, 혈연관계가 네트워크 구조를 결정한다. 전통적인 생활방식을 유지하고 있는 나라들만이 아니라 가족이 제일 중요하다고 생각하지 않는 서구 선진국들에서도 그런 현상이 나타난다. 통념과 달리 지금도 우리에게는 가족이 매우 중요한 것 같다.

사회적 네트워크의 규칙적인 원들을 보면 그런 구조가 형성된 원인에 관한 의문이 생겨난다. 우리의 모델이 일정한 단서를 제공하긴 했지만, 모델이란 어디까지나 고차원적인 설명이다. 우리는 지금까지 발견한 것들의 토대가 되는 심리적, 행동주의적 메커니즘을 찾아야 한다. 이제부터 4개 장에 걸쳐 우정에 관여하는 메커니즘을 살펴보고, 우리의 사회적 원이 무한히 커질 수 없는 이유를 알아보자.

5장

사회적 지문

"사회적 네트워크 안의 어떤 사람이 새로운 친구로 바뀔 때,
접촉의 빈도라는 측면에서 예전 친구가 차지하고 있던 자리와
새로운 친구가 들어간 자리는 동일했다.
우리는 우리의 네트워크에서 원래 그 자리를 차지하고 있었던 사람을
만나던 것과 똑같은 빈도로 새 친구를 만나거나 그 친구에게 전화를 건다.
이것은 우리의 자연스러운 사교 활동 패턴을 반영한다."

전화 통화는 정말 많은 것을 알려준다. 우리가 이 점을 처음 깨달은 것은 고등학생들의 표본을 살펴봤을 때였다. 우리는 고등학생 중 3명이 하루 평균 100통이 넘는 문자메시지를 보냈고 연구가 지속된 18개월 내내 그 수준을 유지했다는 사실에 깜짝 놀랐다. 아니, 당신이 잘못 읽은 것이 아니다. 하루 평균 100통의 문자메시지. 그것은 최댓값이 아니라 평균값이었다! 그들은 학교에 있는 동안, 집에서 부모님과 식사하는 동안, 그리고 머지않아 그들을 덮칠 입시에 대비해 공부를 해야 했던 저녁 시간에도 11분마다 1통씩 문자메시지를 보냈다. 대단한 일이다. 우리는 하루의 첫 문자메시지와 마지막 문자메시지를 보고 그 학생들이 정확히 아침 몇 시에 일어났으며 밤 몇 시에 잠자리에 들었는지를 파악할 수 있었다. 참, 그 3명 중 2명은 남학생이었다. 우리는 학생들 개개인의 시험 점수를 물어보지 않은 것을 후회했다. 그랬다면 시험 결과와 문자메시지 개수 사이에 상관관계(음의 관계!)가 나타나는지를 확인할 수 있었을 것이다. 그것은 상당히 교훈적인 연구가 됐을 것 같다.

때때로 우정은 압도적인 힘으로 사람을 끌어당긴다. 내가 동료에게 들었던 이야기가 생각난다. 그 동료는 어린아이들을 키울 때 남미 출신의 오페어au pair(외국 가정에 입주하여 아이 돌보기 등의 일을 하고 약간의 보수를 받는 젊은 여성 – 옮긴이) 여학생을 집에 데리고 있었는데, 그 여학생은 밖에 나가서 런던의 문화를 경험하고 새로운 사람을 만나는 대신 방 안에서 브라질에 두고 온 친구들과 인터넷으로 '이야기를 나누는' 일에 자유 시간을 전부 썼다고 한다. 동료는 이 일을 두고두고 놀라워했다. 그럼 그녀는 무엇 하러 런던까지 왔단 말인가? 물론 낯선 나라의 문화를 알지 못하고 어디에 가야 할지도 모르는데 새로운 사람을 어떻게 만나느냐 하는 영원한 질문이 있긴 하다. 하지만 아무리 그래도…….

이 2가지 사례는 우정의 패턴과 우정을 유지하기 위한 노력에 관한 중요한 질문을 던진다. 이런 질문은 친구 관계에 특히 중요하다(가족 관계에는 그다지 중요하지 않다). 친구 관계는 손상되기가 쉽고 우리가 상대에게 투자하는 시간에 민감하게 반응하기 때문이다. 인터넷, 소셜 미디어, 휴대전화가 널리 사용되지 않던 10년 전까지만 해도 두 친구 중 하나가 멀리 이사를 가면 우정은 자연스럽게 깨졌다. 그때만 해도 세상은 대면 중심이었고, 우리는 거리와 술집에서 친구 또는 가족과 마주치곤 했다. 거실에 놓여 있는 전화기는 가족에게 전화를 걸거나 약속을 잡을 때 유용했지만 오늘날의 전화처럼 우정의 매개체는 아니었다. 페이스북, 스카이프, 줌이 보급된 후로 우리는 밖으로 나가기보다 집에서 고향 친구들과 수다를 떠는 쪽을 택한다. 그것은 좋은 생각일까? 오래된 우정을 지키는 일이 더 중요한가, 아니면 새로운 친구를 사귀는 일이 더 중요한가?

사교 활동의 고유한 패턴

내가 샘 로버츠와 함께 고등학생 집단을 대상으로 종적 연구를 설계했을 때만 해도 우리는 그 연구에서 얼마나 많은 것을 알게 될지 예상하지 못했다. 연구의 목적은 '고향에서 멀리 떨어진 곳으로 이사할 때 친구 관계와 사회적 네트워크의 질에 어떤 변화가 생기며 휴대전화는 그 관계에 어떤 영향을 끼치는가'를 알아보는 것이었다. 우리는 이스터 고등학교의 졸업반에 다니는 만 18세 학생들을 선택했고, 그들이 대학에 입학해서 1학년 생활을 마칠 때까지 18개월 동안 그들을 관찰했다. 우리는 18개월 동안 그들의 휴대전화 사용료를 지원하는 대신, 매달 그들의 요금청구서를 받아서 그들이 누구에게 전화를 걸거나 문자메시지를 보냈는지를 볼 수 있었다. 그리고 그들은 연구의 시작, 중간, 연구가 끝나는 시점에 각각 그들의 네트워크 안에 있는 사람들과의 관계에 관한 설문지를 작성해야 했다. 그들의 사회적 네트워크 안에 있는 사람들은 누구인지(부모 또는 형제, 친구, 애인, 지인 등), 그 사람들에게 얼마나 친밀감을 느끼는지, 그 사람들과 언제 마지막으로 어떤 방법으로 접촉했는지(대면 접촉, 전화, 문자메시지, 이메일, 소셜 미디어 등), 그리고 그 사람들과 대면으로 만났을 때 함께 무엇을 했는지를 우리에게 알려주어야 했다. 설문지 작성은 수

고로운 작업이었기 때문에 우리는 그 학생들의 성실함에 늘 감사한 마음을 갖고 있다.

연구 기간 동안 학생들은 우리에게 막대한 양의 데이터를 제공했다. 우연이지만 당시 나는 몇몇의 물리학자들과 힘을 합쳐 온라인 네트워크에 관한 프로젝트를 수행하고 있었다. 그래서 우리는 그 물리학자들 중 2명에게 이 데이터를 분석하는 복잡한 과제를 도와달라고 부탁할 수 있었다. 2명의 물리학자는 핀란드 알토 대학의 야리 사라마키Jari Saramaki와 멕시코의 젊은 박사후 연구자인 에두아르도 로페스 Eduardo Lopes였다. 에두아르도는 통계 분석을 위해 수없이 많은 휴대전화 요금 청구서의 세부 내역을 종이에서 디지털 데이터베이스로 옮기는 까다로운 작업을 맡았고, 야리는 엘리자베스 레이트Elizabeth Leight(그녀도 박사후 연구원이었다)와 함께 분석을 수행했다.

이 분석에서 알아낸 가장 놀라운 사실은 학생들 개개인이 친구들에게 통화를 분배하는 방식에서 뚜렷한 패턴이 발견됐다는 것이다. 그리고 이 패턴은 18개월 동안 놀라운 일관성을 유지했다. 그들의 관계에는 5-층, 15-층, 50-층이 선명하게 나타났지만, 우리가 예상하지 못했던 점은 그들이 첫 번째, 두 번째, 세 번째…… 즉 전화를 가장 많이 걸었던 친구들에게 전화를 거는 횟수를 나열했을 때 뚜렷한 패턴이 나타났다는 것이다. 그것은 사회적 지문social fingerprint과 비슷했다. 나는 제임스에게 한 달에 30번 전화를 하고, 제미마에게는 한 달에 10번 전화한다. 하지만 당신은 가장 중요한 2명의 친구에게 한 달에 각각 20번씩 전화한다. 이런 식의 패턴은 18개월 내내 놀라울만큼 일정했다. 정말로 개개인의 사회적 지문은 그 사람의 고유한 특징처럼 보였다. 하지만 우리는 그 이유를 알지 못했다.

더욱 놀라운 사실. 통화 패턴을 분석한 바에 따르면 우리가 학생들을 추적했던 18개월 동안 네트워크 구성원의 약 40퍼센트가 바뀌었다(전문용어로 '이탈churn'이라고 부른다). 40퍼센트는 우리의 예상보다 훨씬 높은 비율이었다. 나중에 우리는 이것이 18세에서 20세 사이 청소년들의 특징이라는 사실을 발견했다. 이 특정한 사례에서는 고향을 떠나 대학에 가면서 거의 한 무리의 친구들이 한꺼번에 교체됐기 때문에 이런 결과가 나왔다. 이것은 그리 놀라운 일은 아닐지도 모른다. 대학에 가면 우리는 새로운 환경에 던져져서 낯선 사람들과 함께 살고, 식사를 하고, 때로는 잠도 함께 자야 한다. 우리는 그 새로운 사람들을 날마다 만나고, 당연하게도 그들은 수시로 우리에게 술을 마시러 가자, 클럽에 가자, 영화를 보러 가자, 파티에 가자……는 제안을 한다. 우리가 그들을 좋아하든 아니든 간에 우리는 그들을 많이 만나게 된다.

대학에 간 학생들만 친구 관계에 극적인 변화를 겪은 것은 아니었다. 대학에 가지 않고 고향에 남았던 학생들 역시 고등학교 졸업 후 6개월 동안 친구 관계에 똑같이 급격한 변화를 겪었다. 물론 그 원인 중 하나는 그들의 학교 친구들 중 상당수가 대학에 가버렸기 때문이다. 하지만 더 큰 원인은 사회적 환경의 변화로 판단된다. 그들은 직장이나 동네 클럽에서 새로운 사람들을 만나 어울리기 시작했다. 이와 대조적으로 그들의 사회적 네트워크에 속한 가족 구성원들은 변화가 적은 편이었다. 가족 구성원들은 네트워크 안에서 한 층 올라가거나 내려가기는 했어도 적어도 네트워크 안에 남아 있었던 사람들의 경우 큰 변동은 없었다.

놀라운 사실은 친구 관계에 변화가 생기기 전과 후의 접촉 패턴이 거의 똑같았다는 것이다. 사회적 네트워크 안의 어떤 사람이 새로운 친구로 바뀔 때, 접촉의 빈도라는 측면에서 예전 친구가 차지하고 있던 자리와 새로운 친구가 들어간 자리는 동일했다. 우리는 우리의 네트워크에서 원래 그 자리를 차지하고 있었던 사람을 만나던 것과 똑같은 빈도로 새 친구를 만나거나 그 친구에게 전화를 건다. 이것은 우리의 자연스러운 사교 활동 패턴을 반영한다.

시간이 핵심이다

우리가 친구 또는 가족과의 상호작용에 사용하는 시간은 실제로 얼마나 될까? 몇 년 전에 나는 다양한 문화적, 경제적 배경을 가진 여러 나라에서 시간 분배 데이터를 추출해 이 질문에 대한 답을 찾아보려고 했다. 나는 사람들이 하루 동안 잠자기, 장보기, 소화하기, 요리하기, 먹기, 일하기, 도구 만들기, 옷 입기, 휴식하기와 같은 갖가지 활동과 사회적 상호작용에 쓴 시간의 양을 기록해놓은 연구를 6편 정도 찾아냈다. 어떤 연구자들은 대상자들이 10분마다 또는 15분마다 무엇을 하는지를 부지런히 확인해서(때로는 밤새도록 확인했다!) 그들의 모든 활동을 기록으로 남겼다. 또 어떤 연구자들은 사람들에게 깨어 있는 시간 동안 일정한 간격으로 시간 일지를 작성하도록 했다. 그들 역시 오전 10시, 10시 15분, 10시 30분……에 사람들이 정확히 무엇을 하고 있었는지에 관한 기록을 얻었다. 나는 영국 스코틀랜드 동부에 위치한 던디Dundee의 주부들, 아프리카 동부의 마사이 목축업자들, 네팔 언덕 지대의 농부들, 뉴기니의 원예농들, 아프리카 사하라사막 이남에서 농사를 짓는 여러 부족들, 그리고 아프리카 남부에서 수렵-채집 생활을 하는 !쿵족 주민들에게서 표본을 얻어냈다.

여러 편의 연구를 종합해보면, 우리는 하루 중 깨어 있는 시간인 18시간의 20퍼센트 정도를 사회적 상호작용에 사용한다. 일주일 동안 상호작용에 쓰는 시간의 평균은 하루 3.5시간 정도. 그런데 이것은 파티에 가서 노는 시간이 아니다! 사람들과 식사를 하고, 사교적인 목적에서 사람들과 함께 앉아 있거나 대화를 나누는 시간이다. 하루 3.5시간이라고 하면 많아 보이지만 이 시간을 당신의 친구와 가족 150명에게 나눠준다고 가정하면 그들 각자에게 하루 1분 45초밖에 안 된다. "안녕하세요? 잘 지내세요?"라는 인사말을 하면 끝이다. 답변을 기다릴 시간은 없다. 4장에서 설명했듯이 우리의 실제 생활은 이렇지 않다. 사회적 상호작용 시간의 40퍼센트 정도는 우리의 네트워크에서 가장 안쪽 원, 즉 '지지 모둠'의 5명에게 할애되며, 20퍼센트는 바로 다음 원인 '연민 집단'의 15명 중 앞의 5명과 중복되지 않는 10명에게 할애된다. 평균을 내보면 우리는 날마다 지지 모둠에 속한 5명에게 17.5분씩을 내주고, 연민 집단의 나머지 10명에게 4.5분을 내준다. 물론 우리는 이 사람들 모두를 날마다 만나지는 않는다. 지지 모둠의 정의는 일주일에 1번 이상 만나는 사람들이고 연민 집단은 한 달에 한 번 이상 만나는 사람들이라는 것을 기억하라. 한 달 단위로 계산하면 우리는 약 520분(약 8.5시간으로 하루 근무시간과 비숫하다)을 지지 모둠에 속한 사람들 각각에게 할애한다(당연히 어떤 사람에게는 더 많이 할애하고 어떤 사람에게는 적게 할애한다). 그들을 만나는 횟수는 한 달에 6회 이상일 것이다. 그리고 한 달 동안 우리는 연민 집단에 속하는 사람들 중 지지 모둠과 중복되지 않는 10명에게 각각 130분(2시간이 조금 넘는 시간으로, 두 달에 한 번 저녁 시간의 전부를 할애한다고 생각하면 된다)을 할애한다. 바깥쪽 원 2개에 속한 나머지 135명은 하루 평균 37초를 얻는다. 한 달에 20분도 안 되는 시간이다.

사회적 네트워크에 관한 연구에는 '30분 법칙Thirty-Minute Rule'이라는 암묵적인 법칙이 있다. 어떤 사람이 당신이 사는 곳에서 30분 이내 거리에 산다면 당신은 그 사람을 당신에게 중요한 사람으로 간주하고 그 사람을 만나기 위해 노력을 하게 된다. 도보로 30분인지, 자전거나 차로 30분인지는 별로 중요하지 않다. 당신이 그곳에 도착하는 데 얼마나 걸리느냐에 관한 심리적 거리감이 더 중요하다. 이 법칙이 진실이라면 당신은 30분 넘게 걸리는 곳에 사는 사람들을 만나러 가지 못한다는 사실을 만회하기 위해 그들에게는 전화나 문자 메시지로 더 자주 연락할 것이라고 생각할지도 모른다. 현실은 그렇지 않다. 오히려 우리는 가까운 곳에 사는 친구들에게 전화를 더 많이 건다. 조항현Hang-Hyun Jo이 알토 대학에서 휴대전화 데이터베이스의 전화 발신 패턴을 분석한 결과도 이를 입증한다. 당신의 짐작과 반대로 사람들은 자주 보는 사람에게 전화도 더 자주 걸었다. 캐나다의 이스트요크 공동체에서 연구를 수행한 배리 웰먼과 다이앤 목Diane Mok은 공동체 구성원들이 가족과 친구를 직접 만나는 빈도에 거리가 어떤 영향을 미치는가를 살펴봤다. 그 결과 두 사람이 8킬로미터 이상 떨어져 살면 대면 접촉이 확실히 줄었고, 약 80킬로미터(차로 1시간 정도 거리) 떨어져 살면 만남의 빈도는 더 줄어들었으며, 거리가 160킬로미터(하루 동안 편하게 이동할 수 있는 거리의 최대치. 적어도 캐나다에서는 이 정도가 최대치다!)에 이르면 빈도는 또다시 감소했다. 전화 통화도 패턴은 비슷했지만 통화 횟수가 감소하는 속도가 더 느렸고, 약 160킬로미터 지점에서 급격히 감소했다. 존 레비 마틴John Levi Martin과 킹토 영King-To Yeung은 1960년대 미국의 히피 공동체에 있었던 사람들이 현재 서로 접촉하는 빈도를 분석한 결과 비슷한 효과를 발견했다. 예전에 친했던 친구들이 서로 접촉하는 빈도는 그들이 현재 얼마나 멀리 떨어져 살고 있느냐와 음의 상관관계가 있었다. 두 사람이 멀리 떨어져 살수록 그들이 만날 가능성은 낮아졌다.

사람들이 이사를 해서 자주 만날 기회가 없어지면 우정은 놀랄 만큼 빠르게 옅어진다. 카네기 멜론 대학의 밥 크라우트Bob Kraut는 자신의 연구들을 토대로, 원래 친구였던 두 사람이 떨어져서 보낸(예컨대 다른 도시에서 보낸) 시간이 1년씩 늘어날 때마다 우정의 질은 표준편차 1만큼 감소한다고 추정했다. 통계학에서는 평균값의 양쪽으로 표준편차 3까지가 데이터의 99퍼센트 이상을 차지한다. 우정의 질이 표준편차 3만큼 감소했다는 것은 사실상 3년 만에 아주 친했던 사이가 그냥 아는 사이로 전락했다는 이야기다.

친구와 떨어져서 보낸 첫 1년이 관계의 질에 미치는 영향은 다음 2년의 영향보다 훨씬 큰 것으로 나타났다. 적어도 우리가 영국 고등학생들의 휴대전화 표본에서 얻은 결론은 그랬다. 학생들이 예전 친구들에게 느끼는 감정적 친밀감을 평가한 결과, 한 친구가 이사를 하면 우정의 원에서 한 층 바깥으로 강등되기까지는 최대 6개월이 걸렸다. 하지만 관계의 질이 가장 크게 떨어진 구간도 그 처음 6개월이었다. 다음 2번의 6개월 구간에서는 관계의 질이 저하되는 속도가 점점 줄어들었다. 마치 관계가 '그냥 오래전부터 알던 사람'이라는 가장 낮은 수준의 공통분모로 조용히 맞춰지는 것처럼 보인다.

그런데 가족 관계에는 이런 변화가 나타나지 않았다. 가족 관계는 시간이 지나도 안정적으로 유지됐다. 가족 관계와 비교하면 우정은 정말 연약했다. 우정을 유지하려면 끊임없는 강화가 필요했다. 내가 보기에는 우리 모두가 이것을 알고 있는 것 같다. 오래전에 학교나 대학을 같이 다녔던 사람들, 그러니까 한때 우리와 파티, 음주, 스포츠, 게임을 즐기며 많은 시간을 함께 보냈던 사람들과 한참 후에 다시 만나면 우리는 이제 그들과 공통점이 별로 없다는 사실을 깨닫는다. 우리는 그들이 어떻게 살아왔는지 들어보기 위해 30분 정도 귀를 기울이지만, 30분이 지나면 기쁜 마음으로 자리를 뜬다. 그래, 그래. 오랜만에 만나서 이야기하니 정말 재미있었어. 나중에 꼭 다시 만나자……. 하지만 실제로 다시 만나지는 않는다. 때로는 '대체 옛날에 저 사람의 무엇을 보고 그렇게 친하게 지냈나' 하는 생각마저 든다.

솔직히 말해서 시간과 부재의 시험을 이겨내는 우정은 아주 드문 것 같다. 존 마틴과 킹토 영의 미국 히피 공동체 연구에 따르면 과거에 공동체에서 많은 시간을 같이 보냈던 사람들은 공동체를 떠나고 12년이 지난 시점에도 정기적으로 연락할 확률이 높았다. 라스 백스트롬Lars Backstrom의 연구진은 아주 광범위한 페이스북 데이터를 분석해서 비슷한 결과를 얻었다. 포스트를 자주 교환하는 사람들은 적게 교환하는 사람들보다 6개월 후에도 친구로 남아 있을 확률이 높았다. 하지만 이처럼 특별한 우정은 숫자로 따지면 매우 적다. 이런 친구는 아마도 3~4명일 것이다. 이런 친구들은 우리와 특별히 가까운 친구들로서 우리와 대부분의 시간을 함께 보냈고, 젊은 시절의 흥망성쇠와 상처를 함께했고, 큰 위기의 순간에 우리에게 조언을 해주었고, 우리와 밤늦게까지 한자리에 앉아서 심오한 철학적 토론을 했고, 툭하면 술을 마시러 나갔거나 파티를 즐겼던 친구들이다. 이 소수의 특별한 친구들은 우리와 강렬하고 열정적인 상호작용을 했기 때문에 우리의 마음에 뚜렷이 새겨져 있을 것이다. 오랜 세월이 지난 후에도 우리는 과거에 그들과 헤어진 바로 그 지점에서 관계를 다시 시작할 수 있다. 하지만 그런 특별한 친구들을 제외하면 우정은 변덕스러운 것이어서 오늘은 친구이지만 내일은 아닐 수도 있다. 대개 우리는 그냥 편의에 따라 친구를 선택한다. 파티에 함께 갈 사람이나 당일치기 여행을 갈 사람. 더 나은 사람이 없으니 당장은 그 사람과 함께 간다.

우리의 가벼운casual 친구들 중 다수가 이런 종류의 편의에 따른 친구들이다. 그들은 단순히 연락이 가능했거나(그리고 우리에게 시간을 조금 내줄 의향이 있었거나), 순전히 사교 목적이 아닌 다른 맥락에서 우리에게 중요한 사람들이기 때문에 투자할 가치가 있는 사람들이다. 이런 친구들의 전형적인 예는 이른바 '교문 친구들school-gate friends'이다. 교문 친구들은 우리가 하교하는 자녀를 데리러 갈 때 교문 앞에서 마주치는 다른 부모들이다. 우리는 아이들이 나오기를 기다리는 동안 지루함을 덜기 위해 그들과 가벼운 대화를 나누기 시작한다. 만약 우리 아이와 그 부모의 아이들이 서로 친해지면 우리는 학교 바깥에서도 그 부모와 만날 일이 많아진다. 처음에는 아이들의 생일이나 파자마 파티가 끝나고 우리의 아이를 데리러 갈 때 잠깐씩 그 사람의 얼굴을 본다. 나중에는 일요일에 같이 고기를 구워 먹고, 저녁 식사에 초대하고, 결국에는 여행을 같이 갈지도 모른다. 그러고 나서 아주 이상한 일이 벌어진다. 아이들이 멀어지거나 다른 대학에 진학하면 그 만남은 갑자기 끊긴다. 아이들은 이제 새로운 친구를 찾았기 때문에 서로 연락하지 않고, 방학 때 집에 와도 서로를 찾아가지 않는다. 그리고 부모들끼리는 조용히 멀어진다. 둘 중 하나가 뭐라고 말한 것도 아니다. 그냥 둘 다 서로에게 연락하려는 노력을 하지 않을 뿐이다. 가끔 두 사람은 마트에서 우연히 마주친다. 우리는 잠시 호들갑을 떨며 인사를 건넨다. "이렇게 만나니 진짜 반갑네요! 뭐하고 지냈어요? 한번 놀러 오세요!" 그러고 나서 우리는 그 사람과 헤어진다. 1~2년 후에 똑같은 마트에서 똑같은 의식을 되풀이한다. 그래도 우리와 그 사람이 따로 만나는 일은 없다. 이 관계는 편의에 따른 것으로서 자녀들 사이의 우정 덕분에 유지되고 있었던 것이다. 자녀들의 우정이 끝나자 부모들끼리 우정을 유지할 사회적 접착제가 너무 적어졌다. 첫째, 우리와 그 사람은 만날 일이 없어진다. 둘째, 크리스마스카드를 그만 보내게 된다. 두 사람의 우정이 세월의 시험을 통과할 정도로 두터워져 있을 확률은 거의 없다.

우정은 서로에게 시간과 노력을 충분히 들여서 관계에 기름칠을 꾸준히 해야 유지된다. 의도한 것이었든 환경의 제약 때문이었든 간에 어떤 사람을 덜 만나게 되면 그 사람과의 우정은 가차 없이 약해진다. 실제로 우리는 누군가를 한동안 접촉하지 못하면 관계가 느슨해진다는 사실을 의식하고 있기 때문에 다음번에 그들을 만나면 더 오랜 시간을 함께 한다. 마치 관계에 생겼을지도 모르는 틈을 메우려는 것처럼. 쿠날 바타차리야Kunal Bhattacharya와 아심 고시Asim Ghosh는 알토 휴대전화 데이터베이스에서 연속적인 통화의 시간을 분석한 결과, 특별한 친구들에게 전화를 거는 경우 지난번 통화와의 시간 간격과 통화의 지속 시간 사이에 상관관계가 있음을 발견했다. 하지만 이러한 발견은 약한 우정(전화를 거는 빈도를 기준으로 판단)에는 적용되지 않았다. 보통은 하루 또는 이틀에 한 번 통화하던 사람들이 10일 내지 15일 동안 통화를 못 했을 경우 다음번 통화 시간이 매우 길어졌다.

우리가 연구하고 있었던 에티오피아의 겔라다개코원숭이 무리에서도 이것과 유사한 현상이 발견됐다. 개코원숭이 엄마들은 한창 성장하는 아기들이 모유를 더 많이 찾아서 수유 시간을 늘려야 하면 가벼운 사교 활동에서 서서히 발을 뺐다. 중요한 사교 활동 상대, 즉 '영원한 친구'들에게 털 손질을 해주는 시간도 함께 줄였다. 그들은 그 관계를 유지하는 데 필요한 모든 노동을 친구에게 떠넘기고, 그 친구들의 털을 손질하는 데 써야 하는 시간을 줄였다. 그러나 아기가 젖을 떼고 엄마의 부담이 줄어들고 나면 그들은 그 빚을 갚았다. 그 친구가 자신에게 털 손질을 해준 것보다 더 많은 시간을 들여 그 친구의 털을 손질해준 것이다.

고등학생들에 관한 우리의 데이터에 따르면, 어떤 우정은 연구 기간 내내 다른 우정들보다 안정적으로 유지됐다. 그래서 우리는 지속력이 강한 우정과 그렇지 못한 우정의 차이가 무엇인지 궁금해졌다. 우리는 학생들에게 친구 명단에 있는 모든 사람을 감정적 친밀감 기준으로 평가한 것은 물론이고 각각의 친구와 마지막으로 접촉한 시기와 접촉 방법(대면, 전화, 이메일 등), 목록에 있는 20가지 활동 중에 그 친구와 함께 한 활동을 알려달라고 했다. 20가지 활동 목록에는 놀기, 같이 외출하기, 파티에 가기, 클럽에 가기, 이사 도와주기, 쇼핑 함께 하기, 여행 함께 하기 등이 있었다. 조사 결과 남녀를 불문하고 지속력이 강한 우정은 두 사람이 각자의 길을 가기 직전의 한 학기보다 각자의 길을 가고 나서 더 많은 노력을 쏟은 우정이었다. 관계의 질이 저하된 경우 학교를 졸업하기 전보다 졸업한 후에 함께 보내는 시간이 줄어들어 있었다.

그런데 이 지점에서 남녀 사이에 놀라운 차이가 하나 있었다. 여학생들의 경우 우정을 유지하는 데 가장 효과적인 활동은 수다 떨기였다. 직접 만나든 전화로 수다를 떨든 효과는 비슷했다. 반면 남학생들의 경우 수다 떨기는 우정에 영향을 못 미쳤다. 정말로 아무런 영향이 없었다. 남학생들의 경우 우정의 지속 가능성을 높인 활동은 '멋진 일을 같이 하려는' 노력을 이전보다 많이 하는 것이었다. 술집에 가거나, 축구를 하거나, 등산을 하거나, 친구끼리 자주 하던 활동이면 뭐든지 좋았다. 물론 '멋진 일을 같이 한다'는 것은 여학생의 우정에도 긍정적이었지만, 여학생의 경우 그 효과는 남학생의 경우와 비교가 되지 않았다. 여학생들이 친구와 뭔가를 같이 하면 우정을 원래 수준으로 유지하는 효과가 있었지만 수다 떨기만큼 우정의 질을 높여주지는 못했다. 여학생들이 멋진 일을 같이 할 때의 효과는 남학생들의 효과보다 훨씬 적었다. 남성(상대가 남성인 경우와 여성인 경우 모두)의 우정을 유지하는 데 중요한 요소는 말이 아닌 행동이었다. 그들은 농담을 던지고, 서로를 놀리고, 가끔씩 자랑도 한다. 하지만 여학생들처럼 내밀한 대화를 주고받지는 않는다. 남학생에게 내밀한 대화는 미지의 영역인 모양이다. 나는 햇살 좋은 야외 카페에 마주 앉아 있는 2명의 그리스 노인을 머릿속에 그려본다. 그들은 때때로 커피나 파스티스(아니스 열매 향이 나는 식전주의 일종-옮긴이)를 한 모금씩 마시지만 둘 사이에는 아무런 대화가 오가지 않는다. 남자들은 이런 식으로 유대감을 쌓는다.

이것은 남녀가 우정을 유지하거나 수리하는(자동차 수리의 개념을 빌려왔다) 방식의 차이를 반영한다. 한쪽은 수다라는 방식을 사용하고, 다른 한쪽은 행동이라는 방식을 사용한다. 이것은 남학생의 전화 통화가 거의 항상 여학생의 통화보다 짧게 끝나는 이유 중 하나다. 잘 알려진 대로 여학생들은 학교에서 종일 같이 있었던 친구와 통화를 하는 데 꼬박 1시간을 사용한다. 남학생들의 경우 지난달부터 친구의 얼굴을 못 봤다고 해도 그 친구와 5분쯤 통화를 하면 운이 좋은 것이다. 하지만 그 통화에서 남학생이 하려는 말은 고작 이런 것이다. "7시에 만나서 놀자" 우리의 고등학생 표본에서 남학생의 통화는 낮이든 밤이든 관계없이 평균 100초 정도였다. 여학생의 아침 통화는 평균 150초 정도였고, 낮 동안 통화 시간이 점점 늘어나서 밤과 새벽 시간에는 평균 500초에 이르렀다. 남학생의 경우 밤이나 새벽에 통화를 하더라도 평균 100초 정도로 동일했다.

우리가 성인 휴대전화 가입자 3300만 명의 통화 19억 통이 담긴 알토 휴대전화 데이터베이스에서 남녀의 통화 시간을 비교해봤더니, 모든 연령대에서 남성의 평균 통화 시간이 여성보다 확연히 짧았다. 비록 그 차이가 고등학생들만큼 극단적이지는 않았지만. 다른 연구에서도 비슷한 결과가 나타났다. 즈비그뉴 스모레다Zbigniew Smoreda 와 크리스티앙 리코프Christian Licoppe가 프랑스 가정 317곳의 통화 기록을 분석한 결과, 전체 통화 시간의 3분의 2는 여성이 차지하고 있었다(시간제로 일하는 여성이든, 전일제로 일하는 여성이든, 전업주부이든 차이는 없었다). 통화의 지속 시간을 배제하고 통화 건수로만 보면, 전업주부 여성은 남성보다 전화를 2배 내지 3배 많이 걸었고 특히 가족 구성원에게 전화를 자주 걸었다. 이러한 결과는 여성의 연령이나 자녀 유무와 무관했다.

아침형 인간과 올빼미형 인간의 친구 관계

원숭이 및 유인원들과 마찬가지로 인간은 주행성이다. 사실 우리는 낮과 밤으로 이뤄지는 생활 주기의 영향(우리의 생체리듬)을 많이 받기 때문에 우리가 사람들과 상호작용하는 방식 역시 우리가 일어나고 잠자리에 드는 패턴의 영향을 받는다. 탈라예 알라다부드Talayeh Aledavood가 우리의 고등학생 표본에서 시간대별 통화 패턴을 살펴본 결과, 주로 낮 시간에 통화를 하는 학생과 밤에 통화를 하는 학생 사이에는 뚜렷한 차이가 있었다. 게다가 이 패턴은 사회적 지문과 마찬가지로 연구가 지속된 18개월 내내 일관되게 나타났다. 연구의 시작 시점에 아침형(종달새형)이었던 사람은 1년 반 뒤에도 아침형이었고, 시작 시점에 올빼미형이었던 사람은 마지막에도 올빼미형이었다. 그리고 친구들이 바뀌고 나서도 패턴은 똑같았다.

나중에 탈라예는 덴마크의 컴퓨터공학자 수네 레만Sune Lehmann이 1000명의 덴마크 대학생에게서 수집한 다른 휴대전화 데이터를 분석했다. 이번에도 종달새형과 올빼미형의 차이가 발견됐다. 이 표본은 규모가 훨씬 컸으므로 종달새형과 올빼미형의 통화 빈도를 더 자세히 분석할 수 있었다. 학생들 가운데 약 20퍼센트가 주로 아침에 사교 활동을 하고 밤에는 하지 않는 확실한 종달새형이었다. 그리고 약 20퍼센트는 낮 시간에는 조용히 지내다가 저녁부터 밤까지 왕성한 사교 활동을 하는 확실한 올빼미형이었으며, 나머지는 이도 저도 아닌 유형이었다. 올빼미형 학생들은 종달새형 학생들보다 큰 사회적 네트워크를 가지고 있었다(전화를 자주 거는 친구의 수를 기준으로 집계했을 때 올빼미형 35명, 종달새형 28명). 그러나 친구 1명당 통화 시간은 올빼미형 학생들이 종달새형 학생들보다 짧았다(올빼미형은 평균 94초, 종달새형은 평균 112초). 그래서 올빼미형 학생들의 네트워크는 응집력이 약하고 그리 단단하지 못했다. 올빼미형 학생들은 네트워크 전체를 관리하는 활동에 집중했다. 그들은 나비처럼 이쪽저쪽으로 상호작용을 하면서 네트워크의 응집력을 유지하고 사회적 정보가 흘러가도록 했다. 그들이 빠질 경우 네트워크는 소통이 별로 없는 여러 개의 작은 공동체로 쪼개지곤 했다. 종달새형들은 특별히 한

쪽을 선호하지 않았지만, 올빼미형들은 다른 올빼미들과 더 많이 사귀면서 강한 동종친화 효과를 보여주었다. 이것은 올빼미들이 바쁜 사교 활동의 세계에 살고 있다는 증거다. 무릇 최고의 파티는 올빼미형들로 이뤄지는 파티고 밤에 열리는 파티니까.

사교 생활을 언제, 어떻게 하느냐의 차이에 관한 이야기를 하자니 다니엘 몬시바이스Daniel Monsivais(알토 그룹에서 만난 멕시코의 물리학 박사과정 학생)가 수행한 다소 장난스러운 분석이 생각난다. 다니엘은 알토 휴대전화 데이터베이스를 사용해 전화 걸기 활동의 시간대별(낮/밤), 계절별 패턴의 영향을 알아본다는 아이디어를 떠올렸다. 그는 왜 어떤 나라에서는 전 국민이 이른 오후에 낮잠(시에스타)을 자는 풍습이 있는지를 알아보려고 했다. 데이터가 아주 방대했기 때문에 복잡한 컴퓨터 프로그램을 사용했다. 프로그램은 비사교적 통화를 배제하고(적어도 식별할 수 있는 비사교적 통화는 배제했다), 통화에 참여한 개인들을 기반으로 사람들이 잠자리에 드는 시간과 아침에 일어난 시간을 식별했다. 기본적으로 우리는 휴대전화의 주인이 잠들어 있었을 것으로 추정되는 긴 휴식 시간의 양쪽 끝에서 첫 번째 통화와 마지막 통화의 시간에 주목했다. 우리가 가진 표본에 약 1000만 명이 있었다는 점을 감안하면 수작업으로 이것을 정리하기란 불가능했다(우리가 어떤 형태의 사교 활동도 원하지 않았다면 가능했을까?). 자동화가 필요했다. 통계를 다룰 줄 아는 물리학자가 컴퓨터 프로그램을 개발해서, 그 프로그램으로 테라바이트 단위의 데이터를 탐색해서 적당한 패턴을 찾아내야 했다. 당연히 이런저런 오류는 생길 것이고, 때로는 휴대전화 주인이 사적인 만남 중이었거나 단순히 배터리가 꺼져 있었는데 잠을 잔 시간으로 잘못 해석할 여지도 있다. 하지만 표본이 충분히 크다면 이런 소수의 오류는 통계의 덩어리 속에 파묻힌다.

표본을 분석한 결과 수면 시간으로 짐작되는 시간이 두 종류 있었다. 하나는 밤이었고 하나는 이른 오후(전통적인 시에스타)였다. 우리의 데이터베이스는 전화 가입자의 위치를 우편번호 형태로 제공했으므로 우리는 모든 사용자의 공식적인 거주지를 파악할 수 있었다. 다니엘은 위도 $5\frac{1}{2}$도 구간(600킬로미터 정도 된다)을 분석한 결과, 이 지중해 국가의 남쪽에 사는 사람들이 북쪽 사람들보다 낮잠을 길게 잔다는 사실을 밝혀냈다. 위도가 동일한 경우 1년 중 낮잠의 길이는 기온에 따라 달라졌다. 1년 중 가장 더운 시기에는 낮잠도 길어졌고 (가장 남쪽에 위치한 도시에서는 약 2시간) 시원한 시기에는 낮잠이 짧아졌다(1시간 정도만 가볍게 잤다).

기온이 가장 높고 햇볕이 뜨거운 한낮에 휴식을 취하는 것은 열대지방 수렵-채집 사회의 공통된 관습이었다. 열대지방의 모든 영장류와 다른 여러 포유동물들 역시 낮잠을 잔다. 우리의 표본에서 남쪽에 해당하는 열대지방의 북쪽 끝(북회귀선) 근처에 사는 사람들은 이 패턴을 더 정확하게 따르고 있었다. 하루 중 가장 뜨거운 낮 시간에 잠을 자고, 못다 한 일은 조금 시원해지는 저녁 시간으로 돌리는 것이 낫다. 그래서 그들은 진짜로 그렇게 한다.

또 하나의 흥미로운 결과는 어느 도시에서나 밤잠의 길이와 낮잠의 길이가 음의 상관관계를 나타냈다는 점이다. 북쪽에 사는 사람들은 밤에 더 오래 자는 반면, 남쪽에 사는 사람들은 오후 낮잠을 길게 자고 밤에는 늦게까지 깨어 있다가 자정이 지나 시원해진 다음에야 잠자리에 들었다. 북쪽에 사는 사람들이나 남쪽에 사는 사람들이나 하루의 수면 시간은 같았다. 단지 그들은 더위에 대응해서 하루 동안의 수면을 다르게 분배하고 있었을 뿐이다. 다니엘의 다른 분석은 우리가 태양광의 많고 적음에 얼마나 민감하게 반응하는지를 보여준다. 태양이 동쪽에서 뜨기 때문에, 어느 시간대에 속하든 동쪽에 있는 사람들은 서쪽에 있는 사람들보다 하루를 조금 일찍 시작한다. 우리가 휴대전화 데이터를 얻은 나라에는 시간대가 하나밖에 없었지만 동부와 서부의 차이는 상당히 컸다(경도 10도, 900킬로미터 정도). 그래서 동쪽 끝에 위치한 도시와 서쪽 끝에 위치한 도시의 일출 시간이 43분이나 차이가 났다. 다니엘이 같은 경도 축을 따라 동서 방향으로 위치한 도시 5개를 살펴본 결과, 동쪽에 사는 사람들은 서쪽에 사는 사람들보다 30분 일찍 일어나 누군가에게 전화를 걸고 있었다. 그 도시들의 시간대는 동일하며 여러 문화적 요인들이 우리의 생활 방식을 표준화하고 있는데도!

~~~

이 장에서는 우정을 키우는 방법과 우정의 대가에 관한 2가지 중요한 발견에 관해 이야기했다. 첫째, 우리가 사교적 노력을 분배하는 방식은 우리 각자가 가지고 태어난 사회적 지문과 비슷하다. 우리의 사교 활동 방식은 우리가 얼마나 외향적이며 인간관계에 대한 불안을 크게 느끼는가를 비롯한 성격의 여러 측면들을 반영한다. 우리의 사교 활동 방식은 우리가 선호하는 사교 활동의 시간과 방식에 영향을 끼치고, 나아가 우리의 친구 선택에 하나의 기준을 제시한다. 만약 어떤 사람이 올빼미형이라면 그 사람은 다른 올빼미형과 친하게 지낼 확률이 높다. 새벽 2시에 아직 깨어 있는 사람은 올빼미형 친구들밖에 없을 테니까. 둘째, 사교 활동 방식의 패턴들은 매우 안정적으로 유지되며 특정 시점에 우정의 원 안에 누가 들어와 있느냐와 무관하다. 우리에게 친구가 있기만 하다면 그 친구들이 정확히 누구냐는 큰 문제가 아닌 것처럼 보인다. 물론 우리는 최대한 마음이 맞는 사람들을 친구로 선택하지만, 몇 가지 조건만 충족하면 누구와도 친구가 될 수 있다. 그래야 오랜 기간 별다른 어려움 없이 관계를 유지할 수 있다. 우정의 이런 특징은 우리의 사회적 네트워크의 규모와 구조는 물론이고 공동체의 규모와 구조를 안정적으로 유지하는 데도 도움이 된다. 만약 우리의 사교적 취향이 일주일 만에 바뀐다면 친구 관계에 급격한 변화가 찾아오겠지만, 이미 확립된 공동체의 틀 자체가 크게 흔들리는 일은 없을 것이기 때문이다.

6장

우정과 뇌의
메커니즘

"사회적인 복잡성을 처리하기 위해 우리에게는 특별한 능력이 필요하다.
다른 사람의 마음을 읽고 이해하는 능력이 그것이다.
마음 읽기 또는 정신화라고 불리는 이런 능력은 오직 인간에게만 있다.
인간의 사교적 능력은 마음을 읽는 기술에서 비롯되며,
인간은 이 기술 때문에 자폐증의 위험에 노출되기도 한다."

자폐를 다룬 BBC 다큐멘터리 프로그램에 현실을 적나라하게 보여주는 장면이 나왔다. 아스퍼거 증후군*을 앓는 11세 소년이 엄마를 쳐다보며 묻는다. "엄마, 친구가 뭐야? 나도 친구를 사귈 수 있을까?" 소년은 잠시 장난감을 가지고 놀다가 다시 묻는다. "친구는 어떻게 만드는 거야?" 소년은 자신의 주변에 있는 아이들이 서로를 친구라고 부른다는 사실을 안다. 하지만 그 소년이 이해하지 못하는 어떤 신비로운 과정이 있는 것도 같다. 친구를 사귀려면 어디서부터 시작해야 할까? 소년은 이미 다른 아이들에게 친구가 돼달라고 부탁해

---

* 아스퍼거 증후군Asperger syndrome은 자폐의 일종이다. 자폐증의 특징이 몇 가지 있는데 그중 가장 중요한 특징은 온전한 사회성을 뒷받침하는 인지능력(다른 사람의 생각을 이해하는 능력. 때로는 정신화 또는 마음 읽기로도 불린다)이 부족하다는 것이다. 중증 자폐증인 경우 언어 능력이 결핍되고 행동 통제가 잘 되지 않으며 소음, 군중, 신체 접촉 등을 매우 큰 스트레스로 받아들인다. 사실 자폐증은 단일한 장애라기보다 스펙트럼으로 봐야 한다. 아스퍼거 증후군을 앓는 사람들은 대부분 정상적인 지능(평균 이상의 지능을 가진 경우가 많다)과 정상적인 언어 능력을 가지고 있다. 그들은 수학과 컴퓨터 프로그래밍에서 두각을 나타내는 경우가 많다.

봤지만 그렇게는 친구를 사귀지는 못한 것 같다. 소년은 자신이 왜 친구가 없는지 전혀 모른다. 지금 소년은 진짜로 어리둥절하다.

소년의 어리둥절한 모습처럼 우리도 어리둥절해지는 순간이 있다. 어떤 친구와 친해지고 싶었는데 거절당할 때라든가 친구가 나를 실망시켰는데 그 이유를 알지 못할 때 우리는 당황하게 된다. 이러한 사교적 고뇌의 순간들에서 우리는 우정의 중요한 측면을 다시 확인한다. 현실 세계에서 친구를 얻거나 유지하는 일은 그리 쉽지 않다. 친구를 얻으려면 노력을 해야 하며, 진정한 우정이 꽃피기까지는 몇 달이 걸릴 수도 있고 몇 년이 걸릴 수도 있다. 무엇보다 사회적 세계를 관리하는 능력은 사람마다 다르다. 스펙트럼의 한쪽 끝에는 우정의 개념조차 이해하지 못해 좌절하는 남자아이가 있고, 반대쪽 끝에는 모임의 분위기를 살리려면 무슨 말을 해야 할지, 사람들 각자의 가장 좋은 모습을 이끌어내려면 어떻게 해야 할지, 누가 누구와 잘 맞을지를 그냥 감으로 바로 알아차리는 사교의 여왕이 있다. 우리 대부분은 이 두 극단 사이의 어딘가에 위치하며, 하나의 사교적 지뢰밭에서 또 하나의 재앙 같은 연애로 불안하게 옮겨 다니며 근근이 사교 생활을 해나간다. 그리고 간혹 우리는 상황상의 이유로 사교적 무인도에 혼자 남게 되어 다른 사람들이 사교 활동을 즐기는 모습을 부러운 눈으로 바라보기만 할 때도 있다.

인간의 사회적 세계는 아마도 우주에서 관측 가능한 현상 중 가장 복잡한 현상일 것이다. 인간의 사회적 세계는 별의 탄생 과정이나 행성의 궤도가 만들어지는 과정보다도 훨씬 복잡해 보인다. 이 세계를 구성하는 사회적 능력은 놀랍도록 정교하며 이 능력을 뒷받침하는 인지 메커니즘은 진화의 기적이다. 하지만 우리는 이런 능력과 메커니즘을 당연하게 받아들일 뿐 이것에 대해 깊이 생각해보지 않는다. 우리는 피타고라스와 아르키메데스의 단순한 수학 공식을 익히느라 힘들어하지만 사회적 세계에 관한 훨씬 복잡한 계산은 여러 번 생각하지 않고도 정확하게 해낸다. 그것은 진화의 과정에서 인간의 정신이 사회적 컴퓨터 역할을 하도록 설계됐기 때문이다. 반면 우리가 물리적 세계에서 살아가는 데 필요한 계산들은 아주 기본적이고 단순하다. 거대한 건축물이나 비행기 엔진을 설계할 때 또는 화성에 탐사선을 보내려고 할 때는 복잡한 계산이 요구되겠지만, 이런 상황들은 우리가 진화한 지난 몇 천 년 동안의 일상적이고 평범한 경험과는 한참 동떨어져 있다.

사회적인 복잡성을 처리하기 위해 우리에게는 특별한 능력이 필요하다. 다른 사람의 마음을 읽고 이해하는 능력이 그것이다. 마음 읽기mindreading 또는 정신화mentalizing라고 불리는 이런 능력은 오직 인간에게만 있다. 원숭이와 유인원 중 일부 영리한 종에게서도 이런 능력의 어떤 요소가 발견되며 이들의 뇌에도 이런 능력의 기반이 되는 뇌의 신경회로가 있긴 하지만, 오직 인간만이 언어를 사용하고 허구의 이야기를 지어내며 종교와 과학처럼 복잡한 내용을 이해할 수 있다. 인간의 사교적 능력은 마음을 읽는 기술에서 비롯되며, 인간은 이 기술 때문에 자폐증(혹은 그보다 약한 아스퍼거 증후군)의 위험에 노출되기도 한다.

마음 이론의 세계

어린아이들에게 해보면 좋은 실험이 있다. 심리학자들이 '샐리와 앤 실험Sally and Ann Test'이라고 부르는 실험이다. 샐리와 앤은 소파 위에서 함께 공을 가지고 놀고 있는 인형 친구들이다. 샐리가 소파 한쪽 끝의 쿠션 밑에 공을 숨기고 나서 잠깐 나간다. 샐리가 없는 동안 앤은 그 공을 꺼내 소파의 반대쪽 쿠션 밑에 감춘다. 당신은 인형 2개를 가지고 이 장면을 연기하면서 아이에게 설명을 해준다. 이제 샐리가 방에 다시 들어온다. 당신은 아이에게 묻는다. "샐리는 공이 어디에 있다고 생각할까? 샐리는 어디에서 공을 찾으려고 할까?"

아이가 만 4세라면 대부분 앤이 공을 감춘 장소를 손가락으로 가리킬 것이다. 아이는 공이 그곳에 있다는 사실을 알기 때문이다. 아이가 만 5세라면 샐리가 나가기 전에 공을 감췄던 곳을 가리킬 것이다. 이런 차이는 매우 뚜렷하며 일관되게 나타난다. 만 5세 정도가 되면(어떤 아이는 조금 빠르고 어떤 아이는 조금 늦지만) 아이는 이른바 '마음 이론theory of mind'이라는 커다란 전환을 경험한다. 만 4세 아이는 세계에 대해 자신이 알고 있는 것과 다른 사람이 알고 있는 것을 구별하지 못한다. 자신이 생각하는 것이 다른 사람들의 생각과 같다고 여긴다. 하지만 만 5세부터는 세계에 대한 자신의 지식(공이 실제로 있는 자리. 앤이 감추는 것을 봤기 때문에)과 다른 사람의 지식(샐리가 생각하는 공의 위치. 샐리는 공을 그 자리에 감췄고 앤이 공을 옮기는 것을 보지 못했기 때문에)을 구별할 수 있다. 여기서 열쇠는 '잘못된 믿음false belief'을 이해하는 능력이다. 어떤 사람이 세계에 관해 어떤 믿음을 가지고 있는데 나는 그게 사실이 아니라는 것을 안다. 철학자들의 표현을 빌리자면 나는 '마음 이론'을 가지거나 획득하는 것이다. 마음 이론은 다른 사람이 무엇을 생각하고 있는지를 이해하고, 그 사람이 바라보는 세계와 내가 바라보는 세계가 다르다는 것을 이해하는 능력이다. 이를 일반적인 표현으로는 마음 읽기 또는 정신화라고 하는 것이다.

마음 이론은 인간 사회의 열쇠와도 같다. 마음 이론이 있기 때문에 우리는 다른 사람에게 공감할 수 있으며 우리의 사회적 세계를 구성하는 인간관계, 우정, 적대감 등으로 복잡하게 얽힌 네트워크를 관리할 수 있다. 어떤 사람과 친구가 된다는 것은 단지 우리의 뇌에 그 사람을 위한 칸을 내주는 문제가 아니다. 그 사람이 누구고 지난번에 만났을 때 그가 우리를 어떻게 대했는지를 기억하는 것이 실제로 얼마나 중요한가(우정을 바라보는 경제학자의 시각)를 떠나서, 친구를 사귄다는 것은 매우 복잡한 과정이다. 우정의 기원을 찾으려면 원숭이와 유인원이 친구를 사귀고 유지하는 방식을 봐야 한다. 원숭이와 유인원의 우정은 다른 포유동물이나 새들이 관계를 유지하는 방식과 큰 차이를 보인다. 원숭이와 유인원(그리고 인간)의 우정은 다른 포유동물이나 새들에게서 일반적으로 나타나는 다소 가벼운 '오늘은 친구지만 내일은 남남이 되는' 관계와 본질적으로 다른 장기적인 속성을 지닌다. 물론 일자일웅 종들과 말이나 코끼리처럼 유대 관계를 가지는 몇몇 종들의(말과 코끼리는 지능이 높은 동물이다. 말은 개별 개체를 알아보는 능력이 있어서 동종끼리는 물론이고 개나 고양이와도 사교적 관계를 맺을 수 있다고 한다. 코끼리의 경우 모계 중심의 사회적 유대 관계를 형성하며, 가족이 죽으면 추모 행위를 하기도 한다.- 옮긴이) 짝들은 예외지만. 이것은 자폐증을 앓는 사람들과 심리학자들이 조심스럽게 신경전형적neurotypical이라고 부르는 사람들, 즉 자폐증을 앓지 않는 사람들의 차이점이다.

영장류들은 심리학자들이 이중정보처리 메커니즘dual-process mechanism 이라고 부르는 메커니즘으로 인간관계를 관리한다. 이중정보처리 메커니즘은 서로 협력하면서 움직이는 2개의 분리된 메커니즘이다. 하나는 관계의 감정적인 내용과 관련이 있으며 대체로 의식의 레이더 밑에서 작동한다. 이 메커니즘에는 엔도르핀이 주로 관여한다. 엔도르핀이 분비될 때 영장류들은 서로를 향해 따뜻하고 긍정적인 감정을 느낀다. 정신약리학적으로 보면 이런 따뜻한 감정은 마음속 깊은 곳에 관계의 기반을 형성하고, 이 기반 위에서 인지적 성격이 강한 두 번째 메커니즘에 의거해 심리적 반사psychological reflection의 과정을 거쳐 신뢰, 책임, 호혜의 관계를 쌓는다. 사회적 뇌 가설을 뒷받침하는 것은 이 두 번째 과정이다. 두 번째 과정은 복잡한 계산을 요하며 생존을 유지하는 데 필요한 것보다 훨씬 큰 용량을 가진 뇌를 필요로 한다. 이 장에서는 두 번째 메커니즘(인지적 메커니즘)을 주로 설명한다. 첫 번째 메커니즘(엔도르핀에 의지하는 정신약리학적 메커니즘)에 관한 논의는 다음 장으로 미룬다.

사람의 뇌 크기가 그 사람이 가질 수 있는 친구 수를 제한한다는 명제는 참이지만, 이것이 단순히 뇌가 어떤 한계를 부과하기 때문이라고 한다면 지나친 단순화가 된다. 여러 측면에서 뇌는 컴퓨터와 비슷하며, 컴퓨터 크기는 그 컴퓨터가 수행할 수 있는 작업에 제한을 가하지만 결국 진짜로 그 작업을 하는 것은 컴퓨터 안에 들어가는 소프트웨어다. 뇌의 경우 소프트웨어에 상응하는 역할을 하는 것은 인지 과정이다. 인지 과정은 사교적 상황에서 어떤 일이 벌어지고 있는지를 뇌가 파악하고, 우리가 이런저런 식으로 행동할 경우 사람들의 반응이 어떨지를 예측하도록 해준다. 사실 우리는 이런 능력을 학습으로 습득한다.

내가 항상 의아했던 것은 사회적 뇌는 단지 누가 누구인지를 기억하는 것이고 사교 활동은 단순한 기억력 게임과 같다고 생각하는 사람들이 많다는 점이었다. 그런 주장을 하는 사람들은 우리가 발표한 사회적 뇌에 관한 논문들을 읽지 않은 것은 물론이고 사회적 관계에 대한 이해가 깊지 못한 것 같다. 물론 우리는 우리의 사회적 세계 안에 있는 사람들을 일일이 기억해야 하겠지만, 친구와 가족으로 이뤄진 방대한 네트워크를 기억만으로 유지하기란 불가능하다. 단지 상대를 기억한다고 해서 대화를 이어나갈 수 있는 것은 아니다. 상대의 말을 끊지 않고 번갈아가며 말하고, 상대가 방금 한 말에 의미 있는 한마디를 보태고, 새로운 화제로 넘어가도 되는 시점인가를 판단해야 한다. 이 모든 기술은 상대의 마음을 정확히 읽고, 상대가 무엇에 흥미를 느낄지 예측하고, 상대가 방금 한 말과 동떨어진 이야기를 해버리지 않고 논리적으로 이어지는 결론을 찾아내고, 상대를 불쾌하게 만들지 않으면서 하고 싶은 말을 하는 능력에 의존한다. 우리는 별다른 노력 없이 이런 일들을 해내는 것처럼 보이지만, 우리 모두 한 번쯤 깨달았던 것처럼 이런 일들을 자연스럽게 해내기란 어렵다. 실수를 하면 대화가 끊길 수도 있고 우정이 깨질 수도 있다. 진짜 힘든 일은 우리가 다른 사람들과 맺고 있는 관계들, 그리고 그 사람들이 다른 사람들과 맺고 있는 관계들까지도 면밀히 검토하는 것이다. 만약 내가 앤에게 이런 말을 하면 앤은 어떻게 반응할까, 혹은 내가 앤에게 이런 말을 하면 샐리는 어떻게 반응할까라는 질문을 던질 수 있어야 한다. 나아가 다음과 같은 질문도 던져보자. 만약 내가 앤에게 어떤 말을 하고 나서 앤이 했던 대답 때문에 샐리가 화를 냈다면 샐리의 엄마는 뭐라고 할까? 바로 이것이 정신화다.

마음 이론이란 다른 사람이 어떤 믿음을 가지고 있음을 아는 것이다. 마음 이론은 아주 중요한 능력이다. 오직 인간만이(어쩌면 침팬지, 고릴라, 오랑우탄 등의 유인원들까지만) 이 능력을 가지고 있기 때문이다. 지각력이 있는 다른 모든 동물은 '나는 ~을 안다'라는 사고에서 더 나아가지 못한다. 지각력이 있는 다른 모든 동물은 만 4세의 인간 아이처럼 행동하며 샐리라는 아이가 자신과 다르게 상황을 이해할 수 있다는 점을 알지 못한다. 영장류들은 샐리-앤 과제를 가까스로 해결할 수 있으며, 인지능력의 사다리에서 만 5세 또는 6세 아이와 동일한 지점에 서 있는 것으로 보인다. 하지만 영장류와 만 5세 아이들의 능력은 성인의 능력에는 못 미친다. 영장류와 만 5세 아이는 인지능력의 사다리에서 일반적인 성인보다 한참 아래인 두 번째 가로대에 서 있을 뿐이다. 사실 고차원적인 정신화 능력이 없었다면 당신은 이 책을 읽지도 못했을 것이다. 길고 복잡하며 여러 개의 절로 이뤄진 문장을 해석하지 못할 테니까.

언어 사용에서 정신화가 매우 중요한 이유 중 하나는 우리가 우리의 의도를 정확히 말로 표현하기보다는 상대가 우리의 말을 정확히 해석하기를 바라기 때문이다. 심지어 우리는 단어를 엉뚱한 맥락에 사용하는 농담을 하면서 즐거워하기도 한다. 새로운 맥락을 암시하는 표현이나 전혀 무관한 2개의 사물 또는 맥락에서 유사성을 찾아내는 식의 비유적 표현들은 대화를 풍부하고 의미 있게 만든다. 우리는 시간에 공간적 속성(4시 전과 4시 후)을 부여하고, 바다나 하늘이 '노했다'라는 표현을 사용하고, 어떤 사람에 대해 '차갑다(불친절하다는 뜻)'라고 묘사하고, 야단을 쳤다는 이야기를 할 때 '손목을 후려쳤다slapped our wrist'라는 표현을 사용하고, 어떤 사람이 행복하게 해줬다는 뜻으로 그 사람이 '내 삶에 불을 밝혔다'라고 이야기하고, 실제로는 집을 떠나지 않더라도 삶을 여행에 비유한다. 우리는 은근히 칭찬을 유도하고, 슬픔의 바다에 빠지고, '푸른 기분blue(영어에서 blue는 우울하다는 뜻)'에 젖어들고, 어떤 사람의 성격이 '거품 같다bubbly(쾌활하다는 뜻-옮긴이)'라고 말하고, '눈에 넣어도 아프지 않다apple of our eye(우리말답게 표현을 바꿨다-옮긴이)'거나 '금상첨화icing on the cake(우리말답게 표현을 바꿨다-옮긴이)'라는 표현을 구사한다. 예를 들자면 끝도 없다.

정말로 놀라운 사실은 우리가 낯선 표현을 들어도 웬만해서는 실수하지 않는다는 것이다. 대개의 경우 우리는 어떤 표현을 듣는 순간 그 의미를 알아차린다. 비유는 일상적인 언어의 큰 부분을 차지하기 때문에 우리에게 비유는 제2의 본능처럼 됐다. 그래서 우리는 이러한 언어유희가 실제로 얼마나 복잡한 것인지를 잊고 살아간다. 그러니 비유는 고사하고 대화의 신호 또는 사교적 신호도 읽어내지 못하는 사람에게 사회적 세계가 얼마나 어려울지를 상상해보라. 그 사람에게 대화란 혼란스럽고 예측 불가능한 것이다. 누군가와 친밀하게 상호작용을 해서 곧바로 우정을 맺는다는 것이 그 사람에게는 정말 어려운 일이다. 자폐 스펙트럼에 속한 사람들은 늘 이런 세계에서 살아간다. 그 세계는 스트레스로 가득 차 있다.

마지막이지만 중요한 사실은 마음 이론이 있기 때문에 우리가 그럴싸한 거짓말을 할 수 있다는 것이다. 우리가 어떤 거짓말을 해서 상대에게 영향을 미치려면 상대의 시각이나 세계관을 이해해야 한다. 상대의 세계관을 이해한다면 우리는 상대가 믿을 것이라고 확신하는 거짓 정보를 상대에게 흘릴 수 있다. 동물들은 가끔 서로를 속이지만, 그것은 그 동물들이 경험을 통해 자신이 X라는 행동을 하면 상대가 Y라는 행동을 한다고 배웠기 때문이다. 하지만 그 동물들은 상대가 어떤 행동을 하는 이유를 진짜로 이해하지는 못한다. 그저 그 속임수가 거의 통한다는 사실만 안다. 반면 우리에게는 마음 이론이 있기 때문에 행동 이면의 마음을 이해하고 상대가 Y가 아닌 X를 쉽게 믿는 이유를 파악한다. 그러면 거짓말은 더 복잡해지고 속임수도 새로운 경지에 이른다.

또 마음 이론은 흥미진진한 소설과 시를 탄생시킨다. 우리는 우리가 실제로 살아가는 세계와 뚜렷이 구별되는 또 하나의 세계를 상상할 수 있다. 과학이라는 학문이 가능한 것도 마음 이론 덕분이다. 마음 이론은 다른 세계를 경험하지 않고도 그 세계를 상상하도록 해주기 때문이다. 대다수 동물들의 문제는 그들이 '실제 경험하는 삶'에 너무 밀착해서 분주하게 살아간다는 것이다. 그들은 정신적으로 몇 걸음 물러나 세상이 왜 이런 모습이어야 할까, 다르게 조직된 세상은 없을까를 생각하지 않는다. 바로 이것이 우리가 해야 할 일이다. 우리가 경험하는 세계를 생리학과 유전학의 언어, 눈에 보이지 않는 화학의 언어, 현상 아래 숨겨진 물리학의 언어로 설명하려면 충분히 뒤로 물러나 상상을 해야 한다.

꼬리에 꼬리를 무는 관계

1989년 맥 라이언과 빌리 크리스탈이 출연한 영화 〈해리가 샐리를 만났을 때When Harry Met Sally〉에서 두 주인공은 과거 두 사람의 관계와 현재 각자의 애인과의 관계에 대해 이야기하며 많은 시간을 보낸다. 게다가 그들의 절친한 친구인 마리와 제스는 그들 때문에 서로를 알게 되고 결국 결혼까지 하게 된다. 상황은 매우 복잡해진다. 영화의 중심 주제는 우정이지만 그 저변에 깔린 질문은 '남자와 여자가 섹스의 개입 없이 친구가 될 수 있느냐'라는 것이다. 샐리는 그것이 100퍼센트 가능하다고 생각하지만 해리의 생각은 달랐다. 영화는 해리와 샐리의 결혼으로 끝나는데, 이러한 결말은 해리가 옳았다는 뜻일 수도 있다.

어쨌든 우리의 관심사는 샐리와 해리가 진지하게 서로를 이해하려고 노력한 것은 물론이고 그들의 관계를 다른 사람과의 우정이라는 배경에 비춰봤다는 사실이다. 이때 다른 사람이란 각자의 친구였던 제시와 마리를 뜻한다. 인생은 서로 별개인 2인 관계(나와 내 어머니, 나와 내 딸, 나와 절친한 친구)들의 집합이 아니다. 2인 관계도 모두 복잡한 관계의 그물망 속에 자리 잡고 있으며, 그 그물망 속에서는 하나의 2인 관계에서 일어나는 일이 다른 2인 관계에서 벌어지는 일에 영향을 준다. 그리고 영화 속의 관계와 마찬가지로 네트워크 속의 관계들도 끊임없이 변화한다. 두 사람의 우정이 어떤 사소한 다툼 때문에 깨지기도 하고, 그러면 두 사람이 함께 알고 있던 다른 친구들과의 관계도 흔들린다. 그러자 3자 관계의 신호들도 달라져서, 한때는 3개의 긍정적 관계로 이뤄진 안정적인 삼각형이었던 것이 이제는 2개의 긍정적 관계와 1개의 부정적 관계로 이뤄진 불안정한 삼각형으로 바뀐다. 모든 사람이 동요하는 상태가 되는 이유는 관계 하나의 파괴가 사회적 네트워크를 따라 갈라지며 다른 모든 사람에게 영향을 미치기 때문이다. 우리는 서로 복잡하게 얽혀 있으며 끊임없이 변화하는 사회적 세계에 살고 있다. 그 세계에서 무난한 경로를 따라 앞으로 나아가기 위해서는 다양한 기술을 갖추고 정신적 노력을 기울여야 한다.

앞에서 우리는 정신화를 단순히 다른 사람의 마음을 이해할 수 있는 능력으로 정의했다. 그러나 정신화라는 용어를 만들어낸 철학자들의 지적처럼 마음 이론은 원래 반복적으로 일어나는 현상이다. 만약 당신이 지금 하고 있는 생각을 내가 이해할 수 있다면, 원칙적으로 짐이 하고 있는 생각에 관한 당신의 생각을 내가 이해하지 못할 이유가 없다. 이런 식으로 사람들의 이름을 끝없이 갖다 붙일 수 있다. 사실은 꼭 다른 사람이 필요한 것도 아니다. 당신과 나 사이에서도 정신화가 반복될 수 있다. 당신이 내게 **바라는** 것과 반대되는 일을 내가 **하려고 한다**고 당신이 **추측하는** 이유를 내가 **궁금해한다**고 당신이 **믿는다**고 나는 **생각한다**. 여기에는 최소 6회의 반복이 있다. 굵게 표시된 6개의 동사는 각기 다른 마음 상태를 나타낸다. 이런 동사들은 보통 의도와 느슨하게 연결되기 때문에 철학자들은 의도적으로 '마음 상태 동사mindstate'라는 용어를 쓴다. 그들은 반복의 회수를 표시하거나 특정한 발언에 포함되는 마음 상태의 개수를 표현하기 위해 '의도의 차수(또는 단계)'라는 표현을 사용한다. 앞 문장처럼 마음 상태가 여섯 번 반복된 문장은 '6차 의도 선언문sixth-order intentional statement'이다. 이런 문장을 성공적으로 구사할 수 있는 사람은 6차 의도를 가지고 있거나 6차 의도적이라고 말할 수 있다.

철학자들은 일찍부터 마음 이론이 반복된다는 사실을 지적했지만, 심리학자 중에서 이런 반복에 한계가 있는지 의문을 품은 사람은 없었다. 이 주제에 관심이 많았던 사람들은 주로 아동이 다른 사람의 마음을 이해하기 시작하는 시기에 관심을 가지는 발달심리학자들이었거나 자폐증에 관심을 가지는 임상심리학자들이었기 때문이다. 그들은 고차 반복에 흥미를 느낄 이유가 없었다. 그들이 만나거나 치료하는 사람들 중 누구도 단순한 마음 이론(2차 의도성: 나는 당신이 '세계에 관한 어떤 사실을' 믿는다고 생각한다)을 넘어서지 않았기 때문이다. 그러나 그렇다고 해서 보통 사람들도 단순한 마음 이론에만 머무르는 것은 아니다(일부 심리학자들은 마치 마음 이론에 기본적인 것만 있고 그 이상은 없는 것처럼 이야기했지만). 우리는 몇 사람의 마음 상태에 관해 동시에 생각할 수 있으며 평소에도 늘 그런 생각을 하며 산다. 만약 우리가 그런 생각을 못 한다면 우리 자신의 행동이 우정에 어떤 영향을 미칠지를 걱정하지도 않을 것이다. 그렇다면 죄책감 같은 감정은 존재하지 않을 것이다. 어떤 추상적인 법을 위반한 데 대한 죄책감은 있겠지만 우리의 행동이 누군가를 상처받게 하거나 화나게 하거나 남들이 우리를 나쁘게 생각할 거라는 걱정은 없을 것이다.

철학자들은 사람이 한 번에 2개 이상의 마음 상태를 처리할 수 있다고 주장하지만, 실제로 사람이 한 번에 처리할 수 있는 개수에 한계가 있을까? 나는 임상심리학자인 리치 벤탈Rich Bentall과 피터 킨더만Peter Kinderman과 함께 이 질문의 답을 알아보기로 했다. 나는 샐리-앤의 이야기와 비슷하지만 더 많은 인물이 등장하는 단순하고 일상적인 이야기를 만들었다. 그러고는 이야기 속에 나오는 어떤 사람이 다른 사람에 관해 무슨 생각을 했는지에 관한 질문을 작성했다. 나의 이야기는 한 편당 200단어 정도 길이였고, 어떤 사람이 어떤 일을 하려고 하는 내용이었으며 반드시 사회적 요소를 포함했다. 예컨대 어떤 사람이 가장 가까운 우체국에 가려고 한다거나, 누군가와 데이트를 준비한다거나, 사교적 약속을 잡는다거나, 임금을 올려달라고 상사와 협상을 한다. 이야기 하나에는 보통 3~4명이 등장했으며 그 인물들은 각각 다른 사람의 생각을 의식하고 있었다. 처음에 만든 이야기들 중에는 한 편에 9개의 마음 상태가 들어간 것도 있었다. 우리는 이 이야기들을 수정하고 표준화하는 작업을 거쳐 정신화 능력을 평가하는 표준 도구로 만들었고, 지금까지도 모든 정신화 연구에 이 도구를 사용하고 있다. 하지만 우리의 첫 번째 연구는 정상적인 성인들의 정신화 능력의 한계를 알아보기 위한 것이었다. 우리는 평균 5개라는 답을 얻었다. 5개의 마음 상태를 처리하는 능력은 다음과 같은 문장을 생각해내는 능력과 동일하다. 제미마가 샐리에게 그녀가 프레드와 사랑에 빠졌는지 물어볼 것이라고 짐이 기대하고 있는지 아닌지를 당신이 궁금해한다고 나는 믿는다. 참가자의 20퍼센트만이 이보다 많은 마음 상태가 들어간 문장을 만들 수 있었다. 이후로 우리는 여섯 편 정도의 후속 연구를 통해 이러한 결과를 재확인했다.

정신화는 대화 중에 비유를 처리하는 능력의 토대가 되며 농담은 언어의 비유적 사용에 상당 부분 의존한다. 그래서 우리는 정신화 능력이 농담을 이해하는 데 어떤 영향을 미치는지 알아보고 싶어졌다. 나는 자크 로네Jacques Launay, 올리버 커리와 함께 '최고의 농담 100선'에서 마음 상태의 수를 분석했다. 대부분의 농담은 3~5개의 마음 상태를 포함하고 있었고(농담을 하는 사람과 듣는 사람의 마음 상태를 2개로 간주), 비록 소수지만 6~7개의 마음 상태를 포함하는 농담도 있었다. 느낌을 알려주기 전에 2가지 예를 먼저 보자. 하나는 미국의 코미디언 조지 윌리스의 2차 농담(농담을 하는 사람과 듣는 사람, 즉 당신의 마음 상태만 포함한다)이고, 다른 하나는 너무 자주 재활용되는 바람에 맨 처음에 누가 생각해냈는지 아무도 모르게 된 5차 농담이다.

2차 농담: 공항에서 '혹시 모르는 사람이 뭔가를 주고 가진 않았나요?'라는 질문을 받았다. '제가 아는 사람들도 저에게 아무것도 안 주는데요.'
5차 농담: 한 소년이 이발소에 들어서자 이발사가 다른 손님에게 귓속말을 한다. '세상에서 제일 멍청한 아이가 왔군요. 제가 증명할 테니 잘 보세요.' 이발사는 한 손에 1달러 지폐를 들고 다른 손에는 쿼터quarter(1쿼터는 25센트로 1달러의 4분의 1이다) 동전 2개를 들고서 소년을 불러 이렇게 묻는다. '애야, 둘 중에 뭘 가질래?' 소년은 쿼터 동전 2개를 받아 가지고 나간다. '제 말이 맞죠?' 이발사가 말했다. '저 아이는 늘 저래요!' 손님이 가고 나서 이발사는 아까 그 소년이 아이스크림 가게에서 나오는 모습을 본다. '얘야! 하나만 물어보자. 아까 왜 1달러 지폐 말고 동전 2개를 받아 갔니?' 소년은 아이스크림을 핥아먹으며 대답한다. '제가 1달러를 선택하는 날이면 이 게임이 끝날 테니까요!'

우리가 사람들에게 이 2가지 농담을 들려주고 얼마나 재미있는지를 평가해달라고 했더니, 5개까지는 마음 상태의 개수가 늘어날수록 점수도 높아졌다(단 1명이 등장하는 농담보다 여러 명이 등장하는 농담이 더 재미있었다). 하지만 5개를 넘어서자 등장인물이 많아질수록 점수가 낮아졌다. 5개가 넘는 마음 상태가 포함되면 사람들은 농담의 뾰족한 부분(원문은 point of the joke: 저자가 의도적으로 '비유'를 사용한 것이므로 직역했다-옮긴이) 주위로 머리를 굴리지(원문은 get their head around: 농담의 핵심을 이해하지 못한다는 뜻인데, 이것도 저자가 의도적으로 비유를 사용한 것이므로 직역했다-옮긴이) 못하는 듯했다.

그래서 우리는 보통 사람들이 한 번에 처리할 수 있는 마음 상태의 개수는 최대 5개(약간의 가변성은 있다)라는 사실을 알아냈다. 그런데 이 한계치는 어떻게 결정되는가? 그리고 이 숫자는 우리가 가질 수 있는 친구의 수와 어떤 관련이 있을까?

친구와 뇌의 작용

3장에서 친구의 수가 뇌의 특정 부위의 크기와 상관관계가 있음을 설명했다. 뇌의 이 영역들은 '마음 이론 네트워크'라고 불리는 넓게 분포된 네트워크를 형성한다. 이 네트워크가 '마음 이론 네트워크'로 불리는 이유는 사람들이 전형적인 2인의 마음 이론 과제를 수행할 때 항상 이 네트워크가 관여하기 때문이다. 우리는 뇌의 어느 영역들이 친구 수와 연관되는지 알아보기 위해 뇌 영상 촬영 연구를 진행하면서 모든 참가자에게 우리의 정신화 과제를 수행해달라고 부탁했다. 과제에 포함되는 마음 상태의 수가 늘어날 때 뇌가 어떻게 반응하는지 알아보기 위해서였다.

조앤 파월은 전전두피질의 큰 구조체들을 분석한 결과 사람이 처리할 수 있는 마음 상태의 개수에 비례해 부피가 커지는 부위는 안와전두피질이라는 사실을 밝혀냈다. 이것은 그 자체만으로 흥미로운 발견이다. 안와전두피질은 감정을 처리하는 영역이며 감정적 단서를 해석하는 편도체와 직접 연결되기 때문이다. 안와전두피질 위, 이마 바로 뒤에 위치한 배측 전전두피질은 일반적으로 이성적 사고를 관장한다고 알려진 영역이다. 배측 전전두피질은 마음 이론에 관한 일부 연구에 등장하긴 했지만 우리의 다중 마음 상태 연구에서 특별히 중요하게 다뤄진 적은 없었다. 우리의 연구들은 뇌에서 감정적 반응을 처리한다고 알려진 영역들의 중요성을 강조하는 경향이 있었다. 여기서 감정적 반응이란 의식의 레이더 한참 아래에서 작동하는 우정의 특징인 '원초적인 느낌raw feeling'을 의미한다. 우리 자신이 어떤 것을 느끼고 있는데 말로 잘 표현하지는 못하는 상황을 떠올리면 된다.

그러나 뇌의 입장에서 사회적 세계를 생각하면서 정신화를 하는 것은 물리적 세계에 존재하는 비의도적인 관계들, 예컨대 구름이 모여서 비를 만든다거나 성냥을 그으면 불꽃이 일어나는 일을 생각하는 것보다 훨씬 어려운 일임은 분명하다. 에이미 버치Amy Birch(당시에는 우리의 학생이었고 현재는 런던 임페리얼 칼리지에서 뇌를 연구하는 전문가다)는 이 점을 탐구하기 위해 뇌가 단순히 이야기의 물리적 요소를 처리할 때와 여러 개의 마음 상태가 포함된 정신화 질문을 처리할 때(누군가가 어떤 일을 한다 vs 누군가가 어떤 일을 하려고 한다) 뇌의 작업량을 비교했다. 우리가 문장에 포함된 서술어의 개수(마음 상태는 결국 서술어로 표현된다. '짐은 ~을 생각한다'라는 문장과 '짐이 ~을 한다'라는 문장은 문법적 구조가 동일하기 때문이다)를 뇌의 작업량과 짝지어 보니, 정신화 작업은 물리적 세계의 비의도적 관계를 이해하는 작업보다 훨씬 어려운 것이었다. 그리고 비례 관계는 아니지만 마음 상태의 개수가 늘어날수록 작업량도 많아졌다.

내가 볼 때 정신화가 훨씬 어려운 작업인 이유는, 우리가 다른 사람들의 마음 상태를 생각할 때는 우리 자신의 마음속 가상공간에 그들의 마음 상태를 모델링하지만 물리적 관계(A가 B의 원인이다)는 단순하고 사실적인 기억으로서 그냥 우리 앞에 놓여 있어서인 것 같다. 마음 상태는 물리적 사건보다 현실에서 한 걸음 더 멀어진 것이다. 다른 사람이 지금 무엇을 생각하고 있는지를 알아내기 위해 간접적인 단서들을 활용해야 하기 때문이다. 물리적 사건에 대한 이해는 어떤 것에 대한 증거를 찾는 일이고, 마음 상태에 대한 이해는 증거 (상대가 하는 말이나 상대의 겉모습)와 그 증거 이면의 마음 상태가 질적으로 다를 때 눈에 보이지 않는 어떤 것을 추측하는 일이다. 계산의 과정만 따져도 후자가 더 어려울 수밖에 없다. 당신의 찌푸린 얼굴은 당신이 느끼고 있는 고통과 같은 것이 아니다. 당신의 찌푸린 얼굴이 당신의 마음 상태를 반영하기는 하지만, 나는 추측을 해야 하고 그것도 확률을 따져가며 추측해야 한다. 찌푸린 얼굴은 여러 가지 마음 상태를 의미할 가능성이 있기 때문이다. 그것은 고통일 수도 있고, 냉소일 수도 있고, '오, 세상에. 정말 재미없는 농담이잖아……'라는 생각의 표현일 수도 있다.

3장에서 언급한 대로 나는 페니 루이스, 조앤 파월과 함께 뇌의 마음 이론 네트워크의 크기(그리고 특히 전전두피질의 크기)가 친구 수와 상관관계를 지닌다는 것을 밝혔다. 그리고 이 장에서는 사람의 정신화 능력이 그 사람의 친구 수와 뇌의 마음 이론 네트워크 크기 모두와 상관관계를 지닌다고 설명했다. 그러면 이 3가지(정신화 능력, 친구 수, 마음 이론 네트워크의 크기)의 관계를 결정하는 비의도적 관계들은 무엇일까? 뇌 크기는 정신화 능력에 영향을 끼치는가? 친구 수는 뇌 크기에 영향을 끼치는가? 조앤 파월은 경로 분석이라는 통계학 기술을 활용해 비의도적인 연쇄 관계의 존재를 입증했다. 뇌 크기는 정신화 능력을 결정하고, 정신화 능력은 친구 수를 결정한다. 이 두 명제는 사회적 뇌 가설(큰 집단을 이루고 살수록 큰 뇌가 필요한 이유)에 관한 설명을 제공하며, 정신화에 포함되는 인지 과정들이야말로 아주 많은 친구를 동시에 관리할 수 있는(또는 동시에 관리하지 못하는)

인간의 능력을 이해하는 열쇠라는 것을 우리에게 알려준다.

옥스퍼드에 있는 나의 동료 제프 버드Geoff Bird는 경두개 자기자
극법Transcranial Magnetic Stimulation, TMS이라는 새로운 기술을 사용했다.
TMS는 아주 작은 전자기 코일을 뇌의 특정 부위에 부착해서 미량의
자기장을 흘려보내 뇌의 특정 영역을 잠깐씩 활성화하거나 비활성
화하는 방법이다. 버드가 측두두정 접합temporo- parietal junction에 양극의
자극을 가했을 때는 조망 수용 과제(타인의 관점이나 생각을 그 사람의
입장에서 이해하는 과제)의 정확성이 높아진 반면, 음극의 자극(해당
영역을 비활성화)을 가했을 때는 정반대 결과가 나타났다. 하지만 자
신 또는 타인의 마음 상태를 파악하는 능력에는 변화가 없었다. 정신
화에서 측두두정 접합이 수행하는 역할은 자기 자신의 표현 또는 타
인의 표현과 관련된 것으로 추정된다. 이것은 마음 상태를 처리하는
작업(마음 상태를 처리하는 작업은 전전두피질의 기능으로 짐작된다)과
동일하지는 않지만, 정신화와 관계있는 추론임에는 틀림없다.

정신화 능력의 중요성을 재확인한 것은 원숭이들의 사회적 관계
관리에 관여하는 뇌 회로에 관한 연구들이었다. 제롬 살렛Jerome Salet
과 로히어르 마르스Rogier Mars는 인간의 사교적 과정에 관여하는 중
요한 신경회로들이 구대륙의 원숭이에게서도 발견된다는 사실을
밝혀냈다. 그들은 아주 세밀한 뇌 영상 작업을 통해 짧은꼬리원숭
이macaque monkey의 전두엽과 인간의 전두엽에서 신경이 연결되는 방
식이 매우 유사하며 특히 사교술(예컨대 정신화)에 관여하는 연결들
이 그렇다는 것을 밝혀냈다. 그들은 원숭이들이 완전한 정신화 능력
을 가지고 있지는 않지만 원숭이의 전전두피질 구조가 인간과 유사

하다는 사실은 그 원숭이들이 포괄적인 의미에서 인간과 동일한 인지능력을 가지고 있음을 시사한다고 주장했다. 그런 인지 작업을 인간이 큰 규모로 수행하면 우리가 알고 있는 정신화가 된다. 사실 인지능력의 차이는 뇌 시스템의 질적 차이보다는 특정한 뇌 시스템의 크기 차이에서 비롯된다. 더 중요한 이야기를 해보자. 마리 드뱅Marie Devaine의 연구진은 파리와 로마에서 일련의 훌륭한 실험을 진행했다. 그들은 7종의 원숭이와 유인원에게 특별히 고안된 정신화와 유사한 과제를 시켰다. 예컨대 원숭이들에게 각기 다른 수준의 정신화를 하고 있는 인간과 상호작용을 하도록 했다. 그래서 그들은 어느 한 종의 유인원이 정신화와 유사한 과제를 해결하는 능력은 그 종의 뇌 크기와 상관관계를 지닌다는 사실을 입증했다. 상상력이 풍부하고 혁신적인 연구가 으레 그렇듯 드뱅의 연구진은 전통적인 학술지에 논문을 발표하지 못해서 큰 어려움을 겪다가 결국 다른 분야도 아닌 컴퓨터공학 학술지에 논문을 발표했다! 원래 과학자들과 동료들의 리뷰 시스템은 출판되는 논문의 질과 중요성을 보장하기 위한 장치인데, 이 경우에는 도움이 되지 못하고 오히려 방해를 했다. 이것은 과학이 지식을 축적하기 위해 동료 리뷰 시스템이라는 산을 넘어야 했던 너무나 많은 사례 중 하나다.

억제의 기술

사회적 세계에서 정신화가 아주 중요하다는 것은 우리 자신의 행동이 다른 사람에게 어떤 영향을 끼치는가를 알아야 한다는 뜻이다. 또 우리는 어떤 친구가 왜 그렇게 행동했는가를 이해할 수 있어야 한다. 그래야 홧김에 그 친구와 관계를 끊어버리는 대신 그의 행동을 살짝 눈감아줄 수 있다. 이런 이해가 있기 때문에 우리는 아이들을 가르칠 수 있고 성인들에게 어떤 일이 벌어진 이유(왜 우리가 지난주에 그렇게 이상한 행동을 했는지, 혹은 왜 그들이 우리를 화나게 했는지)를 설명할 수 있다. 하지만 우리가 우정을 유지하는 데 정신화와 똑같이 중요한 두 번째 메커니즘이 있다. 심리학자들은 이 메커니즘을 '우세 반응 억제inhibition of prepotent response'라고 부른다. 일상적인 용어로는 그냥 '의지력'이라고 하면 된다. 우세 반응이란 접시에 놓여 있는 케이크 중에 가장 큰 조각을 내가 먼저 차지하려는 본능적인 경향, 또는 어떤 사람이 성가시게 할 때 벌컥 화를 내는 경향이다. '행동이 먼저, 생각은 나중에'의 법칙이다. 이런 식의 행동이 문제가 되는 이유는 인간관계는 그 관계의 혜택이 균형을 이뤄야 유지되기 때문이다. 만약 당신이 케이크를 당신의 몫보다 많이 차지하려고 하거나 누군가가 당신의 신경을 거스를 때마다 맹비난한다면 그 관계는 불안정해진다. 그런 행동을 너무 자주 하면 친구들은 당신과 시간을 보내려 하지 않을 것이다. 물론 우리는 어떤 관계에서는 모든 형태의 잘못된 행동을 용서하려고 있는 힘을 다할 준비가 돼 있다(부모는 아이들을, 사랑에 빠진 사람은 애인을, 그리고 아랫사람은 윗사람을 용서하려고 한다. 적어도 어떤 때는). 하지만 우리가 참는 데도 한계가 있다. 만약 당신과 내가 만날 때마다 당신이 케이크의 대부분을 차지하거나, 둘이 함께 술을 마시는데 술값을 내가 계속 내게 된다거나, 당신이 나에게 계속 고함을 질러 댄다면 아무리 다정한 관계라도 금이 갈 것이다. 누군가가 당신에게 작은 신세를 진 경우(이때 그 사람은 빚을 갚기 위해 당신에게 식사를 대접하려고 할 것이다)와 당신이 누군가의 경제적 노예인 경우(상대는 관계에 요구되는 모든 노력을 당신이 하기를 기대한다)는 하늘과 땅만큼의 차이가 있다.

우리가 지나치게 욕심을 부리는 것을 막아주고 누군가에게 폭력적으로 화를 내지 않게 해주는 것은 행동을 억제하는 능력이다. 행동 억제 능력이 본능인지 직관인지는 불확실하다. 우리는 아이들이 어릴 때 너무 욕심부리지 말아라, 집에 놀러 온 친구들과 장난감을 같이 가지고 놀아라, 내 뜻대로 안 된다고 해서 짜증을 부리지 말아라, 다른 사람의 습관이 거슬려도 참아주라고 가르치는 일에 많은 시간을 들인다. 대개의 경우 아이들은 행동을 억제하는 기술을 습득하지만, 어떤 아이들은 다른 아이들보다 억제를 잘한다. 그리고 어떤 아이들은 끝내 이런 기술을 배우지 못하는 것 같다(그런 아이들에 관해서는 나중에 다시 다룬다). 행동 억제는 외교의 기본이고, 민주주의의 기본이며, 힘든 상황에서 살아남아 내일의 싸움을 기약하는 토대가 된다. 반응을 억제하지 못하면 관계가 깨지거나 갈등이 증폭되어 결국 싸움이 벌어지고 치명적인 피해를 입는다. 이런 기술을 우습게 봐서는 안 된다. 이런 기술이 없으면 우리는 친구와 주말을 무사히 보내지도 못할 것이다. 알다시피 인간 사회는, 아니 영장류의 사회조차도 이런 기술이 없으면 유지될 수 없다.

행동 억제가 필수 기술인 이유는 영장류의 사회집단과 그 집단을 구성하는 관계에 사회적 접촉이 포함되기 때문이다. 우리는 일상적인 생존의 문제를 해결하는 데서나 재생산의 효율 면에서나 각자 알아서 하는 것보다 나은 결과를 얻기 위해 함께 살기로 하고 친구가 되기로 했다. 문제는 당신이 내가 못 보는 사이에 당신의 몫을 내지 않거나 더 받아가려는 유혹이 항상 있다는 것이다. 그래서 이른바 '공유지의 비극'이라는 문제가 발생한다. 중세 잉글랜드와 근대 초기 영국에서 공유지common란 명칭 그대로 공동으로 소유한 땅이었고 누구나 자기의 말과 소 같은 가축을 데려와서 풀을 먹일 수 있는 곳이었다. 가축이 너무 많이 몰려와서 풀을 뜯어먹는다면 결국 공유지의 풀은 다 없어지고 가축도 다 굶어 죽게 될 것이다. 그래서 마을 주민들은 한 집에서 공유지에 데려올 수 있는 양, 소, 말의 마릿수에 관한 규칙을 만들었다. 그것은 매우 취약한 균형이었다. 가축을 정해진 것보다 한 마리쯤 더 데려가고 싶은 유혹은 항상 있기 때문이다. 당신이 규칙을 어기고 가축을 더 데려가면 당신은 이익을 보겠지만 다른 주민들이 가축에게 먹일 풀은 그만큼 줄어든다. 만약 그런 행동을 하는 주민이 1명뿐이라면 공유지는 그럭저럭 유지될지도 모른다. 하지만 만약 모든 주민이 그런다면 마을 전체가 이용해야 하는 중요한 자원은 파괴되고 만다. 이것은 태곳적부터 사회적 삶을 힘들게 했던 문제다. 작게는 친구 관계, 크게는 어장과 산림을 보호하는 일에 이런 문제가 생긴다. 서로의 관계에 대한, 그리고 공통의 자원에 접근할 권리에 대한 비공식적인 합의와 기대를 사람들이 잘 지키도록 하려면 어떤 메커니즘이 필요했다.

그 메커니즘의 핵심은 미래에 더 큰 이익을 얻기 위해 지금 작은 이익을 포기하는 것이다. 그것은 타협과 절충일 수밖에 없다. 현재 자원의 가치가 미래에 그 자원이 가질 수 있는 가치를 초과하는 시점은 언제나 있게 마련이고, 그 시점이 되면 우리는 '수확'을 선택할 것이다. 경제학자들은 이것을 '현재 편향discounting the future'이라고 부르는데, 대체로 우리는 현재 편향을 잘하지 못한다(적어도 인간이 삼림을 파괴하는 모습을 보면 그렇게 판단된다. 이것을 가리켜 '밀렵꾼의 딜레마poacher's dilemma'라고도 한다). 단기적 관점에서는 현재 편향을 하지 않는 것이 합리적일 때가 있기 때문이다. 미래는 예측 불가능하며 아예 오지 않을 가능성도 있다(내가 죽을 수도 있으니까). 그러니까 지금 접시 위의 케이크를 포기하고 기다리는 선택을 하기 위해서는 내가 미래에 얻을 이익이 내가 내일까지 살아남지 못할 위험보다 커야 한다.

스테파니 칼슨Stephanie Carlson과 루이스 모지스Louis Moses를 비롯한 여러 연구자들은 아이들이 만족을 유예하거나 부적절한 반응을 억제하는 능력이 뛰어날수록 사교술, 특히 마음 이론 능력도 우수하다는 사실을 입증했다. 나의 연구팀에 속한 자크 로니, 엘리 피어스Ellie Pearce, 라파엘 윌로다르스키Rafael Wlodarski, 제임스 카니James Carney가 성인들을 대상으로 한 연구에서도 비슷한 결과가 나왔다. 코넬 대학의 새클러 연구소Sackler Institute에 근무하는 B. J. 케이시B. J. Casey와 그의 동료들은 어릴 때의 반응 억제 능력이 성인이 되고 나서도 한참 동안 비슷한 수준으로 유지된다는 사실을 발견했다. 케이시의 연구진은 40세 성인들에게 전형적인 행동 억제 과제를 부과하고 그 점수와 그들이 만 4세였을 때 만족을 얼마나 잘 지연시킬 수 있었는가를 비교했다(일반적으로 후자의 능력은 탁자 위에 쿠키를 올려놓고 어른이 쿠키에 손대지 말라고 말한 다음 방에서 나가는 방식으로 측정한다. 혼자 남은 아이가 쿠키를 먹고 싶은 유혹을 참는 능력을 점수화한다). 그들이 성인들에게 부과했던 과제는 '계속/중단go/no-go'이라는 이름으로 불린다. 참가자들은 시각 이미지를 보면서 그 이미지가 어떤 범주에 맞으면 버튼을 누르고 맞지 않으면 버튼을 누르지 않아야 한다. 과제에 명백한 사교적 단서(행복한 얼굴이면 버튼을 누르고, 겁에 질린 얼굴이면 버튼을 누르지 마세요)가 포함되는 경우 성인들의 과제 수행 능력은 40년 전에 만족을 지연시킬 수 있었던 능력과 상관관계를 나타냈다. 하지만 사교적 단서와 무관한 과제(무표정한 얼굴)에서는 상관관계가 나타나지 않았다. 성인들이 이 과제를 수행하는 동안 그들의 뇌를 스캔했더니 지연 능력이 우수한 사람들과 지연에 서투른 사람들은 우측 전두엽의 신경 활동에서 명백한 차이를 보였다. 특히 반응을 제대로 억제하는 순간의 신경 활동량 차이가 컸다.

그리고 행동 억제 능력은 뇌의 전두극frontal pole이라는 영역에 크게 의존한다. 전두극은 눈썹 바로 위 약간 오른쪽에 위치한다(〈그림 2〉 참조). 전문용어로 브로드만 영역 10이라고도 불리는 이 영역은 원숭이, 유인원, 인간에게만 있다. 다른 포유동물에게는 전두극이 없고, 원숭이보다 조금 더 원시적인 원원류prosimian에게도 없다. 전두극은 일반적으로 실행 기능이라고 불리는 여러 가지 중요한 인지능력에 관여한다. 실행 기능에는 억제 능력, 간단한 추론, 단일 시행 학습 one-trial learning(개별적인 관찰을 통해 일반적인 법칙을 유추하는 학습법. 대다수 동물의 학습 방법인 반복적인 경험을 통한 기계적 학습과 대조된다), 최고의 선택을 위해 여러 결과를 비교하는 능력이 포함된다. 이런 종류의 정교한 인지능력은 동물들이 추론을 하거나 행동을 결정할 때의 속도와 효율에 큰 영향을 미친다. 전두극이 작은 사람들은 행동을 잘 통제하지 못하고, 장기적 관점으로 바라보지 못하고, 친구들이 마음을 상하게 했을 때 쉽게 용서하지 못하고, 우연한 행동과 의도적인 행동을 구별하지 못할 가능성이 있다. 우리는 우발적인 행동을 억제하는 능력과 마음 이론 덕분에 미래를 예측할 수 있고, 미래를 예측할 수 있기에 사회생활을 하고 우정을 쌓을 수 있다. 사회적 맥락에서는 어떤 일을 먼저 할지를 결정하는 능력이 훨씬 중요하다. 적어도 영장류에게는 먹이를 찾을 때 빠른 속도로 행동하는 것보다 사회적 맥락에서 빠른 속도로 행동하는 것이 중요하다. 영장류의 경우 사회적 맥락의 행동은 번개 같은 속도로 이뤄진다. 반면 영장류의 대부분은 초식이기 때문에 먹이를 찾을 때는 가만히 앉아서 저 풀을 먹을지 말지 천천히 고민해도 된다.

몰리 크로켓Molly Crocket과 토비아스 칼렌처Tobias Kalenscher는 현재의 작은 보상과 미래의 큰 보상 중 하나를 선택하려고 할 때 뇌에서 어떤 영역의 활동이 활발한가를 알아보기 위해 일련의 기능적 자기공명영상fMRI 연구를 수행했다. 실험에 참가한 대상자들은 2가지 전략을 사용했다. 하나는 의지력을 발휘해서 충동을 억제하는 전략이었고, 다른 하나는 의지력의 실패를 예상하고 '사전 위탁pre-commitment'이라는 행동 전략을 채택해 유혹에 대한 접근을 의도적으로 차단하는 전략이었다(일상생활의 용어로 설명하자면 사전 위탁은 우리가 특정한 방식으로 행동하겠다는 약속을 공개적으로 하거나, 유혹에 노출될 가능성이 있는 장소를 아예 피하는 것이다). 연구 대상자들이 의지력을 발휘해서 바람직하지 않은 선택(현재의 작은 보상)을 억제하고 있는 동안에는 안와전두피질이 두정엽의 다른 영역들과 함께 활발하게 움직였다. 하지만 사전 위탁 중일 때는 전두극에 속한 영역들이 더 활성화되고 의지력에 관여하는 안와전두피질 및 두정엽의 영역들과 연결이 증가했다. 몰리와 토비아스는 이것이 이런 종류의 의사 결정에 위계적 규칙이 있다는 증거라고 판단했다. 의사 결정이 단순한 편이라면 우리는 이성적 의지력과 배외측 전전두피질dorsolateral prefrontal cortex을 사용하지만, 의사 결정이 단순하지 않다면 우리는 사전 위탁 전략을 사용하고 전두극을 작동시켜 배측 피질dorsal cortex의 활동을 억제한다. 몰리와 토비아스는 나중에 경두개 자극을 이용해서 이 점을 재확인했다. 그들은 전두극 영역에 양의 자극을 가하면 사전 위탁 결정을 잘하게 되지만 구속력 없는 결정, 의지력, 특정한 보상에 대한 선호가 포함되는 과제에는 아무런 영향이 없다는 사실을 발견했다. 구속력 없는 결정, 의지력, 특정한 보상에 대한 선호는 모두 전두극과 관련이 없다.

~~~~~

이 장에서 나는 사회적 생활에, 특히 우리의 우정에 반드시 필요한 2가지 중요한 심리적 메커니즘을 설명하려고 노력했다. 첫 번째 메커니즘은 정신화 능력이다. 정신화란 우리가 우리 자신의 행동의 결과를 예측하고 다른 사람들은 왜 저렇게 행동하는지를 파악하는 능력이다. 정신화를 통해 우리는 자신이 어떤 행동을 하면 우리의 사회적 네트워크에 속한 사람들에게 어떤 반향을 불러일으킬지를 예측할 수 있다. 물론 대개의 경우 우리는 우리가 하는 행동이 그 행동의 대상이 되는 친구에게 미칠 영향까지만 생각하고 그 이상은 생각하지 않는다. 하지만 그 행동은 항상 친구의 친구들에게도 영향을 끼친다. 그리고 우리가 그런 점을 이해하기 위해서는 고차원적인 정신화 기술이 있어야 한다. 이 장에서 소개한 두 번째 메커니즘인 '억제'는 우리가 관계를 망가뜨릴 수도 있는 어떤 행동을 하려는 본능적인 충동을 억누르도록 해준다. 당연한 이야기지만 이 2가지 메커니즘이 작동하기 위해 반드시 필요한 뇌의 신경망을 통해 우리가 가진 친구의 수를 예측할 수도 있다. 이런 식의 인지 활동은 저글링과 비슷하다. 저글링 실력이 좋아질수록 우리가 바닥에 떨어뜨리지 않고 한 번에 던져 올릴 수 있는 마음 상태의 개수는 늘어난다. 그러면 우리가 사귈 수 있는 친구 수도 많아진다.

7장

시간과 접촉의 마법

"암컷 원숭이 두 마리가 서로의 털을 많이 손질해줄수록
둘 중 하나가 다른 무리로부터 공격당할 때 서로를 도와줄 확률이 높아졌다.
이런 현상은 인간 사회에도 나타난다.
우리가 어떤 사람과 함께 보내는 시간이 늘어날수록
우리가 그 사람을 위해 이타적인 행동을 할 확률이 높아질 뿐 아니라,
곤경에 처하면 상대가 우리를 도와주리라고 기대한다."

누군가가 진짜로 당신을 어떻게 생각하는지 알고 싶다면 그 사람이 당신과 어떤 식으로 신체 접촉을 하는지를 살펴보라. 신체 접촉에는 다른 어떤 감각도 필적할 수 없는 진실함이 있고, 말보다 훨씬 많이 속마음을 보여준다. 한 번의 신체 접촉은 천 마디 말의 가치를 지닌다. 신체 접촉에는 다른 어떤 감각과도 다른 강렬한 친밀감이 있기 때문이다. 말은 쉽게 증발한다. 우리는 속마음과 다른 말을 잘 하며, 우리가 사용하는 단어들도 어떤 식으로 말을 하느냐에 따라 그 의미가 달라진다. 우리는 자신에게 유리할 때는 거짓말도 능숙하게 해낸다. 때로는 정말 좋은 의도(예컨대 정직하지만 냉혹한 의견으로 상대의 기분을 상하게 하고 싶지 않아서)로 거짓말을 하고, 때로는 이익을 위해 일부러 거짓말을 한다. 반대로 어떤 사람이 당신의 어깨에 손을 얹거나 당신의 팔을 쓰다듬는 동작은 그 사람이 당신과의 관계를 어떻게 생각하는지를 그 무엇보다도 정확히 알려준다. 그 이유 중 하나는 신체 접촉에는 다른 감각들에 없는 친밀감이 있기 때문이다. 맛과 냄새도 친밀한 감각이긴 하지만, 맛과 냄새는 당신이 어떤 사람인지를 나에게 알려줄 수는 있어도 당신이 나에 대해 어떻게 느끼는지를 알려주지는 않는다.

신체 접촉은 관계를 유지하는 힘이다. 신체 접촉이 주는 친밀감 때문에 우리는 '누가 우리 몸에 손을 대는가'와 '그 사람이 어떻게 우리와 접촉하는가'에 민감해질 수밖에 없다. 누가 우리를 쓰다듬어주거나 살살 토닥여주면 마음이 진정되고 기분이 좋아지며 긴장이 풀린다. 온갖 걱정들이 우리의 어깨에서 천천히 내려온다. 이것은 일상생활에서 마사지사가 하는 일이다. 그래서 우리는 아기를 살살 흔들어주고, 그러면 아기들은 곧 진정이 된다. 하지만 신체 접촉에는 양가감정이 있다. 어쩌면 신체 접촉은 친밀하기 때문에 양가감정이 뒤따르는지도 모르겠다. 우리는 어떤 사람들과의 접촉은 원하지만 어떤 사람들과는 피하려 한다. 이런 식의 양가감정은 우리 삶의 골칫거리다. 때로는 우리와 상호작용하는 사람들이 그들 자신이 어떤 범주에 속하는지를 알기가 어렵기 때문이다. 나는 애정 어린 손길로 당신을 쓰다듬어주고 싶지만, 당신은 그것을 허락할 마음이 없을 수도 있다. 그래서 우리는 이 특별한 경로를 매끄럽게 해줄 규칙을 만들어야 한다. 예컨대 낯선 사람들끼리라면 악수는 괜찮지만 등을 쓰다듬거나 입맞춤은 부적절하다. 이런 규칙을 습득하려면 아동기와 청소년기의 대부분이 지나야 한다. 청소년기가 지나고 나서도 우리는 실수를 저지른다. 우리는 접촉을 원하지만 그 욕구를 채우지 못하기도 하고, 환영받지 못할 접촉을 시도하기도 한다.

신체 접촉이 주는 친밀감

접촉에 관해서는 어느 문화권에서나 보편적으로 적용되는 규칙이 있는 것 같다. 나와 협력 관계인 핀란드 연구자인 율리아 수빌레흐토 Juulia Suvilehto가 설계한 연구에서 우리는 유럽 5개 국가(핀란드, 러시아, 프랑스, 이탈리아, 영국)에 거주하는 사람들에게 그들이 마음 편히 다른 사람을 접촉해도 된다고 생각하는 상황은 무엇이며 반대로 다른 사람이 그들을 만져도 좋은 상황은 무엇인지를 물었다. 응답자들은 아주 가까운 사람들(부모, 형제자매, 애인, 절친한 친구), 조금 가까운 친척(삼촌, 고모, 사촌 들), 그냥 아는 사람들(혈연관계가 아닌 지인, 낯선 사람들) 중에서 각각 남녀 1명씩을 골라 질문에 답했다. 연구진은 컴퓨터 화면에 인체의 윤곽을 띄워놓고 응답자들에게 상대의 몸에서 만져주고 싶은 곳과 상대가 자신의 몸에서 만져주면 좋을 곳을 색칠하라고 시켰다. 1300명이 조금 넘는 사람들이 설문에 참가했다. 설문 결과는 국적별로 큰 차이 없이 비슷했다. 친한 사이일수록 접촉이 허용되는 곳이 많아졌다. 낯선 사람들은 손까지만 만질 수 있었고, 배와 허벅지는 절대로 허용할 수 없는 영역이었다. 그래서 우리는 처음 소개받은 사람들과 뜨겁게 포옹하는 대신 악수를 하는 것이다. 전혀 인연이 없는 사람이 처음 만난 자리에서 격한 포옹을 하려고 하면 우리는 불편해진다. 가까운 친척에게는 훨씬 많은 접촉을 허용하지만, 서로의 몸 곳곳을 다 만지게 하는 경우는 애인 사이밖에 없었다. 흥미롭게도 사람들은 남성보다 여성에게 자신의 몸에서 더 넓은 영역을 접촉하도록 허용했고 그 종류도 더 많았다. 더 중요한 점은 이 패턴들을 자세히 들여다보면 성별과 무관하게 접촉의 주체가 상대에게 느끼는 친밀감의 강도와 강한 상관관계가 나타난다는 것이다.

물론 국적에 따른 차이가 없지는 않았다. 놀랍게도 핀란드인이 가장 신체 접촉을 좋아했고(핀란드인들이 즐기는 알몸 사우나 때문일까?) 영국인들이 가장 덜 좋아했다(이것은 별로 놀랍지 않다). 그러나 전반적인 패턴은 유럽의 모든 나라에서 비슷하게 나타났다. 나중에 율리아가 일본 과학자들과 협력한 연구에 따르면 일본인들은 영국인들과 비슷했다. 유일한 차이는 일본인들은 애인에게도 신체 접촉을 더 적게 허용한다는 것이었다. 일본인의 애인은 가까운 친척들보다는 신체 접촉이 자유로웠지만, 히피 바람이 불고 지나간 이후 자제력이 없어진 서구 사회의 애인들만큼 자유롭지는 못했다. 일본과 서구 문화의 가장 큰 차이점은 일본인들은 가까운 친척의 엉덩이와 종아리를 만지는 것을 싫어했다는 것이다. 하지만 가장 놀라운 사실은 일본인들에게는 발이 만져서는 안 되는 부위라는 것이다. 혹시 당신이 그 이유를 안다면 나에게 설명을 해주길 바란다.

신체 접촉이 친밀감을 준다는 사실이 경영에 활용된 적도 있었다. 1980년대에 영국의 회사들이 볼링핀처럼 쓰러지고 있었을 때, 관리자들이 정리해고라는 나쁜 소식을 직원들에게 전해야 하는 상황이 많아졌다. 그때 그들은 해고를 당하는 직원과 절대로 마주 앉지 말라는 충고를 받았다. 항상 그 직원의 뒤로 돌아가서 그 사람의 어깨에 손을 얹으며 나쁜 소식을 전하라는 것이 경영 전문가들의 조언이었다. 팔을 가볍게 쓰다듬거나 어깨에 손을 올려놓는 동작만으로도 그 상황이 조금 덜 고통스러워졌고, 해고 대상자가 공격적으로 반응할 확률도 낮아졌다.

　인간관계라는 맥락에서 신체 접촉이 중요한 이유는 그것이 영장류가 우정을 맺고 유지하는 토대가 되기 때문이다. 영장류의 사교 생활은 서로의 털 관리가 중심이다. 정기적으로 서로의 털을 손질해주는 동물들은 그들 중 한 마리가 위협이나 공격을 당할 때 도와줄 가능성이 높다. 미국의 영장류 동물학자인 로버트 세이파스Robert Seyfarth와 도로시 체니Dorothy Cheney는 아프리카 동부에 서식하는 야생 버빗원숭이를 데리고 중요한 실험을 했다. 그들은 원숭이 한 마리가 먹이를 먹는 동안 숨겨놓은 확성기로 공격당한 원숭이의 고통에 찬 비명 소리를 들려주었다. 그 비명 소리의 주인공이 먹이를 먹는 원숭이의 털 손질 상대인 경우, 원숭이는 식사를 멈추고 덤불 안을 들여다보면서 무슨 일인지 알아보려는 모습을 보였다. 그러나 비명 소리의 주인공이 다른 원숭이의 털 손질 상대인 경우, 비명 소리에 신경 쓰지 않고 식사를 계속했다. 기껏해야 확성기가 있는 방향을 한 번 힐끔거리기만 했다. 내가 에티오피아에서 연구했던 겔라다개코원숭이도 마찬가지였다. 암컷 원숭이 두 마리가 서로의 털을 많이 손질해줄수록 둘 중 하나가 다른 무리로부터 공격당할 때 서로를 도와줄 확률이 높아졌다. 이런 현상은 인간 사회에도 나타난다. 우리가 어떤 사람과 함께 보내는 시간이 늘어날수록 우리가 그 사람을 위해 이타적인 행동을 할 확률이 높아질 뿐 아니라, 맥스 버턴의 연구에서 입증된 대로 곤경에 처하면 상대가 우리를 도와주리라고 기대한다.

　이 모든 현상의 기저에는 털 손질의 친밀감이 있다. 누군가에게 털 손질을 받는다는 것은 신뢰가 있어야 가능한 일이다. 우리가 방어 태세를 취하지 않고 있어도 상대가 우리를 물어뜯지 않으리라는 신뢰가 필요하다. 특히 동물들이 서로 털 손질을 많이 해주는 부위는 머리, 어깨, 등, 엉덩이, 항문처럼 스스로 손질하기 어려운 곳들이기 때문에 더욱 그렇다. 스스로도 쉽게 털 손질이 가능한 손과 발, 팔다리의 앞부분, 복부 같은 곳을 다른 동물이 손질해주는 일은 거의 없다.

종종 영장류 동물학자들은 원숭이들이 털 손질(서비스)과 사회적 지원(불확실한 혜택)을 단순 교환한다고 주장했다. 그게 사실이라면 원숭이들의 거래는 매우 불리한 것이다. 적어도 친구들 사이의 털 손질은 거의 호혜적이기 때문이다. 친구들은 아침이나 저녁의 사교 활동 시간에 번갈아가며 털 손질을 해주고, 약 5분마다 서로 역할을 바꾸기 때문에 빚은 돌려받을 필요를 느끼기도 전에 무효화된다. 동물들 중 한 마리가 털 손질의 대부분을 맡아서 정말로 빚이 생기는 사례도 있긴 하지만 이런 경우에는 갈등 상황에서 동물들이 서로를 도와주지 않을 것이다. 보통은 서열이 낮은 동물이 우두머리의 환심을 사려고 털 손질을 해주거나 어떤 사교적 규칙을 위반한 동물이 사과의 뜻으로 해주는 경우였다. 안타깝지만 이런 주장은 학자들이 동물들의 실제 행동에 관심을 기울이지 않아서 과학의 발전이 저해되는 또 하나의 예가 아닌가 한다.

사실 원숭이와 유인원의 털 손질은 전혀 다른 목적을 띤다. 동물들 사이에서 털 손질을 통해 형성된 관계는 2가지 중요한 결과로 이어진다. 첫째, 털 손질로 맺어진 관계는 둘 중 하나가 자리를 떠도 유지된다. 동물들은 하루에 열 번도 넘게 자리를 옮기기 때문에, 친구 사이라도 금방 험한 숲속이나 덤불 속에서 서로를 놓친다. 친구를 놓친 동물은 포식자로부터의 보호라는 무리 생활의 이점을 잃어버린다. 둘째, 털 손질로 맺어진 관계는 무리 안에 있는 다른 개체들의 공격으로부터 서로를 막아주는 수동적인 동맹이 된다. 이 수동적인 보호는 적극적인 연합 지원보다 훨씬 중요하다. 당신에게 친구가 있다는 사실을 알기만 해도 무리의 나머지 개체들은 당신을 쉽게 괴롭히지 못한다. 당신을 공격했다가는 당신의 친구까지 상대해야 할 테니까. 적극적인 연합 지원이 필요한 경우는 수동적인 보호가 통하지 않을 때(아니면 내가 자기 행동을 억제하는 데 실패해서 맹목적인 분노에 휩싸여 당신을 공격할 때)밖에 없는데 그런 일은 드물다.

털 손질은 신뢰와 책임으로 이뤄진 관계를 형성하며, 그 근저에는 상대와 늘 함께 지내면서 신체 접촉을 하고 싶은 욕구가 있다. 이 점은 원숭이들과 유제류 동물들의 차이에서 명확하게 확인 가능하다. 우리는 유대감이 강한 겔라다개코원숭이 무리와 일자일웅에 충실한 바위타기영양 무리, 사회성이 훨씬 낮은 야생 염소 무리, 그리고 무리를 이뤄 살긴 하지만 무작위적인 사교 생활을 하는 사슴 및 영양 무리에서 한 개체가 먹이를 먹는 동안 무리 안의 다른 개체들을 얼마나 자주 쳐다보는가를 비교했다. 유대감이 강한 겔라다개코원숭이와 바위타기영양은 평균 6~8분에 한 번꼴로 무리의 다른 개체를 쳐다봤다. 반면 사회성이 낮은 염소들은 평균 40분에 한 번만 다른 개체를 쳐다봤다. 다시 말하자면 유대감이 강한 동물들은 끊임없이 사회적 동반자를 눈으로 확인했다. 그것은 그들이 상대를 겁내서가 아니라 상대가 시야에서 사라질까 봐 걱정하기 때문이다. 이처럼 상대와 가까이 있으려는 갈망은 인간의 연애와 우정의 특징이기도 하다.

다시 말하면 동물의 털 손질이 실제로 하는 역할은 털 손질을 함께 하는 상대에 대한 심리적 갈망을 키우는 것이다. 우리는 상대와 함께 있기를 열망하며, 함께 있으면 꼭 껴안고 있기를 원한다. 이러한 심리적 갈망 덕분에 우리는 상대가 도움을 필요로 할 때 그를 도와주러 간다. 다른 사람의 공격을 막아주러 달려가기도 하고, 상대의 요청대로 50파운드를 빌려주기도 하고, 장보기나 정원 손질을 도와주기도 한다. 그런데 털 손질이 어떻게 이런 역할을 할까?

우정은 최면이다

지금까지 친구 관계에서 뇌가 하는 역할에 대해 이야기했다. 나는 우리가 친구들에 관해 생각하고 그 친구들과의 우정에 대해 평가하는 능력에 한계가 있음을 시사했다. 그러나 뇌에 관해서는 널리 알려진 이야기는 아니지만 깊이 있고 감정적인 이야기가 아직 남아 있다. 그 이야기는 뇌에서 자체적으로 분비하는 진통제로서 일반적으로 '엔도르핀류'라는 이름으로 불리는 분자들에 관한 것이다. 엔도르핀류에는 엔케팔린enkephalin, 다이놀핀dynorphin, 엔도르핀endorphin의 세 종류가 있다. 그중 우리의 이야기와 특별히 관련이 깊은 물질은 엔도르핀이며, 엔도르핀 중에서도 베타엔도르핀beta-endorphin이 중요하다. 엔도르핀은 신경펩타이드neuropeptide로서 신경전달물질 역할을 자주 수행하지만, 엔도르핀의 주된 역할은 통증과 관련된 것으로 짐작된다. 엔도르핀은 화학구조가 모르핀(아편의 원료가 되는 양귀비의 유액에서 얻는 정신활성물질)과 유사하며 진통제 역할을 한다. 동일한 질량의 엔도르핀과 모르핀을 비교하면 엔도르핀의 진통 효과가 30배나 크다.

엔도르핀은 모든 통증과 스트레스에 반응한다. 정신적 스트레스와 생리적 스트레스는 모두 엔도르핀 시스템을 활성화한다. 엔도르핀이 화학적으로 모르핀과 매우 흡사하기 때문에 우리는 모르핀과 헤로인에 쉽게 중독된다. 우리가 옥시코돈oxycodone, 히드로코돈hydrocodone, 펜타닐fentanyl과 같은 아편유사 약물에 중독되는 이유도 같다. 아편유사 약물은 21세기 미국인을 불행하게 만들고 있다. 2017년 한 해 동안 미국에서는 약 170만 명이 처방전이 있어야 구입 가능한 상업적 아편유사 약물에 중독됐다(이것은 헤로인에 중독된 사람보다 3배 많은 수치다). 그 한 해 동안 아편유사 약물 과다 복용으로 사망한 사람은 4만 7000명이 넘는다. 엔도르핀과 아편유사 약물들은 화학구조 면에서 차이가 별로 없지만, 그 차이 때문에 우리는 아편유사 약물에는 중독되고 엔도르핀에는 중독되지 않는다. 확실한 것은 우리가 엔도르핀에 심리적으로 중독될 수 있다는 것이다. 같은 이유로 우리는 알코올과 섹스에도 중독된다. 알코올과 섹스는 둘 다 엔도르핀 시스템을 활성화한다. 하지만 이런 중독은 모르핀과 아편 같은 합성 아편 물질과 아편제에 대한 파괴적인 생리학적 중독과는 다르다.

그럼에도 불구하고 비정상적인 엔도르핀 수치가 여러 가지 정신의학적 질병의 원인이 될 수 있다는 임상적, 약학적 증거는 늘고 있다. 엔도르핀 수치 이상으로 발병 가능한 질병으로는 조현병, 특정 형태의 우울증, 자폐 스펙트럼에 포함되는 일부 장애가 있다. 특히 면역표현형immunophenotypes이라는 이름이 붙여진 장애가 여기에 포함된다. 면역표현형은 면역 체계의 비정상과 관련 있다고 알려져 있으며 대개 염증성 사이토카인cytokine(감염이 발생할 때 면역체계가 분비하는 단백질)이 분비된다. 예컨대 엔도르핀이 인체의 면역반응에 영향을 끼쳐 신경염증 반응을 일으킨다는 주장이 제기됐다. 그리고 신경염증 반응은 면역표현형과 아편제 중독의 불쾌감의 원인으로 추정된다. 이러한 추정을 뒷받침하는 사실은 이런 질병의 증상들 중 일부, 특히 우울증 환자들처럼 사회적 상호작용이 위축되는 증상이 아편제 중독자들의 행동과 매우 비슷하다는 것이다.

이 모든 사실은 왜 중요한가?

도파민 시스템의 지원과 지시를 받는 엔도르핀 시스템은 영장류의 사회적 유대에 중요한 역할을 한다. 포유동물 일반, 특히 영장류는 털 손질을 받으면 엔도르핀 시스템이 활성화된다. 실제로 이런 과정을 가능케 하는 특수한 말초신경 시스템이 있는데, 이 시스템은 c-촉각신경(CT) 뉴런이라 불린다. 뇌에서 엔도르핀을 흡수하면 아편제의 효과와 비슷한 안도감, 통각 상실, 친밀감, 낙관적인 정서가 만들어져 털 손질에 참여한 개체들 사이에 강렬한 유대감과 신뢰감이 생기는 것으로 보인다.

털 손질에서 매우 중요한 상대를 쓰다듬는 동작은 모낭의 아랫부분에 위치한 c-촉각신경 수용체를 자극한다. 촉각신경의 섬유는 다른 어떤 말초 감각신경들과도 다르다. 촉각신경의 섬유에는 미엘린 껍질이 없고(그래서 전도 속도가 매우 느리다), 운동 복귀 고리return motor loop가 없다(일반적인 통증 뉴런에는 운동 복귀 고리가 있어서 실수로 불에 손을 가져다 댔더라도 재빨리 손을 치우도록 해준다). 그리고 촉각신경의 섬유는 단 하나의 자극에만 반응하는데, 그 자극은 정확히 1초에 2.5센티미터 속도로 가볍게 천천히 쓰다듬는 것이다. 이것은 털을 손질해주는 개체가 앞발이 움직이는 속도와 비슷하다. 프랜시스 맥글론 Francis McGlone의 연구진은 아기의 통증에 대한 반응 연구에서 다소 극적인 방법(아기를 핀으로 살짝 찔렀다)으로 이 점을 증명했다. 초당 3센티미터 속도로 아기를 쓰다듬었을 때 아기는 금방 진정했지만, 초당 30센티미터 속도로 쓰다듬었을 때는 진정되지 않았다. 적절한 방식으로 자극을 가하면 c-촉각신경 섬유는 엔도르핀 시스템에 직접 작용해서 엔도르핀이 뇌로 흘러 들어가도록 한다. 그러면 뇌의 거의 모든 영역에서 발견되는 일련의 특별한 수용체(μ-수용체)들이 엔도르핀을 수용한다.

 털 손질이 뇌에 이런 작용을 하며 그 과정에 엔도르핀이 관여한다는 사실은 30년 전 케임브리지의 신경생물학자 배리 케번이 입증했다. 그는 사회생활을 하는 원숭이들에게 아주 소량의 모르핀 또는 엔도르핀 길항제인 날록손naloxone을 주입했다. 날록손은 뇌에서 엔도르핀 수용체가 있는 영역에 모여들지만 약학적으로는 중립이어서 아편과 같은 효과를 일으키지는 않는다. 날록손을 주입받은 원숭이들은 털 손질을 아무리 받아도 부족함을 느끼고 다른 원숭이들에게 계속 털 손질을 요청했다. 모르핀을 주입받은 원숭이들(혈액 검사에서 아편이 검출되지도 않을 정도로 적은 양이었다)은 털 손질을 받는 일에 금방 흥미를 잃었다. 아편제의 효과가 나타나서 털 손질이 필요 없어졌기 때문이다(말이 나온 김에, 아편 중독자들이 사교 활동과 인간관계에 흥미를 잃어버리는 이유도 이것으로 설명되는 듯하다. 그들은 아편을 통해 인공적인 자극을 받기 때문에 굳이 인간과의 접촉을 통해 그 자극을 구할 필요가 없다).

우리 인간도 이것과 똑같은 시스템을 가지고 있다. 우리는 사람들과 상호작용할 때마다 이 시스템을 작동시킨다. 뇌에서 엔도르핀이 흡수될 때 우리는 가까운 사람과의 물리적 접촉에서 얻는 것과 같은 따뜻한 느낌을 받고, 통증을 덜 느끼고, 우리 모두에게 가끔 찾아오는 정신적, 육체적 고통을 덜 느끼고, 약한 희열(도파민의 작용)을 맛본다.

그 느낌을 알고 싶다면 당장 나가서 조깅을 해보라. 대부분의 사람은 10분쯤 달리고 나면 '세컨드 윈드second wind' 또는 '러너스 하이runner's high'라 불리는 경험을 한다. 갑자기 달리기의 스트레스가 줄어들면서 영원히 달리고 싶어진다. 사교적 맥락의 세컨드 윈드는 우리의 긴장을 풀어주고, 우리가 상대에게 친절을 베풀고 상대를 신뢰하도록 해준다. 트리스틴 이나가키Tristen Inagaki와 나오미 아이젠버거Naomi Eisenberger는 뇌 영상 촬영을 통해 우리가 친구들에게서 얻는 따뜻함이 실제로 우리가 따뜻한 물체를 손에 들고 있을 때의 물리적 온기와 똑같다는 것을 입증했다. 실제로 두 감각은 뇌의 동일한 영역에서 처리된다. 고통을 느낄 때와 누군가가 쓰다듬어줄 때 모두 복측 선조체와 뇌섬엽insula이 활성화된다. 우리는 차가운 물체를 들어올릴 때보다 따뜻한 물체를 들어올릴 때 '연결'의 느낌을 더 많이 받는다. 인간에게서 진짜로 영장류와 비슷한 털 손질 의식을 찾아보고 싶다면, 공원이나 해변에 가서 엄마들이 어린아이를 진정시키는 광경을 보라. 엄마들은 원숭이와 똑같은 동작으로 어린아이의 머리카락 (우리에게 남은 유일한 털)을 손가락으로 쓸어준다. 우리 인간은 몸의 털이 대부분 사라졌기 때문에(몸의 털이 없어진 시점은 200만 년 전쯤으로 추정된다. 이 점에 대해서는 《멸종하거나 진화하거나 *Human Evolution*》라는 책에서 설명한 바 있다) 옛날처럼 서로에게 털 손질을 해주기는 어렵다. 하지만 우리 몸의 털이 없어졌더라도 털 손질의 메커니즘은 아직 남아서 옛날과 똑같이 작동한다. 내 말을 믿지 못하겠다면 몸에 소름이 돋을 때 피부가 오므라드는 것을 떠올려보라. 우리 모공의 아랫부분에는 개, 고양이, 원숭이가 위협을 느낄 때 몸집이 커 보이도록 하려고 털을 곤두세울 때 사용하는 근육과 똑같은 작은 근육들이 있다. 이제 우리 몸의 털은 풍성하지도 않고 개털처럼 꼿꼿이 세울 수도 없지만, 털이 곤두서게 만드는 피부의 해부학적 메커니즘은 아직도 수백만 년 전과 같다. 그래서 우리는 여전히 '온몸의 털이 곤두선다make your hair stand on end'와 같은 표현을 쓴다. 털은 없어졌지만 피부 아래에 있는 것까지 사라지지는 않았다. 촉각신경 수용체도 마찬가지다. 우리 몸의 대부분에는 손질할 털이 없으므로, 우리는 그저 털 손질이라는 행위를 그것과 같은 효과를 지닌 쓰다듬기, 톡톡 두드리기, 껴안기로 대체했을 뿐이다. 피부를 문지르면 촉각신경 섬유가 자극을 받고, 뇌 안에서 엔도르핀을 생산하는 뉴런에 신호가 빠르게 전달된다. 우리가 섹스를 하기 전에 상대의 몸을 쓰다듬는 동작도 비슷한 역할을 한다. 이런 동작은 상대의 마음을 편안하게 만들어 상대로 하여금 섹스에 더 적극적이게 만든다.

우리는 몸을 쓰다듬는 행위가 정말로 뇌 안의 엔도르핀 시스템을 활성화하는지를 확인하고 싶어졌다. 문제는 엔도르핀은 뇌의 척수 조직과 혈액 사이에 있는 혈액뇌관문을 통과하지 못하기 때문에 뇌 속의 엔도르핀은 몸속의 다른 화학물질들처럼 혈액 검사를 통해 측정할 수 없다는 것이었다. 엔도르핀을 측정하는 방법은 2가지밖에 없었다. 하나는 요추천자였다. 요추천자는 척추 아랫부분에 구멍을 뚫어 뇌 안을 순환하는 골수와 척수 주변의 신경 물질을 뽑아내는 고통스러운 과정이다. 문제는 요추천자를 두 번이나 해야 한다는 것이었다. 실험적 조작이 뇌 속에서 순환하는 엔도르핀 양을 변화시켰는지 여부를 알기 위해 기준선을 먼저 알아봐야 하기 때문이다. 요추천자는 통증이 심해서 연구에 참여하는 사람들에게 30분 동안 두 번이나 시키고 싶지 않은 일이기도 했지만, 종종 두통과 같은 불쾌한 증상이 뒤따르기도 하고 감염의 위험도 있었다. 요추천자는 뇌의 순환기를 보호하는 섬세한 장치에 구멍을 뚫어서 그 안에 있는 물질을 밖으로 빼내는 과정이기 때문이다.

두 번째 방법은 PET라 불리는 양전자방출단층촬영이었다. 이 방법의 핵심은 양전자였다. 양전자는 원자보다 작은 아원자 입자로서 어떤 종류의 방사성 붕괴가 일어나는 동안 원자에서 방출된다. 양전자를 이용하면 몸속의 화학반응을 실시간으로 볼 수 있기 때문에 PET는 환자의 신진대사를 관찰할 필요가 있을 때 의학적 목적으로 사용되는 촬영술이다. PET는 아마도 뇌 영상 기술 중에 가장 유쾌하지 않은 기술일 것이다. 혈관에 방사성 물질을 주입한 다음 그 사람이 어떤 인지적 과제를 수행하면서 혈액과 산소 연료를 먹어 치우는 동안 그 물질이 뇌의 어느 영역에 도달하는지를 관찰하는 기술이기 때문이다. 그리고 우리가 대상자에게 지시한 활동이 엔도르핀 분비를 증가시켰는지 아니면 감소시켰는지를 알아내려면 PET 촬영도 두 번 해야 했다. 우리는 사람들에게 방사성 물질을 너무 짧은 간격으로 연이어 주입할 수 없었고, 첫 번째로 주입한 방사성 물질이 몸에서 사라질 때까지 충분히 기다렸다가 다음 실험으로 넘어가야 했다. 그래야 엔도르핀이 뇌 수용체에 잡아먹혔는지 여부를 알아낼 수 있었다. 그래서 대상자들은 거의 온종일 실험실에 있으면서 오전에 1차 촬영을 하고 오후에 2차 촬영을 해야 했는데, 그것만 해도 상당한 부담이었다. 게다가 PET 촬영 자체가 돈이 많이 드는 과정이었다. 추적 가능한 방사성 물질은 원가가 비싸고, 사람들의 몸에 방사성 물질을 주입하는 실험을 하려면 부작용에 대비해 응급 구조 인력을 대기시켜놓아야 했다(실제로 부작용은 극히 드물지만). 이것은 이상적인 환경은 아니지만 현실적으로 유일한 선택이었다.

우리는 몸을 쓰다듬는 동작이 엔도르핀을 분비시킨다는 가설을 검증하기 위한 PET 실험에 자금 지원을 받으려는 시도를 몇 번 했지만 영국에서는 지원을 받기가 불가능했다. 연구 진흥 기관들은 관심을 보이지 않았다. 내가 보기에는 심사위원들과 이사회가 그 실험의 의미를 제대로 이해하지 못해서 그들이 평소에 지원하는 일반적인 신경과학 연구에 자금을 쓰기로 결정한 것 같았다. 우리는 임상용 PET 촬영을 하는 병원에 문의했다. 그들은 적극적으로 도와주려고 했지만, 그 병원에는 우리에게 필요한 방사성 추적 물질을 제조할 장비가 없었다. 그래서 우리는 런던에서 방사성 물질을 운반해와야 했는데, 날씨가 좋고 교통체증이 없는 날에는 1시간 반쯤 걸리는 거리였다. 그리고 그 방사성 물질의 반감기는 2.5시간이었다. 다시 말해서 고속도로나 점점 혼잡해지는 런던 시내 도로에서 차가 멈춰 있기라도 하면 방사성 물질은 방사능의 대부분이 사라진 상태로 도착하기 때문에 쓸모가 없었다. 절망적인 상황이었다. 그런데 내가 마침 알토 대학을 방문했다가 우연히 핀란드의 동료 연구자들에게 이 연구의 어려움을 이야기했더니, 신경과학자인 라우리 눔멘마Lauri Nummenmaa가 자신이 핀란드에서 그 연구를 해보겠다고 제안했다. 그것도 우리가 영국에서 실험을 할 경우에 드는 것보다 훨씬 적은 비용으로 할 수 있다고 했다. 그래서 우리는 그에게 실험을 맡겼다.

우리는 만약 이 메커니즘이 남성과 여성 중에 덜 사교적인 성에게 적용된다는 것을 입증할 수 있다면 누구에게나 적용된다고 말할 수 있다는 가정 아래 남성만을 대상으로 실험을 하기로 했다. 그래서 우리는 연구에 자원한 남성들을 촬영 기계에 집어넣고 그들의 아내나 애인에게 몸을 살살 쓰다듬어달라고 부탁했다. 아내나 애인들에게는 어깨 위나 허리 아래는 만지지 말라고 아주 구체적으로 지시했다. 모든 실험 대상자들은 뇌 촬영을 마친 후 실험에 대한 심리적, 감정적 반응을 묻는 설문지를 작성했는데, 그들 중 누구도 성적 반응이나 흥분이 있었다고 답하지 않았다. 하지만 뇌를 촬영한 이미지는 아내나 애인이 쓰다듬어주었을 때 그들의 뇌에서 엔도르핀이 확 뿜어져 나왔고 뇌에 고르게 분포한 수용체들이 그 엔도르핀을 게걸스럽게 먹어 치우는 동안 뇌 활동이 급격히 활발해진 모습을 보여주었다.

마지막으로 트리스틴 이나가키와 나오미 아이젠버거가 배리 케번의 원숭이 실험을 되풀이한 결과, 사람들이 날트렉손naltrexone(또 하나의 엔도르핀 길항제)을 4일 동안 복용했을 때 위약(아무런 약리적 작용을 하지 않는 설탕 알약)을 4일 동안 복용했을 때보다 다른 사람들과의 유대가 약해졌다는 사실을 입증했다. 간단히 말해서 엔도르핀은 정말로 우리의 사회적 유대감에 직접적인 영향을 미친다.

신경화학물질의 반전

지난 10여 년 동안 10여 개의 뇌 화학물질이 인간의 사교 생활에서 어떤 역할을 하는지에 관한 연구와 언론 보도가 지나치게 많이 쏟아져나왔다. 그중에서도 옥시토신은 다른 어떤 물질보다도 많은 관심을 받았다. 특히 언론이 옥시토신을 대대적으로 띄웠다. 때때로 '사랑 호르몬'이나 '신뢰 호르몬'이라는 이름으로도 불리는 옥시토신은 모든 척추동물이 무기로 사용하는 호르몬이다. 옥시토신은 원래 어류의 몸에서 수분 균형을 유지하는 메커니즘의 일부로서 진화했다고 추정된다. 어류는 바다의 물이 몸의 세포 안으로 지나치게 많이 들어오지 않도록 해야 했다. 어류의 일부가 육지로 올라오는 데 성공해서 양서류와 파충류의 조상들이 되고 마침내 조류와 포유류가 생겨난 후에는 정반대의 문제가 발생했다. 물이 없는 육지에서는 몸이 수분을 잃고 바싹 말라버릴 위험이 있었던 것이다. 몸의 수분을 지키기 위해 선택된 물질이 옥시토신이고, 지금도 옥시토신은 포유동물의 몸에서 그런 생리 기능을 수행한다. 그러나 포유류가 모유 수유라는 새로운 전략을 채택함에 따라 옥시토신은 또 하나의 중요한 기능을 수행하게 됐다. 옥시토신의 역할 중 하나는 모유 수유를 해도 엄마의 몸이 수분 균형을 잃고 엉망이 되지 않도록 해주는 것이다. 아마도 옥시토신은 엄마와 아기의 유대를 강화해서 엄마가 계속 젖을 물리도록 하기 위해 선택된 듯하다. 그리고 포유동물의 암컷과 수컷이 유대 관계를 형성하도록 진화하고 나서 얼마 지나지 않아, 엄마와 아기의 유대 관계를 담당하던 옥시토신이 자연히 암컷과 수컷의 유대 관계에서도 일정한 역할을 하게 됐다.

그리고 1990년대에는 일자일웅으로 교배하는 들쥐와 무작위로 교배하는 들쥐의 옥시토신 분비가 다르다는 사실이 밝혀졌다. 처음에는 수 카터Sue Carter의 신경과학 실험실에서, 나중에는 래리 영Larry Young의 실험실에서 이런 소식이 전해졌다. 들쥐는 쥐와 비슷한 포유류로서 주로 풀을 먹고 지상에서 생활하며, 올빼미나 다른 새들의 먹잇감이 되고 코요테와 여우에게도 잡아먹힌다. 들쥐는 굴을 파서 새끼를 키운다. 몸 크기와 습성이 비슷한 다른 종들과 마찬가지로 들쥐의 임신 기간은 짧고(약 3주) 모유 수유 기간은 더 짧다(2주).

우연히도 두 실험실에서 연구한 들쥐는 각각 산악 지대에 사는 종과 초원에 사는 종으로, 짝짓기 방식에서 극단적인 차이를 나타냈다. 산악 지대에 사는 들쥐는 무작위로 교배를 했고 초원에 사는 들쥐는 일자일웅 생활을 했다(적어도 짝짓기 철에는 단 한 마리와 교배를 했다). 그리고 두 종의 들쥐는 옥시토신 유전자에 차이가 있었다. 두 연구진이 몇 년에 걸쳐 여러 편의 정교한 연구를 수행한 결과, 예컨대 난잡한 교배를 하는 산악 지대 들쥐에게 옥시토신을 주입하거나 일자일웅 교배를 하는 초원 들쥐의 옥시토신 유전자를 주입하면 산악 지대 들쥐가 서로에게 더 친절해져서 짝짓기를 하는 종으로 바뀐다는 사실을 입증했다.

이러한 연구 결과에 관한 언론 보도가 쏟아져나오자 이 발견을 인간에게 응용하려는 시도가 뒤따랐다. 옥시토신은 혈액뇌관문을 통과할 수 있는 신경화학물질 중 하나로 알려져 있었으므로 코 스프레이 형태로 제작하면 사람에게도 쉽게 사용할 수 있었다. 인내심 많은 사람들의 코에 옥시토신 스프레이를 뿌리면 그 사람들이 남을 더 신뢰하게 되고 인심이 후해지고 더 친절한 사람으로 바뀌는가를 알아보기 위해 수많은 실험이 이루어졌다. 솔직히 말해서 그 실험들은 확실한 성공이라기보다 절반의 성공을 거뒀다고 말해야 할 것 같다. 기드온 네이브Gideon Nave가 최근에 발표한 인간의 사회적 행동에 관한 리뷰 논문의 결론은 그 실험들에서 제시한 증거가 신빙성이 부족하다는 것이었다. 그 연구들은 대부분 기술적 측면에서 미흡한 점이 많았고, 하나의 연구를 여러 팀이 재현했을 때 서로 다른 결과가 나온 경우가 많았다. 특히 옥시토신이 신뢰에 끼치는 영향을 보면 긍정적 효과가 나타나긴 했지만 사실 그 수치는 0과 큰 차이가 없었다. 나중에는 옥시토신이 혈액뇌관문을 통과하지 못할 것이라는 증거들이 나왔는데, 그런 증거들은 옥시토신 실험의 결과들이 뒤죽박죽인 이유를 어느 정도 설명해주는 것도 같다.

하지만 옥시토신과 관련된 논의에는 근본적인 문제가 몇 가지 더 있다. 들쥐와 설치류의 사교성은 좋게 말해도 일시적이다. 들쥐와 설치류 중에 가장 사교적인 종들도 새끼를 낳는 철에 길어야 몇 주 동안만 친구로 지낸다. 평생의 사회적 유대와 서로에 대한 헌신을 기준으로 하면 들쥐는 영장류와 같은 부류라고 말할 수 없다. 사실 들쥐는 바위타기영양과도 비교할 바가 못 된다. 바위타기영양의 수컷은 짝짓기 상대인 암컷에게 매우 집중하기 때문에 그 암컷에게서 눈을 떼지 않고 웬만해서는 몇 미터 이상 떨어지지도 않는다. 옥시토신 논의의 더 큰 문제점은 옥시토신의 효과가 일시적이라는 것이다. 햄스터 연구에서는 동물들이 단 몇 주 만에 옥시토신의 효과에 길들여진다는 것이 밝혀졌다. 몇 주면 들쥐와 햄스터의 재생산 욕구를 충족할 수는 있지만, 햄스터에게 옥시토신을 주입한다고 해서 영장류처럼 평생 가는 관계를 맺지는 못한다. 더 나쁜 소식도 있다. 여러 종의 들쥐를 비교 분석한 결과, 초창기 연구들의 가정과 달리 일자일웅 교배는 옥시토신 유전자와 상관관계가 없었다. 알고 보니 두 종의 들쥐가 일자일웅이냐 무작위 교배냐는 그들이 가진 엔도르핀 유전자를 통해서도 예측 가능했다. 이럴 수가!

문제는 그것만이 아니다. 옥시토신을 조작하려고 했던 실험들은 대부분 그 조작에 의해 활성화됐을지도 모르는 다른 신경화학물질을 통제하지 않았다. 예컨대 한 연구에서는 사람들에게 스트레스가 되는 과제(사람들 앞에서 연설하기)를 부여했다. 그들 중 일부에게는 과제를 하기 전에 애인과 포옹을 하게 했고 일부에게는 허용하지 않았다. 그 결과 애인과 포옹을 했던 사람들은 연설을 할 때 스트레스를 적게 받은 반면 포옹을 하지 않은 사람들은 많이 받았다. 하지만 우리가 앞에서 살펴본 대로 포옹은 엔도르핀 시스템도 같이 활성화한다. 그렇다면 스트레스 수치가 낮아진 것이 엔도르핀의 진정 효과 때문이 아니라고 어떻게 확신할 수 있을까? 확신할 수 없다. 누구도 엔도르핀을 통제할 생각을 하지 않았기 때문이다.

옥시토신에 관한 논의의 가장 심각한 문제점은 옥시토신이 내생적으로만 작용하는 물질로 보인다는 것이다. 좋은 옥시토신 유전자를 가지고 있는 사람은 따뜻하고 친절하고 남을 잘 신뢰하지만, 그가 만나는 사람들이 다 그렇지는 않다. 어떤 사람들은 옥시토신 유전자 변이가 있어서 남을 잘 믿지 않는다. 어떤 사람들은 당신을 만날 때마다 당신의 너그러움을 이용해 사기를 치면서 깔깔 웃어멜 것이다. 엔도르핀이 가치를 인정받는 것은 이 지점이다. 엔도르핀의 뚜렷한 강점은 당신이 다른 사람에게 털 손질을 해주면서 그 사람의 엔도르핀을 분비시킬 수도 있다는 것이다. 그렇게 해서 당신은 날카로운 사람을 온순한 강아지처럼 만들 수도 있다. 옥시토신으로는 이런 변화를 일으킬 수가 없다. 엔도르핀이 사교적 털 손질에 관여한다는 증거가 제시되자 배리 케번은 옥시토신이 포유동물의 세계에서 사교성 신경호르몬으로 선택된 물질일 수는 있지만, 영장류가 평생에 걸쳐 끈끈한 사회적 유대를 유지하는 데는 옥시토신의 효과가 크지 않을 것이라고 주장했다. 끈끈한 사회적 유대를 유지하려면 더 강한 힘이 필요하며, 케번의 주장에 따르면 그 힘은 엔도르핀 시스템에서 나온다. 영장류는 진화 과정에서 사회적 유대를 유지하기 위한 튼튼한 토대로서 엔도르핀 시스템을 선택했다.

내 경험에 따르면 세계는 서로 상대 진영의 글은 전혀 읽지 않고 대화조차 나누지 않는 두 진영으로 나뉘어 있다. 하나는 옥시토신파(옥시토신을 사랑하고 옥시토신이 모든 것을 설명해준다고 생각하는 사람들)고 하나는 엔도르핀파(엔도르핀을 사랑하며 엔도르핀이 모든 것을 설명해준다고 생각하는 사람들)인데, 엔도르핀파가 훨씬 소수라서 그런지 옥시토신파는 엔도르핀파를 한심하게 바라보며 눈살을 찌푸린다. 사실은 엔도르핀 가설이 훨씬 오래된 것이다. 엔도르핀이 유대감 촉진제라는 주장을 처음 한 사람은 에스토니아의 신경과학자인 자크 판크세프Jaak Panksepp였다. 자크 판크세프는 생쥐 연구에서 이런 결론을 얻었다. 인간의 약물 중독과 부부 관계를 연구하던 정신의학자들도 비슷한 주장을 내놓았다. 하지만 이런 주장은 실험에서 얻은 증거가 아니라 진료실에서 오간 대화를 토대로 한 것이어서 무시당하곤 했다. 진짜 문제는 엔도르핀은 취급하기도 실험에 사용하기도 매우 어려운 물질인 반면, 옥시토신은 실험에 사용하기가 쉽다는 것이다. 그리고 새롭게 발굴된 물질인 옥시토신은 필요 이상으로 많은 관심을 끌면서(안타깝게도 과학은 패션계 못지않게 유행에 민감하다) 다른 모든 가설을 성급하게 기각해버렸다. 때로는 과학자들이 과학의 발전을 저해한다.

우리는 이런 일들에 크게 실망했고, 결국에는 뇌 화학물질이 어떻게 작용하는지 알아보고 이 분야의 논쟁을 보다 정밀한 것으로 만들기 위한 대규모 연구 계획을 세웠다. 우리가 생각하기에 선행 연구들의 문제점은 크게 2가지였다. 첫째, 사교 활동에 관여하는 다른 신경화학물질의 영향을 통제하지 못했다. 사교 활동에 관여할 가능성이 있는 신경화학물질은 우리가 파악한 것만 여섯 종류였다. 옥시토신과 엔도르핀 외에 테스토스테론testosterone, 바소프레신vasopressin, 세로토닌serotonin, 도파민dopamine이 영향을 미칠 가능성이 있었다. 둘째, 옥시토신에 관한 연구는 거의 모두 2자 관계, 특히 연애 관계라는 맥락에 집중하고 있어서 혼란이 발생했다. 물론 연구가 2자 관계에 집중된 것은 옥시토신이 들쥐 연구에 등장했던 맥락에서 비롯된 결과였다. 하지만 그것은 행동과학자들 사이에 넓게 퍼져 있었던 사회성에 관한 다소 빈약한 견해를 반영한 것이기도 했다.

지난 20여 년 동안 미시경제학이 인간 행동 전반을 탐구하는 학문의 목을 조르고 있었다는 것도 문제였다. 사회적 삶에 관한 경제학자들의 견해는 중고차 판매 사원의 시각에서 크게 벗어나지 못하는 것 같다. 당신은 차를 사려는 사람이고 나는 아주 오래된 중형차 한 대를 가지고 있다고 하자. 당신은 이 차의 실제 값어치를 모르는 멍청한 사람이므로 나는 가능한 한 비싼 값에 이 차를 팔아치우려고 한다. 현대사회의 상거래가 대부분 그렇듯 중고차 판매는 낯선 사람들을 상대로 한다. 중고차 판매원은 우리가 다시 마주칠 일이 없을 것 같은 사람이다. 그러나 우리의 사회적 세계는 그런 식으로 돌아가지 않는다. 우리의 사회적 세계에서는 서로를 잘 알고 있으며 서로에게 큰 책임감을 느끼는 사람들끼리 거래를 한다. 대개의 경우 사람들 사이의 책임감은 관계의 네트워크 속에 있기 때문에 형성된 것이다. 중고차 판매원의 문제가 문제인 이유는 오랜 세월 동안 단 한 번만 거래를 하기 때문이다. 전통적인 방식의 판매와 거래는 거의 날마다 이뤄지며 우리가 잘 아는 사람들을 상대로 하는 일이다. 적어도 이베이와 같은 온라인 쇼핑몰이 생기기 전에는 그랬다.

몇 년 전에 여러 인류학자와 경제학자들이 수행한 아주 유명한 연구에서도 비슷한 지적이 나왔다. 학자들은 세계 각지의 소수민족 사회와 일반적인 경제학 실험의 대상자들(즉 미국의 경제학 전공 학생들)

을 데리고 고전적인 경제 게임을 했다. 수학적으로 보면 그런 게임을 하는 최적의 방법은 이미 정해져 있지만, 이 연구에서는 게임에 참여하는 사람들이 앞으로 다시 만날 일이 없는 낯선 사람들이라고 가정했다(즉 당신과 중고차 판매원). 학생들은 충실하게 최적의 해법을 제시했지만, 소수민족 사회에서 게임에 참여한 사람들은 대부분 최적의 것과 다른 선택을 했다. 그들은 지나치게 낮은 금액의 제안을 받아들이거나 지나치게 높은 금액을 제안했다. 문제는 대학생들은 낯선 사람들을 상대로 게임을 하고 있었고 소수민족 사회의 주민들은 그동안 자신과 좋은 관계를 맺어온 사람들을 상대하고 있었다는 것이다. 예컨대 소수민족 주민들은 누군가에게 선물을 받으면 나중에 호의를 되돌려주어야 한다는 사회적 맥락에서 게임을 했다. 그들이 지나치게 낮은 가격에 차를 사려고 하지 않은 이유는 명백했다. 다시 말하자면 현실 세계에 사는 사람들은 사회적 네트워크 안에 자리를 잡고 있으며 그 네트워크는 책임을 부과한다.

이러한 결과에서 우리가 확인한 것은 다음과 같다. 대부분의 사회적 거래는 2인 사이에서 진행되지만(나는 당신에게 잔디 깎는 기계를 빌려주고, 당신은 나중에 나의 사과 수확을 도와주러 와야 한다), 그 2인 관계에 참여하는 사람들은 이미 관계를 맺고 있었던 사람들이 대부분이다. 게다가 이런 관계들은 더 큰 공동체 안에 위치한다. 공동체의 관계들은 책임을 발생시키고, 나름의 감시 메커니즘도 가지고 있다. 이 감시 메커니즘은 공동체의 사회규범을 위반하면 비싼 대가를 치르게 만드는 방법으로 구성원들을 규제한다.

이 모든 사항을 고려해서 우리는 사교성을 3가지 측면에서 평가해야 한다는 결론에 이르렀다. 3가지 측면이란 사교적 성향(평소에 사람들에게 얼마나 친절한가—개인의 사교 유형), 2인 관계(주로 애인과의 관계에 초점을 맞춘다), 그리고 사회적 네트워크(사회 공동체 안에 얼마나 자리를 잘 잡고 있는가)였다. 결국 우리는 6가지 신경화학물질이 3가지의 매우 다른 사교적 영역에서 활동할 가능성에 주목했다. 엘리 피어스Ellie Pearce, 애나 머친, 라파엘 윌로다르스키는 몇 주 동안 영국의 축제와 박물관을 찾아다니며 사람들에게 "과학을 위해 침을 뱉어달라고" 부탁했다. 그리고 그들의 타액 표본에 대한 DNA 분석을 허락해줄 것과 그들의 사교 생활에 관한 설문지도 작성해달라고 부탁했다. 그것은 내가 진행해본 연구 중에서 규모가 가장 크고 비용도 많이 드는 연구였다. 1000명이 넘는 사람들이 참가했다. 우리는 그들의 DNA를 분석해서 35개 유전자에 6가지 사회성 신경화학물질 수용체가 있는지를 알아봤다. 사람들이 침을 뱉는 데 사용한 용기 값만 2만 파운드가 들어갔다.

실험 결과는 매우 분명했다. 사람들의 연애 관계의 질(특히 얼마나 상대를 가리지 않고 성관계를 맺느냐)을 가장 잘 예측하는 변수는 옥시토신 수용체 유전자였다. 하지만 우리가 엔도르핀 수용체 유전자를 통제했을 때는 관계의 질이 낮아지는 경우가 일부 있었다. 즉 옥시토신 효과의 적어도 일부는 옥시토신이 아닌 엔도르핀 때문이었던 것으로 추측된다. 한편 개인의 사교적 성향에 가장 큰 영향을 끼친 것은 엔도르핀 수용체 유전자들이었다. 사교적 성향 척도에는 애착 유형(인간관계에서 얼마나 따뜻하거나 냉정한가)이나 타인에게 공감하는 정도와 같은 심리적 변수가 포함된다. 도파민은 네트워크 수치(친한 친구가 몇이나 되는가, 지역 공동체에 얼마나 활발히 참여하는가 등의 기준으로 측정)에 가장 큰 영향을 끼쳤고, 엔도르핀 시스템은 네트워크 수치에는 크게 기여하지 못했다. 나머지 3개의 신경화학물질(테스토스테론, 바소프레신, 세로토닌)은 어떤 수치에도 유의미한 영향을 주지 못했다. 다시 말하면 우리가 사회적 세계와 상호작용하는 데는 엔도르핀-도파민 시스템이 핵심 역할을 하며 옥시토신은 연애 관계에만 관여하는 것으로 나타났다.

우정과 통증

엔도르핀 시스템이 통증을 참는 능력의 토대가 되며 엔도르핀이 우정을 맺고 유지하는 일에 관여한다는 사실을 알고 나니 또 다른 의문이 생겼다. 통증 역치pain threshold가 높은 사람들(뇌 속 엔도르핀 수용체의 밀도가 높다고 판단되는 사람들)에게 친구가 더 많을까? 통증 역치와 친구 수는 관계가 있을까? 카테리나 존슨Katerina Johnson은 이 가설을 검증해보기로 마음먹었다. 우리는 통증 역치를 시험하기 위해 악명 높은 '로만 체어Roman Chair'라는 방법을 사용했다. 로만 체어란 마치 진짜 의자에 앉아 있는 것처럼 벽에 등을 대고 허벅지는 벽에 직각으로 하고 두 발은 바닥을 딛는 자세를 가리킨다. 이 자세로 있으면 몸 전체의 무게가 허벅지 근육에 실리기 때문에 금방 극심한 고통을 느낀다. 대부분의 사람은 약 1분 정도 이 자세를 유지할 수 있다. 소수의 사람만이 2분 이상 이 자세를 유지한다. 카테리나는 이 자세로 오래 있는 사람들(즉 통증 역치가 높은 사람들. 아마도 이들은 엔도르핀 수용체가 더 많을 것으로 추정된다)에게 실제로 연민 집단(사회적 네트워크의 15-층)에 포함되는 친구가 더 많다는 사실을 발견했다. 핀란드의 라우리 눔멘마는 쓰다듬기에 관한 PET 연구를 맡기 전에 다른 사회적 맥락에서 엔도르핀의 역할을 알아보는 일련의 연구를 수행하고 있었다. 그가 항상 사용하는 질문지(대개는 실험 대상자들이 두 번째 뇌 촬영을 기다리는 동안 일거리를 만들어주려고 나눠준 것이다)들 중 하나는 사교 유형(사람들과 얼마나 따뜻하게 또는 냉정하게 상호작용하는가)을 평가하는 심리학의 표준 애착 척도Attachment Scale였다. 이 척도에는 여러 개의 보조 척도subscale가 포함되는데, 대개는 표준 애착 점수가 높으면 표현력이 풍부한(포옹과 허공 키스air kiss를 아주 많이 하는) 이탈리아 유형에 속하며 표준 애착 점수가 낮으면 다소 냉정하고 신체 접촉을 기피하는 영국 유형에 속한다. 실험 결과 따뜻하고 표현이 풍부한 사람들은 뇌의 엔도르핀 수용체 밀도가 매우 높았으며, 특히 우정을 유지하는 데 핵심 역할을 한다고 추정되는 영역인 전전두피질의 엔도르핀 수용체 밀도가 높았다. 반대로 냉정한 애착 유형에 속하는 사람들은 엔도르핀 수용체 밀도가 훨씬 낮았다. 마치 그들은 신체 접촉으로 분비되는 엔도르핀을 채워 넣을 자리가 별로 없어서 표현이 풍부한 사람들보다 먼저 신체 접촉에 흥미를 잃거나 접촉을 원하지 않게 되는 것 같았다.

이런 특징은 자폐증 환자들에게 나타나는 현상과 비슷한 면이 있다. 6장에서 살펴본 대로 자폐증 환자들은 사회 관계에 요구되는 인지 기술이 결여되어 있으므로 친구가 1~2명밖에 없거나 아예 없다.

하지만 이런 사람들 중 일부는 신체 접촉을 매우 불쾌하게 느끼고 심지어는 고통스러워한다. 그들은 엔도르핀 수용체의 밀도가 극도로 낮고 특히 전두엽에 엔도르핀 수용체가 별로 없는 사람들이어서 애착 척도에서 가장 냉정한 쪽에 위치하는 것으로 보인다. 자폐가 엔도르핀 시스템과 관련이 있다는 주장을 맨 처음 한 사람은 자크 판크세프였다. 당시 자폐 전문가들은 그의 주장에 호의적이지 않았지만, 자폐에서 엔도르핀이 일정한 역할을 수행한다는 증거는 점점 많아지고 있다.

최근 루시 펠리시어Lucie Pellisier의 연구진은 과거에 판크세프가 주장했던 것처럼 엔도르핀 시스템이 제대로 반응하지 않는 것이 자폐의 원인이 된다고 주장했다. 엔도르핀 수용체를 없애고 사육한 쥐들은 엄마와 떨어질 때 울음소리를 내지 않는다(보통 새끼 쥐들은 엄마와 떨어질 때 울음소리를 낸다). 이런 쥐들은 다 자라고 나서도 암컷의 울음소리에 반응하지 않으며(대부분의 수컷 쥐들은 항상 암컷의 소리에 반응한다), 사회적 접촉에도 흥미를 나타내지 않는다. 이 쥐들에게서는 자폐증을 앓는 사람들의 특징이 많이 발견된다. 즉 이 쥐들은 공격성이 높고, 불안해하며, 움직임이 둔하고, 쉽게 발작을 일으키고, 공간 지각력이 떨어지고, 통증 역치가 낮고, 장 활동이 원활하지 못하다. 인간과 쥐 행동의 유사성을 확대 해석하는 일은 위험하긴 하지만, 이 쥐들의 행동은 자폐증을 앓는 사람의 행동과 정말로 비슷하다. 최근의 뇌 촬영 연구에 따르면 자폐증을 앓는 사람들이 사회적 자극을 받았을 때 전전두피질의 안와전두 영역, 복측 영역, 배측 영역, 측핵의 지핵nuclues accumben, 섬엽(3장에서 설명한 대로 이 영역들은 사회적 관계를 관리할 때 활발하게 움직인다)의 활동량이 눈에 띄게 감소했으며 편도체의 반응은 지나치게 강했다(즉 이 사람들은 사회적 위협에 아주 민감하게 반응할 가능성이 있다). 지금으로서는 판크세프가 '마지막에 웃는 자'인 것 같다.

우정은 시간에 강하게 이끌린다

털 손질이 영장류의 사회적 유대의 토대라는 사실을 생각하면 이 이야기에서 두 번째로 중요한 점이 무엇인지를 알 수 있다. 즉 동물들이 서로 털 손질을 해주는 일에 많은 시간을 들여야 하는 이유는 엔도르핀 효과가 충분해야 자신에게 필요한 일을 친구들이 해줄 정도로 강한 우정이 만들어지기 때문이다. 앞서 언급한 크리스마스카드 조사와 여성들의 네트워크 조사에서 우리는 모든 대상자에게 친구 명단에 있는 사람들 각각을 마지막으로 만난 것이 언제이며 그들에게 얼마나 친밀감을 느끼는가를 1부터 10까지의 단순한 척도로 알려달라고 부탁했다. 1은 별다른 느낌이 없는 것이고(중요한 사람이 아니다) 10은 그 사람을 매우 사랑하는 것이었으며 부정적인 선택지는 없었다(어떤 사람을 싫어한다면 왜 그 사람을 친구 명단에 올리겠는가?). 이와 같은 '친밀감 척도emotional closeness scale'는 정말 단순하고 활용법도 직관적으로 알 수 있다. 게다가 이 친밀감 척도는 사회심리학자들과 사회학자들이 오랜 세월에 걸쳐 발명한 보다 복잡한 평가 방법인 '관계의 질 척도' 전체와 높은 상관관계를 나타냈다. 연구 결과 만남의 빈도와 친밀감은 상관관계가 매우 높은 것으로 나타났다. 당신이 어떤 사람에게 친밀감을 느낄수록 당신은 그 사람을 자주 만난다. 우리의 데이터는 이 명제가 친구와 가족 모두에게 적용된다는 것을 입증했다.

이러한 결과가 우리에게 알려주는 것은 우리가 어떤 사람에게 느끼는 친밀감은 우리가 그들에게 들이는 시간의 양과 직접적으로 연관 있다는 것이다. 이러한 관계의 결과에 대해서는 8장에서 더 자세히 알아볼 예정이다. 지금으로서는 우리가 4장에서 살펴본 대로(〈그림 4〉를 보라) '우정은 시간에 강하게 이끌린다'는 사실을 인식하는 정도면 된다. 아마도 시간이 얼마나 중요한가를 보여주는 훌륭한 증거는 우정의 심리에 관한 전문가로 손꼽히는 제프리 홀Jeffrey Hall의 연구일 것이다. 홀은 한 무리의 대학생들을 표본으로 삼아 그들이 우정을 쌓는 동안 각자가 서로에게 투자한 시간의 양을 조사했다. 그들이 어떤 사람을 처음 만나 '지인'이 됐다가 '가벼운 친구casual friend'가 되기까지 그 사람과 함께 보낸 시간은 약 45시간이었다. 평균적으로 9주 동안 30시간(하루에 단 15분꼴이다)을 함께 보낸 사람들은 그냥 지인 사이로 남았다. 가벼운 친구에서 유의미한 친구meaningful friend로 발전하려면 3개월 동안 50시간을 추가로 함께 보내야 했고, 유의미한 친구에서 절친한 친구best friend로 나아가려면 다시 100시간을 더 들여야 했다. 가장 가까운 친구의 범주에 들어가기 위해서는 상당한 기간 그 사람에게 날마다 2시간 가까이 투자해야 했다. 우정은 싼값에 얻을 수 있는 것이 아니었다.

'시간은 우정의 토대이고 문제는 그 시간이 부족한 것'이라는 나의 말을 못 믿겠다는 사람에게는 "당신에게 애인이 생기면 친구 2명을 잃게 됩니다"라고 말하면 고개를 끄덕일지도 모르겠다. 앞에서도 여러 번 설명했지만 보통 사람의 사회 관계망에서 가장 안쪽 원에는 친밀한 친구가 5명쯤 있다. 우리는 이 가장 안쪽 원에 관한 연구를 하면서 그 시점에 응답자가 연애를 하고 있는지에 관한 질문을 포함한 적이 있다. 관계의 층에 관한 우리의 다른 모든 표본과 마찬가지로 가장 안쪽 원에 속한 사람들의 평균은 정확히 5명이었다. 하지만 활발하게 연애를 하고 있었던 사람들의 경우 친구 수의 평균은 4명이었다. 이런 식으로 생각해보라. 당신이 가장 안쪽의 5-층에 속한 누군가와 사랑에 빠질 일은 절대로 없고, 15-층에 있는 누군가와 사랑에 빠지는 일도 극히 드물다. 그들 중 절반은 가까운 친척이기 때문이다. 당신의 새로운 연애 상대는 십중팔구 사회적 네트워크의 바깥쪽 원 또는 아예 원 바깥에 있던 사람이다. 즉 당신은 원래의 5-층에 1명을 추가해서 6명으로 만든 것이다. 이것이 4명으로 감소했다는 것은 가까운 친구 2명을 희생했다는 뜻이다. 연애는 일반적으로 시간을 아주 많이 요구하기 때문에 이것은 놀라운 일은 아니다. 당신은 이 운 좋은 사람에게 그 원에 속한 다른 누구에게 쏟았던 것보다 훨씬 많은 애정과 관심을 쏟는다.

그렇다면 흥미로운 질문은 '당신이 희생시킨 사람은 누구인가?'가 된다. 일반적으로 가장 안쪽 층은 2명의 가족 구성원과 2명의 친한 친구로 구성된다(그리고 친구나 가족이 1명 더 추가된다). 이 지점에서 타협과 절충이 이뤄진다. 가족은 당신에게 장기간 확고한 지지를 보내주는 사람들이기 때문이다. 가족은 좋을 때나 나쁠 때나 항상 당신의 곁에 있어줄 사람들이다. 하지만 당신이 애인에게 버림받고 눈물을 흘리며 집에 돌아올 때 가족은 별 도움이 못 된다. 그들은 다음과 같은 말로 당신을 격려하려 한다. "걱정 마. 바다에는 고기가 많아." 이보다 더한 말도 한다. "사실 우리는 그 사람이 마음에 안 들었단다……." 이것은 당신이 그 순간에 듣고 싶었던 말들이 아니다. 당신이 원하는 것은 무조건적인 포옹이고, 그것을 줄 사람들은 친구들밖에 없다. 그래서 가족과 친구 중 어느 쪽에 속한 사람을 희생시키더라도 각기 다른 비용과 혜택이 있다. 이런 상황에서 우리가 어느한쪽의 2명을 희생시키기보다 양쪽에서 1명씩 희생시킨다는 사실은 인간 행동의 미묘하고 섬세한 특징을 드러낸다. 우리는 손실을 최소화하기 위해 최선을 다하는 존재다.

◇

시간은 우리가 관계에서 얻는 엔도르핀 분비량을 아주 단순한 방법으로 결정한다. 영장류에서는 관계에 투자하는 시간의 대부분이털 손질을 해주거나 받는 시간이고 털 손질을 받은 시간만큼 엔도르핀이 더 분비되기 때문에 이 관계가 명백하게 드러난다. 우리 인간은쓰다듬기와 토닥토닥하기, 그리고 친구들과 함께 있을 때 하게 되는모든 신체 접촉에서 같은 효과를 얻는다. 사실 이런 행동은 매우 즉흥적이고 의식의 레이더 밑에서 이뤄지기 때문에 대개 우리는 우리자신이 그런 행동을 한다는 것을 의식하지도 못한다. 사실 우리는 상상 이상으로 그런 행동을 많이 한다. 하지만 다른 형태의 사회적 행동 중에서도 엔도르핀 시스템을 활성화하는 데 효과적이라고 밝혀진 것들이 있다. 예컨대 웃음, 노래, 춤, 스토리텔링, 잔치가 그렇다. 우리가 이런 사회적 행동을 통해 어떻게 우정을 관리하는지는 다음 장에서 살펴보자.

8장

우정을 견고하게
만드는 것들

"다른 원숭이와 유인원들도 그랬지만 우리의 조상들에게는
털 손질에 들이는 시간을 늘린다는 것은 불가능한 일이었다.
단 하나의 현실적인 방법은 우리의 시간을 더 효율적으로 사용하는 것이었고,
그 유일한 방법은 동시에 여러 명의 털을 손질하는 것이었다."

15년쯤 전에 나는 음악의 기적을 경험했다. 그때 나는 인지고고학자 스티븐 마이던Steven Mithen과 작곡가, 지휘자, 음악학자인 닉 밴넌Nick Bannan이 주최한 음악의 진화에 관한 워크숍에 참석하고 있었다. 어느 날 저녁 식사 후에 그들은 남아프리카 빈민촌에서 활동하던 스페인 음악가 페드로 에스피-산치스Pedro Espi-Sanchis를 불러 특별 강연을 열었다. 그가 강연에서 뭐라고 말했는지는 기억에 없지만, 그날 저녁 그 자리에 있었던 사람들은 그가 강연의 요지를 설명하기 위해 보여준 연주를 생생하게 기억한다. 그는 우리 모두를 강연장 앞의 빈 공간으로 나오게 해서 서로 다른 길이로 자른 배관용 플라스틱 관을 하나씩 나눠주었다. 그리고는 우리에게 원 모양으로 걸으면서 이 관의 윗부분에 입을 대고 각자 원하는 리듬에 맞춰 불어보라고 했다. 물론 관의 길이가 달랐으므로 음도 다 달랐다. 그래서 우리 20여 명은 진짜 오케스트라처럼 화음을 만들어냈다. 그는 우리가 그런 식으로 5분만 연습하면 모두가 박자를 맞추고 진짜 화성음악을 만들어낼 것이라고 말했다. 우리가 원 모양으로 걷는 동안 그는 우리의 동작을 하나하나 조율하고 우리에게 오른발을 구르거나 몸을 약간 기울이거나 조금 빠르게 움직이라는 등 수시로 조언했다. 그의 말은 옳았다. 신기하게도 우리는 즉흥적으로 마치 마법처럼 자연스러운 리듬을 만들어냈고, 플라스틱 관을 불면서 조화로운 소리들을 냈다. 음악을 만들려는 의도가 없었는데도 그렇게 됐다. 정말 특별한 경험이었다.

그러나 그날의 경험에서 짜릿했던 순간은 그가 우리에게 말하지도 않았고 그 자신도 희미하게만 알고 있었을 어떤 것이었다. 그것이 생겨나기까지는 10분쯤 걸렸다. 하지만 정말로 뭔가가 생겨났다. 하나가 된 느낌. 집단에 녹아들어 하나의 조화로운 유기체를 이룬 느낌. 우리 모두가 커다란 전체의 일부였다. 그 경험은 서로 잘 모르는 사람들을 하나로 만들었다. 다른 어떤 경험도 그런 일을 해내지 못했을 것이다. 게다가 그 일은 한순간에 일어났다. 그 자리에 있었던 사람들 모두 그 일을 잊지 못했다. 그날 나는 인류가 진화하는 과정에서 음악이 공동체의 발전에 중요한 역할을 했음이 틀림없다고 생각했다. 난해한 음악 이론 때문이 아니라, 그날의 음악 만들기가 우리의 마음속에서 불러일으킨 심리적이고 생리적인 경험이 공동체의 유대와 우정에 반드시 필요한 것이었기 때문이다.

유대감은 인간이 우정 네트워크를 만들고 이 네트워크를 통해 더 큰 공동체를 형성하는 데 중요하게 작용했다. 앞에서 살펴본 대로 영장류들은 털 손질을 하면서 집단의 유대감을 강화한다. 문제는 털 손질에는 시간이 아주 많이 들어가는데 동물들이 털 손질에 쏟을 수 있는 시간은 무한하지 않다는 것이다. 원숭이와 유인원 중에서 가장 사교적인 종들조차도 사교적 털 손질에 사용하는 시간은 하루의 20퍼센트에 지나지 않으며, 그래서 사회집단의 크기는 50마리 정도로 제한된다. 우리가 7장에서 살펴본 대로 모든 우정은 최소한의 시간 투자를 요구하며 털 손질은 한 번에 한 마리씩만 해줄 수 있기 때문이다. 만약 동시에 여러 마리에게 털 손질을 해줄 수 있다면 시간은 문제가 되지 않을지도 모른다. 하지만 동시에 여러 마리에게 털 손질을 해주기란 불가능하다. 신체 접촉은 친밀감을 가져오기 때문에 세 마리가 동시에 서로 털 손질을 해준다는 것은 불가능에 가깝다. 내 말을 못 믿겠으면 영화관 맨 뒷줄에 앉아서 두 사람과 동시에 포옹을 해보라. 장담하건대 오랫동안 그렇게 있지는 못할 것이다. 곧 둘 중 하나가 모욕감을 느끼고, 당신이 다른 상대에게 더 관심을 쏟고 있다면서 화를 내고 나가버릴 가능성이 매우 높다.

인간이 진화를 거듭하다가 사회집단의 규모를 키울 필요가 생겼던 시점에, 우리는 털 손질 모둠의 크기를 집단의 크기에 비례해서 늘릴 방법을 찾아야 했다. 다른 원숭이와 유인원들도 그랬지만 우리의 조상들(또는 우리)에게는 털 손질에 들이는 시간을 늘린다는 것은 불가능한 일이었다. 단 하나의 현실적인 방법은 우리의 시간을 더 효율적으로 사용하는 것이었고, 그 유일한 방법은 동시에 여러 명의 털을 손질하는 것이었다. 아마도 우리는 상대와 거리를 두고 있어도 가상의 털 손질에 참여할 수 있는, 그래서 사실상 동시에 여러 명에게 털 손질을 해주는 효과를 내는 행동을 통해 엔도르핀 시스템을 활성화하는 방법을 찾아낸 것 같다. 그런 행동으로는 웃음, 노래와 춤,

잔치, 스토리텔링, 종교의식이 있다. 아마도 이 순서대로 발명된 것 같다.

웃음: 최초의 약

웃음이 사회적 유대에서 중요하다는 사실을 처음 알게 된 것은 런던의 어느 유명한 회계 법인에서 진행하는 경영 워크숍에 참가했을 때였다. 우리는 모두 과일과 크루아상으로 아침 식사를 하게 된다는 통지를 받고 이른 시각에 모였다. 우리는 의무적으로 크루아상을 먹고 커피를 마시면서 1명 또는 2명씩 어색하게 서서 돌아다니며 누구에게 말을 걸어야 할지 고민했지만 실제로는 누구와도 대화를 하지 않았다. 그러다가 오전 9시가 되자 모두 어떤 방으로 이동해서 자리에 앉으라는 안내를 받았다. 우리는 앉아서 다음 순서를 기다렸지만 아무런 일도 일어나지 않았다. 사람들은 초조한 듯이 발을 움직이며 서로를 곁눈질했다. 그 자리에 모인 사람들은 각양각색이었다. 어떤 사람들은 편한 옷차림을 하고, 어떤 사람들은 런던 특유의 멋진 옷차림을 하고 있었고, 가느다란 세로 줄무늬 정장 차림의 나이 든 남자 2명은 마치 근처의 정부 기관에서 나왔다가 길을 잘못 찾아온 것처럼 보였다. 모두 당혹스러운 얼굴이었다. 그때 갑자기 앞줄에 앉아 있던 사람이 벌떡 일어나서 자신이 어떤 것을 믿는다고 선언했다. 정확히 기억나지는 않지만 '하늘은 파랗다'처럼 아주 무난한 내용이었다. 그 사람은 곧바로 자리에 앉았다. 침묵이 흘렀다. 잠시 후, 다른 사람이 일어나서 똑같은 행동을 했다. 그는 '지구는 둥글다'는 것을 믿는다고 했던가? 하여간 앞 사람과 똑같이 무의미한 선언을 했다. 방 안의 곤혹스러운 분위기가 짙어졌다. 정부 기관에서 나온 것 같은 남자들은 불편한 기색을 드러냈다. 그때 또 한 사람이 벌떡 일어나 자기는 다른 믿음을 가지고 있다고 선언했다. 분위기가 정말 이상해지고 있었다. 모두 바닥만 내려다보고 있었다. 그때 방 뒤쪽에서 어떤 재치 있는 사람이 큰 소리로 말했다. "나는 이곳에 있는 모든 사람이 이게 무슨 상황인지 몰라서 당황하고 있다고 믿습니다." 아마도 그 사람은 미리 정해진 역할을 했던 것 같다. 다른 사람들도 그런 눈치를 챈 것 같았지만, 어쨌든 방 안은 웃음바다가 됐다. 그 순간부터 사람들 사이에는 유대감이 생겼고 마치 오랫동안 서로 알았던 것 같은 느낌이 들면서 남은 일정이 순조롭게 진행됐다. 그 사람의 말은 어색한 분위기를 깨는 데 딱 좋은 말이었다. 방 안에 모인 사람들 모두가 순서대로 자기 이름이 뭐고 그 자리에 왜 왔는지를 이야기하지만 나중에 아무도 기억하지 못하는 평범하고 딱딱한 자기소개보다 훨씬 나았다. 우리는 서로의 이름이나 소속을 알 필요가 없었다. 우리에게 필요한 것은 일체감이었다.

웃음은 인류의 보편적인 행동이다. 모든 민족과 문화에는 웃음이 있고, 어떤 민족이든 웃는 이유는 거의 비슷하다. 다른 사람이 망신을 당할 때 웃고, 누군가가 바나나 껍질을 밟고 미끄러지는 것과 같은 사소한 사고에 웃고, 그리고 당연히 농담을 하면서도 웃는다. 단지 다른 누군가가 웃고 있다는 이유만으로 웃기도 한다. 웃음은 비의도적이고 본능적인 반응이다. 또 웃음은 전염성이 강하다. 당신과 대화하고 있던 사람들 중 누군가가 웃음을 터뜨리면 당신이 그 농담을 들지 못했다 할지라도 따라 웃게 된다. 웃음 연구에 충실했던 심리학자로서 웃음이라는 행동에 대한 학문적 관심을 되살려내는 데 누구보다 크게 공헌한 고故 로버트 프로바인Robert Provine은 이미 오래전에 사람들이 혼자 있을 때보다 여럿이 있을 때 더 잘 웃는다는 사실을 지적했다. 우리는 사람들에게 스탠드업 코미디 영상을 혼자서도 보게 하고 3~4명이 함께 보게도 하는 일련의 실험을 통해 이를 확인했다. 실험 대상자들은 똑같은 동영상을 혼자 볼 때보다 여럿이 볼 때 4배나 많이 웃었다. 참으로 이상한 일이다. 내가 생각할 수 있는 자연현상 중에 이것과 가장 가까운 것은 남아메리카 짖는원숭이들이 새벽에 일제히 요란한 울음소리를 내는 현상이다. 한 마리가 울음소리를 내기 시작하면 다른 원숭이들도 동참한다. 이런 광경은 한 무리의 사람들이 함께 웃음을 터뜨리는 과정을 슬로모션으로 바꾼 것과 비슷하다.

우리가 웃을 때는 폐의 운동 속도가 빨라지면서 입이 크게 벌어지고 이는 입술로 가려지는 이른바 ROMround open mouth 표정이 만들어진다. 실제로 인간의 ROM 표정과 숨을 헐떡이는 것 같은 웃음소리는 구대륙의 원숭이와 유인원들이 장난칠 때의 표정 및 소리와 비슷하다. 구대륙의 원숭이와 유인원들은 장난스러운 표정과 소리를 이용해 지금 놀이가 진행되고 있다는 사실을 알리고 다른 개체를 놀이에 초대한다. 그들은 이렇게 말하는 것과 같다. "내가 이제부터 무엇을 하든(내가 너를 빨거나 물더라도) 기분 나빠하지 마! 겁에 질려서 나를 물어버리면 안 돼!" 하지만 고릴라나 침팬지 같은 대유인원들이 웃음을 활용하는 방식은 인간과 조금 더 비슷한 것 같다. 적어도 고릴라와 침팬지는 유머 감각을 가지고 있다고 알려져 있으니 말이다. 차이점이라면 침팬지가 마치 무언극처럼 자기 자신을 향해 웃는 반면 인간은 여럿이 함께 웃는다는 것이다.

유인원 웃음과 인간 웃음의 차이는 인간이 발성 방법을 조금 바꿨다는 점에 있다. 원숭이와 유인원의 웃음은 단순히 숨을 내쉬었다 들이마시는 것의 반복으로 이뤄진다. 허-어…… 허-어…… 허-어……. 인간은 이 웃음을 도중에 숨을 들이마시지 않고 연속해서 숨을 내뱉는 소리로 변형했다. 허…… 허…… 허……. 그 결과 우리는 웃음을 터뜨릴 때 빠른 속도로 폐의 공기를 밖으로 내보내고, 그래서 온몸으로 격하게 웃고 나면 호흡을 되찾기가 어렵다는 뜻에서 '웃다가 숨 넘어가겠다dying with laughter'는 표현까지 생겼다. 원숭이와 유인원에게는 이런 일이 일어나지 않는다. 원숭이와 유인원의 웃음은 인간의 예의 바른 웃음에 더 가까운 고상한 활동이다. 우리는 웃을 때 폐를 비우기 때문에 횡격막과 흉벽의 근육에 엄청난 부담을 주며, 폐에서 공기를 내보낼 때의 강한 펌프질도 당연히 부담을 준다. 그러는 동안 펌프질하는 동작과 산소 부족 상태가 엔도르핀 시스템을 활성화한다.

비의도적인 웃음과 의도적인(또는 예의 바른) 웃음에는 중요한 차이가 있다. 비의도적인 웃음은 이 웃음에 대해 처음 설명한 19세기 프랑스의 위대한 신경해부학자 기욤 뒤센Guillaume Duchenne의 이름을 따서 뒤센 미소Duchenne laughter로 불린다. 그리고 의도적인 웃음은 비뒤센 미소Non-Duchenne laughter로 불린다. 비뒤센 미소는 상대가 재미없는 농담을 했을 때나 웃지 않으면 상대가(특히 상대가 당신의 윗사람일 때) 기분 나빠할 것 같을 때 사람들이 보여주는 일종의 강제된 미소 또는 예의상 짓는 미소를 가리킨다. 이런 웃음은 엔도르핀 시스템을 활성화할 정도로 격렬하지는 않다. 뒤센 미소 또는 비의도적 미소는 눈꼬리 바깥쪽에 잔주름이 나타나는지 여부로 판가름할 수 있다. 우리가 웃을 때 눈이 반짝이는 것도 바로 이 잔주름 때문이다. 이런 웃음을 만들어내는 근육들은 우리가 통제할 수 없다. 이런 반응은 우리가 자신도 모르게 웃을 때만 나타난다. 비뒤센 미소에는 눈꼬리 주름이나 눈 반짝임이 나타나지 않는다. 어떤 사람이 당신의 농담이 정말로 재미있다고 생각하는지 아닌지를 알고 싶으면 그 사람의 눈꼬리를 유심히 보라.

우리는 5~6가지의 실험을 통해 사람들이 짧은 동영상을 보기 전과 보고 난 후에 통증 역치의 변화를 알아봤다. 대상자의 절반은 스탠드업 코미디를 봤고 나머지 절반은 지루한 다큐멘터리나 지시 동영상을 시청했다. 한번은 레베카 배런Rebecca Baron이 에든버러 프린지 페스티벌에 가서 스탠드업 코미디와 연극을 관람한 사람들을 대상으로 실험을 했다. 코미디를 관람하고 깔깔 웃은 사람들은 통증 역치가 올라갔는데, 이는 엔도르핀 시스템이 활성화되었음을 의미한다. 지루한 내용의 공연을 관람하고 웃지 않은 사람들은 통증 역치에 부정적인 변화를 나타냈다. 마치 피부가 과거의 통증을 기억해내기라도 한 것처럼, 그들은 공연 관람 후에 통증 역치가 더 낮아졌다. 그 후에는 잔드라 만니넨Sandra Manninen과 라우리 눔멘마가 PET 뇌 촬영 연구를 통해 웃음이 실제로 엔도르핀 시스템을 활성화하는지 여부를 알아봤다. 그 가설은 옳았다. 웃음은 뇌에 엔도르핀을 가득 채워준다.

웃을 때 생성되는 엔도르핀이 우리를 편안하고 느긋하게 만들어 준다면, 함께 웃는 사람들은 서로에게 더 깊은 유대감을 느껴 사적인 정보도 공개하고 서로에게 더 많은 것을 주려고 할 것이라는 예상이 가능하다. 우리는 일련의 실험을 통해 이 가설을 시험했다. 앨런 그레이Alan Gray는 사람들에게 코미디 동영상을 보여주고(그래서 웃게 만들고) 나서 그들이 낯선 사람에게 사적인 정보를 더 잘 알려주는지를 평가했다. 실험 대상자들은 자신이 코미디를 보고 웃은 다음에 사적인 정보를 더 많이 공개하고 있다고 생각지 않았지만, 객관적인 평가자들은 그들이 실제로 더 많이 공개하고 있다고 판단했다. 이런 변화가 생긴 이유는 아마도 웃음으로 분비된 엔도르핀이 사람들을 편안하게 만들고 함께 웃은 사람들에게 친밀감을 느끼게 했기 때문일 것이다. 그래서 사람들의 경계가 느슨해졌을 것이다. 안나 프란고우 Anna Frangou, 엘리 피어스, 펠릭스 그레인저Felix Grainger가 진행한 다른 일련의 실험에서는 사람들이 코미디가 아닌 동영상을 보고 웃지 않았을 때보다 코미디 동영상을 보고 웃은 후에 서로에게(낯선 사람들에게는 아니었다) 기꺼이 돈을 주려고 하며 유대감도 더 느낀다는 결과를 얻었다.

노래와 춤 : 함께하면 더 좋은

지금 우리는 노래와 춤을 따로 즐길 때가 많지만 전통 사회에서 노래와 춤은 항상 함께였다. 과거에는 남자들은 주로 춤을 추고 여자들은 손뼉 치며 노래를 부르는 식으로 음악을 즐기는 일이 많았기 때문이다. 틀림없이 노래와 춤은 언어보다 훨씬 먼저 생겨났을 것이다. 언어가 없이도 노래는 할 수 있기 때문이다. 우리는 콧노래나 낭송으로도 음악을 만들 수 있다. 재즈의 스캣 창법(가사 없이 "다다다다" 등의 소리로 노래하는 창법)이나 스코틀랜드의 입으로만 연주하는 음악 puirt à beul처럼 언어를 사용하지 않고 아무 뜻 없는 소리로 하는 노래도 있지 않은가. 사회적 유대를 형성하는 메커니즘으로서 춤과 노래의 역할을 알아보기 위해 우리는 지금은 표준으로 자리 잡은 음악 형식을 활용해 일련의 실험을 수행했다. 활동 전에 통증 역치를 측정하고, 15분 동안 1가지 활동(노래나 춤)을 하고 나서 다시 측정하는 방식이었다. 또 우리는 연필과 종이로 점수를 매기는 단순한 방법으로 유대감을 측정했다. 우리가 활용한 ISO(타인을 자기 안에 포함하는 지표)라는 유대감 척도는 완전히 분리된 것부터 거의 겹치는 것까지 다양하게 구성된 7쌍의 원으로 이뤄져 있다. 실험 대상자는 자신이 다른 사람 또는 다른 집단과 얼마나 유대감을 느끼는가를 가장 잘 보여주는 원 그림을 선택한다. ISO는 원래 연애 관계(애인에게 얼마나 몰입하고 있는가)를 연구하기 위해 발명된 지표지만 사람들로 이뤄진 모든 집단에 적용 가능하다. 춤 프로젝트는 브론윈 타르Bronwyn Tarr(무용가이자 강사. 우리 연구진의 일원이고 나미비아 출신의 로즈 장학생이다)가 주도적으로 이끌었다. 노래 프로젝트는 2명의 박사후 연구원인 엘리 피어스와 자크 로니가 진행했다.

노래와 춤의 공통 특징 중 하나는 모든 사람의 동작이 잘 맞아야 한다는 것이다. 우리는 몇 년 전에 조정 선수들을 대상으로 몇 가지 실험을 하면서 동작의 동시성이 중요하다는 사실을 알게 됐다. 우리의 실험 대상은 옥스퍼드 대학의 남자 조정 선수들이었다. 그들은 8개의 노를 사용하는 보트로 런던 템스강에서 매년 부활절에 열리는 옥스퍼드-케임브리지 대학 조정 경주에 참가한다. 이 경주는 아마도 세계에서 가장 유명한 조정 경주일 것이고, 전 세계에서 모여든 선수들 중에 미래의 올림픽 참가자를 발굴하는 장이기도 하다(오직 조정 선수로 선발될 기회를 얻기 위해 1년 동안 옥스퍼드나 케임브리지에 다니는 사람도 많다). 우리의 연구는 대학원생이었던 로빈 에즈먼드-프레이Robin Esjmond-Frey가 제안한 것이다. 그는 여럿이 동작을 맞춰 노를 저을 때 엔도르핀 분비가 늘고 통증 역치가 상승한다는 가설을 시험해보고 싶다고 말했다. 그리고 그 가설을 시험할 대상은 당연히 대학의 조정 선수들이라고 덧붙였다. 나는 로빈에게 그런 연구는 성사될 가능성이 없다고 대답했던 기억이 난다. 세계에서 가장 유명한 경주를 한 달 앞둔 시점에 코치가 잘 알지도 못하는 대학원생에게 조정 선수 2명을 만나도록 해줄 거라는 생각은…… 음, 그런 식으로 일이 되지는 않을 거라고 나는 말했다. 그리고 성난 코치들이 나에게 전화를 걸어서 '무슨 배짱으로 학생들을 보내 바보 같은 아이디어를 늘어놓게 했느냐'고 따지는 상황을 만들고 싶지도 않다고 말했다. 로빈은 나를 위아래로 쳐다보고 나서 그것은 문제가 안 될 거라고 조용히 대답했다. 자신이 대학 보트 클럽의 회장이므로 선수들은 그가 시키는 대로 할 거라고 했다. 그리고 실제로 선수들은 그의 말을 잘 따랐다. 사실 로빈은 그해의 보트 클럽 회장이었을 뿐 아니라 이미 더블 블루

double Blue를 획득한 선수였다(더블 블루란 지난 2년 동안 보트 경주에서 옥스퍼드 대표 선수로 참가했다는 뜻이다).

로빈은 자기 몫의 혹독한 훈련을 하루 두 번 해내면서 다른 선수들이 매일 오전에 운동기구를 이용해 노 젓기 훈련을 하기 전과 하고 난 후의 통증 역치를 기록했다. 그리고 일주일 후에 그들이 운동기구를 한 줄로 늘어놓고 가상의 보트를 만들어 실전처럼 훈련했을 때 다시 한번 통증 역치를 측정했다. 일주일이 지나고 나서 이 과정을 반복했다. 두 차례 모두 운동기구에서 혼자 노 젓기 훈련을 했을 때 육체적 노력에 의한 통증 역치의 증가는 예상치와 같았다. 이것은 선수들의 근육에 스트레스가 가해져서 엔도르핀이 활성화된 결과로 추정된다. 그런데 가상의 보트에서 여럿이 맞춰서 노를 저었을 때는 통증 역치가 2배로 증가했다. 선수들이 더 많은 힘을 들인 것은 아니었는데도(우리는 운동기구의 수치에서 그 점을 확인할 수 있었다) 여럿이 동시에 노 젓는 행동을 했을 때 엔도르핀 효과는 훨씬 커졌다. 하지만 그 이유는 우리도 아직 모른다.

춤 실험에서는 '조용한 디스코silent disco'라는 형식으로 사람들이 작은 집단(보통 4명이 사각형 안에서 서로 마주 보고 춘다)을 이뤄 함께 춤을 출 때 동작의 일치가 얼마나 중요한가를 알아봤다. 모든 사람은 이어폰을 통해 음악을 듣고 다음번 춤 동작에 관한 지시를 받았다. 우리는 어떤 때는 사람들에게 똑같은 동작을 하도록 하고 어떤 때는 똑같은 음악에 맞춰 서로 다른 동작을 하도록 했다. 실험의 일부는 옥스퍼드 대학 실험실에서 진행하고 일부는 브라질에서 진행했다. 춤 동작이 과격해지고 집단에 속한 사람들의 동작이 잘 맞을수록 통증 역치는 크게 올라갔고 사람들이 집단을 향해 느끼는 유대감도 커졌다. 브라질에서 실험을 할 때 실험 대상자들에게 그날 함께 춤을 춘 사람들(대부분 서로 아는 사이였지만 친구는 아니었다)과 그날 그 자리에 없었던 절친한 친구들에게 각각 느끼는 유대감의 정도를 알려달라고 요청했다. 그러자 그날 함께 춤을 춘 사람들에 대해서만 유대감이 증가했다. 그 자리에 없던 절친한 친구들에게 느끼는 유대감에는 변화가 없었다. 다시 말하면 유대감이 커지는 효과는 실제로 그 활동을 같이 하고 있는 사람들에게 국한된다.

브론윈은 이 효과가 정말로 엔도르핀에 의한 것이었는지를 확인하기 위해 나중에 대상자들의 절반에게 날트렉손을 일정량 투여하는 실험을 했다. 그 결과 그들에게는 엔도르핀의 효과가 나타나지 않았다. 날트렉손을 주입받은 대상자들은 통증 역치가 감소하고 유대감이 줄어들었다. 따라서 앞 실험의 결과에 관여한 물질은 정말로 엔도르핀이라는 해석이 가능하다.

이 시점에서 자연스럽게 생겨나는 의문이 있다. 춤은 우리의 '털 손질' 집단의 규모를 키우는가? 우리는 춤을 통해 더 많은 사람에게 다가가서 더 큰 공동체를 만들 수 있을까? 콜 로버트슨Cole Robertson과 브론윈 타르는 나이트클럽에서 관찰 연구를 수행했다. 그들이 발견한 것은 사람들이 자유롭게 춤을 추도록 하면 음반 하나가 다 돌아가는 동안 평균 8명과 춤을 출 수 있지만, 한 번에 4명이 넘는 사람들이 무리를 지어 춤을 출 수는 없다는 사실이었다. 아마도 이것은 춤추는 사람들(대부분은 낯선 사람들)이 서로에게 관심을 기울이고 사교적 참여의 표시로서 서로 동작을 조율하기 위해서일 것이다. 눈을 마주치는 것은 사교적 참여의 중요한 부분이고, 털을 손질할 때와 마찬가지로 춤을 출 때도 한 번에 두 사람 이상과 계속해서 눈을 마주칠 수는 없다. 하지만 춤을 출 때는 대화할 때보다 빠르게 상대를 바꿀 수 있기 때문에 더 많은 사람과 '이야기를 나누게' 된다. 대화를 나눌 때는 현재의 주제에 어울리는 이야기를 해야 하지만, 춤을 출 때는 그냥 그 자리에 있으면서 박자만 맞추면 된다. 우리가 함께 춤출 수 있는 사람들의 수가 8명으로 제한된다는 사실은 무대에서 추는 춤이 대부분 4쌍(즉 8명)을 기준으로 짜여 있는 이유인지도 모른다. 4쌍이 함께 추는 춤의 예로는 잉글랜드의 민속무용, 스코틀랜드의 민속무용, 미국의 스퀘어 댄스square dance(단서는 사각형을 뜻하는 square에 있다. 남녀 4쌍이 사각형으로 마주 보고 서서 추는 춤이기 때문에)가 있다.

　우리가 노래에 관한 연구를 시작한 것은 우연에 가까운 일이었다. 적어도 일부 의료계 종사자들은 노래가 정신적, 신체적 건강에 이롭다는 사실에 예전부터 관심을 가지고 있었다. 우리는 우연히 노동자교육협회WEA라는 단체와 만나게 됐다. WEA는 사람들의 건강 개선을 위한 자체 사업으로서 노래 강좌를 열성적으로 홍보하고 있었다. WEA는 우리를 위해 주 1회 진행하는 노래 강좌를 네 차례나 개최했고, 대조군으로 취미 강좌를 세 차례 개최했다. 노래와 취미 강좌는 7개월간 지속됐다. 노래 강좌에 참가한 사람들은 취미 강좌에 참가한 사람들에 비해 통증 역치가 상당히 증가했고 서로 유대감이 깊어졌다. 노래 강좌에 참가한 사람들은 다른 수강생들과 우정도 더 많이 쌓았고, 반 전체를 향한 유대감도 더 느꼈다. 수강생들 자신이 집단에 대한 유대감을 직접 평가한 결과로도 그랬고, 반 내부의 사회적 네트워크도 노래 강좌 쪽이 더 조밀한 구조를 이루고 있었다. 사실 노래의 효과는 즉각적으로 나타났으므로 우리는 그것을 '얼음 깨기 효과Icebreaker Effect'라고 불렀다. 또한 노래와 취미 강좌 둘 다 정신적, 신체적 건강을 증진하고 삶의 만족도를 높이는 효과가 있었다. 그 효과는 반 내에서 개별적으로 쌓은 우정과는 별 상관이 없었고, 반 전체를 향한 유대감에서 비롯되는 것으로 나타났다.

우리는 다른 장소(한번은 런던에서 음악학자 로렌 스튜어트Lauren Stewart와 그녀의 제자 대니얼 와인스타인Daniel Weinstein과 실험을 했고, 또 한번은 네덜란드 라이덴에서 안나 롯키르흐Anna Rotkirch와 막스 반다윈Max van Duijn과 함께 실험을 진행했다)에서도 노래 프로젝트를 진행해서 매우 유사한 결과를 얻었다. 노래의 효과는 탄탄한 근거로 뒷받침되고 있었다. 라이덴 연구에서는 한 집단이 경쟁 집단과 화음을 맞춰 노래하면 경쟁 집단과의 유대감이 높아지는 반면 노래 대결을 벌이면 유대감이 줄어든다는 사실을 발견했다. 대니얼 와인스타인이 수행한 런던 연구에서는 노래의 효과가 집단의 규모와 관련이 있는지를 시험했다. 우리는 약 230명으로 구성된 런던 아마추어 합창단인 팝콰이어Popchoir가 매년 연말에 20명 정도의 소집단으로 나눠 노래를 부르고 나서 모두 한데 모여 공연을 한다는 사실을 이용했다. 200명으로 이뤄진 큰 합창단에서 노래하는 경험은 작은 합창단에서 노래하는 경험보다 더 강한 유대감을 갖게 했다. 다시 말하면 집단의 규모가 커질 때 유대감도 더 커졌는데, 이것은 노래에만 해당하는 독특한 현상인 듯하다. 우리는 유대감을 높이는 다른 행동과 관련해서는 이것과 유사한 현상을 발견한 적이 없다.

나의 추측에 따르면 노래와 춤은 약 50만 년 전 고대 인류(유럽에서 가장 오래된 화석인류인 하이델베르크인과 그들의 후손인 네안데르탈인)가 출현하면서 처음 생겨났으며, 고대 인류의 조상들은 공동체 규모가 75명 정도였지만 고대 인류는 노래와 춤 덕분에 공동체 규모를 120명까지 늘릴 수 있었다. 120명은 고대 인류의 전형적인 공동체의 규모였다. 이 단계에서 노래는 가사 없이 콧노래나 코러스로만 이뤄졌을 확률이 높다. 이렇게 추측하는 근거 중 하나는 인류가 발화(언어가 아니라)를 했다는 해부학적 표지는 고대 인류에게서 처음 발견됐지만, 지금과 같은 완전한 언어(지금 우리가 언어로 인식하는 형태)는 약 20만 년 전 현생인류와 같은 종인 호모 사피엔스가 출현하기 전까지는 만들어지지 않은 것으로 추정되기 때문이다. 발화의 메커니즘(호흡 조절, 또렷한 발음)은 웃음과 노래(가사 없는 노래)를 가능케 하는 메커니즘과 동일하며, 고대 인류에게서는 이 모든 활동의 흔적이 발견된다. 하지만 사람의 마음을 읽어내려면 언어가 필요하다. 우리가 알기로 언어는 30만 년이 더 지나 우리와 같은 종이 등장하고 나서야 생겨났다. 만약 네안데르탈인에게 언어가 있었다 해도 지금 우리의 언어보다는 훨씬 단순했을 것이다(이 점에 관해서는 졸저《멸종하거나 진화하거나》에 자세한 설명을 수록했다).

　음악 만들기(특히 노래하기)가 언어보다 오래된 활동일지도 모른다는 것은 대만에서 스티븐 브라운Steven Brown, 마크 스톤킹Mark Stoneking과 대만의 여러 연구자들이 합동으로 진행한 기발한 연구에서 제시한 가설이다. 섬나라인 대만에는 지역별로 9개 토착 민족이 살고 있고 민족마다 방언과 전통 민요를 가지고 있다. 언어와 민요에 관한 정보와 각 토착 민족의 유전자에 관한 데이터를 분석한 결과, 연구진은 3개 변수 모두가 유의미한 상관관계를 지니고 있음을 발견했다. 하지만 가장 뚜렷한 상관관계는 음악과 유전자 사이에서 나타났다. 이러한 결과는 음악적 차이가 언어의 차이보다 더 오래된 역사적 기원을 가지고 있음을 시사한다.

노래와 유대감에 관한 관찰을 하나 더 이야기하고 싶다. 하카는 뉴질랜드 원주민인 마오리족의 민속무용이다. 원래 하카는 전쟁터에서 적을 조롱하고 위협할 때 추는 춤이었다. 하지만 현재는 뉴질랜드 국가대표 럭비팀인 올블랙스All Blacks가 국제 경기를 치를 때마다 시합 시작 전에 하카를 선보인다. 올블랙스 선수들은 다 같이 힘차게 구호를 외치고, 몸에 힘이 들어가는 자세를 취하고(과장된 표정도 짓는다), 동시에 발을 쾅쾅 구르며 격렬한 춤을 춘다. 하카에는 훌륭한 의식의 특징이 모두 담겨 있다. 이 의식의 모든 요소가 엔도르핀 시스템을 활성화한다. 좋게 말하면 하카는 인상적인 구경거리가 된다. 하지만 경기 전에 하카를 추는 주된 목적은 엔도르핀 수치를 끌어올려 선수들이 더 침착하고 민첩하며 통증 역치가 높아진 상태로 시합에 임하도록 하는 것이다. 그러면 그들은 엔도르핀 수치가 높지 않을 때보다 경기에 따르는 압박과 피로를 훨씬 잘 이겨낸다. 뉴질랜드가 국제 럭비 대회에서 늘 우수한 성적을 거두고 반세기가 넘도록 국제 럭비계를 지배한 비결이 이 특별한 춤 공연에 있지 않나 하는 생각도 해본다.

먹고 마시고 즐겨야 하는 이유

지금까지 우리는 정말 많은 시간을 들여 유대감을 높이는 여러 행동을 하나씩 살펴봤다. 하지만 사회적 유대감을 형성하는 요소들 중에 내가 놓쳤던 것이 하나 있다. 그것은 잔치였다. 잔치는 인간의 사회적 삶에서 대단히 중요한 부분이므로 나는 잔치가 엔도르핀과 무관하다는 설명을 믿을 수 없었다. 나를 설득한 것은 나와 협력 관계인 핀란드 신경과학자들 중 하나였다. 그는 알코올은 확실히 엔도르핀 시스템을 활성화하며, 그래서 알코올중독 치료소에서는 종종 치료 목적으로 날록손과 같은 엔도르핀 길항제를 사용한다고 주장했다. 얼마 후에는 영장류의 털 손질에서 엔도르핀이 하는 역할에 관한 실험적 연구로 내가 이 책을 쓰는 동기를 제공한 인물인 배리 케번이 잔치의 원리도 거의 같다는 주장을 펼쳤다. 음식을 섭취하고 소화하는 동안 발생하는 열과 성대한 잔치에서 음식을 마음껏 먹고 나서 느끼는 포만감의 결합은 거의 항상 엔도르핀 시스템을 자극한다는 주장이었다. 그 후에는 제트로 툴라리Jetro Tuulari와 라우리 눔멘마가 PET 영상 촬영 연구를 통해 식사를 하는 행위가 실제로 뇌 속의 엔도르핀 분비를 촉진하며 그것은 그 음식이 실제로 얼마나 맛있는가와 무관하다는 사실을 밝혀냈다.

나는 음식을 먹고 술을 마시는 행위는 모두 사회적 성격이 뚜렷하다고 생각했다. 그리고 격식을 갖춘 잔치에는 음식 섭취와 관련된 수많은 의식이 있다. 그래서 음식과 술이 공동체의 유대를 위해 엔도르핀 시스템을 활성화하는 수단의 일부라는 확신이 강해졌다. 이웃 마을 사람들까지 초대해서 성대하게 열리는 큰 잔치들은 세계 각지에서 이뤄지는 인류학 연구의 중요한 주제가 아닌가. 하지만 잔치와 엔도르핀의 관계를 연구할 방법이 있을까? 우리가 대학생들에게 술을 잔뜩 먹이겠다는 제안서를 제출하면 대학 윤리위원회가 환영할 것 같지 않았다. 대학생들은 이미 술을 지나치게 많이 마시고 있었기 때문이다. 그때 과학이 현실 세계와 충돌하는 운명적인 순간들 중 하나가 찾아왔다. 명망 높은 홍보단체인 CAMRA(영국의 전통적인 에일 맥주와 전통 펍을 홍보하는 '캠페인 포 리얼 에일Campaign for Real Ale')가 나에게 연락해서 캠페인을 도와달라고 요청한 것이다.

CAMRA의 계획은 영국의 전통 펍들이 하나씩 문을 닫는 흐름을 막기 위한 캠페인의 일환으로 전통 펍에 관한 전국 단위 전화 설문 조사를 실시하는 것이었다. 여러 가능성을 논의한 후에 우리는 펍에서 연구를 수행하는 동시에 전국 단위의 설문 조사도 따로 진행하기로 했다. 나는 몇 가지 표준 사교성 척도들이 서로 어떤 관련이 있는지, 그리고 그 수치들이 사람들이 펍을 방문하는 빈도와 어떤 관련이 있는지를 알고 싶었다. 그리고 얼마 지나지 않아 '빅 런치 프로젝트Big Lunch Project(유명한 에덴 프로젝트에서 따온 이름이다)'에서 사교적 식사에 관한 프로젝트를 함께 해보자는 연락이 왔다. 빅 런치 프로젝트는 우리가 이웃이 누군지도 모르는 사회에 살게 됐다는 문제의식에서 출발했다. 우리는 낯선 사람들 속에서 살아간다. 그 이유 중 하나는 우리가 옛날처럼 마을에서 가족과 친구들에게 둘러싸여 살지 않는다는 것이다. 이제 가족과 친구들은 전국 각지에 흩어져 있고, 때로는 아예 다른 대륙에 산다. 그 결과 우리는 주변에서 살아가는 사람들과 별다른 관계가 없으므로 그들에게 덜 예의 바르게 행동한다. 우리는 덜 공손하고 덜 친절하며 이웃과 시간을 보내려 하지 않는다. 빅 런치 프로젝트는 사람들에게 매년 여름에 하루만 일손을 놓고 각자 자기가 사는 마을의 거리에서 이웃들과 점심 식사를 함께 하면서 서로 알아가기를 권유한다. 지난 2년 동안 600만 명 정도의 사람들(영국 전체 인구의 10퍼센트)이 자기 집 앞 도로를 잠시 막고 간이 탁자를 펴서 이웃과 점심 식사를 즐겼다. 이것은 훌륭한 아이디어였다. 빅 런치 프로젝트를 조직한 사람들은 이듬해 여름에 한 번 더 이웃과 식사를 하라고 설득하는 캠페인을 시작하려고 했다. 그리고 캠페인의 일환으로 사람들이 얼마나 자주 다른 사람과 식사하는지를 알아보기 위해 전국 단위의 설문 조사를 계획하고 있었다. 나는 그들에게 우리가 CAMRA 연구에 포함시켰던 것과 똑같은 질문 몇 개를 넣어달라고 했다. 그러나 이번에는 펍에 얼마나 자주 가느냐는 질문 대신 다른 사람과 점심 또는 저녁 식사를 얼마나 자주 하느냐는 질문을 넣었다.

이 2가지 프로젝트를 진행하는 동안 우리는 각각 2000명 정도가 참여한 대규모 설문 조사 결과를 손에 넣었다. 두 설문 조사는 모두 영국 인구 전체의 연령 및 성별 구조를 반영하도록 세심하게 설계됐다. 또한 영국제도 전체에 걸쳐 배포했으며, 유명한 여론조사 기관에 의뢰해서 전문적으로 실시하도록 했다. 각기 다른 사교 활동의 빈도를 묻는 질문을 빼면 두 조사는 동일한 질문들에 관한 데이터를 제공했다.

두 조사에서 드러난 것은 어떤 사람이 가진 가까운 친구의 수가 그 사람이 지역 공동체에 참여하는 정도, 이웃을 신뢰하는 정도, 자신의 삶이 가치 있다는 생각, 그리고 그 사람이 느끼는 행복감과 높은 상관관계가 있다는 것이다. 이 변수들은 대부분 쌍방향으로 작동했다. 일례로 공동체 참여 의식이 높아지면 삶이 가치 있다는 느낌도 강해졌다. 마찬가지로 삶이 가치 있다고 느낄수록 공동체 참여도 활발해졌다. 하지만 우리가 다른 사람과 함께 음식을 먹거나 술을 마시는 활동은 이런 변수들에 조금 다른 영향을 끼쳤다. 사교 목적의 식사는 가까운 친구의 수와 삶에 대한 만족도에 가장 직접적인 영향을 끼쳤고 다른 요소들에는 간접적으로 작용했다. 한편 사교 목적의 음주는 우리의 공동체 참여 의식과 이웃에 대한 신뢰 수준에 직접적인 영향을 끼치고 다른 요소들에는 상대적으로 적은 영향을 끼쳤다. 하지만 종합적인 결과는 양쪽이 크게 다르지 않았다. 다른 사람과 음식을 먹고 술을 마시는 행위는 공동체 의식을 강화하며 전반적인 웰빙과 삶에 대한 만족도를 높여준다. 그리고 웰빙과 삶에 대한 만족도가 높아지면 건강도 좋아진다. 그 이유는 1장에서 설명한 바 있다.

또한 우리는 CAMRA 연구를 통해 실제로 펍에서 술을 마시는 사람들을 직접 만날 기회가 있었다. 우리는 그들에게 똑같은 질문을 던지고, 음주측정기를 통해 그들이 술을 얼마나 마셨는지도 조사했다(우리가 표본으로 삼은 사람들 중 단 2명만이 영국의 음주운전 기준치를 넘었다는 점을 밝혀둔다). 두말할 필요도 없이 손님들은 무척 유쾌한 사람들이었고, 대부분 우리가 설문 조사에 답하는 대가로 주는 아주 적은 액수의 돈도 받지 않겠다고 말했다. 하지만 이 대면 조사 덕분에 우리는 우정의 다른 측면들에 관해 새로운 것을 알아낼 수 있었다.

그중 하나는 펍의 단골손님과 그냥 한번 찾은 손님의 답변이 달랐다는 것이다. 우리의 모든 척도(가까운 친구가 많은가, 삶에 대한 만족도가 얼마나 높은가, 행복도가 높은가, 삶이 가치 있다고 느끼는가, 공동체의 이웃을 신뢰하는가)에 대해 '동네 술집'에서 술을 마시고 있던 손님들(즉 그 펍의 단골손님들)은 어쩌다 한번 그곳을 방문한 손님들보다 높은 점수를 기록했다. 그리고 어쩌다 한번 펍에 들어온 사람들은 아예 술을 마시지 않는 사람들(즉 친구나 애인과 함께 그 술집에 자주 오긴 하지만 술을 마시지 않는 사람들)보다 점수가 높았다. 흥미롭게도 알코올 섭취 능력은 인간만이 아니라 아프리카 유인원(고릴라와 침팬지)에게도 있는 능력이며, 다른 동물들은 이런 능력을 가지고 있지 않다. 알코올 섭취 능력의 기원은 우리 몸의 효소에 어떤 돌연변이가 생겨서 알코올을 분해해 에너지원인 당으로 전환할 수 있게 된 것이다. 어쩌면 우리의 공통 조상들이 숲의 바닥에 떨어진 썩은 과일을 이용하기 위해 적응한 결과였을지도 모른다. 썩은 과일에는 부피 기준으로 4퍼센트에 달하는 알코올이 함유되어 있는데, 이것은 맥주의 알코올 함량과 비슷하다(이 흥미진진한 이야기에 관해 더 알아보고 싶다면 나와 킴벌리 호킹스Kim Hockings가 공동으로 편집한《알코올과 인간Alcohol and Humans: A Long and Social Affair》이라는 책을 참조하라).

다시 말하면 잔치는 유대감 형성에 중요한 메커니즘을 제공한다. 그리고 그 메커니즘은 2개의 다른 수준에서 작동한다. 가까운 친척이나 친구와 부담 없이 먹고 마시면 사이가 더 돈독해지며, 가끔 열리는 대규모 연회는 더 큰 공동체 내의 유대를 증진한다. 둘 다 나름대로 중요하다. 가까운 사람들과의 잔치는 가까운 관계를 강화한다.

가까운 관계는 힘들 때 의지할 수 있는 사람들을 만들어줌으로써 큰 공동체 안에서 살아가는 스트레스로부터 우리를 지켜준다. 그래서 우리는 가까운 친구들과 먹고 마시는 일을 자주 해야 한다. 대규모 연회는 우리가 큰 공동체 안에 자리 잡도록 해준다. 큰 공동체 내부의 유대감은 가까운 친구들 사이의 유대감보다 약하기 때문에 우리는 때때로 공동체를 상기시키는 행사를 열어서 만족을 느낄 필요가 있다.

'빅 런치 프로젝트' 연구에서 우리는 사람들에게 최근에 가까운 친구 또는 친척들과 저녁 식사를 한 것이 언제였는지, 그리고 그때 음식을 먹는 일 말고 어떤 일을 함께 했는지를 물었다. 응답자들이 그 식사에 얼마나 만족했는가를 예측하는 공통적인 요소는 4가지로 나타났다. 식사한 사람들의 수(많을수록 좋다), 웃음의 빈도, 과거에 대한 회상, 알코올 섭취 여부. 웃음과 과거 회상이 있었던 자리는 그 2가지가 없었던 자리보다 유대감을 증진하는 효과가 컸다.

───※───

인간은 공동체 안에서 살아가기 위해 영장류에게 사교성의 토대가 되는 것과 동일한 신경약학적, 인지적 메커니즘을 활성화하는 새로운 행동주의적, 문화적 과정을 발견한 것으로 보인다. 그러나 우리는 과거 영장류 시절의 털 손질 메커니즘도 아직 간직하고 있다. 이 설명을 뒷받침하는 증거는 많이 있다. 우리는 이처럼 긴밀한 접촉에 의지하는 원시적 과정들을 이용해 가장 가까운 관계에 요구되는 강

력한 유대감을 만들어낸다. 그리고 우리는 웃음, 노래, 춤처럼 생물
학적 원리와 깊이 결부된 몇 가지 과정을 추가했다. 잔치와 스토리텔
링 같은 새로운 문화적 과정(이런 과정에 대해서는 다음 장에서 더 자세
히 다룬다)들은 우리가 속한 공동체의 바깥쪽 층들을 유지하는 약한
유대감을 창조한다. 바깥쪽 층들은 비교적 느슨한 관계에 기초하고
있으므로 우리는 이런 행위들을 가끔씩만 하면 된다.

9장

우정의 언어

"언어가 독자적으로 수행하는 기능은 무엇인가?
우리에게 이렇게 특별한 도구가 굳이 필요한 이유가 무엇인가?
우리도 원숭이처럼 이미 검증된 방법인
신체 접촉을 사용해서 소통하면 안 될 이유가 무엇인가?"

우정이 관계에 대한 '순수한 느낌' 또는 감정적 경험에 달린 문제라 할지라도 우리는 사교 활동 시간의 대부분을 대화에 쓴다. 언어는 여기서 핵심 역할을 한다. 또 진정한 의미의 언어는 인간에게만 있다. 꿀벌에서 침팬지에 이르는 동물들의 언어 능력에 관한 연구가 많이 있었지만, 실제로는 돌고래와 유인원의 '언어'가 아무리 영리하더라도 그들의 소통은 인간이 언어로 해내는 일에 비하면 보잘것없는 수준이다. 돌고래와 유인원의 언어 능력은 기껏해야 3세 아이와 같은 수준이고, 이것은 마음 이론을 가진 것과 비슷하다고 일컬어지는 종들에게 기대되는 수준과 일치한다. 그러나 동물의 의사소통과 인간의 대화에는 결정적인 차이가 하나 있다. 꿀벌이 "세 번째 꽃밭 오른쪽에 꿀이 있어"라고 하고 원숭이가 "조심해! 독수리가 우리를 향해 내려온다!"라고 하는 것처럼 동물들은 사실적인 대상에 관해서만 소통한다. 반면 우리의 대화는 우리가 살아가는 사회적 세계에 관한 것이 주를 이룬다. 사회적 세계란 정신적인 세계로서 물질적으로는 존재하지 않고 사람들의 마음속에만 존재한다. 그리고 동물들의 의사소통은 강렬해질 수는 있지만, 동물들이 우리처럼 여럿이 모여 세계에 관해 열띤 대화를 나누는 일은 절대로 없다.

그런 전제 아래서 이야기하자면, 우리의 대화는 언어에 지배당하고 있기 때문에 우리는 언어의 레이더 밑에서 얼마나 많은 소통이 이뤄지는지를 종종 잊어버린다. 대개의 경우 우리가 말을 하는 방식이 말의 내용만큼이나 중요하다. 그렇다면 언어가 독자적으로 수행하는 기능은 무엇인가? 우리에게 이렇게 특별한 도구가 굳이 필요한 이유가 무엇인가? 우리도 원숭이처럼 이미 검증된 방법인 신체 접촉을 사용해서 소통하면 안 될 이유가 무엇인가? 지금까지 사회적 세계의 고정된 구조를 살펴봤다면, 이 장과 그 뒤의 3개 장에서는 우리가 언어라는 특별한 소통 수단을 사용해서 관계를 만들고 유지하는 과정으로 시선을 옮겨보자.

언어의 경이로움

현대 인간의 언어의 핵심은 정신화 능력에 있다. 대화는 소리 지르기 시합이 아니다. 아, 물론 대화가 소리 지르기 시합이 될 때도 있긴 하다. 하지만 의견 충돌이 없는 경우라도 이런 대화는 관계 형성이라는 측면에서 다소 불만족스러운 소통을 포함하게 된다. 보통 소리를 지르면(아무리 좋은 의도에서 질렀다 해도) 대화에 참가한 사람들이 상호작용을 하기가 어렵기 때문이다. 정상적인 대화에는 엄청나게 복잡한 교환의 과정이 포함된다. 화자는 자신이 말하고 싶은 것을 청자에게 이해시키려고 열심히 노력하고, 청자도 화자의 마음속에 있는 것이 무엇인지를 파악하려고 정말 열심히 노력해야 한다. 그리고 대화의 실마리를 이어가는 일은 흔히 사람들이 생각하는 것보다 더 많은 인지 활동을 요구한다. 우리는 대화에 참여한 다른 사람들이 무엇에 흥미가 있을지를 알아야 하고, 우리가 다음번에 입을 열 때 부적절한 발언으로 대화가 뚝 끊기는 일이 없도록 만들어야 한다. 이것은 잠깐만 생각해봐도 알 수 있는 뻔한 사실이지만, 우리는 대화를 이어가는 요령에 대해 아는 것이 별로 없다. 대화의 이런 측면을 연구한 사람도 없었다.

성공적인 대화를 하려면 매우 고차원적인 정신화 능력을 사용해야 한다. 서로의 마음을 시험하고 서로의 마음속에 들어가야 하기 때문이다. 만약 당신이 그 과제에 실패해서 화제와 무관한 이야기를 꺼낸다면 대화의 흐름은 끊기고 사람들은 실망한다. 특히 어떤 복잡한 대상에 관해 한창 설명하는 중이었거나 불쾌한 감정을 표출하고 있던 사람들은 크게 언짢아한다. 당신이 이런 행동을 자주 하면 사람들은 당신을 피하게 될지도 모른다. 당신과의 대화는 너무 힘이 들고 만족스럽지 못하니까. 성공적인 대화의 조건은 '몰입flow'이다. 자연스럽게 한 사람씩 돌아가며 대화에 참여하고, 이야기를 한 단계씩 쌓아나가야 한다. 우리에게는 정신화 능력이 있기 때문에 우리가 언제 입을 열지, 그리고 어떤 이야기를 해야 대화의 주제와 전개에 맞을지를 인식할 수 있다. 게다가 사회적 대화에는 다른 사람의 감정이나 의도, 마음 상태에 관한 이야기가 자주 포함되기 때문에 우리가 해야 하는 정신화 작업의 양은 매우 빠르게 늘어난다.

요점은 우리에게 이러한 고차원적인 인지 능력이 없다면 지금 우리가 가진 것과 같은 언어를 가질 수도 없다는 것이다. 만약 우리의 정신화 능력이 더 낮다면 우리는 일종의 언어를 가질 수는 있겠지만, 그 언어에는 우리가 5차 의도, 때로는 6차 의도를 통해 만들어낼 수 있는 정교하고 미묘한 표현은 없을 것이다. 뇌 크기를 토대로 추론할 때, 현생인류가 출현하기 전 50만 년 정도를 지배하다가 멸종한 유럽의 네안데르탈인 같은 고대 인류들은 4차 의도까지만 처리할 수 있었을 것이다. 단 1개 의도의 차이지만 이 차이는 그들이 들려줄 수 있는 이야기의 복잡성과 그들이 함께 대화할 수 있는 사람들의 수에 지대한 영향을 끼쳤다.

여기서는 이 점에 관해 더 자세히 이야기하기보다는 인간의 대화에서 풍부한 언어 사용은 전적으로 정신화 능력에 의존하며, 정신화를 하려면 인지 활동이 많이 필요하고 네안데르탈인 같은 고대 인류들이 가졌던 뇌보다 훨씬 우수한 뇌가 요구된다는 점을 강조하려고 한다. 대화는 어려운 인지 활동이며 공짜로 얻을 수 있는 것이 아니다. 하지만 놀랍게도 고고학자들이나 인류학자들, 그리고 심리학자들마저도 이 중요한 지점에 별다른 주의를 기울이지 않았다. 아마도 우리 같은 성인들은 따로 생각하지 않고도 대화를 하기 때문일 것이다. 이것만 봐도 우리가 걸음마를 배우는 아기에서 자립적인 성인이 되는 동안 대화에 능숙해진다는 사실을 알 수 있다. 우리가 성장하는 동안 대단히 많은 대화 기술을 습득한다는 증거는 아기가 성인과 같은 언어 수준에 도달하는 데 걸리는 시간이 아주 길다는 것이다. 특히 남자아이들이 성인 수준의 언어 능력을 갖추려면 생애 첫 20년의 대부분이 소요된다.

나와 네이선 외슈Nathan Oesch가 함께 진행한 실험은 복잡한 문장을 여러 개의 절로 분해하는 능력이 개개인의 정신화 능력에 의존한다는 사실을 보여주었다. 정신화 능력이 부족한(성인의 정상 범위 아래인) 사람들은 여러 개의 종속절이 있는 문장을 제대로 이해하지 못한다. 이것이 일상생활에 얼마나 중요한가는 스토리텔링으로 설명된다. 여러 개의 마음 상태를 동시에 처리하는 능력이 없으면 스토리텔링은 불가능하다. 이것은 내 연구진의 일원인 제임스 카니의 연구에서 강조된 지점이다. 그의 연구 주제는 우리가 어떤 이야기에서 얻는 즐거움이 그 이야기에 포함된 정신화의 수준에 따라 어떻게 달라지느냐였다. 제임스는 정신화의 수준을 달리하는 두 편의 짧은 이야기를 지어냈다. 한 편은 3차 의도(독자의 마음 상태를 포함해서)까지만 포함하는 이야기였고 다른 한 편은 5차 의도까지 포함하는 이야기였다. 우리는 사람들에게 두 편의 이야기에 대해 각각 재미와 몰입도를 평가해달라고 요청했다. 그러고 나서 6장에서 언급한 우리의 표준 도구를 이용해 그들 개개인의 정신화 능력을 검사했다. 그 결과 평소 3차까지 정신화가 가능했던 사람들은 3개의 마음 상태가 등장하는 이야기를 선호한 반면, 평소에 5차 또는 그 이상을 소화했던 사람들은 3개의 마음 상태가 등장하는 이야기는 조금 시시하다고 생각하고 5개의 마음 상태가 포함되는 이야기를 훨씬 좋아했다.

점점 복잡해지는 의사소통은 규모가 큰 집단에서 생활하는 능력의 핵심이다. 영장류 전반에 걸쳐 음성과 동작의 복잡성은 그 종이 이루는 사회집단의 규모가 커질수록 증가한다. 이러한 사실을 처음 입증한 것은 야생 캐롤라이나 박새(유럽의 박새와 계통적으로 가까운 북아메리카의 작은 새)에 관한 토드 프리버그Todd Freeberg의 연구들이다. 영리하게 설계된 이 연구들에 따르면 하나의 종 안에서도 박새들의 음성은 집단의 규모가 클수록 복잡해졌다. 우리가 '말을 걸어야' 하는 개체의 수가 많아질수록 우리의 언어는 풍부해져야 한다. 그래야 우리가 의도한 상대를 분명히 겨냥해서 소리를 낼 수 있고, 그래야 그 소리가 상대에게 제대로 전해진다. 애나 로버츠와 샘 로버츠는 우간다의 야생 침팬지에 관한 현장 연구를 바탕으로 야생 침팬지의 몸짓 소통의 복잡성에 관해 비슷한 주장을 폈다. 타마스 데이비드– 배럿Tamas Dàvid-Barret은 컴퓨터 모델을 통해 소통과 집단의 크기가 마치 톱니바퀴처럼 서로에게서 양분을 얻는다는 사실을 보여주었다. 처음에는 소통과 집단의 크기가 서로 영향을 주면서 조금씩 증가하다가, 역치를 지나고 나면 둘 다 매우 빠르게 증가한다.

유대감을 형성해야 하는 집단이 커지면서 인류의 계통 속에서 공식적인 언어가 진화한 이유는 둘 중 하나로 추측된다. 첫째는 네트워크의 상태에 관한 정보를 전달하기 위해서다. 다시 말하면 안부를 파악해야 할 사람이 너무 많아져서 당신이 모든 사람을 일일이 확인하기가 어려워진 것이다. 서로 다른 야영 집단에서 잠을 자고 자주 만나지 않는 사람들끼리는 안부를 확인하기가 어렵다. 당신과 내가 어쩌다가 만날 때면, 당신은 짐과 페니가 요즘 어떻게 지내는지를 나에게 알려줄 수 있다. 내 입장에서는 그런 식으로 제삼자를 통해 그들의 관계에 관한 정보를 갱신해야만 나중에 우연히 그들과 마주칠 때 실례를 범하지 않을 수 있다. 사실 그들은 좋지 않은 일로 얼마 전에 헤어졌는데 내가 '결혼 생활은 행복한가요'라고 물으면 실례가 되니 말이다. 이것은 졸저인《털 손질, 뒷담화, 언어의 진화*Grooming, Gossip and the Evolution of Language*》(1996)에서 간략하게 설명한 언어의 진화에 관한 뒷담화 가설이다. 첫 번째와 똑같이 중요한 두 번째 가설은 언어가 스토리텔링에 사용된다는 것이다. 이야기와 설화는 우리를 하나의 공동체로 엮어준다. 이야기와 설화는 우리가 어떤 사람이며 왜 우리가 서로에게 책임을 느껴야 하는지를 알려준다. 이야기와 설화는 큰 공동체의 유대를 형성하는 토대가 된다. 우리는 모두 똑같은 설화를 알고 있고, 똑같은 것에서 재미를 느끼고, 똑같은 윤리적 가치관을 가지고 있으며, 우리 민족의 탄생 설화에 담긴 공통의 역사를 가지고 있기 때문에 소속감을 가진다. 나중에 10장에서 다루겠지만, 이런 특징들은 우리를 하나의 공동체로 결속시키고 협력을 장려한다.

2가지 이유 중에 어느 것이 먼저였는지와 무관하게 우리의 대화는 사회적 세계의 지배를 받는다. 우리는 여러 편의 연구에서 이를 확인했다. 우리가 초기에 진행한 연구들 중 한 편을 보자. 나는 닐 덩컨Neil Duncan, 애나 메리엇Anna Marriott과 함께 카페를 비롯한 여러 장소에서 사람들이 자유롭게 나누는 대화의 표본을 수집하고, 15초마다 그 대화의 전반적인 주제가 10가지 유형(개인적인 인간관계, 개인적 경험, 문화/예술/음악, 종교/윤리/도덕, 정치, 일 등) 중 어디에 속하는지를 기록했다. 남성과 여성 모두 사교적인 주제가 대화 시간의 3분의 2 정도를 차지했다. 남성과 여성이 뚜렷한 차이를 나타낸 지점은 2가지밖에 없었다. 남성은 남녀가 함께 있는 자리에서보다 남성들끼리 있는 자리에서 사적인 경험을 훨씬 적게 이야기하고, 남녀가 함께 있는 자리에서는 다른 사람에 관한 이야기를 많이 했다. 반대로 여성은 여성들끼리 있는 자리와 남녀가 함께 있는 자리에서 큰 차이를 보이지 않았고, 주제 면에서도 남성보다 훨씬 일관된 패턴을 유지했다. 몇 년후 나는 이란 언어학자 마디 다흐마르드Mahdi Dahmarde와 협력해서 페르시아어를 사용하는 이란 사람들에 관해 비슷한 연구를 진행했다. 우리는 사람들의 대화를 녹음했으므로 각각의 주제에 관한 대화의 단어 수를 정확히 셀 수 있었다. 이 실험에서도 사교적 주제가 압도적으로 많았다. 여성들의 대화에서는 사교적 주제에 할애한 시간이 전체의 83퍼센트 정도였고 남성들의 경우는 70퍼센트였다. 영국의 대화 표본과 마찬가지로 여성은 여성들끼리 있는 자리에서나 남녀가 함께 있는 자리에서나 화제의 일관성이 남성들보다 높았다.

애리조나 대학의 마티아스 멜Matthias Mehl, 사이민 바지르Simine Vazire 등의 연구는 우리의 실험을 기술적으로 더 정교하게 변형한 것이었다. 그들은 학생 79명에게 하루에 여덟 번, 1분 30초 동안 자동으로 대화를 녹음하는 장치를 착용하고 생활하도록 했다. 학생들은 4일동안 그 장치를 달고 생활했다. 연구자들은 그 학생이 대화를 하고 있는지 아닌지, 그 대화가 가벼운 대화인지 아니면 중요한 대화인지를 파악할 수 있었다. 연구자들은 혼자 보내는 시간이 적고 의미 있는 대화(가벼운 대화가 아니라)를 많이 하는 학생들의 웰빙 수준이 높다는 것을 발견했다. 그 후에 마티아스는 이런 결과가 성인에게도 적용된다는 사실을 밝혀냈다. 그의 연구진은 병원에 다니는 환자들, 성인 웰빙 진료소에서 일하는 자원봉사자들, 그리고 이혼한 사람들의 표본을 수집했다. 가벼운 대화를 나눈 시간은 그들이 스스로 평가한 삶의 만족도와 상관관계가 없었지만, 의미 있는 대화를 나눈 시간은 상관관계가 있었다.

이런 관찰 연구에 대한 후속으로 우리도 두어 편의 실험적인 연구를 진행했다. 우리는 이야기의 내용에 대한 기억을 이용해 언어 기능의 원리에 관한 통찰을 얻으려고 했다. 우리는 만약 언어가 사실적 지식을 전달하기 위해 만들어졌다면 사람들이 사실적인 세부사항을 더 잘 기억할 것이고, 반대로 만약 언어가 사회적 기능을 염두에 두고 설계됐다면 이야기의 사회적 내용, 특히 정신화와 관련된 내용을 더 잘 기억할 것이라고 생각했다. 이를 알아보기 위한 실험은 두 차례에 걸쳐 진행됐다. 첫 번째는 알렉스 메사우디Alex Mesoudi(현재 엑서터 대학 교수)가 진행했고 두 번째는 지나 레드헤드Gina Redhead가 진행했다. 둘 다 우리가 이야기의 순수 사실적 측면보다 사회적 측면, 특히 주인공들의 마음 상태에 관련된 내용을 훨씬 잘 기억한다는 결과를 얻었다. 다시 말하면 나는 당신이 어떤 행위를 했다는 사실 자체보다 당신이 어떤 의도에서 그 행위를 했는지를 더 잘 기억한다. 당신이 그렇게 행동한 이유를 내가 안다면 나는 당신의 행동을 재구성할 수 있지만, 단순히 당신이 어떤 행동을 했는지 안다고 해서 내가 당신의 동기를 재구성할 수는 없다.

앞에서도 설명했지만 중요한 것은 당신의 마음 상태가 어떻고 당신이 어떤 동기에서 그런 행동을 했는지를 이해하는 일이다. 이런 과정은 기억의 토대가 되는 것으로 보인다. 심리학자들의 연구에 따르면 형사재판의 증인이 자신이 목격한 일을 회상할 때 그는 단순히 과거에 일어난 일의 영상을 재생하는 것이 아니다. 그는 동기와 같은 일반적인 법칙을 기억해낸 다음 숨은 동기에 대한 그 자신의 이해에 맞게 사건을 재구성한다. 동일한 사건을 목격한 증인들의 말이 자주 엇갈리는 이유가 여기에 있다.

자유로운 대화에 관한 우리의 관찰 연구에서 비판적인 말(부정적 뒷담화)은 드문 편이었다(비판적인 말을 하는 시간은 대화 시간의 5퍼센트 미만이었다). 그것은 우리가 식당과 같은 공적인 장소에서 이뤄진 대화의 표본을 추출했기 때문이기도 하다. 사람들은 다른 사람을 비난하는 말은 누가 엿들을 일이 없는 사적인 장소에서 하려고 할 테니까. 하지만 부정적인 뒷담화에도 사회적 순기능이 있다. 부정적 뒷담화는 우리의 사회집단에 속한 누군가가 우리를 착취할 위험을 줄여준다. 가끔 다른 사람에 대한 불평을 하는 것은 그 사람이 나쁜 행동을 덜하게 해준다. 뉴욕 북부에 위치한 빙엄턴 대학의 케빈 니핀Kevin Kniffin과 데이비드 슬론 윌슨David Sloan Wilson은 조정 선수들의 대화를 녹취한 결과 노를 힘껏 젓지 않는 선수들에 관한 불평불만이 실제로 그 사람들을 분발하도록 하는 바람직한 효과로 이어질 때가 많았다는 사실을 알아냈다.

비슷한 사례로서 암스테르담 대학의 비앙카 비어스마Bianca Beersma와 게르반 반클리프Gerban van Kleef의 실험적 연구에서는 사람들이 자신이 속한 집단에서 누가 그 집단에 기여하고 누가 기여하지 않는지에 관한 뒷담화가 오간다는 이야기를 들으면 집단에 기여할 확률이 훨씬 높아진다는 결과를 얻었다. 포도 덩굴처럼 무성한 소문이 집단에 속한 사람들로 하여금 규칙을 잘 지키게 만드는 셈이다. 사회신경과학의 대모 격인 리사 펠드먼 배럿Lisa Feldman Barrett은 중립적인 얼굴 사진과 부정적인 담화, 중립적인 얼굴 사진과 중립적인 담화, 중립적인 얼굴 사진과 긍정적인 담화를 짝지어 사람들에게 보여주었다. 나중에 똑같은 사진을 보여주면서 중립적 자극을 제공했을 때 사람들은 처음에 중립적 담화("길에서 한 남자의 곁을 스쳐갔다")와 함께 제시됐던 얼굴 또는 긍정적 뒷담화("어떤 노인의 장바구니를 들어주었다")와 함께 제시됐던 얼굴보다 부정적 담화("같은 반 친구에게 의자를 던졌다")와 짝지어 제시됐던 얼굴에 더 큰 관심을 보였다. 연애 상대가 바람을 피운다거나 누가 나를 공격하는 일이 생기면 좋은 사람을 잘못 보는 것보다 비싼 대가를 치러야 하므로, 우리는 어떤 사람의 평판이 나쁠 때 정신을 바짝 차리고 주의를 기울인다. 우리는 그 사람이 누군지를 기억했다가 나중에 참고하려고 한다.

우리가 아무리 자주 남을 비판할지라도 우리가 나누는 대화의 대부분은 우리 자신에 관한 정보(우리가 좋아하는 것과 싫어하는 것), 우리의 인간관계와 제삼자의 인간관계에 관한 견해, 미래의 사교적 약속과 과거의 일에 관한 회상으로 채워진다. 규모가 작고 전통적인 사회에도 이 점은 똑같다. 하지만 그런 공동체에서는 사람들이 사교적 뒷담화를 통해 서로의 행동을 감시하고 규제한다. 유타 대학의 인류학자로서 평생 동안 남아프리카 보츠와나의 토착 민족인 !쿵족을 연구한 폴리 위스너Polly Wiessner는 !쿵족 사람들이 저녁 시간에 모닥불 앞에서 나누는 대화와 낮 시간에 나누는 대화의 표본을 수집했다. 두 대화에는 뚜렷한 차이가 있었다. 일반적으로 낮 시간의 대화는 사실적이고 경제활동과 관련된 내용, 다른 사람에 대한 불만이 많았던 반면, 밤에 모닥불 앞에서 나눈 대화는 전설과 민담이 대부분을 차지했다. 낮 시간에 나눈 대화의 34퍼센트는 불평이었고 단 6퍼센트만이 이야기였다. 저녁 시간의 대화는 85퍼센트가 전설과 민담이고 단 7퍼센트만이 불평이었다.

말의 내용보다 중요한 것

하지만 이 모든 것을 고려하더라도 우리가 사용하는 단어들은 방정식의 일부분일 뿐이다. 특히 사교 세계에 관한 정보를 전달하는 측면에서 단어의 역할은 생각보다 작다. 우리는 이야기를 나눌 때 말을 둘러싼 비언어적 단서에서 굉장히 많은 정보를 얻는다. 그중 일부는 얼굴에서 얻는 단서들(찡그림, 웃음)이고 일부는 목소리(크기, 억양) 단서들이고, 일부는 몸짓(어깨 으쓱하기, 손짓) 단서들이다. 우리가 어떤 식으로 말을 하느냐가 우리의 입에서 나오는 단어들의 의미를 완전히 바꿔놓을 수도 있다. "정말 친절하시네요!"(뜻: 정말 고맙다)와 "정말 친절하시네요!"(뜻: 나를 왜 그딴 식으로 대하니?) 사이에는 억양의 차이가 있다.

1970년대에 이란 태생의 미국인 사회언어학자 앨버트 메라비언Albert Mehrabian은 단순하면서도 멋진 실험들을 토대로 우리가 하는 말에 담긴 정보의 93퍼센트는 실제로 비언어적 단서를 통해 전달되며 (38퍼센트는 목소리의 높낮이, 55퍼센트는 얼굴 단서) 단 7퍼센트만 단어의 실제 의미를 통해 전달된다고 주장해서 주목을 받았다. 나중에는 심리학자들이 그의 주장에 의심을 품었고, 그의 주장을 반박하는 후속 실험들도 나왔다. 그러나 그 후속 실험들도 나름의 문제가 있었다. 한 실험에서는 연구자들이 같은 말에 다른 감정을 담아내기 위해 배우들을 고용했는데, 그들이 사용한 말은 대부분 단어 하나 또는 짧은 구절 하나였다. 미키마우스 만화영화가 실생활을 반영하지 못하는 것과 마찬가지로 이런 짧은 말들은 실제 대화와 다르다. 보통 우리가 말을 할 때는 2명 이상의 사람들과 함께 긴 문장들로 대화를 주고받으며, 이런 문장들은 훨씬 복잡한 맥락과 언어 정보를 제공한다. 게다가 이런 실험들은 대부분 언어적 자극으로는 단 하나의 감정("나는 슬퍼요")만을 표현하고 비언어적 단서로는 정반대 감정("나는 행복해요")을 표현했다. 솔직히 말해서 나는 이런 실험에 동원된 '배우들'이 이처럼 복잡한 차원의 연기를 얼마나 잘해냈을지 회의적이다. 그리고 복합적인 메시지들이 실험 대상자들에게 적잖은 혼란을 일으켰으리라는 점을 생각하면 이런 실험의 설계 자체가 의심스럽기도 하다.

하지만 최근에 이뤄진 두 차례의 실험은 메라비언의 주장이 옳았을지도 모른다는 근거를 준다. 그레고리 브라이언트Gregory Bryant는 세계 각지의 24개 국가(일부는 소수민족 국가, 일부는 서구화된 나라)에 사는 사람들에게 미국 백인 2명이 함께 웃음을 터뜨리는 음성 파일을 들려주었다. 그리고 그 2명이 친구 사이인지 아니면 낯선 사람인지를 맞혀보라고 했다. 전체적으로 실험 대상자들의 정답률은 아무 답이나 고를 경우(이때 정답을 맞힐 확률은 50대 50이다)보다 약간 높았다(정답률 55~65퍼센트). 흥미롭게도 함께 웃고 있는 사람들이 둘 다 여자인 경우 모든 사람의 정답률이 훨씬 높아졌다(정답률 75~85퍼센트). 다른 실험에서 앨런 코웬Alan Cowen의 연구진은 배우들에게 여러 언어로 감정을 표현하는 단어나 구절을 말하도록 하고 미국인 및 인디언 대상자들에게 그 배우들이 어떤 감정을 표현하고 있는지를 물었다. 그 결과 미국인과 인디언 모두 14가지 기본적인 감정을 능숙하게 판별했다. 이번에도 그들의 점수는 임의로 답을 말한 경우보다는 높았지만 완벽과는 거리가 멀었다.

이 두 편의 실험은 영리하게 설계되긴 했지만 아쉬운 점도 많다. 실험의 설계에도 허점이 있거니와 대화를 포함하지 않는다는 점도 아쉽다. 그래서 나는 더 현실적인 환경에서 질문의 답을 찾기 위해 케임브리지에서 활동하는 예술가 엠마 스미스Emma Smith와 음악학자 이안 크로스Ian Cross와 함께 연구를 진행했다. 우리는 유튜브에서 실생활의 자연스러운 대화를 추출해서 만든 8개의 오디오클립을 사람들에게 들려주었다. 8개 대화는 각기 다른 종류의 관계를 표현하고 있었다(4개는 부정적이고 4개는 긍정적이었다). 실험 대상자들의 절반은 영어로 대화를 들었고 나머지 절반은 스페인어로 들었다. 우리는 그들에게 원래의 음성 파일을 들려준 다음, 그 파일을 필터링해서 단어를 모두 제거하고 억양과 강세만 남긴 파일 또는 더 극단적으로 오디오 신호를 음량(목소리 크기)으로만 변환한 파일을 다시 한번 들려주었다. 파일을 변환하는 작업은 후안-파블로 로블레도 델 칸토Juan-Pablo Robledo del Canto라는 칠레 학생이 만든 근사한 소프트웨어로 했다. 우리는 대상자들에게 8개의 대화에 등장하는 사람들의 관계를 유추해보라고 했다. 마지막으로 우리는 이 실험을 두 번 진행했다. 한 번은 영국에 거주하는 영어 사용자들을 대상으로 하고 한 번은 스페인에 사는 스페인어 사용자들을 대상으로 진행했다(스페인어 실험은 마드리드에 있는 우리의 다재다능한 일꾼인 이그나시오 타마리트Ignacio Tamarit의 손을 빌렸다).

우리 실험의 대상자들은 메라비언의 원래 실험(대상자들에게 소리를 들려주고 사람들의 관계가 긍정적인지 부정적인지만을 판별하라고 했던 실험)에 참가한 사람들 못지않게 우수한 성적을 거뒀다. 우리의 대상자들은 음성 파일에서 언어적 내용을 제거했을 때도 음성 파일을 원본 그대로 들려주었을 때의 75~90퍼센트에 해당하는 정답률을 기록했다. 언어 요소를 제거한 파일을 들려주고 8가지 관계 중 어떤 관계인지를 선택하게 했을 때도 정답률은 완전한 오디오클립을 들려주었을 때의 45~55퍼센트 정도였다. 이것은 무작위로 골라서 정답을 맞힐 확률(약 12퍼센트)의 4배에 이른다. 더 중요한 결과는 영어 사용자들과 스페인어 사용자들이 음성 파일을 자신들의 언어로 들을 때와 상대의 언어로 들을 때 정답률이 똑같았다는 것이다. 대상자들의 대부분이 상대 언어를 거의 알아듣지 못한다고 답했는데도 그랬다. 우리는 상대가 말을 어떤 식으로 하는지, 그리고 사람들이 대화에 어떤 식으로 참여하는지를 듣기만 해도 관계의 질에 관해 많은 정보를 얻는다. 간단히 말하면 끙끙대는 소리는 단어만큼이나 중요한 역할을 한다.

만국 공통의 언어

이 행동이 없으면 대화도 관계도 끔찍하게 지루해진다. 이 행동은 당연히 웃음이다. 격언에도 있듯이, 웃음은 만국 공통의 언어다. 웃음은 흥미를 나타내고, 대화를 계속해도 좋다는 의사 표시이며, 상호작용을 하라는 격려이고, 그 밖의 10여 가지 감정을 표출한다. 흔히 사람들은 미소와 웃음은 같은 것이고, 미소는 소리 없는 웃음이라고 생각해버린다. 하지만 웃음과 미소에는 중요한 차이점이 있다. 앞에서 설명한 대로 웃음은 원숭이의 놀이 얼굴에서, 미소는 원숭이의 항복하는 얼굴에서 진화한 것이다. 원숭이들 사이에서 '이빨을 드러내는 표정(또는 으르렁거리는 표정)'은 항복 또는 달램의 의미를 지닌다. 소리 내어 웃을 때 입을 크게 벌린 표정과 달리 미소를 띤 표정은 으르렁거릴 때와 마찬가지로 이빨을 다문 채 입술을 양옆으로 벌린 표정이다. 둘 다 우정과 관련이 있긴 하지만 하나는 유대감을 쌓기 위한 표정이고 다른 하나는 복종의 표정이다. 그래서 우리는 긴장을 하거나 창피할 때, 낯선 사람이나 우리가 윗사람으로 인식하는 사람을 처음 만날 때 미소를 짓게 된다. 다시 말하면 인간의 세계에서 웃음과 미소는 혼동이 되기도 하지만, 웃음과 미소는 전혀 다른 기원을 가지고 있으며 사실은 정반대 동기를 나타내는 신호다. 웃음과 마찬가지로 미소에도 2가지 유형이 있다. 비자발적인 뒤센 미소가 상대를 달래는(나중에는 승인의 의미로 확장되었다) 신호인 반면 자발적인 비뒤센 미소는 예의 바른 묵인의 신호를 보낸다. 뒤센 미소가 상호작용을 더 하자는 격려라면 비뒤센 미소는 불확실하고 초조한 감정을 나타낸다.

마르크 메후Marc Mehu(당시에는 나의 연구생이었지만 지금은 오스트리아 웹스터 비엔나 대학의 조교수로 있다)가 일련의 관찰과 실험을 통한 연구를 진행한 결과, 뒤셴 미소는 2인의 상호작용 도중에 뭔가를 나누고 베풀 때의 마음과 결부되는 경우가 많았다. 실제로도 미소는 나눔과 외향성의 징표로 간주될 확률이 높았고, 남성의 얼굴에 떠오른 미소는 더욱 그랬다. 하지만 이런 효과는 성별에 따라 강한 이형성dimorphism을 나타냈다. 미소 짓는 얼굴이 나눔의 표시로 간주될 확률이 높은 경우는 미소 짓는 사람이 여성이고 평가자가 남성일 때였다. 또 마르크 메후는 댄스 클럽처럼 임의로 형성되는 사교적 맥락에서 연령대가 다양한 사람들이 섞여 있을 때는 나이 든 남성보다 젊은 남성이 비뒤셴 미소(강요된 미소)를 자주 짓고 젊은 여성보다는 나이 든 여성이 비뒤셴 미소를 자주 짓는다는 사실을 발견했다.

로버트 프로바인이 자연스러운 상황에서의 웃음에 관한 광범위한 관찰 연구를 진행했을 때도 결과는 비슷했다. 여성은 다른 여성이 하는 말보다 남성이 하는 말에 웃음을 터뜨릴 확률이 더 높았고, 남성은 화자가 남성이든 여성이든 웃음을 터뜨릴 확률이 여성들보다 낮았다. 프로바인은 여성의 행동을 그 말을 한 남성뿐 아니라 다른 여성의 기분을 맞춰주는 것으로 해석했다. 미소는 항복의 표현이므로, 우리로 하여금 다른 사람들에게 덜 비판적이고 의심을 덜 하도록 해줄 수도 있다. 로런스 리드Lawrence Reed가 사람들에게 사진을 보여주었을 때는 사진 속 인물이 뒤셴 미소를 짓고 있으면 그 인물의 행동을 묘사하는 말을 믿을 확률이 높았지만, 사진 속 인물이 비뒤셴 미소 또는 억제된 미소(뒤센 미소가 얼굴에 떠오르는 것을 참으려고 할 때 짓게 되는 미소)를 띠고 있을 때는 그 말을 잘 믿지 않았다.

여담으로 내가 관찰한 바를 이야기해보겠다. 나는 오랫동안 사람들을 관찰하면서 여성이 남성보다 미소를 자주 지을 뿐 아니라 미소도 더 자연스럽다는 것을 발견했다. 남성의 미소는 여성보다 억지스러워 보였다. 내 생각에 이것은 남녀의 턱의 구조가 다른 것과 관련이 있는 것 같다. 특히 남성과 여성은 턱 관절융기(위턱과 아래턱이 만나는 지점의 앞부분)라고 불리는 부위의 크기가 다르다. 남성은 턱 관절융기가 더 크고 턱이 네모난 모양인 데다 각도가 예각에 가까워서 앞으로 더 많이 튀어나온다. 남성의 턱 모양을 보면 미소 근육이 입술을 벌리기가 더 어렵겠다는 생각이 든다. 대화하고 있는 남녀를 보면 턱을 관찰하면서 내 말이 맞는지 생각해보라.

우리는 왜 스토리텔링을 하는가

그렇다면 끙끙거리는 소리만으로도 대부분의 소통이 가능한데 우리에게 왜 굳이 언어가 있어야 할까? 그 답은 언어가 있기 때문에 우리가 시간과 장소를 구체적으로 지칭할 수 있고 다른 장소에서 일어난 사건, 과거에 일어난 사건, 또는 미래에 일어날 사건에 관해서도 말할 수 있다는 것이다. 나는 지난주에 당신이 사냥을 떠나고 없었을 때 짐이 어떤 일을 했는지 또는 하지 않았는지를 당신에게 알려줄 수 있다. 아니면 짐이 다음 주에 무엇을 하려고 하는지를 알려줄 수 있다. 더 흥미로운 사실은 상상의 세계에서 무슨 일이 벌어지는지를 내가 당신에게 알려줄 수 있다는 것이다. 다시 말해서 우리는 언어가 있기에 허구의 이야기를 나눌 수 있다.

역사 속의 모든 문명은 이야기 듣기를 아주 좋아했다. 특히 입담 좋은 사람들이 이야기를 들려주면 인기가 많았다. 인기를 끄는 이야기는 언제나 사람들과 사람들의 행동에 관한 내용이다. 때로는 그 '사람들'이 동물의 형태를 띠기도 하지만(예를 들면 비어트릭스 포터Beatrix Potter의 〈피터 래빗〉 이야기처럼). 심지어 여행기에도 주인공은 있다. 마찬가지로 우리 모두는 다른 사람들에 관한 뒷담화에 매혹당한다. 하지만 진화론적으로 보자면 스토리텔링은 항상 약간 특이한 현상으로 간주됐다. 우리는 왜 들판이나 사냥터에서 일을 해야 할 시간에 모닥불 주위에 모여 기나긴 이야기와 민담을 들었을까? 그럴 시간에 당신이 가진 실용적인 기술 지식을 나에게 가르쳐줄 수도 있지 않았을까? 하지만 어른들과 어린이들 모두가 오랫동안 수없이 되풀이된 똑같은 이야기에 즐겁게 귀를 기울인다. 우리는 몇 번이고 같은 행위를 반복한다. 다른 실용적인 일에 투자할 수도 있는 상당한 액수의 돈을 지불하면서 똑같은 연극이나 영화, 책을 똑같은 열정으로 본다.

우리가 코미디를 좋아하는 이유는 분명하다. 코미디는 우리를 웃게 하고, 우리가 웃으면 엔도르핀 시스템이 활성화되어 행복을 느낀다. 하지만 울음을 터뜨릴 정도로 가슴 아픈 비극을 보고 또 보게 되는 이유는 대체 무엇일까? 비극도 똑같이 엔도르핀 시스템을 활성화한다고 해야만 설명이 가능하다. 비극이 엔도르핀 시스템을 자극할 것으로 추측되는 하나의 이유는 뇌에서 정신적 고통을 경험하는 영역이 물리적 고통을 경험하는 영역과 동일하다는 것이다. 그래서 감정을 자극하는 스토리텔링은 엔도르핀 시스템을 활성화할 가능성이 있다. 정신적 고통과 물리적 고통을 뇌의 동일한 영역에서 감지한다는 사실은 캘리포니아 로스앤젤레스 대학의 나오미 아이젠버거 연구진이 장기간 진행한 일련의 뇌 영상 연구에서 입증됐다. 그렇다면 비극을 관람할 때의 정신적 고통이 엔도르핀 시스템을 자극하고, 엔도르핀이 분비될 때 다른 관객들과 유대감을 더 느낀다는 것도 입증할 수 있을까?

우리는 옥스퍼드 모들린 대학의 칼레바 연구소에서 진행하고 있던 희곡의 심리학 프로젝트를 통해 이런 연구를 해볼 기회를 얻었다. 이것은 흔치 않은 프로젝트였다. 셰익스피어에 관한 전문가 2명(로리 맥과이어Laurie Maguire와 소피 덩컨Sophie Duncan)과 그리스 고전 희곡 전문가 2명(펠릭스 버델만Felix Buddelman과 에버트 판엠드 보아스Evert van Emde Boas), 영문학과 신경과학을 둘 다 공부한 거의 유일한 인물인 벤 티스데일Ben Teasdale, 그리고 내가 이 프로젝트에서 협력했기 때문이다. 비극이 엔도르핀 시스템을 활성화해서 사람들 사이의 유대감을 키운다는 가설을 시험하기에는 더없이 좋은 조건이었다.

우리는 프로젝트를 어떻게 진행할지를 장황하게 논의했고, 결국 벤이 완벽한 답을 찾아냈다. TV용으로 제작된 영화 〈스튜어트Stuart: A Life Backwards〉가 그 답이었다. 베네딕트 컴버배치와 톰 하디(당대 최고의 성격 배우일 것이다)가 출연한 〈스튜어트〉는 케임브리지 출신 작가인 알렉산더 마스터스Alexander Masters의 책을 원작으로 만들어졌다.

책은 실화에 바탕을 두고 있으며 알렉산더가 노숙자 스튜어트 쇼터와 우정을 키워간 과정을 회상하는 내용이다. 영화 줄거리는 스튜어트의 삶을 중심으로 구성된다. 또 영화는 신체장애가 있고 어린 시절에 학대를 당한 스튜어트가 어떻게 노숙자가 되고 마약 중독자가 되어 감옥을 들락거리게 됐는가라는 질문을 던진다. 뒷부분으로 갈수록 우리는 이 영화가 매우 불행하게 끝날 것을 확신하게 된다. 그리고 실제로 영화의 마지막 장면에서 스튜어트는 또다시 하게 될 수감 생활을 감당할 수 없어서 달려오는 기차에 몸을 던진다. 이것은 가슴이 찢어지게 아픈 이야기라서 영화를 보는 사람들의 마음을 뒤흔든다. 몇 주 동안 그 영화를 여러 번 봐야 했던 연구자들의 고통은 말로 다 표현할 수가 없다.

늘 하던 대로 우리는 연구 대상자들이 영화를 보기 전과 후에 그들의 통증 역치를 분석하고 그 영화를 함께 관람한 낯선 사람들에 대한 유대감 지수를 측정했다. 대조군에 속한 사람들에게는 다소 지루한 TV 다큐멘터리를 보여줬는데, 당연히 그들은 통증 역치와 유대감 지수의 변화를 나타내지 않았다. 그러나 처음에는 〈스튜어트〉를 시청한 집단에서도 당혹스러운 결과가 나왔다. 우리가 예상했던 방향의 효과가 나타나긴 했지만 그 효과는 예상만큼 뚜렷하지 않았다. 나는 몇 주 동안 이 결과를 두고 고민했다. 그러다가 우리의 대상자들이 깔끔하게 두 부류로 나뉜다는 사실을 깨달았다. 한 부류는 영화를 보고도 아무렇지도 않았고 통증 역치와 유대감의 변화가 거의 없었으며, 또 한 부류는 영화를 보고 감정적 동요를 느꼈으며 통증 역치가 올라가고 그 영화를 함께 본 사람들과의 유대감이 깊어졌다고 답했다.

그래서 우리는 특정한 장르의 영화에만 반응하는 사람들이 있을지도 모른다고 생각했다. 사람들이 선호하는 장르는 각기 다르니까. 우리는 이러한 가설을 검증하기 위해 다른 장르의 영화에 대한 사람들의 반응을 비교하는 후속 실험을 실시했다. 우리는 만화영화 〈업 Up〉의 눈물이 날 정도로 슬픈 장면(남녀가 처음 만나서 노년에 이르러 죽음을 맞이하기까지의 이야기)과 제임스 본드 액션 영화에서 같은 분량의 아슬아슬한 장면을 선정했다. 대다수 사람들은 두 장면 다 흥미롭게 봤다고 답했지만, 앞서 〈스튜어트〉 영화 실험의 결과처럼 특정 장르에만 반응을 보이는 사람들은 분명히 있었다. 어떤 사람들은 로맨틱 코미디를 좋아하고, 어떤 사람들은 비극을 좋아하고, 또 어떤 사람들은 액션 영화를 좋아한다. 추측을 조금 보태서 말하자면, 실컷 울면서 기분 전환을 하는 것은 우리 중 일부에게는 통하지만 전부에게 통하는 치료법은 아닐 수도 있다. 나의 짐작으로는 영화 장르별 선호도에는 성별의 차이도 크게 작용하는 것 같다. 남자들은 울음을 참는 것이 아니라 원래 잘 울지 않고 눈물이 나지도 않는 것이다.

독일 프라이부르크 대학의 미리암 레눙Miriam Rennung과 안야 괴리츠Anja Göritz가 독립적으로 수행한 유사한 실험은 우리의 실험 결과를 재확인했다. 레눙과 괴리츠는 대상자들을 4명씩 묶어 소집단별로 영화를 관람하도록 했는데, 어떤 집단은 한 화면으로 영화를 함께 보도록 하고 어떤 집단은 각자 이어폰을 끼고 각자의 화면으로 똑같은 영화 또는 서로 다른 영화를 감상하도록 했다. 레눙과 괴리츠는 집단에 속한 사람들과 공유한 감정적 경험(같은 영화를 봤지만 이어폰을 끼고 있었으므로 다른 사람들의 반응은 듣지 못했을 때)과 집단 안에서 발생한 감정적 경험(같은 영화를 함께 봤을 때)을 비교한 셈이다. 그들은 4편의 영화를 사람들에게 보여주고 결과를 비교했다(고자극/부정적 감정 수가 vs 고자극/긍정적 감정 수가 vs 저자극/부정적 감정 수가 vs 저자극/긍정적 감정 수가). 결과를 분석해보니 집단에 속한 사람들이 다 함께 강렬한 부정적 자극을 경험했을 때가 여럿이 함께 있긴 하지만 각자 따로 똑같은 수위의 부정적 자극을 경험했을 때보다 집단의 응집력이 높았다. 모두가 똑같은 감정을 느낀다는 것에는 중요한 뭔가가 있다.

여럿이 함께 하는 감정적 경험은 강한 유대 메커니즘인 것 같다. 이 메커니즘은 신기하면서도 서로 관련이 없어 보이는 현상들을 설명해주기도 한다. 그중 하나는 전통적인 소규모 공동체의 성년 의식에 고통을 가하거나(성년식에는 항상 칼을 대는 순서가 있다) 이제 성인이 되려고 하는 남자아이들을 밤중에 사람들이 잘 가지 않는 깊은 숲속으로 들여보내는 식으로 공포를 느끼도록 하는 절차가 포함된다는 것이다. 이처럼 공통의 경험에서 유발된 감정은 소년들 사이에 성년기 내내, 그리고 성년기 이후에도 한참 지속되는 유대감을 만든다. 그 소년들은 언제까지나 서로의 곁을 지켜줄 것이다. 특히 그들이 전사의 지위를 획득해서 침략자들로부터 공동체를 지켜야 할 때(물론 그들이 다른 마을을 침략하러 갈 때도) 서로를 든든하게 지켜줄 것이다. 적의 습격을 함께 당해본 군인들은 종종 이와 비슷한 유대감을 경험한다. 군대의 훈련 프로그램이 고통, 극심한 피로, 공포를 느끼게 만드는 이유가 바로 여기에 있다. 알려진 바에 따르면 소방관들, 심지어 야생동물 보호원들조차도 불타는 건물에서 그들이 구해낸 여성이나 성난 들소에게 짓밟힐 위기에서 구해준 여성의 관심(때로는 원하지 않는 관심)을 받는다.

대화에는 인원 제한이 있다

대화 능력은 친구를 사귀는 데 반드시 필요한 것이지만, 우리가 언어를 가지고 할 수 있는 일은 놀라울 만큼 제한적이다. 언어는 감정을 표현하기에 턱없이 부족한 수단이기도 하지만, 언어의 진짜 한계는 우리가 다수의 개인들과 소통하기가 어렵다는 것이다. 우리가 아주 많은 사람을 상대로 말을 할 수 없는 것은 아니다. 문제는 우리가 아주 많은 사람들과 대화를 할 수 없다는 점이다. 지난 20년 동안 우리는 몇 명이서 대화를 나눠야 가장 자연스러운가에 관해서만 여섯 편이 넘는 연구를 실시했다. 이 연구들 중 일부는 카페에서, 일부는 술집에서, 일부는 공원과 공공장소에서 수행했고, 일부는 낮 시간에, 일부는 저녁 시간에 수행했다. 이 연구들은 대부분 영국에서 이루어졌지만 한 편은 미국, 또 한 편은 이란에서 했다. 어느 나라에서 연구를 하든 대화의 풍경은 동일했다. 4명이 넘는 사람이 참여하는 대화는 일정 시간 이상 지속되지 못했다.

대화에서 4명이라는 인원 제한의 효과는 아주 확실하다. 다섯 번째 사람이 합류하면 그 대화는 30초 내에 2개의 대화로 쪼개진다. 우리의 연구들 중 하나에서는 대화를 나누는 사회집단의 규모에 관한 표본을 추출했다. 구체적으로 말하자면 우리는 술집에서 한자리에 둘러앉아 있는 사람의 수와 각각의 대화에 실제로 참여하고 있는 사람의 수를 셌다. 이 데이터는 사회집단의 규모가 4의 배수에 도달할 때마다 그 집단이 쪼개져서 또 하나의 대화가 시작된다는 것을 보여 준다. 4명까지는 다 같이 대화에 참여한다. 그러다 5명 이상이 되면 2개의 대화가 이뤄지고, 8명이 넘으면 3개의 대화로 쪼개지고, 12명이 넘으면 대화는 4개가 된다. 그렇다고 해서 집단이 쪼개지는 동안 그 집단의 구성원들이 계속 같은 대화에 참여하는 것은 아니다. 대화는 매우 역동적으로 진행된다. 사람들은 바로 옆의 대화로 옮겨 가기도 하고, 현재의 대화 주제에 지루함을 느껴 다른 사람과 새로운 대화를 시작하기도 한다.

간혹 사람들은 대화의 규모에 그런 식의 한계가 있다는 것에 의심을 내비쳤다. 내 논문의 심사위원 중 1명은 대화 집단의 크기가 4명으로 제한된다는 주장이 사실일 리 없다고 단언했다. 그는 자신이 한 번에 10명이 넘는 사람들과 정기적으로 대화를 나눈다고도 했다. 나는 이 '익명의' 심사위원이 누구인지를 거의 확실히 알아차렸는데, 그에게도 나의 주장이 적용된다고 대답하고 싶었다. 내 경험에 따르면 그와의 대화는 강연에 가까웠고, 그의 우렁찬 목소리가 울려 퍼지는 동안 나머지 사람들은 끼어들 기회를 한 번도 얻지 못했기 때문이다……. 하지만 나는 그렇게 대답하고 싶은 유혹을 이겨냈다. 그리고 그것이야말로 중요한 지점이었다. 4명이 넘는 사람들의 '대화'가 여러 개의 작은 대화로 쪼개지지 않도록 하는 유일한 방법은 그 대화를 강연으로 전환하고 집단의 구성원 모두가 동의하는 규칙을 적용하는 것이다. 그 규칙은 모든 사람이 강연자를 존중하는 뜻에서 침묵을 지키고 강연자의 말에 끼어들지 않아야 한다는 것이다. 그 규칙을 없애거나 행사의 진행자를 없애면 당장 혼란이 찾아온다. 예컨대 어떤 성미 고약한 사람이 자리에 앉기를 거부하고 강연자를 향해 고함을 칠지도 모른다. 규모 있는 이사회나 격식을 차린 강연에서도 진행자가 잠시 자리를 뜨면 사람들은 1분도 채 지나지 않아서 2명, 또는 3~4명씩 쪼개져 각자 대화를 나누기 시작할 것이다. 다음번에 공개 강연 같은 행사에 참석할 때 이 점을 관찰해보라.

　문제점 중 하나는 발언 시간을 균등하게 분배할 경우 그 대화에 사람 1명이 새로 합류할 때마다 나머지 사람들이 말할 수 있는 시간이 줄어든다는 것이다. 10명이 참가하는 대화에서 시간을 균등하게 분배할 경우 각각의 개인은 10분 중 1분간만 말을 할 수 있고 나머지 9분 동안은 다시 차례가 돌아오기를 기다리며 맥없이 듣기만 해야 한다. 이것은 항상 한 번에 한 사람에게만 발언권을 준다는 심리적 규칙이 매우 엄격하게 적용되기 때문이다. 이 규칙이 깨지면 많은 사람이 한꺼번에 말을 하려고 해서 아수라장이 된다. 사실 회의에 진행자가 필요한 이유도 여기에 있다. 누군가가 발언의 순서를 정해주지 않는다면 회의는 혼란스러워지고 아무도 다른 사람이 하는 말을 들을 수가 없게 된다. 아마도 이것은 우리 모두가 배워야 하는 사교 규칙 중 하나일 것이다. 아이들 여러 명이 함께 있을 때면 우리는 한 번에 1명씩 말하라고 끝없이 잔소리를 해야만 하니까. 이런 이유로 어떤 사람들은 자발적으로 뒤로 물러나서 경청하는 역할을 하거나(우리가 초창기에 한 연구에 따르면 남녀가 섞인 모임에서 이런 역할은 주로 여성이 하게 된다. 아마도 여성의 목소리가 대체로 더 작아서 불협화음을 뚫고 이야기하기가 어렵기 때문일 것이다), 아니면 분화해서 별개의 대화를 시작해야 한다(이렇게 해서 성별에 따라 분리된 대화가 형성된다. 이 점에 관해서는 13장에서 살펴볼 예정이다).

하지만 대화의 규모를 제한하는 가장 중요한 요인은 우리의 정신화 능력의 한계일 것이다. 대화가 무리 없이 흘러가게 하려면 우리는 구성원들 모두가 대화에 참여하고 싶어 한다는 점을 염두에 두고 그들을 계속 살펴야 한다. 그래야 언제 우리가 말을 하고 언제 다른 사람에게 기회를 넘겨줄지, 어떤 말을 해야 적절할지를 판단할 수 있다. 이런 맥락에서는 과시적인 행동을 억제하는 능력이 꼭 필요하다. 대화를 독점하고 싶은 욕구를 누를 수 있어야만 대화의 섬세한 균형이 유지되고 모든 구성원에게 발언의 기회가 돌아갈 것이다.

정신화가 중요한 제약 요인이라는 점은 제이미 크렘스Jaimie Krems (원래 우리의 대학원생이었고 지금은 오클라호마 주립대학에서 강의를 하고 있다)의 연구에서 훌륭히 입증됐다. 제이미는 미국 대학 캠퍼스에서 대화를 나누는 사람들을 관찰했다. 그녀는 대화에 참여하는 사람들의 수를 센 다음, 통찰력(아니면 뻔뻔함?)을 발휘해 그들에게 재빨리 다가가서 방금 누가 무엇에 관해 말하고 있었는지를 물어봤다. 분석 결과 사람들이 그 자리에 없는 다른 누군가의 마음 상태에 관해 이야기를 나누고 있었던 경우 그 대화에 참여하는 사람은 최대 3명이었다. 만약 그들이 그 집단 안에 있는 누군가의 마음 상태에 관해 이야기를 나눴거나, 어디에 가서 점심을 먹을지 또는 방금 들은 강의가 어땠는지와 같은 사실적인 문제에 관한 이야기를 나누고 있었다면 대화 인원의 최대치는 4명이었다. 그러니까 우리는 무엇에 관해 이야기를 나누고 싶은지에 따라 그 대화에서 처리해야 하는 마음 상태의 수를 조절한다.

놀랍게도 웃음에도 이것과 비슷한 인원 제한이 있었다. 파리 국립 대학에서 박사과정을 밟는 동안 우리와 1년을 함께 보냈던 기욤 데제카체Guillaume Dezecache는 영국 옥스퍼드 주변과 프랑스의 술집을 돌아다니며 대화를 나누거나 웃고 있는 사람들의 표본을 수집했다. 그 결과 테이블에 둘러앉은 사람의 수가 아무리 많더라도 실제로 서로 대화를 나누고 있는 사람들의 수는 최대 4명이었고 대화 중에 함께 웃음을 터뜨리는 사람들의 수는 3명 정도가 한계였다. 지금에 와서 생각해보면 이것은 아주 놀라운 결과는 아니었다. 우리는 웃음을 유발하기 위해 농담이라는 형태로 언어를 사용하기 때문이다. 그러나 이 결과는 우리가 발견한 하나의 신기한 현상을 설명해준다. 우리와 함께 대화를 나누는 사람들이 웃으면 우리도 웃지 않을 수 없다. 하지만 방 안에서 다른 사람들이 떠들썩하게 웃으면 우리는 그 소리가 신경에 거슬린다. 다른 집단의 웃음소리는 마치 우리의 사교 공간을 침해하는 것처럼 느껴진다. 사회적 도구이자 유대 메커니즘인 웃음은 실제로 상호작용을 하는 작은 집단에만 적용된다.

우리의 연구가 실생활의 대화에 관한 것이었다면, 제이미 스틸러 Jamie Stiller와 제이미 크렘스는 셰익스피어 희곡과 현대 영화를 상세히 분석했다. 그들은 한 장면에 등장하는 인물의 수를 대화 집단의 규모 척도로 사용해, 한 장면의 등장인물은 4명으로 매우 엄격하게 제한된다는 결과를 얻었다. 이러한 제한은 16세기 셰익스피어의 희곡과 20세기 할리우드 영화에 모두 적용된다. 게다가 크렘스는 완전히 다른 두 장르에 속하는 영화들을 분석했다. 하나는 여성을 겨냥한 영화(⟨오만과 편견⟩, ⟨조강지처 클럽⟩, ⟨그들만의 리그⟩)였고, 다른 하나는 하이퍼링크라고 불리는 장르의 영화(예를 들면 ⟨크래쉬⟩와 ⟨바벨⟩)였다. 하이퍼링크 영화에서는 일상적 상호작용의 제약을 의도적으로 뛰어넘어 서로 멀리 떨어져 있는 사람들, 또는 같은 장소에서 다른 시대에 사는 사람들이 상호작용한다. 그런데 하이퍼링크 영화에서도 한 장면에 등장하는 인물 수는 다르지 않았다. 관객들이 하나의 대화에서 4명까지만 처리할 수 있다는 사실이 대본 작가들에게도 제약 요인이 되는 듯했다. 성공한 작가들은 이 사실을 잘 알고 있었다.

또 크렘스는 실생활 속 대화에서 사람들의 마음 상태를 분석했던 것과 같은 방식으로 셰익스피어 희곡의 여러 장면에 등장하는 인물들의 마음 상태를 분석했다. 그녀는 희곡의 등장인물들이 그 자리에 없는 다른 누군가의 마음 상태에 관해 이야기할 때 그 자리에 있는 사람은 3명을 넘지 않는다는 사실을 발견했다. 반면 등장인물들이 그 자리에 있는 사람들 중 하나의 마음 상태에 관해 이야기하거나 무대 밖에서 일어난 어떤 사건에 관한 사실을 이야기할 때는 4명까지 가능했다. 이러한 결과는 실생활의 자연스러운 대화에서도 똑같이 나타났다. 우리가 실생활에서 대화를 나눌 때 이 점을 의식하지는 않지만 대화 인원은 자연스럽게 맞춰진다. 셰익스피어처럼 인간을 유심히 관찰했던 작가는 이 법칙을 알아차리고 자신의 희곡에도 동일한 구조를 적용해 관객에게 지나친 부담이 가지 않도록 했다.

대화 집단 규모의 태생적인 한계는 전통적인 만찬 연회의 규모, 나아가 식탁의 크기에도 영향을 끼친다. 4명은 하나의 대화를 형성하기 때문에 완벽하며, 6명 또는 8명은 다양한 의견을 덧붙일 수 있고 하나의 식탁에 2개 또는 3개의 대화를 수용할 수 있어서 좋다. 6~8명이 앉을 수 있는 식탁은 크기가 적당해서 사람들이 다른 대화로 옮기고 싶을 때마다 옮겨갈 수 있다. 하지만 사람이 그보다 많아지면 식탁이 아주 커야 해서 식탁 너머로 이야기를 나누기는 불가능하고(맞은편에 있는 사람이 하는 말이 들리지 않으니까) 양옆에 있는 사람들과 계속 이야기를 나눠야만 한다. 게다가 두 대화 사이에 애매하게 갇혀버린 사람은 결국 누구와도 대화를 나누지 못한다. 혹시 당신이 식탁 하나에 10~12명씩 앉게 되어 있는 결혼식 또는 만찬에 참석하게 되면 이 점을 확인해보라. 물론 이런 행사에 큰 식탁을 놓는 이유, 그리고 그들이 이런 배치를 바꾸지 않는 이유는 단 하나다. 행사 내내 손님들이 대화에 깊이 빠져들지 않기를 바라기 때문이다. 손님들은 조용히 앉아서 연단의 이야기에 귀를 기울여야 한다.

어둠 속의 대화가 특별한 이유

인간의 대화 행동에 관한 이 모든 연구에서 언급되지 않은 흥미로운 문제가 있다. 어떤 활동이든 깜깜한 밤에 하면 특별한 느낌이 든다. 밤에 깜박거리는 모닥불을 앞에 두고 이야기를 들으면 어쩐지 마법 같은 분위기가 난다. 이야기는 더 흥미진진하게 느껴지고 기대감과 전율이 커져서 더 신이 나고 의미 있는 시간이 된다. 사실 모든 사회 활동은 밤에 하면 더 즐겁다. 파티, 저녁 식사, 잔치, 연극, 이야기,

노래 이어 부르기, 춤, 심지어 빙고 게임도 어둑어둑한 곳에서 하면 신비로운 느낌이 든다.

　우리가 사교 영역에서 하는 다른 활동에도 대부분 같은 원리가 적용된다. 우리의 빅 런치 연구에서 여성은 새로운 사람과는 점심 식사 때 만나는 것을 선호했지만 오래된 친구나 친척과는 저녁 식사를 함께 하기를 원했다. 반면 남성은 둘 다 저녁 식사를 선호했다. 극장에서 저녁 시간에 열리는 공연은 한 잔의 마티니보다 더 마법 같은 느낌을 준다. 술집에서 저녁에 친구들과 술을 한잔하면 점심 때 하는 것보다 기분이 좋다. 저녁 시간에 두 사람이 촛불을 켜고 식사를 하면 환한 대낮에 두 사람이 촛불을 밝히고 먹을 때보다 친밀감이 커진다. 밤에 하는 사교 활동은 특별한 의미를 지니는 것처럼 느껴진다. 어둠에는 진짜로 마법 같은 요소가 있다. 우리가 밤에 하는 것과 똑같은 사교 활동을 낮에 하거나, 모형 만들기와 십자말풀이 같은 비사교적 활동을 밤에 하면 밤에 사교 활동을 할 때와 같은 짜릿한 흥분을 느끼지 못한다.

　탈라예 알레다부드는 고등학생들의 시간대별 통화 패턴을 분석했다. 그는 늦은 밤 시간의 통화(자정 이후)가 낮 시간에 비해 특정한 한 사람과의 통화일 확률이 높다는 사실을 알아냈다. 개인별로 상당한 차이가 있긴 했지만 밤 늦게 이뤄진 통화(특히 자정 이후)의 절반 정도는 단 2명과의 통화였다. 우리는 이 연구의 대상자들에게 그들이 전화를 걸었던 모든 사람과의 관계를 평가하는 긴 설문지를 작성해 달라고 부탁했다. 그 결과 밤 늦게 이뤄진 통화들이 그들이 강한 감정적 애착을 가진 사람들과의 통화였다는 사실을 확인할 수 있었다.

또 밤에 통화하는 상대는 그들이 가장 자주 전화를 거는 상대와 일치했다.

밤 늦게 통화하는 상대는 친척보다는 친구인 경우가 많았다. 남학생들이 밤 늦게 친구에게 전화를 걸면 밤 늦게 가족에게 전화를 걸었을 때보다 통화 시간이 11배나 길었고, 여학생들이 밤 늦게 친구와 통화를 하면 낮 시간에 가족과 통화할 때보다 3배 길었다. 여학생들의 경우 밤 늦게 전화를 거는 상대는 가까운 친구보다는 남학생일 확률이 높았다. 밤에 여학생이 남학생에게 거는 전화는 빈도가 더 잦고 시간도 훨씬 길었다. 밤 늦게 여학생이 남학생에게 거는 전화의 평균 통화 시간은 700초 정도였던 반면, 밤 늦게 여학생이 다른 여학생에게 거는 통화 시간은 400초에 불과했다. 아침 시간에는 거의 정반대 그림이 나온다. 아침에는 여학생이 남학생에게 거는 전화보다 여학생이 여학생에게 거는 전화가 2배 길었고, 평균 통화 시간은 각각 100초와 200초였다. 전날 밤 남학생과 길게 통화했으니 다음 날 여자 친구들끼리 할 말이 많았던 걸까? 이런 일들의 원인을 파악하는 데는 천재적 지능이 필요하지 않다. 그러나 이 결과가 남학생들에게 보내는 메시지는 매우 명확하다. 여학생이 밤 늦게 당신에게 전화를 걸면 당신에게 관심이 있다는 뜻이다…… 만약 밤에 전화가 오지 않는다면, 음, 당신은 다른 여학생을 찾아보는 것이 나을지도 모른다. 어둠이 왜 그렇게 큰 차이를 만들까? 이상한 일이지만 지금까지 누구도 이렇게 신기한 현상에 대해 의견을 밝히거나 원인을 탐구하려고 하지 않았다. 나의 추측으로는 밤에 우리의 행동이 달라지는 원인은 우리의 혈통에 깊이 박혀 있는 것 같다. 고고학 기록에 따르면 고대 인류는 약 50만 년 전에 처음으로 불을 다루는 법을 알아냈다고 한다. 불을 획득하게 되면서 인류는 '햇빛'을 4시간 더 연장할 수 있었다. 비록 그 빛을 이용하려면 야영지에 머물러야 했지만. 인류는 그 시간에 여행을 하거나 사냥을 할 수는 없었지만 음식을 먹고 사교 활동을 할 수는 있었다. 실제로 인류가 이렇게 해서 획득한 시간은 지금 우리가 사회적 상호작용에 할애하는 시간과 거의 일치한다. 우리는 하루에 3.5시간 정도 사교 활동을 하니까. 나는《멸종하거나 진화하거나》라는 책에서 이러한 원리를 이미 설명했으므로 여기서는 더 자세히 설명하지 않겠다. 중요한 사실은 저녁 시간은 아주 특별한 방식으로 우리의 사회적 상호작용을 촉진하며 그 기원은 아주 오랜 옛날로 거슬러올라간다는 것이다.

～

우리의 우정은 엔도르핀과 도파민 시스템에 의해 촉발되며 우리가 전부 의식하지는 못하는 원초적인 느낌에 의존하긴 하지만, 대화와 언어가 우정에 중요한 역할을 한다는 것만은 틀림없다. 우리는 서로'에게' 말을 하는 것이 아니라 서로'와' 대화를 나눈다. 그러면 우리는 무엇에 관해 대화를 나누는가? 이 질문은 우리가 풀고 있는 퍼즐의 마지막 조각인 '우정의 일곱 기둥'으로 우리를 데려간다. 이것이 다음 장의 주제다.

10장

동종선호와
우정의 일곱 기둥

"나는 당신이 어떤 친구를 사귈지를 예측할 때 사용하는 기준을
'우정의 일곱 기둥'이라고 부른다.
이 7가지 기준은 당신의 개성을 만들어주고,
당신을 특정한 사회적 맥락, 특정한 사회의 한 부분에 위치시킨다.
다시 말하면 이 7가지 기준은
당신이 누군가의 친구가 되고 공동체의 일원이 되도록 해준다."

당신을 놀라게 할 사실이 2가지 있다. 첫째, 당신이 친구와 유전자를 공유할 확률은 당신이 같은 동네에 사는 누군가와 유전자를 공유할 확률보다 2배 높다. 벤저민 도밍그Benjamin Domingue의 연구진이 서로 친구 사이인 10대 학생들 5000쌍과 그들과 같은 반인 다른 학생들의 유전자를 비교해서 얻은 결론이다. 제임스 파울러와 닉 크리스태키스 역시 미국 청소년 건강에 관한 전국 단위 종적 연구US National Longitudinal Study of Adolescent Health의 데이터를 통해 친구들끼리는 같은 유의 DRD2 도파민 수용체 유전자를 가지고 있을 확률이 높고(도파민은 우정을 유지하는 데 도움이 되는 2가지 신경화학물질 중 하나다), 같은 종류의 CYP2A6 유전자(니코틴을 산화시키는 효소를 통제하는 유전자. 이 효소는 다른 맥락에서는 유용하겠지만 우정을 유지하는 데는 도움이 안된다)를 가지고 있을 확률은 낮다는 사실을 알아냈다. 파울러와 크리스태키스는 프레이밍햄 심장 연구의 데이터에서도 같은 결과를 확인할 수 있었다. 두 번째 놀라운 사실은, 캐럴린 파킨슨의 연구진이

교실에서 같은 영화를 보고 있는 대학생들의 뇌를 촬영했을 때 서로를 친구라고 한 학생들은 서로를 친구로 생각하지 않는다고 답한 학생들에 비해 영화의 같은 장면을 볼 때 더 유사한 신경 반응을 나타냈다. 특히 이러한 결과는 뇌에서 감정 처리와 연관된 영역(편도체), 학습을 담당하는 영역과 정보를 모아 기억으로 저장하는 영역(측좌핵, 미상핵), 정신화의 일부를 담당하는 영역(두정엽의 일부)에서 뚜렷하게 나타났다. 다시 말하면 당신은 친구와 유전자를 공유할 가능성이 높을 뿐 아니라 친구와 비슷한 생각을 할 확률도 높다. 친구로 지내다가 똑같이 생각하게 되는 것이 아니고, 똑같은 생각을 하기 때문에 서로에게 이끌리는 것이다.

이 2가지 결과는 직관에 반하기 때문에 우리는 잠시 생각을 해봐야 한다. 이게 무슨 소리일까? 내가 친구도 내 마음대로 고르지 못한다고? 안타깝지만 그렇다. 아니, 당신은 친구를 선택하긴 한다. 하지만 당신이 선택하는 친구들은 당신에게 허락된 상황 안에서 당신과 가장 비슷한 사람들이다. 이렇게 "깃털 색깔이 같은 새들끼리 모이는" 경향을 '동종선호homophily'라고도 하는데, 동종선호는 우정의 중요한 특징이다. 나는 당신이 어떤 친구를 사귈지를 예측할 때 사용하는 기준을 '우정의 일곱 기둥'이라고 부른다. 7개의 문화적 요소로 구성되는 이 기준은 당신의 이마에 슈퍼마켓 바코드가 새겨진 것과 비슷하다. 물론 그 기준은 이마에 새겨진 것이 아니고 당신이 말로 알려주는 것이다. 어떤 것은 당신이 실제로 말하는 방식이고(당신의 방언), 어떤 것은 당신이 흥미를 가지는 일들이고, 어떤 것은 당신이 삶과 사회를 대하는 전반적인 태도라 할 수 있다. 본질적으로 이 7가지 기준은 당신이 어떤 사람인가를 문화적 측면에서 보여준다. 이 7가지 기준은 당신의 개성을 만들어주고, 당신을 특정한 사회적 맥락, 특정한 사회의 한 부분에 위치시킨다. 다시 말하면 이 7가지 기준은 당신이 누군가의 친구가 되고 공동체의 일원이 되도록 해준다.

우정의 일곱 기둥

우정의 일곱 기둥을 발견한 것은 순전히 우연이었다. 그때 나는 컴퓨터 공학자들과 협업 프로젝트를 진행하고 있었다. 그 프로젝트의 핵심 질문은 '우리가 휴대전화의 안테나를 없앨 수 있는가?'였다. 우리는 전화기 자체를 중간 기착지로 활용하려고 했다. 즉 당신이 핼리팩스에 사는 조앤 고모에게 전화를 걸면 그 신호가 당신과 조앤 고모 사이에 위치한 다른 전화로 전달되도록 하려고 했다. 디지털 첨단 기술의 세계에서 이런 기술은 '침투 기술'이라고 불린다. 침투 기술이라는 명칭은 이 기술의 속성을 명료하게 보여준다. 이 기술은 이론상으로는 복잡하지 않지만 문제가 하나 있다. 아니, 문제가 몇 가지 있다. 그중 하나는 침투 기술을 실행하면 배터리가 매우 빨리 닳는다는 것이다. 하지만 기술 전문가들은 이런 사소한 문제는 머지않아 새로운 배터리 기술이 나와서 해결될 거라고 장담했다. 더 심각한 문제는 '왜 당신에게(아니면 당신의 전화기에) 내 전화기에 대한 접근을 허용해야 하는가'다. 당신에게 그런 권한을 주면 어떻게 될까? 당신이 마음만 먹으면 내 전화기에 저장된 모든 것을 내려받을 수 있고, 내 전화기를 범죄에 이용할 수도 있고, 내가 우스꽝스럽게 나온 사진을 내 친구나 가족, 아니면 언론사에 보낼 수도 있다. 그러면 골치 아파진다. 이것은 좋은 생각이 아닌 것 같다.

우리가 생각한 이 문제의 해법은 단순했다. 우리가 친구라는 이유로 어떤 사람들을 신뢰한다는 사실을 이용하는 것이었다. 당신이 어떤 사람을 신뢰할수록 당신은 당신의 전화를 중간 기착지로 이용하게 해달라는 그 사람의 부탁을 들어줄 가능성이 높아진다. 대개의 경우 신뢰는 과거에 대한 지식에 근거한다. 당신이 유치원에 같이 다니던 시절부터 짐을 알고 지냈다면 그를 얼마나 신뢰할 수 있는지도 잘 알 것이다. 하지만 때때로 당신은 낯선 사람에 관해 즉각적인 판단을 한다. 낯선 사람에게 당신이 평생 저축한 돈을 빌려준다거나 은행 계좌의 비밀번호를 불러주지는 않겠지만, 술집에서 같이 한잔한다거나 길가에서 차 고치는 일을 도와주는 정도는 가능하다. 그렇다면 우리는 어떻게 그런 판단을 하는가? 우리가 이 질문에 답할 수 있다면 그것이야말로 침투 기술의 문제를 해결하는 완벽한 해답일 것이다.

우리는 이런 질문을 던졌다. 당신이 무엇을 좋아하고 무엇을 싫어하는지가 당신의 휴대전화에 등록되어 있다면 당신의 전화기가 위험을 감수하고 다른 전화기의 접속을 허용할지 여부를 판단할 수 있을까(이 아이디어는 나중에 프랑스 남부의 니스 근처에 위치한 유레콤 연구소에서 우리와 협력했던 사람들이 개발한 세이프북Safebook이라는 보안 소프트웨어에 응용된 바 있다)? 그래서 이 프로젝트에 참여했던 우리 연구실의 박사후 연구원 올리버 커리가 설문 조사를 진행했다. 그는 사람들에게 당신이 다른 누군가와 공유할 수 있다고 생각하는 것들

(신념, 태도, 취미, 관심사)로 이뤄진 긴 목록을 제시하고 각자의 사회적 네트워크 안에 있는 특정한 사람(사회적 네트워크의 각 층에서 가족 1명, 여자 친구 1명, 남자 친구 1명을 골라내도록 했다)들과 어떤 것들을 공유하는지를 물었다. 또 이타주의의 척도로서 그 사람이 절박한 상황일 때 돈을 빌려주거나 신장을 기증할 의향이 있는지를 물었다.

우리가 데이터를 분석해보니 이 질문들을 비슷한 응답이 나오는 것끼리 묶을 수 있다는 사실이 명백해졌다. 묶음에 포함된 질문들은 다음과 같은 내용이었다.

- 같은 언어(또는 방언)를 사용한다
- 같은 지역에서 자랐다
- 같은 학교에 다녔거나 비슷한 직장 생활을 경험했다(익히 알려진 대로 의료계 종사자들끼리 서로 끌린다. 변호사들도 마찬가지다)
- 취미와 관심사가 같다
- 세계관이 일치한다(여기서 세계관이란 도덕적 견해, 종교적 성향, 정치적 견해의 혼합물)
- 유머 감각이 비슷하다

나중에 자크 로니와 함께 연구를 진행하면서 우리는 여기에 일곱 번째 항목을 덧붙였다.

- 같은 음악 취향을 가지고 있다

당신이 어떤 사람에 대해 '예'라고 답하는 항목이 많을수록 당신은 그 사람에게 더 시간을 쏟고, 그 사람을 아주 친밀하게 느낄 것이다. 그 사람은 당신의 사회적 네트워크의 층에서 당신과 가까운 곳에 위치할 것이고, 그 사람에게 도움이 필요할 때 당신은 적극적으로 도와줄 것이다. 그리고 그 사람이 당신에게 도움을 줄 확률도 높다. 깃털 빛깔이 같은 새들은 정말로 한데 모이기 때문이다. 당신은 당신과 공통점이 많은 사람들에게 끌리게 마련이다. 당신은 당신과 가장 비슷한 사람들을 좋아하게 된다. 사실 당신의 사회적 네트워크의 층들은 각각 당신과 그 사람이 공유하는 '기둥'의 개수에 상응한다. 가장 안쪽의 5-층은 당신과 기둥 6개 또는 7개를 공유하는 사람들의 집합이고, 가장 바깥쪽의 150-층에 속한 사람들은 당신과 1개 또는 2개의 기둥을 공유한다. 7개의 기둥 가운데 어떤 것을 공유하는지는 문제가 되지 않는 것 같다. 경제학자들의 표현을 빌리자면 이 기둥들은 대체 가능하다. 어떤 하나의 기둥은 다른 기둥과 똑같은 가치를 지니며 기둥 사이에 위계는 존재하지 않는다. 당신과 3개의 기둥을 공유하는 친구는 그 3개가 무슨 기둥이냐와 무관하게 기둥 3개짜리 친구다.

우리는 이 목록에 유머 감각이 포함된 것을 보고 놀랐다. 왠지 유머 감각은 윤리관이나 정치적 신념과 같은 다른 육중한 기둥들에 비해 덜 중요해 보였기 때문이다. 올리버 커리는 이 점을 조금 더 알아보기로 했다. 그는 '최고의 농담 100선'에서 사람들의 선호도 차이가 가장 큰 농담 18개를 골라내서, 사람들에게 그 농담들 하나하나가 얼마나 재미있는지를 평가해달라고 했다. 연구에 참여한 사람들의 점수를 기반으로 그들 개개인의 유머 코드를 알아냈다. 일주일쯤 후에 그는 연구 대상자들에게 다시 연락해서 다른 사람의 유머 코드를 보여주고 그 사람과 얼마나 잘 맞을 것 같은지, 그리고 만약 그 사람과 만난다면 친구가 되고 싶은지를 물었다. 연구 대상자들이 알지 못했지만, 그들에게 제시된 유머 코드는 사실 그들 자신의 유머 코드를 변형해서 각각 10퍼센트, 33퍼센트, 67퍼센트, 90퍼센트를 일치하도록 만든 것이었다. 대상자들은 제시된 유머 코드가 자신과 비슷할수록 그 사람이 좋은 친구가 될 것이라고 생각했다. 우리는 비슷한 유머 감각을 가진 사람을 좋아하는 것 같다. 또 대상자들은 유머 코드가 자신과 비슷할수록 그 사람을 적극적으로 도와주려고 했다.

이러한 결과에 대한 나의 견해는 새로운 친구를 사귀는 과정이 고정된 패턴을 따른다는 것이다. 새로운 사람을 만나면 당신은 그 사람에게 많은 시간을 쓰면서(당신은 사실상 그 사람을 가장 안쪽 원으로 직행시킨다) 그 사람이 일곱 기둥 중 어디에 위치하는지를 평가한다. 그러려면 시간이 오래 걸리지만, 그 사람의 위치가 어디인지를 파악하고 나면 당신은 그 사람에게 들이는 시간을 당신과 그 사람이 공유하는 기둥 수에 맞게 조정한다. 결과적으로 그 사람은 가장 안쪽 원에서 그 사람의 기둥 수에 상응하는 원으로 조용히 강등된다. 다시 말하자면 우정은 처음부터 정해져 있는 것이지 만들어내는 것이 아니다. 당신은 친구들을 발견하기만 하면 된다. 당신이 가장 친한 친구로 삼기에 적합한 사람 또는 당신과 가장 친한 친구 5명의 목록에 들어갈 사람을 찾기까지 오래 걸릴 수도 있지만, 계속 시도하다 보면 언젠가는 찾아내게 된다.

사실 동종선호는 이런 종류의 문화적 상징과 관심사에 국한되지 않는다. 우리는 우리와 사고방식이 비슷한 사람들을 좋아할 뿐 아니라 성별, 민족, 연령대, 심지어 성격도 비슷한 사람들을 선호한다. 우리의 연구에 따르면 사람들의 사회적 네트워크는 보통 150명 정도로 이뤄지는데 그중 70퍼센트는 동성이다. 남성들은 남성 친구를, 여성들은 여성 친구를 선호한다. 이런 패턴에 주목한 연구들은 그 밖에도 많다. 페이스북의 라스 백스트롬이 동료들과 함께 광범위한 페이스북 데이터를 분석한 결과, 여성은 페이스북메시지의 60퍼센트를 여성에게 보냈지만 남성이 보낸 페이스북메시지는 성별에 따른 차이가 적은 편이었다. 다비드 라니아도David Laniado의 연구진은 스페인의 네트워크 사이트인 투엔티Tuenti(2006년부터 2016년까지 운영된 이 사이트는 '스페인의 페이스북'으로 알려져 있었다) 사용자 500만 명가량의 데이터에서 비슷한 결과를 얻었다. 그들이 개별 사용자들의 포스트를 분석해보니, 전체 여성의 절반 정도는 가장 친한 친구와 두 번째로 친한 친구가 모두 여성이었고 단 12퍼센트만 가장 친한 친구와 두 번째로 친한 친구가 모두 남성이었다(만약 그 여성들이 친구를 무작위로 선택했다면 둘 다 25퍼센트여야 한다). 이 연구에서도 남성은 성별에 따른 편향이 여성보다 훨씬 적었다. 전체 남성의 3분의 1은 가장 친한 친구와 두 번째로 친한 친구가 모두 남성이었고, 4분의 1은 가장 친한 친구와 두 번째로 친한 친구가 모두 여성이었다. 여성의 경우 가장 자주 연락한 친구가 여성일 확률은 72퍼센트였고, 1000번째 친구(친구를 1000명 넘게 등록해놓은 여성의 경우)가 여성일 확률은 40퍼센트로 떨어졌다. 남성도 가장 친한 친구가 남성일 확률이 더 높았지만, 이후의 친구가 남성일 확률이 여성만큼 급격하게 낮아지지는 않았다. 어느 여성의 친구가 여성일 확률은 110번째 친구에 이르면 50퍼센트 아래로 떨어지는 반면, 어느 남성의 친구가 남성일 확률은 300번째 친구에 이르러서야 50퍼센트 아래로 떨어졌다.

성별에 따른 차이가 생기는 이유 중 하나는 여성이 남성 친구보다 여성 친구와 관심사를 더 많이 공유하기 때문일지도 모른다. 그리고 남성 역시 남성 친구들과 관심사를 더 많이 공유할 것이다. 그래서 동성끼리 대화를 할 때는 대화가 끊기지 않고 할 말을 찾기 위해 애쓰는 의미심장한 침묵의 횟수가 줄어든다는 설명이 가능하다. 또 하나의 가설은 남녀가 섞인 대화는 마치 짝짓기를 위한 자리처럼 된다는 것이다. 특히 여성은 그냥 편하게 대화하고 싶을 때도 남자에게 좋은 인상을 남겨야 한다는 압박을 느낄 수도 있다. 마지막 가설은 원래 남성과 여성의 대화 스타일이 많이 달라서 남녀가 섞여 대화를 나누면 스트레스가 커진다는 것이다. 남녀가 함께 있는 자리에서 남성은 대화를 주도하려는 경향이 있고 여성은 목소리가 남성만큼 굵지 않아서 대화에 끼어들기가 어렵다. 여성에게 숨은 동기(예를 들면 짝을 찾는다거나)가 있는 경우라면 이런 비용을 기꺼이 치르겠지만, 그런 경우가 아니라면 여성은 그런 상황을 아예 피해가려고 할 것이다.

방언과 공동체

이런 결과들을 이해하려고 애쓰던 중 나는 우정의 일곱 기둥이 사실 우리가 중요한 발달의 시기를 보내고 공동체의 일원이 되는 방법을 배운 작은 공동체를 가리키는 단서들이라는 생각을 떠올렸다. 나의 공동체에 속한 사람을 알아볼 수 있다면 어떤 사람과 반평생을 같이 보내면서 그 사람을 알아가는 길고 험난한 과정을 거치지 않아도 된다. 당신이 입을 여는 순간 나는 방언을 통해 당신이 내 공동체의 일원이라는 사실을 안다. 당신은 내가 알고 있는 거리와 술집들을 아는 사람이다. 당신은 우리가 맥주잔을 기울이며 주고받던 농담을 아는 사람이다. 당신은 나와 같은 종교를 믿는 사람이다. 이 모든 단서는 공통의 역사가 있음을 알려주는 간단하고 신속한 지도가 되며, 이 단서들 중 하나라도 가진 사람은 신뢰할 수 있는 사람이 된다. 나는 당신이 어떤 사고방식을 가지고 있는지 알기 때문이다. 이 단서들은 우리가 같은 동네에서 어린 시절을 보냈고 같은 윤리관을 받아들였으며 삶과 세계에 대해 같은 태도를 학습했다는 사실을 가리킨다. 내가 따로 설명하지 않아도 당신은 내 농담을 바로 알아듣는다. 아니, 당신은 나와 똑같은 농담을 알 수도 있고, 나아가 농담이 어떤 식으로 만들어지는지를 알기 때문에 내 우스갯소리가 끝나기도 전에 뜻을 알아차리기도 한다. 이처럼 우리가 어린 시절을 보낸 공동체를 회상하는 행위는 사람들이 '고향', 즉 어린 시절을 보낸 곳에 느끼는 특별한 애착을 설명해준다. 고향을 떠난 지 수십 년이 지나도 애착은 남아 있다.

우리는 수천 년 인류 역사에서 대부분의 시간을 소규모 사회에서 보냈으며, 그 소규모 사회는 약 150명으로 이뤄진 수렵–채집 공동체였을 것이다. 이런 종류의 사회에서는 공동체의 구성원들 모두가 혈연 또는 혼인을 통해 친척으로 맺어져 있다. 사실상 공동체가 하나의 확대가족이다. 그래서 일곱 기둥은 넓은 범위의 친족 집단을 나타내는 지표가 된다. 이 친족 집단에서는 가족에 대한 충실성이 사회적 유대의 강력한 동력이 되고 우리가 가족에게 가지는 의무감의 토대가 된다. 실제로 우정의 '기둥'들은 마을 한가운데에 세워진 나무 조각상 또는 기둥과 같은 기능을 한다. 우리는 소속감의 표현으로 그 기둥에 모자를 걸어둘 수 있다. 우리는 공동체의 구성원들이기 때문에 그 공동체의 안녕을 위해 헌신한다.

사실 우리는 어떤 사람이 말할 때 첫 문장만 듣고도 그 사람에 대해 정말 많은 것을 알아낼 수 있다. 그 사람의 고향이 어디인지 알 수 있고, 적어도 영국에서는 말투만 듣고도 그 사람이 어떤 계층에 속하는지도 알 수 있다. 1970년대에 사회언어학자들은 영어의 방언들 사이에 섬세한 차이가 있기 때문에 영어를 쓰는 원어민의 억양과 그가 사용하는 단어만 가지고도 그의 고향을 35킬로미터 이내 오차로 알아맞힐 수 있다고 생각했다. 수렵-채집 사회에서는 그 정도 면적에 1500명으로 이뤄진 한 부족이 거주했을 것이다. 리버풀에서 온 사람들이 사용하는 영어가 영국의 다른 지역에 사는 사람들에게는 다 똑같이 들렸다. 그러나 리버풀은 중앙의 도심을 경계로 북부와 남부로 나뉜다. 북부와 남부는 억양이 크게 다르고 오랫동안 서로를 싫어했던 역사가 있다. 리버풀 출신인 사람들끼리는 상대가 북부 사람인지 남부 사람인지 금방 안다(잘 모르는 사람들을 위해 덧붙이자면 비틀즈의 구성원 4명은 모두 부자 동네인 리버풀 남부 출신이었다).

방언에 대한 민감성은 아주 어린 나이에 자연스럽게 형성되며, 우리가 사회화의 기회를 얻기도 전에 형성되는 것으로 보인다. 캐서린 킨즐러Katherine Kinzler와 엘리자베스 스펠크Elizabeth Spelke(지난 30년 동안 발달심리학자로서 이름을 떨친 학자)는 일련의 연구에서 영어를 사용하는 미국 가정의 생후 6개월 아기들에게 성인 여자들이 영어(아기들이 자주 들었던 언어), 스페인어로 말을 거는 동영상과 영어 동영상을 거꾸로 돌린 영상을 보여주고 아기들의 반응을 관찰했다. 동영상을 보여준 후에 세 여성의 사진을 나란히 놓고 보여주자 아기들은 자기에게 익숙한 언어로 말을 걸었던 여성의 사진을 더 오래 쳐다봤다. 플리머스 대학의 카롤린 플로시아Caroline Floccia와 프랑스 랭스 대학의 동료 학자들은 5세와 7세 아이들에게 음성 파일을 들려주었다. 그 파일에서는 사람들이 서로 확연히 다른 억양으로 영어 지문을 낭독했다. 영국 남서부에 사는 원어민(플리머스 아이들에게 익숙한 말투), 그리고 영어를 사용할 때 자국 억양이 가미되는 아일랜드 사람과 프랑스 사람의 음성이었다. 아이들은 음성 파일을 들으면서 외국인의 억양을 가려내는 과제를 수행했다. 5세 아이들은 서로 다른 억양을 명확하게 구별하지는 못했지만, 7세 아이들은 자기에게 익숙한 억양보다 외국인의 억양을 훨씬 잘 알아차렸다. 랭스에서 프랑스의 5세 아동들을 데리고 같은 실험을 했을 때도 비슷한 결과가 나왔다. 프랑스의 5세 아이들은 프랑스식 영어 억양보다 외국인의 억양을 더 잘 인식했다. 그러니까 우리는 아주 일찍부터 말의 미세한 차이를 알아차리고 그 차이에 집중하는 것이 분명하다.

언어 또는 방언이 이런 판단에 큰 영향을 미치는 것은 당연하다. 당신이 나와 같은 언어를 사용하지 않는다면 당신은 내 농담을 이해하지 못할 것이고 대화는 부자연스러워지거나 막힐 것이다. 다른 6개의 기둥들 역시 중요하다. 당신이 성인이 되고 나서 새로운 언어를 배우면 절대로 원어민처럼 말할 수 없는 것과 마찬가지로(일부 단어의 강세를 틀리거나 적절한 단어를 사용하지 못한다), 당신이 어떤 문화권에서 자라지 않은 이상 그 문화를 완전히 흡수하기란 불가능하다. 어떤 언어나 문화를 완전하게 습득하는 방법은 어릴 때 가상의 모닥불 앞에 앉아 어른들이 들려주는 이야기에 흠뻑 빠져들고, 그 특정한 공동체가 어떻게 생겨났는지에 관한 어른들의 설명을 듣는 것밖에 없다. 나는 항상 나 자신이 동아프리카에서 자랐고 영어를 완전히 익히기도 전에 스와힐리족과 인디언의 문화에 몰입했던 것이 큰 특권이라고 생각한다. 내가 성인이 되고 나서 아프리카에 갔다면 그들의 문화에 대해 그 정도의 이해와 통찰을 얻지 못했을 것이다.

몇 년 전, 나의 박사과정 학생이었던 대니얼 네틀Daniel Nettle(현재는 뉴캐슬 대학의 심리학 교수)은 무임승차자들을 통제하는 메커니즘으로서 방언의 역할을 알아보기 위한 컴퓨터 모형을 개발했다. 사회적 계약을 근간으로 하는 사회(인간의 모든 사회는 그렇다)에서 사회적 계약의 이점만을 취하고 비용을 지불하지 않으려고 하는 무임승차자들은 다른 공동체 구성원들의 신뢰를 갉아먹고 사회의 붕괴를 촉진한다. 그런 일이 벌어지면 공동체는 깨지며, 우리는 정말로 신뢰할 수 있는 소수의 사람들로 이뤄진 집단 안으로 후퇴한다. 이 모형의 제작 동기가 된 질문은 다음과 같았다. 방언은 공동체의 구성원 자격을 빠르고 간편하게 확인하고 그 사람을 믿을 수 있는지 여부를 판별하는 지침이 될 수 있는가?

방언은 사람들의 이마에 새겨진 슈퍼마켓 바코드라고 생각하면 된다. 모든 사람은 자신이 만나는 사람들의 바코드를 확인하지만, 자신과 그 사람의 바코드가 일치할 때만 관계를 맺으려 한다. 세월이 흐르면 무임승차자들도 그 지역의 방언을 모방하고 선량한 시민인 척을 할 수 있지만, 그러는 동안에도 그들은 자신과 상호작용하는 사람들을 착취한다. 그들이 제멋대로 하도록 놓아두면 머지않아 무임승차자들이 공동체 전체로 퍼지고, 불과 12세대 만에 공동체 안에서 남들과 협력하는 사람들을 멸종시킨다. 우리가 발견한 재미있는 사실은 어떤 공동체가 세대가 바뀔 때마다 방언을 바꿀 경우 무임승차자들을 걸러내는 효과가 있었다는 것이다. 무임승차자들은 방언의 변화를 그만큼 빠르게 따라잡지 못했고, 결과적으로 무임승차자들이 공동체 전체를 장악할 수가 없었다. 이 경우 공동체 구성원들이 항상 무임승차자들보다 한 걸음 앞서 나가기 위해서는 세대가 한 번 바뀔 때마다 바코드의 50퍼센트 정도를 바꿔야 했다. 50퍼센트보다 적게 바꾸면 무임승차자들이 걷잡을 수 없이 늘어났다.

아마도 이것은 방언이 10년 단위로 또는 세대 단위로 그렇게 빠르게 변화하는 이유를 설명해주는 것 같다. 사람들은 그들의 부모와 똑같은 방식으로 말하지 않는다. 새로운 단어가 만들어지고, 오래된 단어들은 쓰이지 않게 된다. 똑같은 현상을 다른 방식으로 설명하게 된다. 오래된 단어를 발음할 때의 억양이 변화하고, 언제나 구세대는 '요즘 젊은이들'이 게으른 방식으로 말을 한다고 투덜거린다. 생각해보면 이것은 참 이상한 일이다. 만약 방언이 누가 공동체의 일원인지를 확인하기 위한 장치라면 방언은 세대가 바뀌어도 변함없이 유지될 것 같다. 하지만 세월이 흐르고 인구가 늘어나면 그 방언을 사용하는 사람들이 점점 많아지고, 나중에는 온 세상 사람들이 비슷한 소리를 내고 똑같은 언어를 말하게 될 것이다. 그러면 당신은 더 이상 100~200명으로 이뤄진 당신의 고향 마을의 언어를 구별할 수도 없게 된다. 누가 고향 사람인지 알아내는 유일한 방법은 각 세대가 고유한 스타일로 말하고 자기 마음에 드는 단어들을 발전시키도록 해서 시간의 흐름과 함께 방언이 바뀌도록 하는 것이다. 사실상 당신은 당신의 공동체가 아니라 공동체 내의 사적인 소집단cohort을 확인하는 것이다.

그리고 언어와 방언들은 무수히 많은 후손을 만들어낸다. 세대를 거듭하면서 이 후손들은 다른 소리로 바뀌다가 결국에는 새로운 언어가 된다. 현대 영어는 앵글로색슨어(앵글로색슨어도 네덜란드 프리지아 지방의 방언에서 비롯된 것이다)에서 진화한 것이고, 나중에 6개의 공식적인 영어를 탄생시킨다. '잉글리시English'로 불리는 영국식 영어(아니, 여기에는 미국식 영어도 포함된다) 외에 저지대 스코틀랜드어Lowland Scots, 카리브 방언Caribbean patois, 도심 흑인 영어Black Urban Vernacular(미국의 대도시에서 아프리카계 미국인들이 사용하는 영어로, 줄여서 BUV라고 부른다), 크리오Krio(시에라리온 크리올이라고도 한다), 톡 피진Tok Pisin 또는 Talk Pidjin(뉴기니에서 사용되는 영어 기반 혼합어)이 그것이다.*

---

* '피진pidgin'이라는 단어는 18세기 중국인들이 영어의 '비즈니스business'라는 단어를 잘못 발음한 데서 유래했다. 피진은 원래 중국 본토에서 무역을 하던 영국 무역상들이 사용하던 언어였다. 이 언어는 다시 뉴기니로 옮겨가서 영어를 쓰는 관리, 선교사, 무역상 들이 원주민과 소통할 때 사용하는 언어로 바뀌었다.

낯선 사람과 친구가 될 가능성을 찾을 때

인생에서는 내가 모르는 사람들, 낯선 사람들을 만나게 된다. 낯선 사람을 만나야 새 친구를 사귄다. 하지만 우리는 시간을 낭비해가며 그 사람들이 우정의 일곱 기둥 하나하나와 얼마나 일치하는지 확인하기를 원치 않는다. 새로운 사람을 만날 때마다 그것을 일일이 확인한다면 하루 24시간으로도 모자랄 것이다. 단순한 지시문 몇 가지를 사용해서 그 사람과 친해지기 위해 시간과 노력을 더 투입할 가치가 있는지 없는지를 판별할 수 있다면 더없이 좋을 것이다. 그렇다면 어떤 사람에 대해 더 알아볼지 말지를 판별하기에 가장 좋은 기준은 무엇일까? 자크 로니는 이것을 알기 위해 사람들이 일곱 기둥이라는 기준을 낯선 사람에게 어떻게 적용하는가를 조사했다. 사람들이 예상보다 자주 선택한 특징들은 혈통, 종교, 정치적 견해, 윤리적 견해였고 사람들이 가장 많이 선택한 것은 음악적 취향이었다. 음악이 이토록 중요할 줄이야. 어떤 사람이 당신과 같은 음악을 좋아한다면 당신은 그 사람과 친구가 될 확률이 높다.

자크는 이 점에 흥미를 느끼고 친구를 선택하는 데 희소성도 일정한 역할을 하는지 알아보기로 했다. 그는 연구 대상자들에게 그들이 가상의 낯선 사람과 공통으로 가지고 있는 어떤 특징이 실험에 참여한 1632명의 다른 대상자들도 가지고 있는 것이라고 말했다. 또 어떤 특징에 관해서는 14명이 그 특징을 가지고 있다고 말했고, 어떤 특징은 단 4명만 가지고 있는 특징이라고 말했다. 14와 4라는 숫자는 사회적 네트워크에서 가장 안쪽의 두 층을 나타낸다. 1632는 가장 바깥쪽 층(1500-층)을 나타내지만 우리가 1500을 염두에 두고 질문한다는 인상을 주지는 않으려고 선택한 숫자였다. 대상자들에게 그 낯선 사람에 대한 호감도를 평가해달라고 했더니, 그들은 단 4명만이 가진 희귀한 특징을 자신과 공유하는 낯선 사람을 가장 많이 선호하고 보편적인 특징을 가진 낯선 사람은 가장 적게 선호했다. 이번에도 어떤 사람이 당신과 똑같은 작은 공동체 출신이라는 사실을 판별할 수 있다는 것이 무엇보다 중요했다.

선호하는 특징 중에 혈통이 있다는 사실에 대해서도 잠시 이야기하고 넘어가자. 우리 조상들의 시대에 혈통은 소규모 지역사회 안에서 같은 뿌리를 가지고 있다는 것을 의미했다. 민족 공동체의 구성원들은 일련의 문화적, 행동적 특징을 공유하고, 그 특징들은 사회적 상호작용을 촉진하며 신뢰의 단서(당신이 공동체의 암묵적인 행동 규범을 얼마나 잘 지킬 것인가)를 제공한다. 세계 어디서나 소규모 공동체는 대부분 뚜렷한 민족적 기원을 가지고 있다. 찬란한 역사를 가지고 있지 않다 할지라도 소규모 공동체에 사는 사람들은 대부분 혼인이나 혈연으로 엮여 있다. 혈연관계가 수렵-채집 공동체를 정의하는 것처럼 보이기도 한다. 다시 말하면 우정의 일곱 기둥은 사실 소규모 친족 공동체의 징표들이다. 우리 조상들의 시대(그 시대에 이런 특징들이 진화했다)에는 이런 단서들로 같은 혈통을 가진 사람들을 판별할 수 있었을 것이다. 그러나 진화생물학의 다른 설명들과 마찬가지로 단서와 현실에는 중요한 차이가 존재한다. 이런 단서들은 빠르게 퍼지기 때문에 우리가 개인적 또는 집단적 차원에서 우리 자신이 속한 공동체를 판별하기에는 좋지만, 이제 이 단서들은 반드시 가까운 친척 관계인 사람들을 가리키지는 않는다. 이런 맥락에서는 종교가 매우 강력한 표지임이 분명하다.

시대와 지역을 막론하고 대부분의 사회에서 구성원들은 자신들과 다르게 생겼거나 다른 말을 쓰는 사람들을 수상쩍게 생각했다. 이런 속성은 인간의 심리에 깊이 뿌리 박혀 있어서 대부분의 언어에서는 자기와 같은 언어를 사용하는 부족의 이름이 '사람'이라는 뜻으로 사용되며, 그 단어를 통해 우리('정상적인 사람')와 우리가 가끔 접하는 다른 부족 사람들(이들은 다른 동물들과 함께 분류되기도 한다)을 구분한다. '영국인'을 뜻하는 잉글리시English라는 단어도 5세기에 로마인들이 영국 땅에서 물러간 후에 영국을 침략했던 게르만 계통의 앵글Angle이라는 종족 이름에서 비롯된 것이다. 앵글족은 영어를 탄생시켰고 영국의 정치적, 사회적 지형을 지배했다. 이와 비슷한 사례로서 반투Bantu(아프리카에서 가장 크고 가장 널리 퍼져 있는 부족으로, 아프리카 대륙 인구의 절반 정도를 차지한다. 그들이 사용하는 언어도 반투라고 부른다)라는 이름으로 알려진 어족이 있는데, 반투라는 단어의 어원인 Ba-는 '인간'을 의미하고 ntu는 '인류'를 의미한다. 그러니까 '반투'는 문자 그대로 '인간'이라는 뜻이다. 그리고 반투어족에 속한 600개 정도의 언어들을 보면 대부분 '사람'을 나타내는 단어가 부족 이름과 동일하다. 예컨대 '마오리Māori'라는 단어는 문자 그대로 '보통 사람'이라는 뜻이다. 부족 바깥의 사람들인 '파케하pākehā'와 대별되는 '우리'를 '마오리'라고 하는 것이다.

외모는 종종 어떤 사람이 당신과 같은 민족문화 집단에 속하는지 아닌지를 판별하는 단서가 된다. 그 사람의 생김새와 머리 모양, 옷과 장신구, 이 모든 것은 그가 어느 공동체 출신인지를 알려준다. 서구 문화권에서도 여전히 외모로 출신지를 판별한다. 19세기에는 순전히 외모만 가지고 몇몇 인종을 구별하는 것이 관습(사실 이런 비공식적인 태도의 기원을 찾자면 성경에 나오는 시대로 거슬러올라가야 한다)처럼 자리 잡았다. 유럽 대륙에서 온 코카소이드Caucasoids(백인), 아프리카에서 온 니그로Negros(스페인어로 '검정'을 뜻한다), 동아시아와 아메리카 대륙에서 온 몽골로이드Mongoloids를 외모로 판별하게 됐고, 나중에는 오스트레일리아와 그 인근 섬 출신인 오스트랄로이드Australoids라는 인종도 외모로 판별하게 됐다.

문제가 있다. 사실 피부색은 문화 또는 생물학적 조상이 같은 사람을 판별하는 특별히 좋은 지표는 아니다. 피부색은 단순히 그 사람의 조상들이 위도가 낮은(열대기후) 지역 또는 고도가 높은 지역에 얼마나 오래 거주했는지를 반영한다. 어두운 피부색(피부의 바깥쪽 층들에 멜라닌 색소가 빡빡하게 분포하기 때문에 어두운 색이 나온다)은 해로운 광선으로부터 안쪽 피부와 내부 기관들을 보호하기 때문에, 열대 지방이나 고도가 높아서 태양에 많이 노출되는 지방에 많다. 밝은 피부색은 과거에 위도가 높은 지역에 살았다는 표시(북위, 남위 모두 해당한다)다. 위도가 높은 지역은 햇빛을 적게 받으므로 어두운 피부는 비타민D를 충분히 합성하지 못한다. 비타민D는 장에서 칼슘(칼슘은 뼈에 필요하다), 마그네슘, 인을 흡수하기 위해 반드시 필요하다. 칼슘 흡수량이 부족하면 구루병(뼈가 연성화되어, 대개 다리가 굽고 성장 장애를 일으킨다)을 유발한다. 위도가 높은 지역에 사는 피부색이 어두운 사람들은 비타민D 결핍의 위험이 훨씬 크기 때문에 이러한 곳에 살게 된 종족은 금방 멜라닌 색소 유전자를 잃어버리고 연한 피부색과 더 곧은 머리카락을 가지게 된다.*

현생인류는 아프리카에서 진화했으므로 우리의 조상들은 모두 어두운 피부색을 가지고 있었거나 적어도 구릿빛 피부를 가지고 있었다. 밝은 피부색으로 진화한 것은 일부 집단이 아프리카 대륙을 떠나 유럽과 아시아 대륙의 위도가 높은 지역을 점유하기 위해 적응한 결과였다. 그들이 이주를 하자 원래 수십만 년 동안 유럽과 아시아에 살고 있었던 피부색이 밝은 고대 인류들(유럽의 네안데르탈인과 아시아의 데니소바인들)도 이동할 수밖에 없었다. 우리 현대 유럽인들과 아시아인들은 가장 최근에 각자의 땅에 도착한 야심만만한 사람들이다. 현생인류가 남아시아를 점령하기 위해 아프리카를 떠난 것이 불과 7만 년 전이고, 오스트레일리아에 도착한 것은 그로부터 2만 년쯤 후였다. 그들이 유럽(네안데르탈인들의 고향)에 발을 들여놓은 것은 약 4만 년이 지나서였다. 그전까지 약 30만 년 동안 유럽과 우랄산맥 일대를 점유하고 있었던 네안데르탈인들은 현생인류가 도착하고 몇천 년이 지나자 멸종했다. 아마도 새로운 이웃들이 그들의 멸종을 재촉했을 것이다.

19세기 인종 분류학이 문제인 이유는 아프리카인들이 생물학적으로(혹은 언어학적으로) 단일한 집단이 아니라는 데 있다. 현재 사하라사막 이남에 사는 사람들은 4개의 서로 다른 유전적(그리고 언어학적) 집단으로 구성되며, 그중 한 집단에 모든 유럽인, 아시아인, 아메

---

*   피부를 검게 만드는 멜라닌 색소 유전자는 머리카락의 색과 곱슬기에도 영향을 미친다.

리카 원주민, 오스트레일리아 원주민이 포함된다. 당신이 정말로 인류를 4개의 인종으로 분류하기를 원한다면 그것은 충분히 가능한 일이지만, 그 4개 인종 중 하나에 유럽인, 아시아인, 아메리카 원주민, 오스트레일리아 원주민, 반투족(현재까지는 반투족이 아프리카의 모든 부족 중에 피부색이 가장 어두운 종족이다) 및 반투족과 동맹 관계인 다른 부족 집단들이 다 포함되어야 한다. 아마도 전 세계 인구의 4분의 3 정도가 이 인종에 속할 것이다.

마찬가지로 당신이 원한다면 유러피언Europeans(코카시안Caucasians과는 다르다)이라는 하위 범주를 만들 수도 있다. 유러피언은 같은 어족에 속하는 언어를 사용하며 같은 유전적 조상을 가진다. 유러피언에는 현대 유럽인의 전부는 아니지만 대부분이 포함되며 이란인, 아프가니스탄인, 그리고 동쪽으로는 현대 파키스탄과 벵골에 이르는 인도 북부 평원 지대에 사는 사람들을 포괄한다. 헝가리인, 에스토니아인, 핀란드인은 유러피언에 속하지 않는다. 이들 세 나라의 언어는 역사적 사건인 몽골의 침략의 소산이다(하지만 사실 그들의 유전자에는 몽골인의 유전자가 조금밖에 없다). 그리고 스칸디나비아 북부의 소수민족인 사미인Lapps(혈통상으로는 시베리아 몽골로이드에 속한다)과 스페인 및 프랑스 남부에 사는 바스크인Basques도 유러피언에 포함되지 않는다.

바스크인은 원래 6000년쯤 전 인도-유러피언Indo-Europeans들이 유럽에 당도하기 전부터 유럽에 살고 있었던 원주민들의 후손이다. 그래서 바스크인의 언어는(그리고 유전자도) 그들이 사는 곳 근처의 어떤 언어와도 관련이 없으며 시베리아 동부의 남쪽 국경 지대(그리고 어쩌면 북아메리카 인디언들)까지 나아가야 관련성이 발견된다. 3만 8000년 전에 네안데르탈인이 멸종한 이후 유럽을 홀로 지배했던 바스크인들의 조상은 약 6000년 전에 러시아 초원 지대에서 유럽으로 밀고 들어온 인도-유러피언 침략자들에게 밀려났다. 바스크인이 유일하게 살아남은 이유는 바스크인의 조상들이 멀리 떨어진 피레네 산맥의 요새로 피신했기 때문이다. 침략자들은 그 요새를 차지하기 위해 싸움을 벌일 가치가 없다고 생각해서 그들을 그냥 내버려뒀다. 유럽의 다른 어디에도 그들의 유전자가 없다는 사실로 보아 나머지 원주민들은 추방당했거나 대량 학살을 당한 것 같다.

지리적으로 인도-유러피언의 영역 내에 살고 있는 다른 집단들도 있다. 그들 중 하나가 인도 북부의 불가촉천민(달리트)인데, 그들은 인도-유러피언들이 도착하기 전에 유럽에 살고 있었던 종족의 후손이다. 달리트들은 적어도 살아남았다는 점에서 바스크인의 조상들보다 나은 처지였다. 하지만 그들은 인도-유러피언 침략자들이 매우 확고하게 지배하는 사회의 변두리에서만 생활해야 한다는 대가를 치렀다. 침략자들이 만든 사회적 하위 집단들은 나중에 근대 힌두교 사회의 4가지 공식적인 신분으로 바뀌었다. 카스트제도의 네 신분이 순전히 문화적 이유로 생겼다는 주장도 있었지만, 최근 인도 북부 사람들에 관한 유전자 연구의 결과들은 한 사람이 가진 유러피언 (정확히 말하면 인도-유러피언) 유전자의 비율이 힌두교 카스트제도 속에서 그 사람의 신분과 상관관계가 있음을 보여준다. 유러피언 유전자가 가장 많은 사람들은 사회의 꼭대기에 위치한 소수의 브라만 신분이고, 유러피언 유전자가 가장 적은 사람들은 맨 밑바닥에 위치한 불가촉천민이다. 무려 4000년 이상이나 함께 살았는데도 이런 결과가 나왔다. 심지어는 성만 봐도 그 사람이 어느 카스트(신분)에 속하는지를 알 수 있다. 특정한 성들은 특정한 카스트에 속하는 사람들에게만 허용되고 때로는 특정한 하위 카스트에 속하는 사람에게만 허용된다. 상대적으로 카스트제도의 순수성이 유지된 이유는 아주, 아주 오랜 세월 동안 카스트 내혼 관행(자기 카스트 안에 있는 사람하고만 결혼한다)이 엄격하게 적용됐기 때문이다. 물론 경계선 부근에서는 우연히 카스트가 다른 사람들끼리 결혼하게 되는 경우도 있긴 했지만, 일반적으로 어떤 사람이 태어날 때의 카스트는 그 사람 자신과 그 사람의 자녀 및 손자들이 평생 가지고 사는 카스트와 동일하다. 우리 학생이었던 쉴 자가니Sheel Jagani가 인도인의 결혼 웹사이트 분석을 맡은 적이 있는데, 카스트가 엄청나게 중요하다는 사실을 알고 우리 둘 다 깜짝 놀랐다. 심지어는 지금도 인도에서는 결혼 상대를 고를 때 카스트가 하나의 기준이라고 한다(그리고 세계 각지에 흩어져 사는 힌두족들도 여전히 카스트별로 혼인을 한다. 심지어는 영국 같은 나라에서도).

영국제도의 역사는 이런 효과가 얼마나 광범위하게 나타나는지를 정확히 보여준다. 잉글랜드 남부 일대에서 여성의 미토콘드리아 DNA(어머니 쪽 혈통으로만 유전된다)는 주로 고대 켈트족(또는 로마계 영국인Romano-British)에게서 온 것이지만, 남성의 Y 염색체(아버지 쪽 혈통으로만 유전된다)는 동쪽에서 서쪽 방향으로 뚜렷한 연속변이(서로 인접한 것끼리는 비슷하지만 맨 처음 것과 맨 마지막 것은 확연히 다른 것들의 연속체)를 나타낸다. 동쪽에는 앵글로색슨 유전자가 대부분이고

(410년경 로마인들이 떠나고 대륙에서 앵글족과 색슨족 침략자들이 들어온 지점이 동쪽이다), 서쪽에는 켈트족 유전자가 대부분이다. 아마도 앵글로 색슨 침략자들은 일종의 인종 청소를 하면서 원래 잉글랜드 남동부에 살고 있었던 켈트족 남성을 몰아내고 켈트족 여성을 차지했던 것 같다. 색슨 침략자들은 극단적 인종차별 정책을 법률로 만들어 수백 년 동안 시행했다. 그들은 원래 그곳에 살던 잉글랜드 주민을 법 앞에 아무런 권리가 없는 사람들로 취급하고 그들에게 법적 불이익은 불론 경제적 불이익도 주었다(20세기 후반에 남아프리카공화국에서 행해진 아파르트헤이트에서 흑인들이 받았던 대우와 비슷하다). 이런 식의 강압 통치는 300년이 지나 알프레드 대제King Alfred the Great가 모든 주민에게 동등한 권리를 부여하는 새로운 법률을 제정했을 때 비로소 완화됐다. 차별을 완화한 이유 중 하나는 그 무렵에는 인종 간 결혼이 늘어나고 문화적, 언어적 지배의 영향으로 누가 어떤 인종인지 구별하기가 어려워졌기 때문이었을 것이다. 하지만 오래된 문화적 관습은 쉽게 사라지지 않는다. 이 시대의 한 가지 이상한 유물은 유전자 연속변이의 서쪽 끝에 사는 현대 웨일스인들을 '웰시Welsh'라고 부르는 것이다. 웰시라는 단어는 색슨족의 언어에서 '외국인' 또는 '노예'를 뜻하는 웰라스wealas에서 유래했다. 외국인이라는 낙인이 찍힌 사람은 누구나 데려가서 노예로 부릴 수 있었으므로 외국인과 노예는 동음이의어에 가까웠다.

역설적으로 500년 후에는 앵글로색슨족이 똑같은 운명을 맞이하게 된다. 1066년 노르만족이 잉글랜드를 정복했을 때, 노르만족은 색슨족의 귀족과 고위 성직자들을 죽이거나 추방하고 나서 그 자리를 노르만족에게 넘기고, 색슨족의 토지와 재산을 빼앗고, 귀족이 아닌 색슨족은 새로운 주인들이 얼마든지 사고팔 수 있는 농노로 취급했다(농노제는 대륙에서 건너온 노르만족이 영국에 최초로 도입한 일종의 제도화된 노예제였다. 19세기 중반까지도 오스트리아와 러시아제국에서는 농노제가 유지됐다). 그리고 1000년쯤 후인 지금도 노르만족의 후예들은 여전히 영국 사회 상류층을 차지한다. 그것은 영국 상류층들이 프랑스식 성을 쓴다는 사실만 봐도 알 수 있다. 그들 대부분은 옛날 정복왕 윌리엄이 나눠준 땅을 그대로 보유하고 있다. 산업혁명 이전의 영국 귀족들 중에 색슨족 성이나 노르웨이식 성을 가진 사람은 아무도 없었다. 고기를 가리키는 영어 단어들에도 이 시대의 흔적이 남아 있다. 영국인들은 들판에 있는 동물을 지칭할 때는 옛날 게르만계 색슨족의 명칭(sheep, cow, pig)을 사용하고, 그 동물을 식탁에 올릴 때는 노르만계 프랑스어 명칭(mutton, beef, pork: 각각 프랑스어의 mouton, boeuf, porc에서 유래한 말이다)을 사용한다. 색슨족 농노들은 들판에서 동물을 보살피거나 사냥할 때는 그들의 고유어인 앵글로색슨어를 썼지만 그들의 주인인 노르만족에게 그 고기를 가져갈 때는 프랑스어를 썼던 것이다.

산업혁명 이후인 현대사회에서도 인종에 대한 선호도 자체가 반드시 지금의 우리가 생각하는 의미의 인종차별(피부색을 이유로 사람을 다르게 대하는 행위)을 내포하지는 않는다는 점을 알아두자. 당신이 어떤 인종을 선호한다면 당신이 찾고 있는 것은 당신과 같은 문화적 배경을 가진 사람일 것이다. 문화적 배경의 공통성이 있어야 우정을 쌓고 공동체의 유대를 쌓을 수 있기 때문이다. 어떤 사람의 피부색이 당신과 비슷하다면 그 사람은 당신과 출신 지역이 비슷할 확률 (아니면 적어도 멀지 않은 과거에 그 지역에 살았을 확률)이 높고, 따라서 당신의 문화를 공유할 확률이 높다. 언어와 같은 인종적, 문화적 특징을 경쟁시키는 실험을 해본 결과, 친구 선호도에서는 인종 또는 혈통이 아닌 문화적 유사성이 우선하는 것으로 나타났다. 일례로 아동을 대상으로 진행한 엘리자베스 스펠크의 연구가 있다.

인종적 기원이 비슷한 사람들끼리 서로 따돌리고 학대할 가능성은 서로 다른 지역 출신인 사람들끼리 그렇게 할 가능성과 별 차이가 없는 것 같다. 1603년 잉글랜드와 스코틀랜드 왕가의 합병이 이루어진 후에 잉글랜드 의회는 잉글랜드 시민권을 스코틀랜드인에게도 허용해달라는 요청을 받았다. 그러나 잉글랜드 의회는 지난 200여 년 동안 스코틀랜드 무역업자와 행상인들이 폴란드에 몰려와 말썽을 피웠던 사례를 들어 "그들이 우리를 짓밟을 것이다"라는 결론을 내리고 그 요청을 거부했다(15세기 무렵 폴란드에는 다수의 스코틀랜드인이 행상인으로 활동하고 있었다고 한다. 그들은 주로 의류, 모직물, 리넨 등을 판매했는데, 그들을 바라보는 폴란드인들의 시각은 긍정적이지 않았다고 한다. 폴란드인들은 그들이 관세법을 잘 지키지 않으며 술버릇이 고약하다고 생각했다 - 옮긴이). 150년 후, 런던에서 발행되던 《펀치_Punch_》라는 잡지는 1707년 의회 연합 이후에 스코틀랜드인들이 수도 런던으로 밀려드는 현상에 관해 맹렬하게 비난하는 기사를 잔뜩 내보냈다. 기사는 스코틀랜드인들이 천성적으로 거칠고 자기들끼리 모여 사는 경향이 있다고 주장하며 그들을 조롱했다. 스코틀랜드인들은 지금도 그때와 달라진 것이 없다고 불평할 수도 있겠지만, 사실 이제 영국에는 세대를 거듭하면서 잉글랜드에 완전히 동화된 스코틀랜드인이 정말 많다. 그들 중 누군가가 맥Mac으로 시작하는 스코틀랜드식 성을 가지고 있지 않다면 누가 스코틀랜드인인지 알아차리지도 못할 것이다.

이름이 뭐 그렇게 중요한가?

성은 물려받는 것이므로 공통의 조상을 판별하기에 좋은 지표가 된다. 하지만 다른 모든 단서와 마찬가지로 성도 완벽하지는 않다. 사람들은 새로운 언어를 배울 수 있는 것과 마찬가지로 새로운 성을 가져다 쓸 수도 있기 때문이다. 게다가 어떤 성들은 단순히 직업을 의미한다. 영어로 된 성들만 해도 부처Butcher(푸줏간 주인), 베이커Baker(빵집 주인), 스미스Smith(대장장이blacksmith), 피셔Fisher(어부), 리브Reeve(지방 행정관), 쿠퍼Cooper(술통 제작자), 다이어Dyer(염색 기술자), 파머Farmer(농부), 대처Thatcher(지붕 이는 사람), 메이슨Mason(석공), 라이트Wright(장인), 카펜터Carpenter(목수)가 다 직업에서 비롯된 성들이다. 다른 언어에도 이들과 같은 의미의 성이 있다. 이런 성들은 아주 흔하며 각 지역에서 따로따로 형성됐다. 만약 당신이 베이커라면 당신이 사는 동네의 베이커 가문 사람들과는 아주 가까운 관계일 가능성이 높지만(옛날에는 한 가문이 특정 직업을 독점했으니까), 나라 반대쪽 끝의 베이커 가문 사람들과 당신이 친척일 가능성은 희박하다. 반면 어떤 성들은 매우 드물다. 지명에서 따온 성이라서 그럴 수도 있고 시골의 이름 없는 가문의 성이라서 그럴 수도 있다.

몇 년 전 캐나다의 진화심리학자 마고 윌슨Margot Wilson은 이 점에 관한 독창적인 연구를 진행했다. 임의로 선택된 일련의 사람들에게 이메일을 보내 어떤 프로젝트를 도와줄 수 있느냐고 물어본 것이다. 사실 윌슨이 관심을 가진 부분은 그 이메일을 받은 사람들이 예, 아니오 중에 어떤 대답을 할지, 그리고 그 대답이 이메일 발신자와 수신자의 이름 사이의 유사성과 관련이 있는지였다. 그녀는 미국 인구통계에서 찾은 가장 희귀한 이름과 성 10개와 가장 흔한 이름과 성 10개를 결합해서 가상의 발신자를 만들어냈다. 이 가상의 '사람들' 중 일부는 희귀한 이름과 평범한 성을 가진 사람들이었고, 또 일부는 평범한 이름과 희귀한 성을 가진 사람들이었다. 또 이름과 성이 모두 흔한 사람들도 있고 이름과 성이 모두 희귀한 사람들도 있었다. 이메일을 받은 사람들은 이메일을 보낸 사람의 성이 희귀한 성이고 자신의 성과 같을 경우에 '예'라고 대답할 확률이 높았다. 만약 성과 이름이 모두 희귀한데 자신과 겹친다면 응답률은 훨씬 높아졌다. 후자의 경우 이메일을 받은 사람들은 대부분 이름과 성이 똑같다는 오싹한 사실에 관해 한마디씩 했고, 그들이 먼 친척이 아닐지 궁금해했다.

솔직히 고백하자면 나도 나의 성과 일치하는 성 2개를 우연히 발견했을 때 똑같이 반응했다. 던바는 스코틀랜드에서도 매우 희귀한 성이어서, 나는 어딘가에서 던바라는 성을 읽거나 들을 때마다 귀를 쫑긋하게 된다. 만약 누군가와 나의 성이 같다면 그 사람과 나는 혈연관계일 가능성이 100퍼센트에 가깝고, 아마도 25세대를 거슬러 올라가기 전에 만날 것이다. 왜냐하면 던바라는 성이 널리(상대적으로 널리) 쓰이게 된 것은 1434년 마치 백작Earls of March(스코틀랜드 국경이라는 뜻)과 던바(스코틀랜드 국경 지대의 성들이 위치한 곳) 지역이 편을 너무 자주 바꿨다는 이유로 스코틀랜드 왕조에 두 번째로, 그리고 최종적으로 땅을 압류당한 후부터였기 때문이다. 그와 반대로 나의 두 번째 성인 맥도널드MacDonald(더 정확한 표기는 McDonald)는 나의 증조할머니부터 3세대를 거쳐 내려온 성으로서 어느 시대에나 스코틀랜드에서 가장 흔한 성이었기 때문에, 누가 그 성을 언급하더라도 나는 별다른 주의를 기울이지 않는다.

이런 이유에서 이민자들이 새로 정착한 지역의 이름을 사용하는 것은 현지 적응을 위해 흔히 사용된 전략이었다. 우리는 19세기 초반의 영국 인구조사 결과에서 셰이머스Seamus(잉글랜드식으로는 James)나 파드레이그Padraig(잉글랜드식으로는 Patrick)처럼 게일어 이름을 가진 아일랜드 이민자 부모들이 자기 아이들의 세례명은 잉글랜드식 이름으로 지었다는 사실을 발견했다. 이런 전략은 19세기 후반에 이탈리아와 독일에서 미국으로 건너온 이민자들이 영어식 이름을 사용한 데서도 발견된다. 19세기 중반에 파타고니아로 이민한 웨일스 사람들의 후손들이 스페인식 이름을 사용한 것도 같은 전략이다. 아르헨티나 남부의 묘지에서는 후안 토머스Juan Thomas나 이그나시오 존스Ignacio Jones와 같은 이름들을 심심찮게 찾아볼 수 있다. 이것은 자녀들이 외국인이나 이민자 티를 덜 내면서 현지 사회에 섞여 친구를 사귀고 배우자도 찾도록 하려고 사용한 중요한 전략인 듯하다.

하지만 강력한 침략자들의 무리가 들어올 때는 정반대 패턴이 종종 목격된다. 원래 현지에 살던 사람들이 외부 침략자들의 이름을 사용하는 것이다. 노르만족이 잉글랜드를 정복했을 때 잉글랜드에서는 피지배층이 된 앵글로색슨족 사람들이 재빨리 프랑스식 이름(윌리엄, 헨리, 앨리스, 마틸다, 아델라)을 가져다 쓰는 바람에 불과 100년 만에 과거의 색슨식 이름들이 거의 다 사라졌다. 요즘 우리는 에셀베르트Ethelbert, 엘프기푸Ælfgifu, 에셀레드Æthelred 같은 이름을 얼마나 자주 접하는가? 강력한 신흥 특권층에 동화되는 것은 살아남아 부자가 되는 지름길이다.

당신이 이민자라면 새로운 공동체에 섞인다는 것은 만만치 않은 도전이다. 그 원인은 일반적으로 생각하는 인종의 차이보다는 문화적인 차이에 있다. 이민자 공동체의 사회적 네트워크를 보면 인종이 다른 사람들의 우정을 가로막는 문화적 장벽을 확인할 수 있다. 처음에 이민자들은 다른 선택의 여지가 없기 때문에 지역 공동체의 주변부에 자리를 잡는다. 그래서 이민자들이 접근할 수 있는 공동체 자체가 작아지고, 자연히 그들의 사회적 네트워크는 대개 규모가 작다. 그들은 아웃사이더인 것이다. 그리고 그들의 네트워크는 작기 때문에 특이한 구조를 지닌다. 4장에서 살펴본 것처럼 일반적인 네트워크에서는 가까운 친구들은 몇 명으로 유지되고 다음 몇 개 층에서는 친밀도가 낮아지지만 친구의 수는 늘어난다. 그러나 이민자들의 네트워크에서는 가까운 친구들(특히 중간의 몇 개 층에 속한 친구들)이 더 많고 덜 가까운 친구들의 수는 적은 경향이 있다. 이것은 현지의 원주민 공동체native community가 이민자들을 대하는 태도와는 별 상관이 없으며 단지 이민자들이 이민자 공동체 안에서 친구를 사귀기가 더 쉽기 때문에 나타나는 현상이다. 이민자들은 문화적 배경이 같은 사람들과 더 잘 통하고 새로운 나라에서 어떻게 살아나갈지에 관해 비슷한 걱정을 하고 있다. 그래서 이민자들끼리는 어디에 가서 어떻게 일을 처리해야 하는지에 관한 유용한 정보를 교환하게 된다. 더 중요한 이유는 그들 고유의 언어 또는 방언을 사용하면 대화를 나누기가 훨씬 쉽다는 것이다. 현지의 공동체가 낯선 사람들을 의심스러운 눈길로 바라본다면 이민자들의 결속은 더욱 강해진다. 문제는 공동체에 합류하는 이민자들이 늘어날수록 공동체 바깥에서 친구를 찾아볼 유인은 줄어든다는 것이다. 두 세대 정도가 지나야 비로소 아이들이 현지의 공동체에 충분히 동화되고(그리고 자신들의 문화적 전통을 고수하는 데 열정을 보이지 않고) 그 나라에도 융화된다. 따지고 보면 지금 영국인들 중에 자신의 조상이 로마계 켈트족인지, 앵글로색슨족인지, 바이킹족인지, 노르만족인지 아는 사람이 얼마나 되겠는가? 아니면 자신이 1685년 개신교 신앙을 불법으로 간주하는 낭트칙령이 선포된 후에 한 번에 수만 명씩 런던으로 쏟아져 들어왔던 프랑스 위그노 교도의 후예인지 알게 뭔가?

그래서 우리의 교훈은 다음과 같다. 우리는 친구를 선택할 때 사고방식이 비슷한 사람들, 같이 있으면 마음 편한 사람들, 매번 우리의 농담을 설명하지 않아도 되는 사람들, 우리와 생각이 비슷해서 서로를 잘 이해할 수 있는 사람들, 우리가 굳이 애쓰지 않아도 대화가 자연스럽게 흘러가는 사람들을 찾으려고 한다. 우리는 비슷한 생각을 가진 사람들을 쉽게 가려내기 위해 여러 가지 단서를 활용하는데, 그 단서들은 대부분 효과적으로 작동하지만 항상 효과적이지는 않다.

공동체 안에서의 우정은 어떻게 만들어지나

우리는 이런 형태의 공동체가 형성된다는 것과 낯선 사람들 사이에서도 금방 우정이 싹틀 수 있다는 것에 흥미를 느꼈다. 어떻게 이런 일이 벌어지는지를 알아보고 싶어서 실험 방법을 수도 없이 생각해봤지만, 공동체를 형성하기 위해 한데 모인 낯선 사람들의 무리를 어디서 찾느냐가 문제였다. 군대에 입대한 병사들이 조직에 동화하는 과정을 연구한다는 계획을 세워보기도 했지만, 군대는 우리가 보낸 어떤 설문지에도 답을 보내지 않았다. 그러던 중 2개의 프로젝트가 우연히 우리의 눈에 띄었다. 하나는 역사가 오래되고 명망 있는 어느 네덜란드 대학의 기숙사와 관련된 프로젝트였다. 이 프로젝트는 네덜란드의 대학원생 막스 판다윈과 핀란드의 안나 롯키르흐와 우리가 각각 협업을 하고 있었던 2건의 연구를 발전시킨 것이다. 대학생으로서 이 대학 기숙사에서 지내던 막스는 해마다 새로운 소집단이 만들어지는 과정을 알아보고 싶다고 했다. 두 번째 프로젝트는 우리 연구진의 열성적인 노력과 대학원생 메리 켐프니히Mary Kempnich를 통해 시작됐다. 켐프니히는 낯선 사람들이 강제로 함께 살게 되는 상황에서 사회적 네트워크가 어떻게 형성되는가를 꼭 알아보고 싶다고 했다. 옥스퍼드의 학부 한 곳을 골라서 새로 들어오는 학생들을 관찰하자는 것이 그녀의 제안이었다. 대학 신입생들은 1~2명을 제외하면 입학 전에는 서로를 알지 못했을 테니까.

라이덴 대학의 기숙사는 학생들이 자치적으로 운영하는 주거 및 사교 협회로서 1700명의 회원과 오랜 전통을 가지고 있었다. 막스가 사는 기숙사에는 매년 300~400명이 새로 들어오는데, 들어온 학생들은 남성 또는 여성으로만 구성된 친목 모임을 만든다. 이 친목 모임은 정기적으로 만나서 식사를 같이 하고, 주말에 기숙사 식당에서 열리는 노래 경연대회와 엄숙하게 치러지는 시합에 참가하며, 모임별로 옷을 맞춰 입고 전통을 만들어나간다. 이 모든 과정은 동료 의식과 유대감을 키우는 데 도움이 된다. 친목 모임은 자연스럽게 형성된다. 어떤 모임은 잘 굴러가고(그래서 더 끈끈한 친구 사이로 발전하고) 어떤 모임은 삐걱거리기 때문이다(이런 모임은 깨지고 그 모임에 속해 있던 학생들은 각자 흩어져 다른 모임을 찾아간다). 3년 동안 매우 경쟁적인 분위기에서 열정적으로 사교 활동에 참여하고 나면 친목 모임의 구성원들은 유대감이 강해져 대학을 졸업하고도 오랫동안 관계를 유지한다. 어떤 친목 모임은 나이가 들어서도 몇 년에 한 번씩 꾸준히 만난다. 구성원들끼리는 유대감이 강해서 서로의 아이들의 대부나 대모가 되어주기도 한다. 더 오랜 세월이 흐르고 나서는 서로의 장례식에도 참석한다.

우리는 대학에 입학한 학생들을 1년 동안 추적했다. 그 1년 동안 학생들은 자신의 활동 및 다른 학생들과의 관계에 관한 설문지를 몇 차례 작성했으며, 1년이 지난 시점에는 하루 동안 테스트에 참여했다. 우리는 어떤 요인들이 친목 모임의 성공에 기여했는지, 그리고 그 모임에 어떤 형태로든 동종선호가 나타났는지를 알아보고 싶었다. 특히 성격이나 정신화 능력과 같은 개개인의 심리적 특성에도 동종선호가 있는지 궁금했다. 전통적으로 심리학자들은 사람의 성격을 이른바 '5요소 모형Five Factor Model'으로 설명한다. 성격의 5요소란 개방성Openness, 성실성Conscientiousness, 외향/내향성Extraversion/Introversion, 친화성Agreeableness, 신경증Neuroticism이며 이를 줄여서 OCEAN이라고도 부른다. 성실성은 부지런하고 믿을 수 있는 성품을 뜻하며, 개방성은 호기심 많고 새로운 경험을 기꺼이 받아들이는 성격이다. 신경증이 있는 사람들은 예민하고 자주 불안해하며, 친화성이 좋은 사람들은 따뜻하고 상냥하다.

우리가 연구한 집단 내의 친목 모임의 평균 인원은 14명으로, 사회적 뇌 가설에서 이야기하는 사회적 네트워크의 15-층과 거의 일치했다. 우리는 친목 모임의 성공 여부를 평가하기 위해 2가지 척도를 사용했다. 하나는 그들이 1년 동안 획득한 성과와 관행(예: 그 집단을 상징하는 노래, 복장, 과외 활동)의 수였고 다른 하나는 구성원들 사이의 유대감이었다. 이 2가지 척도는 집단적 유대의 여러 측면들과 관련이 있을 것 같았지만, 분석을 해보니 2가지 모두 남성들의 모임에서는 성실성 지수, 여성의 집단에서는 신경증 지수의 유사성과 강한 상관관계를 나타냈다. 다시 말하면 친목 모임 구성원들의 특정한 성격 요소 점수가 비슷할수록 그 친목 모임은 잘 되고 유대감도 컸다. 남성과 여성의 차이는 뚜렷하게 나타났는데, 이것 역시 남성과 여성의 우정이 작동하는 방식이 매우 다를 가능성을 시사한다.

1년이 되던 시점에 우리는 친목 모임마다 구성원 4명씩을 선발해 모두가 잘 아는 기숙사 노래를 불러보라고 했다. 4명으로 이뤄진 다른 집단과 경쟁하는 조건에서도 부르게 하고(두 줄로 마주 보고 서서 부르는 방식) 4명으로 이뤄진 다른 집단과 협력해서 부르게도 해봤다(둥글게 서서 다 같이 부르는 방식). 경쟁 상대인 4명이 같은 우정 집단에 속한 학생들인 경우와 다른 우정 집단에 속한 학생들인 경우에 각각 실험을 진행했다. 노래 부르기 과제를 마친 학생들은 우리가 늘 사용하는 로만 체어 방식의 통증 역치 테스트를 받고 다른 학생 4명으로 이뤄진 2개의 집단에 대한 유대감을 평가했다. 실험 결과 협력하면서 노래할 때보다 경쟁하면서 노래할 때 통증 역치가 더 높았고, 특히 두 경쟁 집단이 서로 다른 친목 모임일 때 통증 역치가 크게 올라갔다. 두 경우 모두 노래를 부른 학생들은 따로 노래를 부른 4명보다 자신과 함께 노래를 부른 4명에게 더 강한 유대감을 느꼈지만, 경쟁을 하지 않고 협력하면서 노래를 부른 경우에는 상대편의 4명에게 더 강한 유대감을 느꼈다.

메리 켐프니히의 연구는 옥스퍼드의 특정 학부에 소속된 학생들 100명 정도로 구성된 새로운 소집단에 초점을 맞췄다. 옥스퍼드(그리고 케임브리지)의 학부들은 학생들이 자체적으로 운영하지 않는다는 점에서 네덜란드의 사교 클럽과 달랐고, 규모도 네덜란드의 소집단보다 훨씬 작았다(일반적으로 학부생 400명 정도). 그리고 옥스퍼드의 학부 소집단에는 대학원생(일반적으로 200명 정도)과 학자들(일반적으로 50명 정도)도 포함된다. 학자들은 학부생 하나하나와 관계를 맺고 지도해야 한다. 함께 식사를 하고(대부분 격식 있는 자리지만) 대학에서 사교, 문화, 체육 활동을 하며 가족처럼 운영되기 때문에 학생들 각자가 자신의 학부와 소집단에 평생 애착을 가지게 된다는 점은 네덜란드의 학부와 비슷했다. 옥스퍼드의 학부 소집단은 조금 더 편안하고 개방적이긴 하지만 어떤 소집단들은 평생 관계를 유지한다.

메리는 서로 전혀 몰랐던 학생들 사이에서 빠르게 우정이 싹튼다는 사실을 알아냈다. 3개월이 지난 시점에 특별히 흥미로웠던 점은 이미 젠더에 대한 동종선호가 강력하게 나타났다는 것이다. 여학생들은 여자 친구를, 남학생들은 남자 친구를 더 많이 사귀었다. 6개월쯤 지나자 이러한 젠더 효과는 줄었지만 그래도 여전히 매우 강했고, 6개월 이후로도 강하게 유지됐다. 처음에 우정을 촉진하는 주된 요인들은 젠더, 혈통, 그리고 성격 요소들 중에 외향성과 친화성이었다. 장기적으로는 젠더와 전공(온실 같은 학문 공동체 안에서 공통의 관심사는 전공이었으니까)이라는 측면의 동종선호가 증가했지만, 이때도 혈통과 성격은 마찬가지로 중요하게 작용했다.

사실상 배타적 성격을 띠는 준거들을 토대로 우정이 형성될 수 있다는 가설은 '로버스 동굴 공원 실험Robbers Cave Experiment(때로는 '파리 대왕 실험'이라고도 불린다)'으로 알려진 상징적인 사회심리학 실험에서 입증됐다. 1954년 무자퍼 셰리프Muzafer Sherif와 캐럴린 셰리프Carolyn Sherif는 서로 전혀 모르는 사이인 11세와 12세 소년들 22명을 오클라호마주의 로버스 동굴 주립공원에서 열린 여름 캠프에 데려갔다. 소년들은 같은 수의 두 집단으로 나뉘었고, 첫 일주일 동안은 서로의 존재를 알지 못한 채 몇 킬로미터 떨어진 오두막에서 각자 생활했다. 양쪽 집단에 유대감이 생기고 나서 두 집단의 소년들은 한자리에 모여 경쟁하는 게임을 몇 가지 했다. 이렇게 경쟁을 벌이는 동안 소년들은 상대 집단의 소년들을 향해 부정적인 태도와 행동을 보였다. 마지막 주인 셋째 주에는 다시 두 집단을 한데 모아놓고 서로 섞여서 협동 게임 몇 가지를 했다. 그러자 일주일 전의 적대감은 사라지고 집단을 넘나드는 우정이 싹텄다. 오랜 세월이 지난 후 루트피

디압Lutfy Diab은 10세와 11세의 레바논 소년들을 데리고 이 실험을 반복했다. 소년들 중에는 이슬람교도도 있고 기독교도도 있었다.* 실험 결과는 선행 연구와 매우 유사했다. 이 실험은 집단의 경계를 넘는 유대가 형성될 수 있는 맥락에서는 종교의 강력한 힘도 일시적으로는 극복 가능하다는 교훈을 준다. 비록 그 유대는 임의적인 것일 수도 있지만 말이다.

～～～

나중에 이런 연구들은 아이들을 여러 집단으로 나눠서 서로를 적대하도록 강요했다는 점에서 비윤리적이라는 비판을 받았다. 피상적으로는 그렇게 보일 수도 있겠다. 하지만 그런 비난은 우리가 학교와 반, 클럽, 교회별로 운동경기, 철자법 대회, 수학 경시대회 등의 다양한 경쟁을 벌일 때 항상 상대를 적대적으로 대한다는 사실을 무시하고 있다. 내가 그 소년들과 비슷한 나이였던 1950년대의 경험을 떠올려보자. 그때 우리는 아무도 시키지 않았는데도(오히려 어른들이 알았다면 그런 놀이를 하지 말라고 했을 것이다) 힘이 거의 비슷한 두 편(신교도와 구교도)으로 갈라져서 치열한 전투를 벌였다. 그러다 간혹 아이들이 다치기도 했다. 그때 우리 중에 기독교의 두 갈래인 신교와 구교의 정치적 기원은 고사하고 신교와 구교의 이론과 의식이

---

* 이 연구는 출판된 적은 없지만 데이비드 베레비David Berreby의 《우리와 그들Us and Them》(2006, Hutchinson)이라는 책에서 언급된다.

어떻게 다른지를 이해하거나 알았던 아이가 하나라도 있었을 것 같지는 않다. 하지만 우리는 우리 각자의 가족들이 어느 쪽인지는 알고 있었고, 매주 벌어지는 전투에 참가하며 쾌감을 맛봤다. 하지만 전투가 끝나면 우리는 아주 평화롭게 다 같이 앉아서 시간을 보냈고, 기쁜 마음으로 종교와 무관하게 다시 편을 나누어서 다른 놀이를 시작했다. 이런 경험을 보면 남자아이들에게는 상대가 실제로 누구인가와 무관하게 집단이나 무리를 형성하는 본능이 있는 듯하다. 이런 능력에 관해서는 13장에서 다시 살펴볼 것이다.

이런 연구들을 돌이켜보면 동종선호가 우리의 인간관계 형성에 정말로 중요하며 친구 집단에 소속된 느낌을 만들기 위해서는 노래하기, 함께 음식 먹기, 문화적 전통 만들기(예컨대 특별한 복장이나 노래)와 같은 활동이 필요하다는 사실을 깨닫게 된다. 좋든 싫든 이런 활동들은 신뢰 형성의 심리적 토대를 만든다. 그리고 신뢰는 우리의 우정 및 공동체의 근간이 된다. 다음 장에서 신뢰에 대해 알아보자.

11장

신뢰와 우정

"함께 살아가는 사람들을 신뢰하지 않으면 우정은 성립할 수가 없다.
아니, 사회 자체가 존립할 수 없게 된다.
그러나 우리가 모든 사람을 무조건 신뢰한다면
나중에는 무임승차자들이 우리의 신뢰를 이용해 이익을 취할 것이다.
우리가 이 딜레마를 어떻게 해결하느냐가 이 장의 주제다."

우리가 4장에서 만난 앨리스테어 서트클리프는 사회적 관계에서 신뢰의 역할에 대해 오랫동안 주목한 사람이다. 우리는 내가 4장에서 설명한 사회적 네트워크 모델을 개발하기 위해 만나기로 했다. 만남은 2001년 9월 11일 낮에 이뤄졌다. 오후 내내 진행할 예정이었던 회의가 절반쯤 끝났을 때 연구원 하나가 충격받은 얼굴로 뛰어 들어와서는, 항공기 2대가 뉴욕의 세계무역센터에 충돌했다는 소식을 들었느냐고 물었다. 당연히 우리는 멍한 얼굴로 그를 향해 고개를 저었다. 그는 다시 뭐라고 중얼거리며 뛰쳐나갔는데 우리는 그가 뭐라고 했는지 알아듣지 못했다. 우리는 서로 마주 보며 어깨를 으쓱하고는 원래 하던 신뢰에 관한 이야기를 계속했다(냉소적인 의도는 전혀 없었다). 우리는 비행기에 탑승할 때마다, 길을 건널 때마다, 쇼핑몰로 들어갈 때마다, 누군가와 인사할 때마다, 누군가에게 술을 한잔 사줄 때마다 신뢰에 근거해서 행동한다. 신뢰란 우리와 만나는 사람들이 모두 정직하고 교양 있게 행동할 것이며 비유적인 의미에서나 문자 그대로나 우리의 등에 칼을 꽂지는 않으리라는 생각이다. 2001년의 그날에는 일상적인 활동을 하던 2977명이나 되는 사람들이, 운 나쁘게도 19명의 어떤 사람들이 비행기를 탈취해서 그들이 있는 건물로 돌진하지 않으리라고 가정했다.

함께 살아가는 사람들을 신뢰하지 않으면 우정은 성립할 수가 없다. 아니, 사회 자체가 존립할 수 없게 된다. 9.11 사태가 발생했다는 사실은 우리가 진퇴양난에 처해 있음을 상기시킨다. 신뢰가 없다면 우리는 누구와도 친구가 될 수 없다. 그러나 우리가 모든 사람을 무조건 신뢰한다면 나중에는 무임승차자들이 우리의 신뢰를 이용해 이익을 취할 것이다. 그렇다고 해서 사람들을 신뢰하지 않는다면, 우리 자신이 사기꾼의 먹이가 되지 않기 위해 모든 사람의 신뢰도를 일일이 시험하는 일에 막대한 노력을 들여야 한다. 우리가 이 딜레마를 어떻게 해결하느냐가 이 장의 주제다.

신뢰와 기만

앨리스테어 서트클리프와 함께 시간을 보낸 9월 11일 오후에 우리는 신뢰 중심 사회의 두 번째 행위자 기반 컴퓨터 모형을 탄생시켰다. 우리는 신뢰를 두 사람의 상호작용이 성공적일 때마다 한 단계씩 올라가고 둘 중 하나가 상대에게 나쁜 행동을 할 때는 한 단계 내려가는, 아니 둘 중 하나가 심하게 나쁜 행동을 하면 한 번에 여러 단계를 내려갈 수도 있는 심리적 지표로 표현했다. 또 우리는 관계에 요구되는 신뢰의 수준은 그 인간관계가 위치한 사회적 층에 비례할 것이라고 가정했다. 어떤 관계가 바깥쪽의 150-층에 위치하기 위해서는 신뢰 수준이 보통이어도 되지만, 그 관계가 15-층에 위치하려면 훨씬 높아야 하며 5-층에 진입하려면 그보다 더 높아져야 한다. 신뢰 수준은 관계가 신뢰의 훼손을 견디는 능력이라고 보면 된다. 어떤 관계의 신뢰도가 높을수록 그 관계를 불안정하게 만드는 신뢰 훼손은 더 커지거나 더 잦아져야 한다. 예컨대 그냥 아는 사람이 신뢰를 조금만 훼손해도 우리는 그 사람과 더 이상 친구로 지내지 않으려 한다(하지만 그 사람이 사과를 하거나 손해를 보상하면 관계는 빠르게 회복된다). 반면 가까운 친구 사이라면 신뢰 훼손이 여러 번 반복되거나 그 친구가 어떤 끔찍한 잘못을 저지른 다음이라야 관계가 끊긴다. 하지만 정말 그런 일이 벌어진다면 관계는 비극적으로 끊기고 회복하기 힘들 수도 있다. 우리는 이런 식으로 실생활에서 인간관계가 작동하는 방식에 근거해서 관계의 미묘하고 복잡한 성격을 반영하는 컴퓨터 모형을 만들려고 노력했다. 모형 제작에 필요한 프로그래밍은 이번에도 디 왕Di Wang의 유능한 손에 맡겼다.

모형실험의 결과, 만약 어떤 관계에서 신뢰 훼손의 효과가 비대칭적이라면(한쪽의 신뢰 수준만 감소하고 신뢰를 훼손한 쪽은 그대로인 경우) 신뢰 상실의 빈도가 전체 상호작용의 10퍼센트가 될 때까지는 한 개인이 가지는 친구 수의 평균에는 영향이 없었다. 신뢰 훼손의 빈도가 10퍼센트보다 높아지면 친구 수에 약간의 영향이 있었고, 주로 강한 연계와 중간 연계의 수가 감소했다. 신뢰 훼손의 빈도가 높아질수록 그 효과도 커졌다. 신뢰 훼손의 빈도가 너무 높아지면 가장 강렬한 5-층의 우정은 아예 형성될 수가 없었다. 어떤 사람과 막 친구 사이가 되려고 하는데 우정이 쌓일 틈도 없이 신뢰 훼손이 발생해서 관계가 제자리로 돌아가기 때문이다. 어떤 경우에는 신뢰 상실이나 훼손의 결과가 대칭적이어서 양쪽에서 신뢰가 무너지기도 했다. 그런 경우 신뢰 훼손의 효과는 더욱 강했다. 신뢰를 단 5퍼센트만 상실해도 가까운 친구의 수가 감소했다.

사실 관계는 '뱀과 사다리' 게임 Snakes and Ladders(주사위를 굴려 그 수만큼 말을 이동시키되 뱀을 만나면 뱀을 따라 내려가고 사다리를 만나면 사다리를 타고 올라가는 게임-옮긴이)과 비슷하다. 우리가 어떤 사람과 긍정적인 경험을 할수록 신뢰가 쌓인다. 그러다 그 사람이 우리를 화나게 하는 어떤 행동을 하면 관계는 죽 미끄러져 내려와서 뱀을 신뢰의 사다리에서 한두 칸 아래로 보낸다. 여기서 확실히 알 수 있는 것은 신뢰 훼손은 관계에 심각한 문제가 된다는 것이다. 신뢰가 지나치게 훼손될 경우 다시는 가까워지지 못할 수도 있다. 우리는 앞으로 어떤 사람에게도 그 정도의 신뢰를 주지 않으려 할 것이고, 사기당할 위험이 낮거나 설령 당한다 해도 피해를 적게 입을 느슨한 관계만 맺으려 할 것이다.

그렇다면 실제로 사기나 신뢰 훼손은 얼마나 자주 일어날까? 확실한 답을 찾기는 어렵다. 무엇을 신뢰 훼손으로 간주해야 하고 무엇을 간주하지 말아야 하는지가 명백하지 않기 때문에 신뢰 훼손에 관해서는 데이터가 많지 않다. 그러나 관계와 직접 관련된(경제학자들이 무척 사랑하는 경제적 거래와 달리) 데이터의 원천이 하나 있다. 그것은 바로 거짓말이다. 1000명의 미국 성인들의 표본에 따르면 평균적으로 사람들은 1년에 550번쯤 거짓말을 한다. 이것은 하루에 1.5번보다 조금 많이 거짓말을 한다는 뜻이다! 하지만 모든 사람이 똑같지는 않다. 거짓말 전체의 4분의 1 정도는 표본에 망라된 사람들의 단 1퍼센트에게서 나온 거짓말이다. 다시 말하면 습관적으로 거짓말을 하는 1퍼센트의 사람들은 대부분 사소한 거짓말이긴 해도 하루에 40번 가까이 거짓말을 한다. 그러니까 습관적인 거짓말쟁이는 매우 드물고 대다수는 거의 항상 진실을 말한다고 볼 수 있다. 다른 연구에서는 응답자의 92퍼센트가 때때로 애인(또는 배우자)에게 거짓말을 한다고 답했고, 여성의 60퍼센트와 남성의 34퍼센트는 섹스를 하기 위해 거짓말을 한 적이 있다고 답했다. 물론 거짓말 빈도의 평균은 상당히 낮았으므로, 그런 일은 오랜 세월 동안 딱 한 번이었을 수도 있다. 그럼에도 불구하고 거짓말의 유혹은 엄연히 존재한다. 실험실에서 실험 목적의 게임을 진행할 때도, 그 게임이 거짓말을 하면 이익이 더 커지도록 설계된 경우 실험 대상자들이 거짓말을 할 확률은 2~3배 높아진다. 대다수 사람들은 정직한 편이지만 일부는 거짓말 충동을 억제하지 못한다. 그리고 아마도 습관적으로 거짓말을 하다 보니 자신의 거짓말을 정말로 믿게 되는 것 같다.

나는 거짓말에 관해 탐구하다가 또 하나의 협업을 하게 됐다. 이번에는 멕시코 국립자치대학 물리학자들과의 협업이었다. 나는 원래 물리학자 제라르도 이니구에츠Gerardo Iñiguez와 그의 지도교수인 라파엘 바리오Rafael Barrio를 알고 있었다. 키모 카스키가 우리를 소개했으니 이 인연도 '카스키의 도약'이라고 말할 수 있다. 키모와 라파엘은 1970년대 후반 옥스퍼드 대학에서 함께 대학원에 다녔으며 40년 넘게 친구이자 동료 연구자였다. 학업과 대학 생활의 뜨거운 열기 속에서 싹튼 우정은 평생 가는 것 같다. 기만(거짓)이라는 주제는 오랫동안 라파엘을 괴롭힌 문제들 중 하나였다. 어떤 사람이 반복적으로 남에게 속거나 이용당한다면 그 사람은 남을 잘 믿지 않고 자신이 진짜 신뢰할 수 있는 몇몇 사람들하고만 교류하게 된다. 마을은 모두가 호의를 주고받으며 서로 도와주는 하나의 공동체가 되지 못하고 작은 패거리들로 쪼개진다. 이 패거리들은 서로를 믿지 못하고, 대화를 나누지도 않고, 같은 파티에 가지도 않으려 하고, 손해를 봐가며 서로 도와주려고도 하지 않는다. 라파엘은 거짓말이 공동체의 결속을 파괴한다는 사실을 고려하면 기만은 보편적인 행동이 아니어야 한다고 주장했다. 인류의 진화 과정에서 관계 속의 기만행위를 적극적으로 차단하려고 했을 것이기 때문이다. 그런데도 우리는 어린아이들에게 정직과 신뢰를 가르쳐야만 한다. 아이들이 자발적으로 정직하게 행동하고 저절로 남을 신뢰하는 것 같지는 않다. 진화론적 관점에서 보면 이것은 이상한 일이다. 어떤 것이 그렇게 큰 문제라면 자연선택에 의해 그것이 중립화되었을 테니 말이다(자연선택이 인간 행동의 진화에서 어떤 역할을 했는가에 관해 자세히 알고 싶은 사람은 졸저《진화》를 참조하라).

특히 라파엘은 이기적 거짓말과 친사회적 거짓말(흔히 '선의의 거짓말white lie'이라고 부른다)의 차이에 흥미를 느꼈다. 이기적 거짓말은 자신이 이익을 얻기 위해 하는 거짓말이고, 친사회적 거짓말은 상대방의 행복을 위해 또는 그와의 관계를 지키기 위해 하는 거짓말이기 때문에 그 말을 하는 사람에게는 직접적인 이익이 안 된다. 예를 들면 당신이 페이스북에서 본 게시물이 실제로는 재미없었지만 상대가 언짢아할 것 같아서 '좋아요'를 눌러주는 것이 친사회적 거짓말이다. 혹은 상대방이 차려입었지만 그다지 멋져 보이지는 않을 때, 있는 그대로 말하면 그 사람이 실망할 것이기 때문에 근사하다고 해주는 것이 친사회적 거짓말이다. 상대방에게 끔찍한 이야기를 속속들이 전해주지 않는 것이 낫다고 판단해서 이야기의 어떤 부분을 빼고 무난하게 전달하는 것도 선의의 거짓말이다. 사실 우리가 일상적인 대화에서 사용하는 비유만 보더라도 우리는 우리 자신도 모르게 선의의 거짓말을 많이 한다. 예컨대 빅토리아 시대 사람들은 누군가가 죽었다는 이야기를 할 때 '영면했다fallen asleep'고 말했고, 요즘 사람들은 '돌아가셨다passed'라는 표현을 쓴다.

제라르도 이니구에츠와 라파엘 바리오는 사람들이 3자 관계(3명의 친한 친구)에 포함되는 상대를 아주 솔직하게 대할 때 사회적 네트워크가 어떻게 변화하는지 알아보기 위한 수학적 모형을 개발했다. 이 모형에서는 3자 관계와 간접적으로 연결되는 어떤 사람과 상호작용할 때는 선의의 거짓말을 하고, 직접적이든 간접적이든 과거에 연계가 없었던 사람들과 상호작용할 때는 이기적 거짓말을 했다. 그러자 2가지 흥미로운 결과가 나타났다. 첫째, 공동체에 이기적 거짓말을 하는 사람들과 솔직한 사람들밖에 없다면 그 공동체는 금방 여러 개의 작은 집단으로 쪼개지고 작은 집단 내에서만 상호작용을 하게 됐다. 반면 모두가 아주 솔직한 경우에는 전체가 서로 연결된 하나의 공동체가 만들어졌다. 공동체 안에 이기적 거짓말쟁이들이 많을수록 공동체의 파편화가 심해졌다. 모든 사람이 방어 태세를 취하고 아주 가까운 친구들하고만 사교 활동을 했다. 둘째, 이 사회적 네트워크에 선의의 거짓말을 허용했더니 균열을 메우는 데 도움이 됐고, 이기적 거짓말쟁이들이 있는데도 불구하고 공동체는 비교적 잘 단합했다. 흥미롭게도 공동체 내에 선의의 거짓말을 하는 사람들이 몇이나 되는지는 중요하지 않았다. 선의의 거짓말을 하는 사람들이 몇 명만 있어도 공동체의 단합을 유지하기에 충분했다. 아마도 이기적 거짓말과 선의의 거짓말은 별개라는 우리의 추측이 맞는 것 같다. 이기적 거짓말과 선의의 거짓말은 관계의 질에, 나아가 공동체의 결속에 정반대로 작용한다. 선의의 거짓말은 구성원들 사이에 균열을 일으켜 공동체라는 배를 흔들 수도 있는 잠재적인 오해를 누그러뜨리기 때문에 공동체에 도움이 된다.

이 모형에서는 솔직한 사람들과 거짓말을 하는 사람들을 고정된 유형으로 간주했다. 모형을 역동적으로 변형해서 행위자들이 경험을 통해 거짓말을 학습할 수 있도록 했더니, 시스템은 절대 다수의 사람들이 기본적으로는 정직하지만 가끔 선의의 거짓말을 하고 아주 가끔 이기적 거짓말을 하는 안정된 상태로 진화했다. 일반적으로는 정직한 언행이 유리하다. 이기적 거짓말을 상습적으로 하는 사람들은 드물다. 사람들이 다 그 사람을 외면할 것이기 때문에 그런 속임수는 어쩌다 한 번만 통한다. 이것은 전체 인구의 약 1퍼센트만이 거짓말을 밥 먹듯이 하는 사람들이라는 연구 결과와도 일치한다. 흥미로운 사실은 멕시코 연구자들이 역동적으로 변화시킨 모형에서 개인들이 고정된 유형으로 남아 있지 않고 행동을 학습하게 했더니 공동체는 정직한 사람들로 이뤄진 작은 패거리들로 분할되었고, 이 패거리들 사이의 연결고리가 되어 공동체의 응집력을 유지한 것은 거짓말을 하는 사람들이었다는 점이다. 그리고 이 모형에서 공동체의 규모는 수렵-채집 사회 같은 소규모 사회의 크기와 비슷했다. 도시적인 현대사회에는 이 원리가 적용되지 않을 수도 있지만 우리의 개인적인 네트워크에는 적용 가능할 것이다.

그러니까 거짓말은 사람들이 눈살을 찌푸리는 행동이지만, 어떤 유형의 거짓말은 공동체라는 수레의 바퀴에 기름칠을 해서 모두에게 이로운 기능을 하는 것으로 보인다. 친구나 가족 관계와 마찬가지로 사회도 신뢰를 바탕으로 작동한다. 우리 사이에 쌓인 신뢰는 가벼운 규칙 위반으로부터 우리의 관계를 보호해준다. 신뢰가 있으면 상대방이 그런 식으로 행동한 이유를 알 수 있기 때문이다(물론 이런 이해는 우리에게 고도의 정신화 능력이 있기 때문에 가능한 것이다). 법과 윤리 규범의 지배는 그런 행동의 기준점을 정하는 데 도움이 된다. 법과 윤리 규범은 공동체가 인정하는 행동의 기준들을 한데 모아 제공한다.

윤리적 편향

하지만 이 모든 일의 한 가지 측면은 언제나 모든 논의와 모형, 일상적인 인간관계에서도 간과된다. 우리는 심각한 규칙 위반에 대해서도 그 행위를 한 사람이 낯선 사람일 때보다 우리와 끈끈한 관계의 사람일 때 더 너그러워진다. 윤리철학자들은 이러한 현상을 윤리적 편향moral patiality이라고 부른다. 만약 낯선 사람이 윤리 규범을 어겼다면 우리는 그를 엄중하게 처벌하려 든다. 하지만 우리의 친구나 가족이 그런 행동을 했다면 우리는 그 사람을 위해 변명을 해주고 그 사람을 보호하려고 한다. 평소 우리는 윤리 규범에 열을 올리지만, 놀랍게도 이러한 모순에는 동요하지 않으며 대개의 경우 그런 모순에 대해 언급조차 하지 않는다. 윤리적 편향은 지극히 정상적인 현상인 모양이다.

나와 애나 머친은 윤리적 편향에 큰 흥미를 느껴, 우리가 낯선 사람과 가까운 사람의 규칙 위반을 대하는 태도의 차이를 더 자세히 알아보기로 했다. 애나는 사람들이 가족과 친구를 어떻게 다르게 대하는지를 알아보기 위해 몇 가지 실험을 고안했다. 그녀는 실험 대상자들에게 모든 사회적 층에 속한 사람을 2명씩(가족 1명, 친구 1명) 지정하라고 했다. 그리고 만약 그 사람이 마약을 팔러 다녔거나 미성년자를 성폭행했다는 소식을 듣는다면 그 사람을 신고할 것인지 물었다. 우리는 나의 박사후 연구원이었던 퀜틴 앳킨슨Quentin Atkinson과 협력해서 뉴질랜드 오클랜드 대학에 다니는 사모아 원주민 학생들을 대상으로 이 실험들 중 하나를 수행했다. 우리는 문화적 배경이 다른 집단에서도 같은 결과를 얻을 수 있을지 알아보고 싶었다. 특히 우리처럼 부계가 아닌 모계 중심인 사회에서는 어떤지 궁금했다.

우리는 사람들이 친구보다 친척에 대해 윤리적 결정을 빨리 내리는지 궁금해졌다. 혈연은 일종의 선험적 도식으로서 효율적인 결정을 도와주기 때문이다. 우리가 하는 모든 결정은 이익의 균형이다. 가족에 관한 결정은 '우리 형은 유죄지만 나는 형이 감옥에 가는 것은 싫어'라는 단순한 문제가 된다. 가족에 대한 고려는 다른 어떤 것보다 먼저가 된다. 우리가 잃을 것이 훨씬 많기 때문이다. 하지만 조금 가까운 친구의 문제라면 우리는 어떻게 행동할지를 결정하기 전에 지금까지 그 친구와의 관계를 자세히 돌아볼 가능성이 높다. 짐이 나를 실망시킨 적이 몇 번이었지? 내가 빌려준 돈을 그가 갚긴 했던가? 이런 작업에는 시간이 걸린다. 그래서 우리의 반응은 훨씬 느려진다.

학문의 세계에서는 늘 그렇지만, 연구의 결과는 우리가 예상했던 것만큼 명백하지 않았다. 아주 가까운 사람들을 모아놓은 가장 안쪽의 원에서는 친구든 가족이든 결정을 내리는 속도의 차이가 없었다. 즉 친한 친구는 우리에게 아주 가까운 가족만큼 중요한 사람들이다. 50-층에 속한 사람들의 경우 우리의 예상대로 친구에 관한 결정보다 가족에 관한 결정이 훨씬 빨랐다. 하지만 바깥쪽의 150-층으로 가면 결과는 모호해졌다. 친구들에 대한 결정이 먼 친척들에 대한 결정보다 빨랐다. 특히 그 사람들이 어려운 상황인데 도와주지 않는다는 결정일 경우에 그랬다. 이것은 바깥쪽 층의 관계들은 개인적인 관계라기보다 단지 친척이라는 사회적 요구에 따른 관계에 가깝다는 것을 시사한다. 우리는 먼 친척들이 범죄를 저지르면 그들을 보호해야 한다고 느끼지 않으며, 가깝지 않은 친구들에 대해서도 마찬가지다. 하지만 우리는 먼 친척을 돕지 않는다는 결정이 친척들 사이에 어떤 파문을 일으킬지에 대해서는 걱정을 한다. 친척을 도와주지 않았다는 사실은 언젠가 우리에게 불리하게 작용할 수도 있다. 예컨대 우리가 할머니의 사촌 중 1명을 도와주지 않으면 할머니가 슬퍼하실

것이다. 하지만 바깥쪽 원의 친구들은 우리에게 그렇게 중요한 사람들이 아니기 때문에 우리는 깊이 고민하지 않고 윤리적 원칙에 따라 행동한다.

나중에 우리는 오스트레일리아 출신의 박사후 연구원인 라파엘 윌로다르스키를 설득해서 뇌 영상 촬영 실험을 진행했다. 가족과 친구에 관한 윤리적 결정들의 속도 차이는 그 결정들이 뇌의 서로 다른 영역에서 이뤄지기 때문에 생기는 걸까? 일반적인 뇌 영상 촬영 연구와 마찬가지로 과제는 단순해야 했다. 우리는 마음 읽기에 집중하기로 하고 다음과 같은 간단한 문장들을 사용했다. "나는 짐이 평소에 다른 사람들의 감정을 느낄 줄 안다고 생각한다" 혹은 마음 읽기와 무관한 과제로서 "나는 조이가 평소에 추상적인 문제에는 관심이 없다고 생각한다" 같은 명제를 제시하고 실험 대상자들에게 그 명제에 동의하는 정도를 1부터 4까지의 점수(전혀 아니다, 아니다, 그렇다, 매우 그렇다)로 매겨보라고 했다. 점수는 그들의 사회적 네트워크에 포함되는 특정한 가족과 친구에 대해, 네트워크의 각 층마다 남녀 1명씩을 정해서 답하도록 했다. 정신화 과제에서 대상자들은 동일한 사회적 층에 속한 가족 구성원에 대한 판단보다 친구들에 대한 판단을 할 때 전전두피질의 활동량이 많아졌다. 흥미로운 점은 이 활동이 가장 활발했던 영역이 전두엽에서도 이성적 사고를 주로 담당하는 부분이었다는 것이다. 다시 말하면 사람들이 친구에 관해 이 과제를 수행할 때는 뇌가 부지런히 활동하고 있었던 반면 가족에 관한 결정은 조금 더 자동적으로 이뤄졌다. 가족에 대해서는 의식적인 사고 활동이 거의 없었고 심지어는 반#의식적인 사고도 없이 즉각적이었다. 우리의 예상과 일치하는 결과였다.

물론 이 딜레마의 해법은 신뢰다. 우리는 누군가를 신뢰하고 신뢰를 일종의 지름길로 삼아서 그들이 앞으로 어떤 행동을 할지를 예측해야 한다. "그 사람은 나에게 그런 짓을 하지 않을 거야!" 하지만 신뢰가 쌓이려면 시간이 걸린다. 우리가 누군가와 친밀해져서 5-층과 15-층 사람들처럼 정말로 의지할 수 있는 사이가 되려면 그 사람에게 굉장히 많은 시간을 투입해야 한다. 그러면 그 사람을 정말 잘 알게 되고, 그러는 동안 우리와 그 사이에 엔도르핀에 기반한 감정적 유대가 형성되었으니 서로가 정직하게 대해야겠다고 생각하게 된다. 하지만 7장과 8장에서 설명한 대로 그런 관계를 보장받기 위해 들여야 하는 시간에 비하면 우리의 시간은 턱없이 부족하다. 그래서 우리의 네트워크에는 층 구조가 생기고, 각 층마다 관계의 질이 다른 친구들이 위치하게 되며, 그중 단 몇 명(5-층에 포함되는 친구 5명)과의 관계만 아주 친밀하게 유지하는 것이다.

그러면 사회적 원의 가장 안쪽에 위치하지 않는 다른 사람들은? 신기하게도 우리는 우리와 자주 만나지는 않는 네트워크의 바깥쪽 층에 위치한 사람들에 대해서도 신뢰도의 단서를 주는 일종의 지름길을 필요로 한다. 특히 우리가 날마다 만나는 수많은 낯선 사람들에 대해 그 사람이 신뢰할 가치가 있는지를 바로 판단하는 지표가 필요하다. 우리는 2가지 전략을 주로 사용한다. 하나는 사람들이 선을 넘을 때 제재를 가하는 것이다. 우리는 우리가 알고 지내는 사람들에게는 개인적으로 제재를 하려고 하겠지만 우리와 가까운 관계가 아닌 사람들에게는 사회가 우리 대신 그 제재를 가해주기를 기대한다. 그러면 우리는 그 사람들이 우리 사회에 속해 있는 한 사회가 만들어놓은 규칙과 규범을 잘 지킬 것이라고 가정할 여유를 얻는다. 두 번째 전략은 우리가 사기꾼들을 미리 알아보고 그들과의 상호작용을 피하는 것이다. 대개 우리는 신뢰의 행동주의적, 물질적 단서를 이용해 사기꾼을 가려낸다.

처 벌 과 쾌 감

우리 모두 알고 있겠지만 누군가에게 사기를 당하면 그야말로 피가 끓어오른다. 19세기 낭만주의자들이라면 '질풍노도Sturm and Drang(독일어로 태풍과 스트레스라는 뜻-옮긴이)'라는 말로 표현했을 것이다. 우리는 사기를 당했다는 사실에 민감하게 반응하며 우리를 속인 사람을 절대 잊지 않는다. 진화심리학자 린다 밀리Linda Mealey는 백인 남성들의 사진 여러 장을 학생들에게 보여주면서 각각의 사진에 그 사람이 신뢰할 만한 사람이라는 일화(그는 지갑을 주웠는데 원래 주인에게 돌려줬다) 또는 그 사람이 사기를 친다는 일화(돈을 횡령하다가 들켰다) 또는 중립적인 내용의 일화를 곁들였다. 일주일 후에 똑같은 사진들을 다시 보여주었을 때 학생들은 얼굴 생김새와는 무관하게 사기꾼으로 묘사된 사람들의 얼굴을 더 잘 기억하고 있었다. 평판은 종종 우리보다 앞서 나가고 다른 사람들이 우리를 보는 시각에 어떤 색을 입힌다. 그래서 우리는 뒷담화를 통해 우리가 싫어하는 어떤 사람을 다른 사람들도 싫어하게 할 수도 있다. 그런 행동은 사람들에게 경고도 되고 일종의 사회적 처벌도 된다. 아는 사람의 뒷담화를 하든 공동체의 다른 누군가를 비판하든 간에 사회적 비판은 우리가 이런 목적을 달성하는 주요한 수단이다.

폴리 위스너는 나미비아에서 수렵-채집 생활을 하는 !쿵족을 연구하다가 남성과 여성이 누군가를 비판하는 이유가 확연히 다르다는 사실을 발견했다. 토지에 대한 권리와 정치에 관련된 비판의 95퍼센트, 그리고 어떤 말썽꾼에 대한 불만의 3분의 2는 남성들이 제기했다. 반면 남의 재산에 대한 질투의 95퍼센트, 누군가가 인색하게 굴거나 남에게 베풀지 않는다는 비판의 4분의 3, 그리고 누군가가 부적절한 성적 행동을 한다거나 친족에게 의무를 다하지 않는다는 비판의 3분의 2는 여성들이 제기한 것이었다. 공동체에서 자기 몫을 다하지 않는다는 비판은 어린 사람들에게만 가해졌지만, 그것은 아마도 성인 무임승차자들은 다른 방법으로 처벌을 받기 때문일 것이다. 예컨대 그런 사람들은 사냥에서 얻은 고기의 일부를 받지 못하거나 혼인 제의를 적게 받을 것이다. 남성이 여성을 비판하는 일은 드물었다. 여성을 비판했다가는 그 여성의 남편과 대립하게 될 수도 있고, 일회성 섹스 제의가 적게 들어올 수도 있기 때문이다(이것은 비꼬는 말이 아니다. 실제로 이런 일들은 그들의 삶에서 큰 부분을 차지하고 있었다).

공동체의 의무를 저버린 사람에 대한 처벌로는 조롱(특히 수렵-채집 사회에 사는 사람들은 잘난 체하는 행동을 끔찍하게 싫어해서 그런 행동을 조롱한다), 직접적인 비난, 그리고 드물게는 육체적 폭력이 있었다. 그런 경우에도 윤리적 편향은 뚜렷하게 나타났다. 비판이 자기와 가까운 가족을 향하거나 공동체에 고기를 공급하고 있는 훌륭한 사냥꾼을 향할 경우(이 경우 훌륭한 사냥꾼이 마음이 상해서 다른 곳으로 떠나버리면 상당한 손실이다)에는 사람들이 그 비판에 선뜻 가담하지 않았다. 삶 속의 다른 일들과 마찬가지로 타인의 단점을 참아줄 것인가 말 것인가를 결정할 때는 항상 인내의 비용과 혜택을 따져야 한다.

지역을 막론하고 수렵-채집 사회의 가장 심한 형벌은 추방이었다. 수렵-채집 사회에서 사람들은 집단의 도움 없이는 생존할 수 없었으므로 추방은 사실상 갈가리 찢겨 죽는다는 것을 의미한다. 위스너의 !쿵족 공동체 연구를 보면 공동체에서 추방당한 드문 사건들 중 하나로 반투족 남자와 자주 성관계를 했던 여성이 등장한다. 그런 관계는 드문 것은 아니었지만 반투족이 !쿵족을 차별하고 심지어는 학대까지 했기 때문에 !쿵족 공동체는 그런 관계를 곱게 보지 않았다. 그 여성은 공동체 구성원들의 비난 속에서 야영지를 떠났고, 그 후에 사망했다. 또 하나의 사례에서는 어떤 남자가 근친상간을 했다는 혐의를 받았고, 홍수처럼 쏟아지는 비난 속에서 공동체를 떠났다. 하지만 그는 사냥 솜씨가 좋았고 가족을 데려갔기 때문에 다른 공동체에 합류해서 잘 살았다. 세 번째 사례에서는 일가족이 추방을 당했다. 여자는 걸핏하면 술을 마시고 반투족 남자들과 난잡한 성관계를 맺었다. 그것으로도 모자라 아이들이 제멋대로였다. 마침내 공동체 전체가 그 가족과 맞섰고, 그 가족은 다른 살 곳을 찾아 떠났다. 여자가 죽고 나서야 남은 가족이 공동체로 돌아올 수 있었다.

몇 년 전에 일련의 인상적인 실험들이 진행됐다. 엘리너 오스트롬 Elinor Orstrom(여성 최초로 노벨 경제학상을 수상한 인물)은 사람들을 집단

별로 나눠 고전적인 경제 게임을 시켰다. 사람들은 컴퓨터로 연결된 상태에서 집단으로 게임에 참여했다. 그들은 공동의 항아리에 돈을 기부해달라는 요청을 받았다. 항아리에 담긴 돈은 게임이 끝나면 모두 똑같이 나눠 가질 것이라고 통보했다. 실험 진행자들이 항아리에 모인 돈의 총액을 몇 배로 늘린 후에 돈을 나눠주기 때문에, 모두에게 가장 좋은 전략은 가진 돈을 모두 기부하는 것이었다. 그렇게 해서 항아리에 담긴 돈의 액수가 최대치에 달하면 그들 각자의 몫도 최대가 될 터였다. 하지만 언제나처럼 무임승차의 유혹이 주위를 맴돌았다. 남들보다 돈을 적게 기부한 사람은 자신이 내놓지 않은 자기 돈도 그대로 가질 수 있고 다른 사람들이 기부한 돈에서도 자기 몫을 받을 수 있다. 실험 참가자는 무임승차를 하면 이익을 얻을 수 있다는 사실을 깨달았고, 항아리가 한 바퀴 돌 때마다 돈을 적게 내려는 경향이 일관되게 나타났다. 사실 공동의 이익을 주제로 하는 실험에서는 으레 이런 결과가 나온다. 하지만 사람들이 무임승차자의 몫에서 벌금을 제하고 돈을 나눠주는 방식으로 적게 낸 사람들을 처벌할 수 있게 되자, 기부 금액은 계속 증가했다. 그런데 무임승차자들을 통제하기 위해 금전적 처벌이 반드시 필요했던 것은 아니다. 엘리너 오스트롬은 실험을 다시 변형해서 항아리가 한 바퀴 돌 때마다 참가자들이 의견을 나눌 수 있도록 했다. 누군가가 "돈을 안 넣은 얼간이가 누구지?"라는 말만 해도 사람들이 죄책감을 느껴 행동이 개선되었다. 다른 사람에게 피해를 주는 배신행위에 대한 처벌은 인간의 보편적인 행동인 것 같다. 행동경제학자인 노팅엄 대학의 베네딕트 허먼Benedikt Hermann과 지몬 가흐터Simon Gächter는 유럽과 중동의 16개국에서 이와 비슷한 연구를 진행해 같은 결과를 얻었다. 사람들은 비용이 들더라도 항아리에 평균보다 적게 기부하는 사람들을 처벌하기를 원했다.

사회적 계약을 잘 지키는 것은 개개인의 인간관계에서 신뢰를 유지하기 위해서나 공동체 전체의 통합을 위해서 대단히 중요한 일이다. 그래서 우리는 다른 사람들이 규칙을 위반했을 때 응분의 대가를 받는 모습을 보며 쾌감을 느끼기도 한다. 독일어에는 이 묘한 기쁨을 가리키는 '샤덴프로이데schadenfreude'라는 단어가 따로 있다. 샤덴프로이데는 '다른 사람의 슬픔을 즐긴다'는 뜻이다. 몇 년 전 타니아 징거Tania Singer는 뇌 영상 촬영 기술을 이용해 작은 프로젝트를 시작했다. 다른 사람들이 잘못을 해서 처벌받는 것을 볼 때 사람들의 반응을 살피는 연구였다. 연구 대상자들은 경제 게임을 몇 차례 수행했다. 대상자가 먼저 상대에게 자신의 돈을 얼마나 나눠줄지를 결정하고, 그 돈이 3배로 불어난 후에 상대가 그중 얼마를 돌려줄지를 결정하는 게임이었다. 대상자들은 알지 못했지만 게임의 상대는 모두 공정하게 반응하라(비슷한 금액을 돌려주라) 또는 불공정하게 반응하라(받은 돈보다 훨씬 적게 돌려줘서 연구 대상자가 손해를 보게 만들어라)는 지시를 받은 사람들이었다. 대상자들은 2가지 유형의 사람들을 상대했다. 게임을 마친 후에 연구 대상자들은 공정하게 게임을 했던 상대와 불공정하게 했던 상대가 각각 옆에 앉아 있는 상태에서 뇌 촬영 장치에 들어갔다. 뇌를 촬영하는 동안 그들은 양쪽에 앉은 게임 상대의 손에 고통스러운 전기 자극이 가해지는 장면을 봐야 했다.

예상대로 공정하게 게임을 했던 상대에게 고통이 가해질 때는 남녀 모두 뇌에서 공감과 연관된 영역들이 활성화되었다. 놀라웠던 점은 불공정하게 게임을 했던 상대에게 고통이 가해질 때는 뇌의 쾌락 중추들이 활성화됐다는 것이다. 그리고 성별에 따른 차이가 매우 컸다. 남성은 좋지 못한 행동을 한 사람이 처벌받는 모습을 보면서 쾌락을 느끼는 것 같았지만 여성은 대부분 그렇지 않았다. 타니아의 연구 결과에서 더욱 흥미로운 점은 샤덴프로이데 반응의 강도는 뇌를 촬영하기 전에 그 사람이 복수하고 싶다는 욕구를 표현했던 것과 상관관계가 있었다는 것이다. 이후에는 스포츠를 좋아하는 사람들 사이에서 경쟁 상대인 축구팀이 이기거나 질 때의 반응을 측정하거나, 서로 경쟁 관계인 정당의 당원들이 불행한 일을 당할 때의 반응을 측정한 후속 연구들이 있었는데 결과는 비슷했다.

타니아 징거는 처벌의 방식이 육체적 처벌이었다는 사실이 실험 결과에 반영됐을 가능성을 제기했다. 다른 종류의 처벌이었다면 여성들에게서 샤덴프로이데 반응이 더 강하게 나타나지 않았을까? 어쩌면 남성과 여성이 사람들을 처벌하는 방식이 달라서 그런 결과가 나왔을지도 모른다. 남성들은 육체적 처벌에 의존하는 경향이 있는 반면 여성들은 심리적 처벌에 더 의존한다. 특히 사춘기 소녀들이 심리적 처벌이라는 전략을 대단히 잘 구사한다. 이런 특성을 강조한 연구로는 뉴욕의 여자 갱단에 관한 앤 캠벨Anne Campbell의 연구들과 여성의 뒷담화 활용에 관한 타니아 레이놀즈Tania Reynolds와 로이 바우마이스터Roy Baumeister의 실험적 연구들이 있다. 두 사례 모두에서 심리적 처벌을 하도록 만든 가장 중요한 동기는 남자를 둘러싼 경쟁이었다. 경쟁 상대를 폄하하고 상대의 성격을 비난하는 것은 복수의 전형적인 방식이었다. 아마도 여성은 일반적으로 남성만큼 힘이 세지 않아서 여성들이 가하는 육체적 보복은 덜 효과적이기 때문일 것이다. 아니면 여성이 남성보다 사교술이 뛰어나기 때문에 남성들보다 효과적으로 정신적 압박을 가할 수 있어서일 수도 있다.

믿을 만한 사람을 가려내는 방법

물론 배신자를 처벌하는 것은 말이 달아난 후에 마구간 문을 닫는 것과 비슷하다. 우리의 돈이 위태로워지기 전에 누가 정직한 사람이고 누가 그렇지 않은지 판별할 수 있다면 그것이 훨씬 낫다. 정직한 사람인지 아닌지를 판별하는 하나의 방법은 그 사람의 얼굴이나 행동에서 단서를 찾는 것이다. '사람의 됨됨이는 얼굴에 새겨진다'는 고대 인도와 중국의 속담은 오래된 민간의 지혜를 보여준다. 도가의 관상(면상이라고도 한다)법은 3000년 이상의 역사를 지니고 있지만, 관상법이 가장 발달했던 시대는 11세기 북송 왕조 때였다(관심 있는 사람들을 위해 알려주면 편리하게도 관상 지침서들은 인터넷에서 구할 수 있다). 고대 철학자들 가운데 자연 세계를 가장 예리한 눈으로 관찰했다고 알려진 아리스토텔레스도 외모와 성격의 관계에 관심이 많았다. 서양에서 이런 주장이 절정에 달한 것이 19세기의 골상학이었고, 나중에는 유전학자면서 박식한 대학자였던 프랜시스 골턴 Sir Francis Galton이 인상학physiognomy에 관한 저작을 남겼다(골턴은 지문을 처음 발견한 사람이고, 우연의 일치인지 몰라도 찰스 다윈의 사촌이었다).

골상학과 인상학은 범죄자의 얼굴이 따로 있다고 주장했다. 하지만 20세기 후반에 이르자 골상학이라는 분야 자체의 평판이 나빠졌다. 초창기에 괴상한 방법으로 골상학을 응용한 사람들의 과도한 주장이 그 원인이었다.

하지만 1990년대부터 외모와 성격이라는 주제가 일부 부활했다. 그 주된 이유는 디지털 기술의 발달로 사람 얼굴의 특징을 명료하게 파악하고 표정의 메커니즘을 탐구할 수 있게 됐기 때문이다. 예컨대 최근에 네덜란드의 카르멜 소퍼르Carmel Sofer의 연구진은 디지털 기술을 활용해 진짜 얼굴들을 합성했다. 그 결과 모든 사람의 얼굴의 평균에 가장 가까운 얼굴은 신뢰가 가지만 매력은 적은 것으로 나타났다. 다른 연구에서 토니 리틀Tony Little은 사람들에게 그들 자신이 남과 협력하기를 좋아하는 성향인지 아닌지를 평가해달라고 요청했다. 그런 다음 디지털 기술을 사용해 그들의 사진을 합성해서, 협력하는 사람들의 합성(평균) 얼굴과 협력을 잘 하지 않는 사람들의 합성(평균) 얼굴을 만들어냈다. 리틀은 다른 집단에 속한 사람들에게 그 합성한 얼굴들을 보여주면서 사진 속의 사람이 남과 협력을 얼마나 잘할 것 같은지를 평가해달라고 했다. 평가자들은 사람들의 얼굴만 보고 협력을 잘하는 사람과 협력을 하지 않는 사람들을 구별하는 과제에서 예상보다 높은 점수를 얻었지만 정확도가 아주 높지는 않았다(무작위로 대답할 때보다 12퍼센트 정도 높았다). 다음 분석에서 리틀은 자신이 협력을 잘한다고 답한 남성들(여성들은 아니었다)의 얼굴이 덜 남성적일(즉 더 여성적일) 확률이 높으며 협력 성향은 활짝 웃는 얼굴과 관련이 있다는 결론을 얻었다. 이러한 결과는 남성들의 웃음과 얼굴에 나타난 감정 표현은 사회적 지배력이 낮은 것과 관련이 있으며 지배적인 위치에 있는 남성들은 활짝 웃는 일이 드물다(9장에서 설명한 대로 이런 남성들은 턱이 각지고 앞으로 돌출해 있어서일지도 모른다)는 기존의 연구 결과들과도 일치한다. 전반적으로 남성의 얼굴이 '남성적'일수록 신뢰도는 낮아졌다.

혈연관계는 어떤 사람을 신뢰할 수 있는지를 판별하는 가장 좋은 단서로 남아 있는 듯하다. 그것은 혈연 공동체가 신뢰를 강제하기 때문이다. 특히 전통적인 소규모 사회에서는 가족 공동체의 힘이 세다. 우리는 18세기와 19세기의 스코틀랜드인들에게서 혈연에 근거한 신뢰의 전형적인 사례를 발견한다. 스코틀랜드인들은 세계 어느 곳에 가든지 자신을 도와줄 사람이 필요하면 고향 마을에 연락한다. 캐나다 매니토바주에서 모피 사냥을 했던 허드슨만 회사Hudson's Bay Company는 경제적 측면에서 역사상 가장 성공하고 가장 장수한 다국적기업일 것이다(1670년에 설립된 이 회사는 350년이 지난 지금도 운영되고 있다). 이 회사의 직원들은 대부분 스코틀랜드 북쪽의 오크니제도Orkney Isles 출신이었는데, 그것은 오크니제도 사람들이 척박한 환경에서도 열심히 일하는 사람들이어서 신뢰할 수 있다고 간주됐기 때문이다. 나의 할아버지는 1890년대에 인도로 건너가셨다. 칸푸르Kanpur(당시에는 콘포어Cawnpore라고 불렸다)에서 콘포어 모직물 공장(현지에 스코틀랜드인이 소유한 여러 개의 공장 중 하나였다)의 부지배인으로 일하던 할아버지의 사촌이 일자리를 주겠다고 제안했기 때문이다. 할아버지의 고향 마을은 작고 유대가 긴밀했으며 마을 사람들 대부분이 친척 관계였다. 세찬 바람이 부는 스코틀랜드 북동부에서 난

롯가에 가만히 앉아 있다가 악당을 향해 손가락을 까딱하는 증조할머니는 가족을 하나로 엮는 힘이었고, 그 가족에 대한 의무만으로도 대다수 사람들은 자기에게 기대되는 바를 충실히 따랐다. 그래서 솔직히 말하자면, 스코틀랜드 인버네스Inverness 가문의 자손이며 콘포어 공장의 하급 관리자 중 한 명이었던 제임스 맥도널드 던바는, 말하자면, 계속해서 기대에 어긋났기 때문에 고향으로 돌려보내졌다. 하지만 그때 그는 우리와 가까운 친척은 아니었다(중간 이름은 나와 같지만)…….

우리는 가족에게 충성과 헌신이라는 기대를 품는다. 그것은 혈연 혜택과 해밀턴Hamilton의 친족 선택kin selection 이론 때문이기도 하지만 그들이 사회적으로 긴밀하게 얽혀 있기 때문이기도 하다. 핀란드 알토 대학의 마레이케 바크하트람스Mareike Bacha-Trams가 수행한 다소 복잡한 뇌 촬영 실험은 이러한 사실을 효과적으로 드러냈다. 마레이케는 두 사람을 뇌 촬영 장치에 집어넣고 똑같은 영화를 동시에 보여주면서 뇌 활동 패턴을 실시간으로 관찰했다. 그녀가 보여준 영화는 2009년 개봉한 〈마이 시스터즈 키퍼My Sister's Keeper〉였다. 실험 대상자들은 자매 중 동생인 안나가 암으로 죽어가는 언니 케이트에게 신장을 기증해달라는 부탁을 받는 장면을 20분 정도 관람했다. 안나는 부탁을 거절하고 케이트는 죽는다. 안나가 왜 신장 기증을 거절했는지는 그 장면에 나오지 않았지만, 실험 대상자들의 절반은 영화를 보기 전에 안나와 케이트가 친자매 사이라는 설명을 들었고 나머지는 안나와 케이트가 의붓자매라는 설명을 들었다. 과연 전자의 사람들이 안나의 행동에 더 큰 충격을 받았을까?

실험 대상자의 90퍼센트는 그 자매가 혈연관계인지 여부가 중요하지 않다(친자매든 아니든 자매는 자매니까)고 대답했지만, 그들의 뇌 촬영 영상은 매우 다른 이야기를 들려준다. 그 자매가 친자매라는 이야기를 들은 사람들은 그 자매가 혈연관계가 아니라는 이야기를 들은 사람들에 비해 전전두피질, 두정엽, 전측 대상회 피질ACC 등 정신화와 사교적 관계를 관리하는 영역들의 활동이 유의미하게 더 강한 상관관계를 나타냈다. 유전적 관계가 없는 의붓자매가 서로를 도와주는 일은 가까운 친구 사이에서 서로를 도와주는 것과 마찬가지로 특별히 얻을 것이 없겠지만, 혈연으로 맺어진 친자매 사이에서는 생물학적 연계가 더 큰 힘을 발휘하기 때문에 자발적으로 서로를 돕게 마련이다. 친자매가 서로를 돕지 않는다는 사실에 대한 실험 대상자들의 반응을 비유적으로 표현하자면, 그들은 안나의 행동에 함축된 놀라운 모순을 설명하기 위해 몸을 벌떡 일으킨 것과도 같았다.

물론 가까운 가족이라고 해서 항상 서로에게 이타적으로 행동하는 것은 아니다. 가족인데 돕지 않는 사람들은 아마도 서로가 극과 극이어서 사이가 좋지 않았던 경우일 것이다. 하지만 우리가 2장에서 살펴본 대로 가족은 서로가 어려울 때 도와줄 확률이 높다. 우리가 모든 것을 잃고 모두가 우리를 버릴 때도 가족만큼은 당신 곁에 있어준다. 몇 년 전 일레인 매드슨Elainie Madsen(당시에는 우리의 대학원 학생이었고, 현재는 스웨덴 룬트 대학에 있다)과 리처드 터니Richard Tunney(당시에는 젊은 박사후 연구원이었고, 현재는 애스턴 대학의 심리학과 학장이다)는 심리학자 헨리 플롯킨Henry Plotkin과 내가 해밀턴의 친족 선택 이론을 검증하기 위해 설계한 실험을 수행했다. 이 실험의 아이디어는 우리와 협력 관계인 조지 필드먼George Fieldman이 대학원생이었던 시절에 생각해낸 것이다. 실험 대상자들은 로만 체어(7장을 참조하라) 자세를 최대한 오래 유지해야 하고, 유지한 시간에 비례하는 현금 보상을 받았다. 로만 체어 자세는 시간이 갈수록 고통이 가중되기 때문에 시간이라는 단순한 척도로 그들이 참아내는 고통의 양을 측정할 수 있다. 이 실험의 중요한 특징은 실험 대상자들이 과제를 수행할 때마다(보통은 하루에 한 번만 수행했다) 그들이 획득한 돈이 그들 자신에게 지급되기도 하고 친척 또는 친구에게 지급되기도 했다는 것이다. 우리는 이 실험을 다섯 번 반복했다(영국에서 3회, 남아프리카 줄루족에게 2회). 실험을 진행할 때마다 대상자들이 감내하는 고통의 양은 혜택이 돌아갈 사람과의 관계와 밀접한 관련이 있었다. 대략적으로 말하면 아주 가까운 친구는 사촌과 비슷했고(다시 말하자면 부모, 형제자매, 조부모보다는 점수가 훨씬 낮았다), 아동 자선 단체는 일관되게 점수가 가장 낮았다. 그리고 사람들은 자기 자신이 수혜자일 때 가장 오래 버텼다(이타성 이야기는 이제 그만해야겠다).

이 실험에서 얻은 데이터를 자세히 보니 2가지 흥미로운 사실이 발견됐다. 첫째, 대상자들이 경험했다고 답한 고통의 강도는 그들이 실제로 그 자세를 취하고 있었던 시간과 상관관계를 나타냈다. 그들은 자신이 하는 행동의 의미를 알고 있었고, 실험의 수혜자가 특정인일 때는 그들 자신이 다른 사람들에게 했던 것만큼 열심히 해주지 않았다는 사실도 알고 있었다. 둘째, 우리는 동종선호 효과를 확인하기 위해 대상자들에게 실험의 수혜자와 어떤 공통점이 있는지를 일일이 물어봤지만, 그들과 수혜자의 관계를 가장 잘 예측하는 지표는 10대 청소년기에 함께 보낸 시간의 양이었다. 앞에서도 언급했지만 긴밀한 유대가 만들어지려면 시간이 반드시 필요하다.

반사회적인 사람들의 특징

무임승차자와 배신자를 처리하는 규칙에 대해서는 충분히 설명한 것 같다. 그런데 우리가 사는 세계는 얼마나 오염되어 있는가? 정말로 약육강식이 세상을 지배하는가? 그럴싸한 말만 늘어놓는 영업사원과 사기꾼들이 우리에게서 셔츠 한 장까지 벗겨 가려고 기회를 노리고 있는가? 문명사회가 부과하는 공동의 규칙 덕분에 대부분의 사람은 아주 심한 범죄로부터는 보호받고 있지만, 그래도 어떤 사람들은 이익을 위해 넘어서는 안 될 선을 넘으려 한다. 영리한 사람들은 선을 살짝 넘으면서도 문제를 일으키지 않을 수도 있지만, 어떤 사람들은 자제하지 못하고 법의 경계선을 넘어가게 된다. 우리는 이런 사람들을 반사회적인 사람으로 분류하고, 극단적인 경우에는 사이코패스나 소시오패스로 판단한다. 그럼에도 불구하고 이 소수의 사람들이 파괴적인 행동을 한다는 사실은 반사회적 행동의 기원에 관한 여러 편의 연구를 탄생시켰다. 이 연구들은 다른 사람을 무조건 신뢰하지는 말아야 하는 이유를 생각해보게 해준다.

케임브리지 대학의 범죄학자 데이비드 패링턴David Farrington은 런던에 사는 8세부터 61세 남성 400명을 추적한 결과, 10대 청소년 시절에 폭력적 행동을 했던 사람들은 다음 10년과 그 다음 10년에도 계속 그런다는 사실을 발견했다. 어린 시절의 위험 요인들 가운데 성인이 되고 나서도 폭력적일 것을 예측하는 중요한 요인들은 다음과 같았다. 높은 위험 감수 성향, 평균보다 낮은 IQ(특히 언어 지능), 가정불화, 부모의 가혹한 훈육, 과잉행동(예를 들면 ADHD), 구성원 수 많은 가족. 노출되는 위험 요인의 수가 늘어날수록 나중에 그 아이가 폭력으로 감옥에 가게 될 확률은 높아진다. 데이비드 패링턴은 이러한 선행 요인들만으로 어떤 사람이 범죄를 저지르게 되지는 않는다는 점도 예리하게 지적했다. 폭력적 행동의 원인이 되는 어떤 사건이 일어나려면 권태, 분노, 음주, 절망, 남성 동료들의 충동질과 같은 어떤 유발 인자들이 있어야 한다. 이런 사람들은 이성적으로 행동하려고 노력하기도 하지만 십중팔구는 분노를 조절하지 못하거나, 술을 잔뜩 마시거나, 아니면 술에 취해 분노 조절을 못 한다. 앞에서도 언급했지만 평화로운 사회를 위해서는 우세 행동을 억제하는 능력이 정말 중요하다. 물론 폭력적 행동은 딱 한 번 일어난 불행한 사건이 아니다. 대개의 경우 폭력적 행동은 끊임없이 비행을 저지르고 사소한 규칙 위반을 하면서도 한 번도 법정에 서지 않았던 경험에서 비롯된다.

부부 연구자인 테리 모피트Terrie Moffitt와 애브샬롬 카스피Avshalom Caspi는 반사회적 행동에 관한 또 한 편의 상징적인 연구를 진행했다. 그들은 더니든 연구Dunedin Study의 데이터를 사용해 남성과 여성에게서 각각 반사회적 행동을 예측하는 것이 가능한지를 탐구했다. 조사 결과 반사회적 행동은 여성보다 남성에게서 더 많이 나타났다. 하지만 남성이든 여성이든 그런 행동을 하는 사람의 특징은 같았다. 그들은 어린 시절에 학대를 당한 경험이 있었고, 모노아민 산화효소

A(MAOA)라는 특정한 대립유전자를 가지고 있었다. 모노아민 산화효소 A는 세로토닌, 도파민, 노르에피네프린을 분해하는 효소를 만든다. 그리고 세로토닌, 도파민, 노르에피네프린은 사회적 행동을 조절하는 물질이다. 모피트와 카스피는 반사회적 행동뿐 아니라 각종 행동장애conduct disorder도 부정적 감정negative emotionality(모든 것을 부정적으로 바라보고 다른 사람들의 동기를 의심하는 경향. 즉 정신화 능력의 부족)과 자제력(억제) 부족의 결합으로 설명 가능하다는 결론에 도달했다. 이 연구에 따르면 행동과 관련된 2가지 이형(반사회적 행동과 행동장애)의 대다수(각각 98퍼센트와 78퍼센트)는 부정적 감정 성향과 자제력 부족(둘 다 유전적 요인이다)으로 설명 가능하다. 사실 부정적 감정과 자제력이 행동을 결정하는 중요한 요인이라는 결론은 아주 놀라운 것은 아니다. 우리도 6장에서 사회적 관계를 관리하는 데 이 능력들이 얼마나 중요한가를 살펴보지 않았던가.*

후속 연구에서 테리와 애브샬롬은 더니든 연구의 표본에 포함된 성인들의 3분의 2 정도에 해당하는 사람들의 뇌를 촬영했다. 이를 통해 어린 시절의 반사회적 행동이 성인이 되고 나서도 이어진 사람들은 어린 시절에만 반사회적 행동을 하고 성인이 되어서는 그런 행동에서 벗어났거나 한 번도 반사회적 행동을 나타내지 않은 사람들에 비해 대뇌피질 대부분의 영역이 부피가 작다는 사실을 밝혀냈다. 의미심장하게도 그들이 뇌 조직을 적게 가지고 있는 영역들 중 다수

---

* 더니든 연구는 1972~73년 뉴질랜드의 도시 더니든에서 태어난 1000명 이상의 신생아를 대상으로 하는 종적 연구였다. 대상자들을 장기 추적하면서 몇 년에 한 번 조사를 실시했다.

는 사회적 행동을 관리하는 영역과 일치했다. 정신화 네트워크가 위치한 전전두피질, 측두엽, 측두두정 접합도 여기에 포함된다. 성인이 되고 나서도 반사회적 행동을 했던 사람들은 특히 행동 억제 능력과 관련 있는 후두극이 특별히 작았다. 이것은 유전적 성향(아쉽게도 이런 사람들을 그들의 형제나 다른 가족과 비교한 연구는 아직 없다)일 수도 있고 어린 시절에 질병, 굶주림, 사회적 경험의 부족 등을 오래 겪어 발달 과정에 어떤 이상이 생겨서 뇌가 제대로 발달하지 못해서일 수도 있다. 질병과 굶주림, 사회적 경험의 부족은 다 뇌의 성장을 막는 요인이다.

반사회적인 사람들의 행동에 대처하는 것은 인류 사회의 오랜 고민이었다. 법원과 경찰이 없는 소규모 사회에는 유난히 파괴적인 사람들이 있게 마련이고 이들을 다루기는 쉽지 않았다. 역사 속의 수많은 소규모 사회들처럼 중세 초기 아이슬란드의 노르만족(바이킹) 사회도 공동체 내부의 폭력에 시달렸다. '베르세르크berserk(광인이라는 뜻. 이 단어에서 '광분하다'라는 뜻의 go berserkd라는 영어 표현이 생겨났다)'로 불리는 사람들은 늘 말썽을 일으켰다. 베르세르크는 전쟁터에서 용감무쌍한 모습과 뛰어난 기량을 보여준다고 알려져 있었으며, 둔갑술을 구사한다는 이야기도 있었다. 소문에 따르면 베르세르크들은 늑대처럼 사나운 동물로 변신할 수 있고, 때로는 마법의 약을 마시고 변신한다고 했다. 이들은 항상 공포의 대상이었다. 특히 이들은 화를 잘 내고, 폭력을 휘두르고, 무시무시한 싸움꾼이고 자기 자신에게 심하게 집착하는 등 소시오패스의 특징을 많이 가지고 있었다. 북유럽의 신화인 〈에길의 사가Egilssaga〉에 나오는 가문의 반영웅

anti-hero 에길 스칼라그림손이 그 대표적인 예다. 공동체의 다른 구성원들로부터 땅과 자원을 빼앗기 위해 에길이 저지른 무차별적 폭력과 살인은 공포 전술이라는 말로밖에 설명할 수 없다. 사람들은 베르세르크를 무서워했다.

베르세르크의 증거는 아이슬란드의 모험담에 기록된 여러 건의 살인 사건에 대한 분석에서 찾아볼 수 있다. 노르만의 관습법에 따르면 살해당한 사람의 가족은 살인자(또는 살인자의 가족 중 1명)를 죽이는 복수 살인의 권리 또는 살인자에게서 목숨 값을 받아낼 권리를 주장할 수 있다. 대개의 경우 희생자의 가족은 복수 살인을 선택한다. 하지만 그 살인자가 유명한 베르세르크인 경우 희생자의 가족들은 무조건 목숨 값을 받고 타협한다. 베르세르크들은 너무 위험한 존재였으므로 그들을 죽이겠다고 나설 수가 없었던 것이다. 베르세르크의 가족 중 1명을 죽이더라도 보복이 뒤따를 것이고, 그 보복은 50년 넘게 계속되는 피의 복수전으로 바뀌어 무고한 남자들이 수없이 목숨을 잃게 된다. 그런 사례 중 하나가 〈니얄스 사가Njalssaga〉에 묘사되어 있다. 10세기 후반 내내 한 마을 전체가 복수전에 휩싸였고, 결국에는 복수전에 가담한 23개 집안의 성인 남자의 3분의 1이 죽고 말았다. 4개 집안은 성인 남성을 모두 잃어버렸다.

우리는 스웨덴 바이킹 시대의 역사를 전문적으로 연구하는 룬트 대학의 안나 발레테Anna Wallette와 함께 북유럽의 모험담에 등장하는 인물들의 가계도를 분석해서 베르세르크들의 행동이 자손의 수(자손 수는 생물학적 적합도의 척도가 된다)라는 측면에서 그들에게 유리했는지 아닌지를 알아봤다. 그 결과 평균적으로 베르세르크들은 폭력적이지 않은 사람들보다 손주를 더 많이 남겼다. 비록 베르세르크들 자신은 격분한 마을 주민들의 손에 죽임을 당하는 것으로 생을 끝마치기도 했지만, 그들의 명성과 그들이 살아 있는 동안 해주는 보호는 그들의 남자 친척들이 마을의 다른 사람들에게 살해당할 위험을 줄여주었던 것 같다. 베르세르크들은 철저히 이기적인 행동을 했는데도 그런 행동이 가까운 친척들의 재생산에 도움이 됐다는 사실은 역설적이다. 진화생물학에서는 이런 현상을 친족 선택이라고 부른다. 친족 선택은 유기체들이 자기 자신을 복제하거나 자기와 같은 유전자(유전자들)를 가진 친족의 재생산을 촉진함으로써 자기 유전자의 복제본을 다음 세대로 전달한다는 개념이다.

여기서 우리는 사람들이 폭력을 휘두르고도 처벌받지 않고 오히려 이익을 얻을 경우 사람들은 폭력에 의존하게 될 것이라는 교훈을 얻는다. 어떤 사람들은 태어날 때부터 이런 행동을 하도록 하는 유전자를 가지고 있었고, 또 어떤 사람은 어린 시절에 폭력적인 행동의 효과를 알게 되어 그 후로 계속해서 남을 괴롭혔을 것이다. 누구나 한 번쯤은 그런 사람들을 만난 적이 있을 것이다. 힘으로 남을 괴롭히는 깡패나 폭력배 같은 사람들. 생각만 해도 무섭다. 그런 사람들이 누군가와 좋은 친구가 되는 일은 드물고, 우리는 결코 그들을 신뢰할 수 없다. 그래도 우리는 그들과 함께 살아가는 법을 배워야만 한다.

이 장의 과제는 우리의 인간관계와 사회가 제 기능을 수행하도록 하는 신뢰의 역할을 알아보는 것이었다. 사람들을 하나하나 검증할 시간이 없기 때문에 우리는 대다수 사람들이 정직하게 행동할 것이라고 믿어야 한다. 그래서 우리는 부담을 줄이기 위해 신뢰로 가는 지름길을 이용하지만, 간혹 실수를 하기도 한다. 다음 장에서는 연애라는 특별한 경우에 관해 알아보려고 한다. 연애는 너무나 강렬한 관계라서 연애에 관한 모든 것은 과장되기 쉬우며, 바로 그 때문에 연애 관계에 관한 논의는 우정의 역학에 귀중한 통찰을 준다.

12장

연애는 우정에 대해
무엇을 알려줄 수 있을까

"하지만 한 가지에 대해서는 남녀의 선호가 일치했다.
그것은 책임의 중요성이었다. 이 점은 우정과 마찬가지다.
특히 장기적 동반자 관계를 평가할 때 정직과 겸손을 중요하게 고려했다.
여기서 정직은 과거에 애인에게 얼마나 충실했는지로 측정했으며
신뢰도, 즉 헌신의 정도를 결정한다고 해석됐다."

인간이 경험한 모든 관계 중에 연애만큼 강렬한 것은 일찍이 없었다. 연애는 신기하고 경이로운 것으로서 어느 시대에나 시인, 철학자, 왕과 왕비, 나아가 미천한 백성들을 괴롭혔다. 난데없이 우리의 온몸에 변화가 찾아오고, 우리의 정신은 상대에게 푹 빠져서 더 이상 자기 운명의 주인이 되지 못한다. 연애의 신호는 놓칠 수가 없다. 꿈꾸는 듯한 행동, 사랑하는 사람과 항상 함께 있으려는 욕구, 상대의 변덕에 기꺼이 맞춰주려는 태도, 그리고 다른 모든 사람과 모든 일에 대한 무관심. 모든 사람이 최고조의 경험을 하는 것은 아니지만, 연애는 충분히 일반적이고 어느 나라에서나 찾아볼 수 있기 때문에 웃음, 눈물과 함께 인간의 보편적인 경험이 되기에 손색이 없다. 연애 관계는 특별하기도 하지만 우정과 동일한 평가와 분석의 과정을 거치고, 우정과 똑같이 신뢰에 의존하며, 어떤 일로 실망을 하게 되면 우정과 똑같이 흔들리고, 우정과 마찬가지로 더 나은 사람이 나타나면 버림받을 위험도 있다. 이제부터 연애가 우정에 관해 무엇을 알려줄 수 있는지 알아보자.

밀고 당기기

저명한 인간 행동학자인 카를 그라머Karl Grammer는 인간의 짝 선택 행동을 전문적으로 연구한 사람이다. 그는 구애 행동을 여러 개의 구두점이 찍히는 평가의 과정으로 이해하자고 말한다. 일련의 결정 지점들이 나오고, 결정 지점과 지점의 사이는 안정기에 해당한다. 안정기에 우리는 상대와 더 가까워지는 다음 단계로 넘어갈지, 아니면 너무 많은 것을 약속하기 전에 빠져나올지를 고민한다. 우리는 거리 신호distance signal를 주고받는 데서 시작해서, 천천히 하지만 확고하게, 점점 가까이 다가가면서 상대의 내밀한 곳까지 다 평가한다. 처음에는 상대의 외모가 어떤지를 본다. 상대는 춤을 추거나 놀 때 얼마나 멋진가? 상대가 최초의 시험을 통과하면 우리는 상대와 더 많은 시간을 보내기로 하고 상대의 말, 후각, 미각에 기초해 모든 단서를 평가한다. 최종적으로는 상대에게 헌신하게 된다. 각 단계에서 우리는 잠시 멈춰 서서 다음 단계로 넘어갈지 말지를 판단한다.

우리는 무엇을 근거로 이런 결정을 내릴까? 남성과 여성은 관심사가 크게 다르기 때문에 연애 상대를 평가할 때도 서로 다른 단서에 집중한다. 아니, 정확히 말하면 남성과 여성 모두 똑같은 일련의 단서들에 관심을 가지지만 그 단서들의 무게는 다르게 느낀다. 우리는 실험실을 진공 상태로 만들어놓고 사람들에게 선호도를 평가해달라고 요청할 수는 없었다. 그래서 우리는 이 질문의 답을 얻기 위해 '론리 하트Lonely Hearts' 광고를 활용했다. 이 광고는 사람들이 실제로 연애 상대에게 무엇을 바라는가를 깔끔하게 요약해서 보여준다. 그리고 그런 광고를 내려면 꽤 큰 돈을 내야 하기 때문에 내용이 가벼울 것 같지도 않았다. 론리 하트 광고는 일반적으로 '찾습니다'와 같은 단어를 사이에 두고 지면이 둘로 나뉜다. 보통은 광고주가 자신에 관한 정보를 구체적으로 제공하고, 다음으로 그가 원하는 애인의 특징을 서술한다. 전형적인 광고는 다음과 같은 형식이다. "콘서트와 교외 산책을 즐기고 재미를 추구하는 30세 여성이 정직하고 믿음직한 30~45세 동반자를 찾습니다. 술도 마약도 하지 않는 분을 원합니다" 이 광고들이 연구에 이상적인 이유는 짝의 특징을 설명하기 위해 사용된 단어들의 수를 보고 광고를 낸 사람이 그 특징을 얼마나 중요시하는가를 알아낼 수 있기 때문이다.

보구슬라프 파블로프스키Boguslaw Pawlowski(현재 브로츠와프 대학 교수이자 폴란드 진화인류학의 대가)는 우리 연구팀을 찾아온 손님이었는데, 우리가 개인들의 광고를 분석해서 정말로 흥미로운 프로젝트를 만들어보자고 설득하자 그는 선뜻 동의했다. 그의 분석을 통해 밝혀진 사실은 다음과 같았다. 첫째, 남성과 여성은 서로가 원하는 바를 잘 알고 있으며 서로의 요구에 맞춰주려고 한다. 광고를 내는 여성(남성)들은 광고에서 남성(여성)이 많이 요구하는 조건들을 자기소개에 가장 많이 쓴다. 남성과 여성 모두 연령을 불문하고 시장에서 자신들의 상대적인 지위에 잘 적응하고 있었으므로 그들이 요구하는 수준은 그들의 상대적 인기와 거의 일치했다. 아니, 시장에서 자신의 위치를 다소 과대평가하는 40~50대 남성들만 빼고. 나는 말을 아끼겠다.

광고 분석 결과에서 또 하나 눈에 띄는 사실은, 여성은 일반적으로 자신에 관한 이야기는 적게 하고 상대에게 기대하는 바를 더 많이 이야기한다는 것이다. 남성의 광고는 대체로 그 반대였다. 여성들의 요구가 더 많다는 사실은 지극히 원초적인 생물학적 원리와 관련이 있다. 유태반류 포유동물의 진화 초창기에 암컷이 임신과 수유(유태반류 포유동물의 2가지 주요한 특징)의 짐을 전부 짊어지면서, 임신과 수유의 과정에서 수컷은 제한적인 역할만 간접적으로 하게 됐다. 그 결과 암컷과 수컷은 생물학적 적합도(그들이 남길 수 있는 자손의 수)를 극대화하기에 가장 적합한 방향으로 분화했다. 적합도를 높이는 것이 진화의 엔진이니까. 조류와 달리 포유류의 암컷들은 다른 수컷과 짝짓기를 더 해도 자손이 늘어나지 않기 때문에, 자기가 얻을 수 있는 가장 좋은 유전자를 얻고 새끼를 양육하기에 가장 좋은 환경을 확보하는 일에 최선을 다한다. 반대로 포유동물 수컷들의 입장에서는 자손 양육의 과정에서 도울 일이 거의 없으므로(개과 동물은 예외), 수컷들이 자신의 적합도를 높이는 유일한 방법은 더 많은 암컷과 짝짓기를 하는 것이다. 이것은 사실상 질과 양 사이의 타협이다.

그 결과 중 하나는 포유동물 암컷과 수컷이 생산하는 자손 수의 평균은 똑같을 수밖에 없는데도 암컷보다 수컷들이 만드는 자손의 수가 훨씬 많은 차이를 보인다는 것이다. 암컷보다 수컷이 재생산에 실패하는 경우가 더 많고, 아주 많은 수의 자손을 생산하는 경우도 암컷보다 수컷이 더 많았다. 문제는 착상을 했다가 잘못되면 암컷이 더 많은 것을 잃는다는 점이다. 여기서 짝 찾기 전략의 중요한 특징 하나가 생겨난다. 포유동물 암컷들은 항상 수컷들보다 더 까다롭다는 것이다. 이런 특징은 인간에게서는 물론이고 다른 포유동물들에게서도 발견된다. 여성들은 짝이 될 가능성이 있는 남성에게 부와 지위의 단서(좋은 직업과 통장 잔고로 표현된다. 전문직이면 더 좋다), 충실성의 단서('애정이 풍부한' , '낭만적인', '인내심 많은', '바람기가 없는'), 그리고 문화적 관심(음악, 춤, 소설, 여행, 취미, 정치·종교적 견해)을 요구한다. 이 단서들은 우리가 10장에서 살펴본 '우정의 일곱 기둥'과 상당 부분 일치한다. 남성들은 이런 단서들을 제공하지만 여성에게 이런 단서들을 요구하는 일은 드물다. 남성이 일관되게 구체적으로 요구하는 사항은 짝이 될 사람의 연령(언제나 젊은 여성을 선호한다)과 육체적 매력의 단서들이다. 여성들은 자신의 광고에 항상 육체적 매력을 언급한다('아담하고', '매력적이고', '명랑한', '예쁜', '옷을 잘 입는'). 여성 역시 남성의 육체적 매력에 관한 이야기를 하긴 하지만, 놀랍게도 여성들의 광고에는 육체적 매력의 단서를 원한다는 언급은 거의 없었다.

부, 그리고 부에 수반되는 사치의 단서들은 인간의 재생산에서 중요한 역할을 한다. 부와 사치는 여성이 양육 과정에서 사용하는 자원을 제공하기 때문이다. 세계 각지의 전통 사회에서는 자원에 접근 가능한 여성이 그렇지 못한 여성에 비해 자손의 생존율이 높고 재생산 게임에서도 더 좋은 성적을 거둔다. 이러한 현상은 19세기 유럽의 농노에서부터 아프리카의 목축 농민에 이르기까지 다양한 공동체에서 발견된다. 현대 영국 사회에서도 이 법칙은 성립한다. 아동의 사회경제적 지위가 높을수록 그 아동이 아동기에 사망할 확률은 낮아지고 사회적, 경제적 기회는 많아진다. 부는 재생산에 정말 중요하기 때문에, 남자들은 부를 축적해놓았다가 짝을 선택할 때 자신에게 유리하게 활용하려고 한다. 그래서 자기 과시는 남성들의 행동에는 물론이고 남성들의 광고에도 나타난다. 하지만 남성들이 자신의 부를 직접 언급하는 일은 거의 없다. 대신 남성들은 부의 단서들을 살짝 보여주며 유혹한다. '나는 이렇게 비싼 손목시계, 수제 구두, 고급스러운 맞춤 양복, 최고급 자동차를 구입할 수 있다'는 신호를 보내는 것이다. 심지어 우리가 찾아낸 농부들의 결혼 예물 중에는 트랙터도 있었다.

잠깐이지만 휴대전화가 이 범주에 포함되던 때도 있었다. 1990년대 초반에 기차 여행을 많이 했던 나는 남자 승객들이 자리에 앉자마자 자기 앞에 휴대전화를 내려놓는다는 사실을 알아차렸다. 여자들도 휴대전화를 가지고 있긴 했지만(여자들도 휴대전화가 울릴 때마다 바로 받았다) 그들은 휴대전화를 가방에서 꺼내놓지 않았다. 말이 나온 김에, 이때는 휴대전화가 비싼 물건이었고 귀했다. 휴대전화를 가지고 있다는 것은 상대적으로 부유하다는 신호였고, '나는 어디서든 전화를 받아야 할 정도로 중요한 인물'이라는 표시였다. 그것은 내가 언젠가 연구를 해봐야겠다고 생각하며 마음속에 저장해둔 우연한 발견들 중 하나였다. 실제로 그런 연구를 해볼 기회는 몇 년 후에 휴렛패커드 사의 의뢰로 휴대전화 사용에 관한 연구를 하고 있던 중에 찾아왔다. 나는 박사후 연구원이었던 존 라이셋John Lycett을 설득해서 술집에서 며칠 동안 사람들을 관찰해보라고 했다. 라이셋은 남자들이 여자들보다 자기 앞에 휴대전화를 꺼내놓는 경우가 훨씬 많다는 것을 발견했다. 그 테이블에 여성의 수가 적을수록 남성들이 휴대전화를 꺼내놓거나 일부러 휴대전화를 만지작거리거나 어딘가에 전화를 걸 확률은 높아졌다. 다시 말해서 여성들을 차지하기 위한 무언의 경쟁이 뜨거워질수록(여성 수에 비해 남성의 수가 많아질수록) 남성들은 자신의 휴대전화로 주의를 끌려고 했다. 그들은 마치 암컷 공작이 지나갈 때 수컷이 깃털을 뽐내는 것과 똑같은 행동을 하고 있었다.

아마도 여성에게 나이는 육체적 매력을 간접적으로 나타내는 가장 중요한 지표일 것이다. 그래서 남성들은 항상 동일한 연령대(20대 중반)의 여성을 찾는다. 반면 여성들은 자신보다 3~5세 연상의 남성을 찾는다. 여성의 연령과 육체적 매력은 임신 가능성을 직접적으로 나타내는 단서이다. 남성의 경우 생식 능력은 연령과 무관하지만 부는 나이가 들수록 조금씩 증가한다(영국 국가 통계에 따르면 그렇다). 내가 보구슬라프 파블로프스키와 함께 론리 하트 광고를 분석한 결과, 남성들의 여성에 대한 관심(특정 연령대의 여성을 원한다고 밝힌 남성의 수와 광고를 게시한 특정 연령 여성의 수 비율)은 여성의 자연 생식력에 비례했다. 남성의 관심은 여성의 나이가 20대 중반일 때 정점에 도달했다가 서서히 감소했다. 반대로 여성이 자신보다 나이 많은 남성을 선호하는 현상은 나이가 들수록 사망 위험이 높아지고 재산이 늘어난다는 사실을 절충한 결과로 보인다. 우리는 영국 국가 인구 통계를 활용해서 여성이 실제로 부와 사망 위험이라는 2가지 고려 사항 사이에서 최적의 균형을 찾으려 했다는 사실을 입증할 수 있었다. 여성들은 30대 중반에서 후반의 남성들을 가장 선호했다.

일상적인 대화에서나 통계에서나 여성이 중요하게 생각하는 또 하나는 키였다. 여성은 키 큰 남성을 훨씬 좋아했다. 키 큰 남성들은 일상생활에서도 더 큰 성공을 거뒀다. 티모시 저지Timothy Judge와 대니얼 케이블Daniel Cable이 연봉 격차에 관한 여러 편의 연구를 검토한 결과, 연령 및 고용 형태 같은 다른 변수들을 통제했을 때 사람들의 키가 1인치(약 2.5센티미터) 커질 때마다 연봉이 800달러 가까이 높아진다는 결과를 얻었다. 이러한 결과는 다양한 직업군에서 공통으로 나타났고 특히 남성들에게서 두드러졌다(여성들은 이런 효과가 뚜렷하지 않았다). 보구슬라프와 내가 폴란드의 의료용 데이터베이스를 토대로 키가 짝 찾기에 미치는 영향을 알아봤더니, 키 큰 남성들은 작은 남성들보다 결혼할 확률이 훨씬 높았고 결혼할 경우 자녀가 더 많았다. 우리가 이런 결과를 발표해서 불가피하게 언론의 주목을 받게 되자, 지중해 동부의 어떤 나라에 사는 남자는 나에게 전화해서 1시간 동안 화를 냈다. 그는 자신이 키가 작지만 자신이 원하는 여자들과 얼마든지 섹스를 할 수 있다고 했다. 나는 1) 그가 결혼을 했는지, 2) 그에게 자녀가 있는지, 3) 그가 부유한지를 물어보고 싶은 마음이 간절했다. 하지만 그는 우리의 연구가 자신의 명예를 훼손했다며 매우 공격적이었다. 나는 그가 대량살상 무기를 휘두르며 우리 연구실로 쳐들어올 것이 두려워서, 그냥 전화기에 대고 힘차게 고개를 끄덕이면서 '성공적인 인생을 사신다는 이야기를 들으니 정말 기쁘다'는 대답을 반복했다.

폴란드의 의료용 데이터에서 특별히 흥미로웠던 점은 그 데이터가 제2차 세계대전 직후부터 시작된다는 점이었다. 폴란드는 전쟁 중에 수많은 남성을 잃었기 때문에 전쟁이 끝났을 때 성비의 왜곡이 심각했다. 수백만 명의 여성이 남편감을 찾지 못할 판이었다. 우리가 데이터를 10년 단위로 나눠 살펴보니, 키 큰 남성에 대한 선호(결혼할 확률로 표현된다)는 원래 0에 가까웠다가 10년씩 지날 때마다 성비가 서서히 정상으로 돌아오면서 점점 강해졌다. 전쟁 직후 10년 동안 여성들은 선택의 여지가 없었고 남자의 키가 크든, 작든, 중간이든 간에 붙잡을 수 있는 사람과 결혼해야 했다. 1970년대에 이르자 폴란드 여성들에게 선택권이 생기면서 키 작은 남자들이 차별을 당하기 시작했다. 그런데 여성에게는 이 명제가 적용되지 않는 것 같았다. 오히려 키 큰 여성은 결혼에서 불리했다. 패션 업계는 대놓고 키 크고 날씬한 모델을 선호하지만 남성들은 키 작은 여성을 선호하는 듯하다. 키 작은 여성은 생식력이 좋고 아이도 많이 낳는 경향이 있다.

여성이 일시적 선호 이상의 관심을 나타내는 또 다른 단서로 위험 감수와 자기 과시가 있다. 특히 젊은 남성들은 위험을 추구한다. 사춘기 소년들은 위험한 행동(과속 운전, 약물 복용, 위험한 스포츠)을 많이 하기 때문에 같은 연령대의 소녀들보다 사망률이 훨씬 높다. 위험 감수 성향은 유전자의 질에 관한 신호를 보내는 것으로 짐작된다. 위험한 행동을 하는 남성들은 이렇게 말하고 있는 것과 같다. '나를 봐라. 내 유전자는 우수하기 때문에 내가 이렇게 위험한 행동을 해도 아무렇지도 않다.' 이처럼 짝짓기에서 유리해지기 위해 죽음의 도박을 하는 행동은 동물의 세계에서는 흔하며, 이런 현상을 처음 발견한 이스라엘의 조류학자 아모츠 자하비Amotz Zahavi의 이름을 따서 '자하비의 불리한 조건 이론Zahavi's Handicap Principle'이라고 부른다. 가장 널리 알려진 예로 공작이 있다. 길게 이어지는 공작의 눈꼴무늬는 '내가 얼마나 아름다운지 보여줄게'보다는 '내가 이렇게 눈에 잘 띄는 무늬를 가지고 있는데도 워낙 잘 날기 때문에 적을 피할 수 있다'고 말하는 것에 가깝다. 이런 과시 행동이 의미를 지니려면 실제로 위험이 따라야 하고 일부 수컷들이 위험에 빠지기도 해야 한다. 어떤 10대 소년들은 그런 대가를 치른다.

여자들이 '나쁜 남자'에게 매력을 느끼는 이유도 여기에 있는 것 같다. 수전 켈리Susan Kelly의 간단한 삽화 연구vignette study도 이 점을 강조하고 있다. 켈리는 실험 대상자들에게 어떤 사람에 관해 묘사한 짧막한 글을 보여주고 그 사람이 하룻밤 섹스 상대로 적합한지, 아니면 평생의 동반자로 적합한지를 평가해달라고 했다. 그 결과 여성들은 하룻밤 상대로는 이타적이고 위험을 회피하는 남자들보다 용감하고 위험을 추구하는 남자들을 선호했다. 하지만 장기적인 동반자로는 이타적인 남성을 선호했다. 우리의 예상과 일치하는 결과였다. 질 좋은 유전자를 가진 남성에게서 유전자를 얻고, 장기간 아이를 양육할 때는 안전한 남성에게 의지하는 전략이다. 물론 이 전략에도 문제는 있다. 다른 남자의 아이일 수도 있는데 두 번째 유형의 안전한 남성을 어떻게 설득할 것인가?

요점은 짝에 관한 결정을 할 때 여성이 남성보다 훨씬 복잡하다는 것이다. 남성의 입장에서는 어떤 여자든 괜찮다고 주장하려는 것은 아니다(남자들도 여자가 젊을수록 좋아하니까). 하지만 남성들은 1차원적인 세계에 살기 때문에 비교적 간단한 결정을 한다. 그래서 일부다처제를 허용하는 모든 사회에서 남성들은 거의 똑같은 연령대의 여성(젊은 여성)들과 계속 결혼을 한다. 반면 여성들은 다양한 이해관계의 균형을 맞추려고 애쓰는데, 이 이해관계들은 때때로 서로 충돌한다. 그래서 여성의 결정은 더 복잡해지고 불완전해진다. 여성들은 절대로 완벽한 배우자를 찾을 수가 없으므로 현실과 타협해야 한다.

하지만 한 가지에 대해서는 남녀의 선호가 일치했다. 그것은 책임의 중요성이었다. 이 점은 우정과 마찬가지다. 우리의 론리 하트 광고 연구에서 남성과 여성은 동일한 빈도로 '책임'을 언급했다. 물론 여성들이 책임감을 원하는 비율이 남성들보다 2배 높긴 했지만. 저스틴 모길스키Justin Mogilski의 연구진은 실험 대상자들에게 성격이 다른 사람들에 관한 짧은 일화를 들려주고 그들이 일시적 동반자와 장기적 동반자로서 어떨지를 평가하도록 했다. 그러자 남녀 모두가 다른 어떤 요소들보다도 정직과 겸손에 높은 점수를 주었다. 특히 장기적 동반자 관계를 평가할 때 정직과 겸손을 중요하게 고려했다. 여기서 정직은 과거에 애인에게 얼마나 충실했는지로 측정했으며 신뢰도, 즉 헌신의 정도를 결정한다고 해석됐다.

10장에서 살펴봤듯이 친구 관계는 동종선호의 지배를 받는다. 이른바 유유상종 효과다. 흔히 연애에서는 서로 반대인 사람들끼리 끌린다고 이야기하지만, 실제로 이런 주장을 뒷받침하는 증거는 분명하지 않다. 패트릭 마키와 샬럿 마키Patrick and Charlotte Markey의 연구에서는 1년 이상 연애를 하고 있는 사람들을 대상으로 조사한 결과 그들이 현재의 연애에 얼마나 만족하는가를 가장 잘 예측하는 변수가 성격의 유사성이라는 사실을 발견했다. 관계에 대한 만족도가 가장 높은 경우는 두 사람의 애착 유형이 비슷할 때였다. 하지만 지배의 상호보완(한쪽은 지배하는 성향이고 다른 쪽은 순응하는 성향일 때) 역시 관계의 만족도에 기여하는 것으로 나타났는데, 이러한 결과는 관계의 미세한 작동 방식이라는 측면에서 중요한 암시를 한다. 둘 다 지배하는 성향일 때는 연애 관계가 매끄럽지 않았다. 이와 비슷한 예로서 캐슬린 보Kathleen Voh와 로이 바우마이스터가 미국과 네덜란드에서 친구들, 연인들, 부부들을 각각 비교한 결과 관계에 대한 만족도(상대를 용서하려는 의지, 애착의 안정성, 순응, 건강하고 헌신적인 애정, 일상적인 상호작용의 원활함, 갈등의 부재, 거절당하는 느낌의 부재)를 가장 잘 예측하는 변수는 자기조절 능력 수준의 일치였다. 따라서 동종선호는 우정의 성공을 뒷받침할 뿐만 아니라 연애의 성공에도 기여한다고 말할 수 있다.

타협과 절충의 연속

친구를 찾는 것도 그렇지만 애인을 찾는 것은 복권 당첨과 같아 대개는 우리의 이상을 절충해야 한다. 우리가 상대에게 제공해야 하는 것은 경우에 따라 다르고, 그것은 당연히 우리의 요구를 어디까지 밀어붙일 수 있느냐에 영향을 끼친다. 당신은 다시 씨Mr. Darcy와 그의 조상 대대로 축적한 재산을 기다리며 계속 버틸 수도 있겠지만, 다시 씨는 최상의 조건을 가지고 있으므로 당신들 중 1명만을 '다시 부인'으로 선택할 것이다. 나머지 사람들은 제인 오스틴의 소설에 등장하는 다른 노처녀들처럼 혼기를 놓치고 헛된 기다림의 세월을 보내게 될 것이다. 적당한 시점에 타협을 해서 부목사의 제안을 받아들이고 노처녀 생활을 끝내는 것이 최선이다. 아무리 보잘것없어도 아무것도 얻지 못하는 것보다는 뭔가를 얻는 것이 나을 테니까. 아, 나도 인정한다…… 지극히 보잘것없는 제안을 받아들이는 것보다 아무것도 얻지 못하는 것이 나은 상황도 있다. 하지만 내가 무슨 말을 하려는 것인지는 당신도 알지 않나? 나에게 딱 맞는 남자 또는 여자를 영원히 찾아 헤맬 수는 없다. 자연의 이치는 우리를 기다려주지 않는다.

에밀리 스톤Emily Stone의 연구진은 전 세계 36개국의 남성 4500명과 여성 5300명의 짝짓기 선호도를 조사했다. 그 결과 성비가 점점 남성 편향으로 바뀔 때(남성이 여성보다 많아져서 여성을 두고 경쟁이 심해지는 상황)는 남성이 짝을 선택하는 기준을 낮추었고, 성비가 여성 편향으로 바뀔 때(남성이 부족한 상황)는 남성이 기준을 높였다(적어도 장기적 동반자에 대한 기준은 높였다)는 사실을 발견했다. 더 중요한 결과는 남성은 자신들이 소수일 때 가벼운 섹스를 선호하는 쪽으로 기울어졌다는 것이다. 남성이 부족할 때는 여성들이 남자를 얻기 위해 경쟁할 수밖에 없고, 그래서 여성이 남성들에게 행사하는 영향력이 줄어들기 때문이다. 여성의 수가 줄어들어서 남성들이 여성을 놓고 경쟁해야 하는 상황에서는 남성들도 기꺼이 한 여자와 안정적인 관계를 맺으려 했다.

남자가 부와 지위를 가지면 짝짓기 시장에서 경쟁자들보다 우위에 서긴 하지만, 실제로 누구를 선택할 것인가라는 결정은 여성들이 한다. 우리의 전국 단위 휴대전화 데이터베이스에서도 놀라운 증거들이 나왔다. 알토 대학에 있는 키모 카스키의 통계물리학 연구진의 일원이자 우크라이나 출신의 젊은 대학원생인 바실 팔차이코프 Vasyl Palchykov는 남성과 여성이 가장 자주 전화하는 2명에게 통화 시간을 어떻게 배분하는지를 알아봤다. 그는 각 연령대에 속하는 사람들의 가장 친한 '친구'(가장 자주 전화를 거는 사람)가 남성 또는 여성일 확률에 주목했다. 즉 연령대별로 남성과 여성 중 어느 쪽을 상대적으로 선호하는가를 알아봤다. 데이터에 따르면 10대 초반인 여자 청소년의 가장 친한 친구(가장 자주 전화를 거는 사람)는 여자 친구일 가능성이 높지만, 18세를 넘어서면 가장 친한 친구가 남성으로 바뀌기 시작한다. 남성에 대한 선호는 20대 초반에 정점에 달하고 40세까지 비교적 안정적으로 유지된다. 40세가 넘으면 남성에 대한 선호도는 급속도로 감소하며 55세 정도에는 다시 여성이 가장 친한 친구가 되고 노년기까지 여성 편향이 유지된다. 남성들은 거의 동일하지만 약간 다른 패턴을 따른다. 청소년기에 남성에게 편향된 선호를 보여주지만, 30세가 될 때까지 남성이 전화를 가장 자주 거는 대상은 점점 여성 편향으로 바뀌어간다. 30세가 넘으면 남성 편향이 잠시 정점에 올랐다가 꾸준히 감소해서 낮은 수준의 여성 편향을 향해 나아가는데, 이 편향의 정도는 여성들이 나타낸 편향의 정도와 거의 비슷하다.

이 데이터에서는 2가지가 눈에 띄었다. 첫째, 여성들의 선호도 곡선은 남성들의 선호도가 정점에 이르는 것보다 7년 일찍 정점에 이른다(여성은 23세, 남성은 30세가 정점이다). 둘째, 여성들의 선호도 곡선이 남성의 곡선보다 정점에 머무르는 시간이 훨씬 길다(여성은 45세까지, 남성은 35세까지). 다시 말하면 여성은 자신의 애인 또는 배우자에게 집중하는 기간이 남성보다 3배나 길다. 남성은 이 기간이 길어야 7년이지만 여성은 21년 정도 된다. 이러한 결과는 우리에게 연애 관계에 관해 2가지를 가르쳐준다. 첫째, 여성은 어떤 남성을 선택할 것인가에 관해 아주 일찍 결정을 하고 그 결정을 고수하면서, 가장 둔한 남성도 마침내 깨닫고 호응할 때까지 그를 계속 접촉한다. 마치 남성들은 여성의 마음을 알아차리기까지, 아니면 적어도 호혜적으로 반응하기까지 5년 정도가 걸리는 듯했다. 그래서 다른 포유동물들과 마찬가지로 인간의 세계에서도 여성에게 선택권이 있는 것이 보편적이라는 해석이 가능하다. 남성이 여성의 주의와 관심을 끌기 위해 어떤 식으로 과시를 하든 간에, 궁극적으로 누구와 삶을 함께할지를 결정하는 것은 여성이다. 연인이 된 뒤에는 남성이 여성보다 훨씬 일찍 흥미를 잃는다. 여성 배우자에 대한 남성의 관심은 몇 년밖에 안 가며, 중년에 이르면 무의미한 수준으로 떨어진다. 사람들의 통화 기록에서 알아낸 것들이 이렇다니…….

연애의 화학적 원리

연애는 관계 중에서도 특별히 강렬한 형태다. 그래서 연애를 가능하게 해주는 특별히 설계된 메커니즘이 있다는 사실은 별로 놀랍지 않다. 7장에서 살펴본 대로 남녀 관계를 포함한 가까운 관계에서 옥시토신의 역할을 둘러싸고 많은 논란이 있었다. 그리고 실제로 우리가 진행한 대규모 유전학 연구에서는 옥시토신이 실제로 연애에 관여한다는 것이 확인됐다. 옥시토신 수용체 유전자는 연애의 질을 표시하는 지수들과 높은 상관관계가 있었다. 그런 지수들 중 하나가 난잡한 성생활 경향을 나타내는 사회성적 성향 지표Sociosexual Orientation Index였다. 적어도 옥시토신 유전자의 일부는 성별에 따라 상당한 차이를 나타냈고, 여성에게 더 효과가 컸다. 적합한 옥시토신 유전자를 가지고 있는 사람은 연애 상대를 더 신뢰하고 더 다정하게 대한다(아마도 여성은 에스트로겐의 영향으로 이런 태도가 한층 강화되는 것 같다). 한편 엔도르핀은 장기적인 유대 관계에 안정성을 부여하고, 도파민은 새로운 관계에서 얻는 짜릿한 흥분을 만들어낸다. 좋은 옥시토신 유전자는 위험을 감수하고 사랑을 고백하도록 해주지만, 그 고백이 받아들여진 다음에 관계를 만들어나가는 역할은 엔도르핀과 도파민이 한다.

　인지적 차원에서는 다른 일이 벌어진다. 몇 년 전 신경과학자 사미르 제키Samir Zeki와 안드레아스 바르텔스Andreas Bartels는 깊이 사랑에 빠진 사람들은 다른 사람의 사진을 볼 때보다 사랑하는 사람의 사진을 볼 때 뇌의 특정 영역에서 활동이 활발해진다는 사실을 입증했다. 보상과 관련된 선조체striatum와 대상피질cingulate cortex과 뇌섬엽(성 활동, 엔도르핀, 도파민과 관련이 있다) 같은 영역들 외에도 편도체(특히 공포와 슬픔 반응과 관련된 영역)의 활동이 감소했고 측두엽과 전전두엽(이 영역들은 정신화 및 이성적 사고를 담당하며, 후자는 감정과 관련이 있다)의 활동도 감소했다. 제키와 바르텔스의 후속 연구에서는 자신의 아기 사진을 바라보는 엄마들에게서도 비슷한 반응을 발견했다. 따라서 모성애와 낭만적 사랑의 신경학적 기반은 동일한 것으로 짐작된다. 사랑하는 사람의 사진을 볼 때 전전두피질(기본적으로 뇌에서 의식적 사고를 담당하는 영역)의 활동이 억제된다는 점은 더욱 흥미롭다. 상대에 대해 너무 비판적으로 생각하는 능력을 일시적으로 차단하는 뭔가가 있다는 뜻이기 때문이다. 이러한 결과는 비노드 고엘Vinod Goel과 레이 돌런Ray Dolan의 선행 연구를 떠올리게 한다. 고엘과 돌런은 종교적 신념이 논리적 추론 과제를 해결하는 능력을 억제할 때 전전두피질의 활동이 감소한다는 사실을 증명했다.

한번 생각해보라. 종교적인 사람들, 특히 열광적인 종교 분파에 속하는 사람들은 사랑에 빠진 사람들처럼 몽상적이고 세상 모든 것이 아름답다는 태도를 취한다. 물론 이런 사람들의 대부분은 실제로 사랑에 빠진 사람들이다. 그들은 신과 사랑에 빠졌으니까. 나는 전작인 《사랑과 배신의 과학 The Science of Love and Betrayal》에서 이 점에 관해 상세히 설명했으므로 여기서는 더 얘기하지 않겠다. 사랑에 빠지는 것, 혹은 어떤 사람 또는 어떤 대상에 열중하는 것만으로도 다른 사람과 상황을 비판적으로, 회의적으로 평가하도록 해주던 뇌의 이성적 능력은 꺼진다. 물론 이런 메커니즘 덕분에 우리는 지나치게 수줍어하지도 않고 몸을 사리지도, 상대에 지나치게 비판적이 되지도 않으면서 사랑하는 사람에게 자신을 온전히 그리고 아낌없이 내줄 수 있는 것이다. 어떤 의미에서는 당신의 이성적 사고 중추가 일부러 스위치를 내린다고도 말할 수 있다. 그래야 당신이 너무 많은 의문을 갖거나 너무 빨리 포기하지 않는다.

샌드라 머리Sandra Murray는 이런 이론을 뒷받침하는 행동주의적 증거를 제시했다. 그녀가 신혼부부들을 대상으로 진행한 연구에 따르면, 부부 중 한쪽이 결혼생활 초기에 배우자를 이상화하는 정도가 클수록(즉 현실 인식의 스위치를 끌수록) 관계에 대한 만족이 오래갔다. 그리고 두 사람 다 서로를 이상화할 경우 관계가 지속될 가능성은 높아졌다. 현실을 자각하고 배우자를 있는 그대로 보기 시작하는 순간, 관계에 대한 만족도는 천천히, 지속적으로 떨어지기 시작한다. 그 결말은 하나로 정해져 있다. 그러니까 배우자의 단점을 현실적으로 바라보지 못하는 것은 부부 관계에서 재앙이 아니라 성공의 지름길이다. 물론 결혼 생활도 궁극적으로는 타협과 절충의 문제긴 하다. 플러그를 뽑아버리기 전에 얼마나 많은 실망을 참아낼 수 있는가? 하지만 관계의 안정성과 기복이 적은 삶을 원하는 사람에게는 환상이 오래갈수록 좋다.

이성적 사고를 억제하는 효과는 관계가 시작될 때 중요하게 작용한다. 누군가는 거절의 위험을 무릅쓰고 상대에게 관심이 있음을 밝혀야 한다. 그렇지 않으면 아무것도 시작되지 않는다. 우리가 '그녀가 수락할까/거절할까'의 울타리를 넘어 관계 형성을 시작하려면 뭔가가 필요하다. 여성들은 그들의 요구 사항을 대부분 충족하는 사람을 찾으면 남성들보다 적극적으로 행동에 나서는 것 같다. 물론 이과정은 우정에도 해당한다. 우정은 원래 있는 것이 아니라 만들어야하는 것이고, 그러려면 누군가가 결단을 하고 먼저 뭔가를 제안해서흥미를 끌어야 한다. 내가 당신과 친구가 되거나 연애를 하고 싶어한다는 사실을 당신에게 알리려면 내가 당신의 집 현관문에 자꾸자꾸 나타나서 나의 관심을 명백하게 보여주는 방법밖에 없다.

이게 다 손가락 때문이다

우리는 융화 가능성compatibility의 한 가지 측면을 고려해야 한다. 관계가 시작되는 시점에 두 사람이 잘 맞지 않으면 나중에 재앙으로 이어질 가능성이 있기 때문이다. 포유류에게는 통용되는 짝짓기 시스템의 해부학적 지표들이 있다. 하나는 송곳니의 상대적인 크기(무작위로 짝짓기를 하기 때문에 암컷과의 교미를 독점하기 위해 수컷들끼리 싸워야 하는 종들은 수컷의 송곳니가 암컷보다 크고, 일자일웅 방식으로 짝짓기를 하는 종들은 암컷과 수컷의 송곳니 크기가 비슷하다)다. 또 하나의 지표는 고환의 상대적 크기다(무작위로 짝짓기를 하는 종들은 고환의 크기가 몸에 비해 큰 편이고, 일자일웅 짝짓기를 하는 종들은 작은 편이다). 후자의 이유는 아주 단순하다. 암컷과 짝짓기를 하기 위해 싸워야만 하는 수컷들은 암컷에게 정자를 많이 주입할수록 자신의 것이 난자를 수정시킬 확률이 높아진다. 그리고 대개 수컷들은 경쟁에서 이겨서 짝짓기를 할 수 있는 기회가 많지 않기 때문에, 암컷 몇 마리와 재빨리 연속으로 짝짓기를 하는 동안 정자가 떨어지지 않도록 많이 저장해놓아야 한다. 정자 생산은 비용이 많이 드는 일이므로, 일자일웅 방식으로 짝짓기를 하는 종의 수컷들은 정자 생산에 투자를 줄이고 흔히 말하는 '편안한 삶'을 살아가는 셈이다.

신기한 지표는 집게손가락(둘째 손가락)과 약손가락(넷째 손가락)의 길이 비율이다. 이 비율은 2D4D 비율(D는 '숫자'를 뜻하는 digit의 약자)이라고도 불리는데, 영장류 중에서 긴팔원숭이처럼 일자일웅 짝짓기를 하는 종들은 이 비율이 1에 가까운 반면 침팬지처럼 무작위 교미를 하는 종들은 1보다 작다(집게손가락이 약손가락보다 훨씬 짧다). 예로부터 진화심리학자들은 평균적으로 여성들이 1명과 섹스를 하고 남성들은 난잡한 섹스를 하는 경향이 있다고 생각했다. 그리고 넓게 보면 이를 뒷받침하는 증거는 많이 있다. 남녀의 2D4D 비율에도 이러한 차이가 반영된다. 여성들은 보통 2D4D 비율이 1에 가까운 반면 남성들은 이 비율이 1보다 작다(집게손가락이 약손가락보다 짧다).

라파엘 윌로다르스키는 어떤 프로젝트의 일환으로 성적 행동과 태도에 관해 방대한 데이터를 수집했다. 그가 사용한 설문지 양식 중에 사회성적 성향 지표(SOI)가 있었는데, 이 설문지에는 응답자가 단 한 사람과의 성교를 좋아하는지 아니면 여러 사람과의 성교를 좋아하는지를 측정하는 항목이 있다. 그리고 우리는 과거의 동료인 존 매닝John Manning을 통해 2D4D 비율에 관한 자료를 확보할 수 있었다. 선행 연구의 결과와 동일하게 전반적으로 남성이 무작위 성교를 더 좋아했고 여성은 한 사람과의 성교를 선호했다. 하지만 놀라운 점은 따로 있었다. 두 지표에서 남성과 여성 모두가 2개의 하위 집단으로 뚜렷이 구분되는 것처럼 보였다. 종합하면 남성과 여성 모두 각 유형의 비율이 50:50에 가까웠다(남성의 경우 57:43으로 무작위 성교 쪽에 기울어졌으며 여성의 경우 47:53으로 한 사람과의 성교에 기울어졌다).

여기서 명백한 딜레마가 생겨난다. 만약 당신이 무작위로 애인을 선택한다면 당신과 당신의 애인이 둘 다 여러 명과의 성교를 선호할 확률은 25퍼센트다(짐작건대 이것은 또 하나의 벅찬 행복일 것이다. 애인이 무엇을 하고 다니는지 당신이 신경 쓰지 않는다는 전제 아래). 그러나 당신과 애인 중 하나가 한 사람에게 충실한데 다른 하나는 무작위 성교를 선호할 확률도 50퍼센트나 된다. 이런 상황은 재앙일 것 같다. 해결책이 있다면 애인을 매우 신중하게 고르는 것이고, 그러려면 사람들의 성적 취향을 알려주는 단서들이 있어야 한다. 2D4D 비율의 미세한 차이는 육안으로 알아보기가 어렵다(지금 우리는 몇 밀리미터 차이를 이야기하고 있다). 그래서 2D4D 비율이 짝 찾기의 단서로 사용될 일은 아마도 없을 것이다. 하지만 사실 우리는 행동주의적 단서를 많이 가지고 있다.

2D4D 비율은 태아기의 테스토스테론 수치의 영향을 받은 것으로 오래전부터 알려져 있었다. 임신 중 엄마의 테스토스테론 수치가 높을수록 자녀의 2D4D 비율은 극단적으로 낮아진다(즉 무작위 성교). 라파엘은 많은 시간을 들여 우리의 대규모 유전자 표본에서 연구 대상자들의 손을 촬영했다. 그리고 대상자들의 2D4D 비율을 계산해서 SOI 점수 및 유전자 패턴과 비교했다. 결과를 분석해보니, 특히 여성의 경우 2D4D 비율과 테스토스테론 수치, 엔도르핀 수치, 바소프레신 유전자 사이에 뚜렷한 상관관계가 나타났다. 그리고 2D4D 비율의 효과는 충동성impulsivity(결과는 나중에 생각하고 행동을 먼저 하는 성향)에도 영향을 끼쳤다. 남성화한 여성일수록(2D4D 비율이 낮은 여성일수록) 더 충동적이고 성급하며 현재 편향을 곧잘 했다. 그리고 2D4D 비율이 특정한 도파민 수용체 유전자와 관련이 있다는 정황도 발견됐다. 그 유전자를 가진 사람은 아슬아슬한 모험을 추구하기 때문에 애인이 아닌 사람과도 성교를 즐길 가능성이 있다.

그래도 의문은 남는다. 어떤 사람들은 다자간 사랑polyamory(두 사람이상을 동시에 사랑하는 것 - 옮긴이)에 열광하는데, 동시에 두 사람과 연애를 하는 것이 과연 가능할까? 2D4D 비율이 무작위 성교의 극단을 가리키는 두 사람이 애인 사이라면 그들은 질투심을 유발할 위험이 없이 열린 관계를 유지할 수 있을까? 역사 속에는 반半 개방 결혼 생활의 사례가 많이 있다. 프리드리히 엥겔스(칼 마르크스의 유명한 공저자), 철학자 프리드리히 니체, 작가 올더스 헉슬리와 비타 색빌-웨스트, 물리학자 에르빈 슈뢰딩거('슈뢰딩거의 고양이'로 유명한 인물) 등이 열린 결혼 생활을 했다고 한다. 하지만 이런 '삼각 연애 menages-a-trois'에 참여했던 제3의 인물이 실제로 얼마나 적극적이었는지는 불분명하다. 유명한 사례로 모르몬교의 창시자인 조셉 스미스 Joseph Smith는 신이 그에게 두 번째 아내를 맞이하라고 명령했다고 아내를 설득했고, 아내는 이를 묵인했다. 스미스 부부의 사례는 오늘날까지 모르몬 교도의 일부 종파가 일부다처제 생활을 하는 토대를 마련했다. 민족지적 증거에 따르면 대체로 동일한 문화권에서 일부다처제는 일부일처제만큼 여성에게 유리하지 않다. 그것은 남편이 가진 자원이 여러 명에게 나눠지기 때문이기도 하고, 여자들 사이에서 사회적, 심리적 스트레스가 생기기 때문이기도 하다.

우리는 맥스 버턴의 인간관계에 관한 설문 조사에서 앞의 질문에 관한 뜻밖의 통찰을 얻었다. 이 설문 조사에 참여한 사람들의 약 9퍼센트는 애인이 아닌 사람과 애정 관계를 맺고 있거나 공식적인 애인 외의 애인을 두고 있다고 답했다. 이 수치는 인간의 유전자 검사에서 친자가 아니라고 판명되는 비율 추정치(3~13퍼센트 사이)와 거의 일치한다. 하지만 그들은 하나 이상의 관계를 유지하는 부담이 있다고 해서 지지 모둠의 규모를 줄이지는 않았다. 만약 두 관계가 모두 감정 소모가 많다면 당연히 지지 모둠의 규모가 줄어들었을 것이다. 따라서 원래의 애인(배우자)은 더 이상 똑같은 감정 소모를 유발하지 않으며 옆으로 밀려나 있다는 해석이 가능하다. 실제로도 그런 것 같다. 애인이 따로 있다고 응답한 사람들 중 15퍼센트만이 자신의 배우자와 애인을 둘 다 5-층에 포함시켰다. 나머지 사람들은 배우자를 더 낮은 층으로 강등시켰다. 이러한 결과는 연애에는 격한 감정이 수반되기 때문에 동시에 2개의 애정 관계를 유지하기란 불가능에 가깝다는 것을 시사한다. 물론 동시에 2명, 어쩌면 3명 이상과도 성적인 관계를 맺을 수는 있지만, 그 관계에 다 똑같은 감정의 무게를 실을 수는 없다.

인터넷의 교훈

인터넷이 우리를 행복하게 해주든 아니든, 삶에 대한 만족도를 높여주든 아니든 간에 대차대조표에서 확실히 마이너스로 표시되는 지점이 하나 있다. 그리고 그 마이너스의 손실은 상당히 크다. 인터넷은 어딘가가 취약하고 절망에 빠진 사람들을 갈취하려고 하는 사람들의 사냥터가 된다. 이제 연애 사기는 큰 사업이 됐다. 어떤 피해자들은 사기를 당해서 평생 모은 재산을 날린다. 자존감이 무너지는 것은 두말할 필요도 없다. 그런 경험을 하고 나면 정신적으로 큰 상처를 입는다. 추정치에 따르면 영국에서만 2011년에 23만 명 정도가

연애 사기를 당했으며 금전적 손실은 70억 파운드에 육박한다. 하나
하나가 다 안타까운 사건이긴 하지만, 이런 사기가 어떻게 가능한지
를 이해하는 과정에서 우리는 연애 관계의 작동 방식, 특히 구애의
과정과 관계 형성의 과정에 대한 귀중한 통찰을 얻을 수 있다.

오스트레일리아의 심리학자 모니카 휘티Monica Whitty는 연애 사기
전문가로 잘 알려진 인물이다. 나 역시 그녀를 통해 연애 사기라는
심리학적으로 무척 흥미로운 현상을 처음 접했다. 나는 공개 토론회
에 그녀와 함께 토론자로 참석했다가 연애 사기의 수법을 알게 됐다.
연애 사기는 다음과 같이 진행된다.

당신이 외로운 사람이라고 치자. 당신은 어떤 데이트 웹사이트의
광고를 보고 응답한다. 소개 글만 보면 괜찮은 사람인 것 같다. 이렇
게 당신이 처음 미끼를 무는 순간부터 사기꾼은 천천히, 하지만 확실
하게 당신을 낚기 시작한다. 두서없는 이메일을 한두 번 교환한 후
그들은 당신에 대해 물어보고, 당신 같은 사람을 만나서 연애를 하고
싶다는 의사를 표시한다. 그들은 부지런히 구애를 한다. 당신의 안부
를 묻고, 애정을 표현하고, 작은 선물이나 꽃을 보내기도 하고, 날마
다 시 한 편을 보내기도 한다(시는 대부분 표절이다). 사기꾼들은 그들
자신에 대해서는 많은 정보를 주지 않으면서 당신이 스스로 정보를
털어놓게 만드는 기술이 뛰어나다. 그들이 자기 사진이라며 보내는
사진은 그리스 신화 속 주인공처럼 근사해서 당신이 자신의 행운을
믿기가 어려울 정도다. 오랜 삶의 경험에 따르면 신화 속 주인공들은
당신에게 아주 작은 관심조차 보인 적이 없었는데도 말이다. 십중팔
구 그 사진은 신인 모델들의 웹사이트에서 구해서 포토샵으로 합성

한 것이다.

당신은 서서히 모든 것을 믿게 된다. 그럴 때쯤 작은 부탁이 들어온다. 비싼 향수를 선물로 받고 싶다거나, 빚을 갚아야 하는데 200파운드만 빌려달라거나, 아니면 당신을 만나러 오기 위해 비행기표를 살 돈을 달라고 한다. 불행히도 당신이 돈을 보내고 나면 그들은 올수 없게 된다. 교통사고를 당해서 입원했거나 어떤 중증 질환 진단을 받았기 때문이다. 그래서 그들은 다시 일어서기 위해 돈이 조금 더필요하다. 교묘한 사기는 이때 발생한다. 최고의 투자 기회가 찾아와서, 또는 병을 치료하기 위해 큰돈이 필요해진다. 이 단계에 이르면당신은 본능적 판단을 거슬러가며 기꺼이 그 돈을 내준다. 이런! 당신이 큰돈을 보냈는데도 사업이 망했거나, 치료 효과가 없다고 한다. 그러나 때는 이미 늦었다.

최근에 발표한 연구에서 모니카 휘티는 연애 사기를 당하기 쉬운사람들의 특징을 살펴봤다. 그녀가 알아낸 바로는 피해자의 3분의 2 정도가 여성이었다. 대부분 중년이었고 충동성 점수가 높았으며자극을 추구하는 성향이 강했다. 그들은 친절한 편은 아니었지만 사람을 잘 믿었고 뭔가에 중독되기 쉬운 성격이었다(그래서 다른 사람에게 강한 애착을 가지고 의존하게 된다). 놀랍게도 연애 사기를 당한 사람들은 학력과 소득 수준이 높았다. 그러니까 지식이나 세상 경험이부족해서 사기 피해자가 되는 것은 아니다. 종종 피해자들은 남에게이용당했다는 것이 창피해서 경찰에 신고하지 않으려고 한다.

모니카 휘티의 분석 결과는 사기꾼들이 표적으로 삼는 사람들의 2가지 중요한 특징과 일치한다. 첫째, 사기꾼들은 다른 사람의 돈을 노리는 것이므로 당신이 어느 정도 잘사는 사람이 아니라면 당신에게 관심을 나타내지 않는다. 당신의 은행 계좌에 돈이 하나도 없다거나 집을 소유하고 있지 않다는(그래서 집을 담보로 대출을 받을 수가 없다는) 것이 확실해지면 그들은 체셔 고양이처럼 조용히 사라진다. 둘째, 사기꾼은 외로운 사람들을 표적으로 삼는다. 외로운 사람들은 대개 이혼했거나 배우자와 사별한 중년 이후의 사람들이고, 일만 하며 살다 보니 나이만 먹어서 인생이 이대로 끝나겠다는 위기감을 가지는 사람들일 수도 있다. 그들은 절박한 심정으로 사교 생활을 하게 되고, 그래서 사기에 취약해진다. 이것을 제인 오스틴 소설에 나오는 마을 노처녀의 딜레마라고 표현할 수도 있겠다. 당신을 매혹시키는 다시 씨는 이제 없고, 부목사는 다른 마을로 떠나버렸고, 아무것도 못 가지는 것보다는 뭐라도 가지는 것이 낫다.

우정도 그렇지만 연애는 우리가 일부러 현실을 외면한 결과다. 우리는 연애의 상대에게 후광을 드리운다. 단도직입적으로 말하자면 우리는 다른 사람과 사랑에 빠지는 것이 아니라 우리 머릿속에서 만들어낸 아바타와 사랑에 빠지는 것이다. 삶의 일반적인 경로를 따를 경우 우리는 연애 상대와 함께 시간을 보내면서 상대의 실체를 알게 된다. 처음에 생각했던 것만큼 상대가 완벽한 사람이 아니라는 것을 알게 되고, 일종의 이성적인 타협에 도달한다. 하지만 사기꾼들은 자신의 진짜 정체성을 드러내지 않으려고 극도로 조심하기 때문에, 우리의 정신은 저 멀리 달아나고 아바타는 점점 더 과장된다. 결국 우리는 아바타와 깊이 사랑에 빠진 나머지 더 이상 아바타와 현실을 구별하지도 못한다.

이런 단계에 이르면 피해자들은 아주 관대해진다. 나중에 그 사기꾼을 실제로 만났는데 그가 보낸 사진과 전혀 닮지 않았다 해도 사기꾼은 태연하게 변명을 늘어놓는다. 그들이 자주 하는 대답은 만약 진짜 자기 사진을 보냈다면 피해자가 달아났을 것이고, 피해자를 깊이 사랑했기 때문에 그런 일이 생길까 봐 두려웠다는 것이다. 언젠가 모니카 휘티가 나에게 말해준 바로는 피해자가 이런 식으로 이성을 잃고 몰입하는 정도가 얼마나 심한지, 누군가가 경찰서에 다녀와서 피해자에게 '당신이 사기를 당했다'는 증거를 보여주면 피해자는 그 말에 수긍하고 다시는 만나지 않겠다고 하고서도 몇 주가 지나면 사기꾼에게 연락해서 또 속임수에 넘어가는 일이 종종 생긴다. 피해자에게 왜 그랬느냐고 물으면 피해자는 그 사람이 사실은 정말 좋은 사람인데 딱 한 번 잘못을 했다고 고백했다고 말한다. 그 사람은 작은 도움이 필요했는데 어디에서 도움을 받을 수 있을지 몰랐고……. 그래서 피해자는 그 사람을 용서하고 다시 시작하기로 했다고 말한다. 간단히 말하면 피해자는 자기 앞에 놓인 증거를 믿기보다 자기가 진실이기를 바라는 바를 믿고 싶었던 것이다. 우정도 비슷한 방식으로 작동하지만, 보통 우정은 연애보다 덜 위험하며 우리가 실수했다는 사실을 깨닫게 되더라도 정신적 피해가 적다.

그렇다고 해서 인터넷에서 만난 사람과 친구가 되지 말라거나 연애를 하지 말라는 것은 아니다. 모니카 휘티의 추산에 따르면 영국의 인터넷 사용자들 중 23퍼센트가 온라인에서 사람을 알게 된 적이 있으며, 결혼한 사람들의 6퍼센트는 현재의 배우자를 온라인으로 만났다. 2013년 퓨리서치 센터의 조사 결과에 따르면 미국인 10명 중 1명은 온라인 데이트 웹사이트를 사용한 적이 있으며, 그들 중 3분의 2는 거기에서 만난 사람과 데이트를 해봤고, 그들 중 4분의 1은 그 사람과 오래 연애를 했다. 데이트 웹사이트에 광고를 싣는 사람들의 대부분은 진실한 사람들이다. 그들 역시 말벗을 찾고 있거나 애정을 나눌 사람을 찾고 있다. 다만 온라인은 위험이 더 클 뿐이다. 우리가 조심해야 하는 것은 5퍼센트의 상어들이고, 우리의 고민은 그 상어들이 우리를 산 채로 삼켜버리기 전에 어떻게 그들을 알아보느냐다.

～⁌～

연애는 강렬하고 친밀한 관계에 대한 요구를 토대로 형성되며 그 관계 속에서 섹스는 약간의 접착제(섹스는 다량의 옥시토신, 엔도르핀, 도파민 분비를 촉진한다)가 되고 약간의 생물학적 기능(재생산)을 한다. 물론 다수의 연애는 이성애지만, 관계의 기능이 아닌 원칙은 동성애 관계에도 동일하게 적용된다. 이성애든 동성애든 간에 성별에 따른 심리와 행동의 차이는 관계를 더욱 역동적으로 만든다. 다음 장에서는 성별 차이라는 이 곤란한 주제로 시선을 돌려보려고 한다.

13장

우정과 젠더

"여성의 경우 친구와 대화하는 일에 시간을 많이 들이면 우정이 오래가는 반면,
남성의 경우 우정이 유지될 확률은 대화 시간의 영향을 받지 않았다.
남성의 우정이 유지되는 데 영향을 끼친 것은
'활동 을 같이하는' 데 쓴 시간이었다."

다음에 만찬이나 파티에 갈 때 확인해볼 것이 있다. 대화를 나누고 있는 동성의 두 사람을 찾아서 그들이 어떻게 서 있는지를 살펴보라. 아마도 여자들은 서로 얼굴을 마주 보고 있을 것이고, 남자들은 120도 각도로 서서 서로의 눈을 똑바로 바라보지 않고 옆쪽을 비스듬히 바라보고 있을 것이다. 남자들이 대면을 싫어해서 그런 것은 아니다. 남자들이 여자들과 이야기할 때는 대개 얼굴을 마주 본다. 그런데 남자들은 다른 남자의 눈을 정면으로 바라보는 것을 불편해한다. 아마도 남자들은 상대를 위협할 때 서로의 눈을 똑바로 쳐다보기 때문일 것이다.

요즘 유행하는 담론은 성별에 따른 차이는 백지 한 장 수준이며 양육과 가부장제의 부산물이라는 것이다. 여자들이 남을 잘 돌봐주고 남자들이 성인이 되어서도 반사회적인 행동을 하는 것은 육아 방식의 차이 때문이라고 한다. 그래서 우리가 마음을 먹으면 남자아이를 여자아이처럼 키울 수도 있고, 그러면 세상은 더 나은 곳이 될 것이라고 한다. 그래서 남녀의 차이를 회피하기 위해 공통점에 초점을 맞추는 경향이 생겨났다. 공격성aggression을 전문으로 연구하는 저명한 진화심리학자 존 아처John Archer의 유머러스한 표현을 빌리자면, 이것은 남자와 여자는 모두 다리가 2개고 팔이 2개이므로 남녀의 몸은 똑같다고 말하면서 모든 차이점을 애써 무시하는 것과 비슷한 일이다. 설령 우리가 재생산이라는 요소를 무시한다 할지라도, 여성은 남성처럼 상체의 힘이 강하지 않으며 남성만큼 빨리 달리지 못한다. 하지만 이러한 차이는 사교 유형의 차이에 비하면 별 의미가 없을 정도로 작은 것이다. 남녀의 사교 유형 차이는 궁극적으로 재생산 과정의 뚜렷한 생물학적 차이에서 비롯된다.

젠더화된 사회적 네트워크

지금까지 대부분의 사회는 여성에게 소박한 옷차림을 권장했다. 그리고 소박한 옷차림은 다소 획일적일 때가 많았다. 그 예로는 후터파 여성들의 얌전한 민무늬 의상과 중동의 부르카(부르카는 이슬람이 처음 법제화한 것도 아니고 이슬람이 획득한 것도 아니다. 하지만 소박함은 이슬람의 가치다)가 있다. 어떤 사회에서는 여자들이 사춘기가 되면 과거 이슬람 국가들의 하렘과 제나나zenana처럼 여자들만의 구역에 격리시킨다. 전통적인 소규모 사회들은 사춘기에 접어든 남자아이들과 여자아이들을 물리적으로 분리했고, 더러는 남녀가 다른 집에서 잠을 자야 한다는 원칙을 내세우기도 했다. 세속적인 현대사회에서는 이런 식의 강제 성별 분리는 이제 없다고 생각할 수도 있다. 겉으로 보기에는 그렇다. 그러나 성별 분리는 아직도 존재하며, 당신이 어디서 찾을지를 알기만 하면 뚜렷한 성별 분리를 발견할 수 있다.

성별 분리가 이뤄지는 맥락 중 하나는 우리가 누구와 대화를 나누느냐는 것이다. 사회적 네트워크의 젠더 동종선호는 매우 높은 수준이다. 여성의 사적인 사회적 네트워크의 약 70퍼센트는 여성이며 남성의 사회적 네트워크의 약 70퍼센트는 남성이다(사회적 네트워크에서 동성이 아닌 사람들의 대부분은(전부는 아니다) 우리가 선택하지 않은 가족이나 친척이다). 클레어 메타Clare Mahta와 조넬 스트로JoNell Strough는 한 무리의 미국 청소년들에게 가정과 학교에서 가장 가까운 사람들의 목록을 만들도록 했다. 그 목록에 포함된 사람들의 72퍼센트는 동성이었다. 하이디 리더Heidi Reeder는 미국 성인들을 대상으로 한 설문 조사에서 젊은 남성의 친구 65퍼센트와 젊은 여성의 친구 80퍼센트가 동성이라는 결과를 얻었다. 미국의 어느 노인 주거단지 내의 친구 관계에 관한 연구에서도 친구의 73퍼센트는 동성이었다.

수잔나 로즈Suzanna Rose는 20대 성인을 대상으로 한 연구에서 미혼 여성과 기혼 여성, 기혼 남성은 동성 친구를 선호한다는 사실을 발견했다. 그들은 동성 친구들이 이성 친구들보다 많은 도움을 주고 의리를 잘 지키기 때문이라고 답했다. 기혼 여성의 절반 정도와 기혼 남성의 3분의 1 정도는 배우자 외에 이성 친구가 하나도 없다고 답했다. 전반적으로 여성들은 이성 친구는 친밀감이 덜하고 지지를 적게 해주며 말동무가 되기 어렵다고 생각했다. 동성 친구들은 지지, 노력, 소통, 공통의 관심사, 애정 항목에서 이성 친구들보다 높은 점수를 받았다. 불길하게도 이성 간의 우정은 성적 매력 항목에서 높은 점수를 받았다. 너무 오래된 질문이라 재미도 없는 질문이 다시금 떠오른다. '섹스를 하지 않고도 이성과 친구가 되는 것이 가능한가?' 의미심장하게도 여성은 일반적으로 성적 매력 때문에 이성과 친구가 되려고 하지 않지만 남성은 성적 매력에서 우정의 동기를 얻는다고 했다. 마치 여성에게는 섹스가 우정의 결과물이지만 남성에게는 우정의 원인인 것만 같다.

다소 뜻밖이지만 매우 뚜렷한 성별 분리는 사람들의 대화에도 나타난다. 9장에서 설명한 바와 같이 우리는 예전부터 대화 집단의 크기에 관심이 있었기 때문에 우리가 사는 도시의 거리, 카페, 쇼핑센터, 파티, 술집, 공원에서 대화를 나누는 사람들의 표본을 수집하고 누가 누구에게 이야기하는지를 녹음하고 있었다. 이런 식으로 진행된 여러 편의 연구에서 얻은 데이터를 살펴보니, 대화에 참여한 사람들이 4명을 넘지 않는 이상 대화 집단은 남녀가 섞여 있을 확률과 모두 동성일 확률이 엇비슷했다. 하지만 대화가 이뤄지는 사회집단이 4명을 넘어서면 동성끼리의 대화로 쪼개질 확률이 높았다. 우리가 이란에서 수집한 대화 표본에서도 같은 현상이 확인됐으므로, 이것은 여러 문화권에서 공통적으로 나타나는 현상으로 보인다. 놀라운 점은 대화가 매우 신속하게 동성끼리의 대화로 분할된다는 것이다. 다음번에 대규모 연회나 파티에 참석하게 되면 이 점을 확인해보라. 무엇을 눈여겨봐야 할지 알고 있는 사람에게는 아주 뚜렷하게 보일 것이다.

대화가 성별에 따라 분리되는 현상은 절친한 친구들 사이에서 훨씬 뚜렷하게 나타났다. 애나 머친의 애인 표본에서는 절친한 친구가 있다고 답한 여성의 85퍼센트가 그 친구는 여성이라고 답했으며, 절친한 친구가 있다고 답한 남성의 78퍼센트가 그 친구는 남성이라고 밝혔다. 연구자 타마스 데이비드-배럿은 무작위로 추출한 페이스북 프로필 사진 2만 장을 분석한 결과, 사진 속에 연령대가 비슷한 사람 2명이 있다면 그것은 여성의 계정에 올라온 사진일 확률이 높고, 함께 찍은 사진 속의 친구가 남성(남자 친구 또는 배우자)일 확률과 다른 여성(대부분은 가장 친한 여자 친구 또는 절친한 친구)일 확률은 동일하다는 사실을 알아냈다. 만약 그 사진 속에 사람이 3명 이상이라면 계정의 주인은 십중팔구 남성이었고 사진 속 주인공들은 대부분 어떤 활동을 함께 하는 남자들이었다. 그 사진은 금요일 저녁에 5인조 실내 축구를 즐기는 사진이라든가, 등산 모임 또는 카누 모임, 또는 그냥 술집에서 남자들 몇 명이 함께 찍은 사진이었다. 여성은 일대일의 친밀한 관계를 선호한 반면 남성은 익명성이 보장되는 집단 사진을 선호했다.

　남녀의 이러한 차이는 남성과 여성이 관계에 대해 생각하는 방식과 그 관계를 유지하기 위한 수단에 확연한 차이가 있다는 것을 반영한다. 5장에서 언급한 대로 젊은 성인들에 관한 우리의 종적 연구에서는 여성의 경우 친구와 대화하는 일에 시간을 많이 들이면 우정이 오래가는 반면, 남성의 경우 우정이 유지될 확률은 대화 시간의 영향을 받지 않았다. 남성의 우정이 유지되는 데 영향을 끼친 것은 '활동을 같이 하는' 데 쓴 시간이었다(활동이란 술집에 가기, 미식축구 같은 운동, 또는 어떤 형태로든 몸을 쓰는 행위를 의미한다). 일레인 매드슨과

리처드 터니가 진행한 해밀턴의 법칙 검증 연구에서는 대상자들에게 친구에게 돌아갈 금전적 보상을 위해 고통을 참아보라고 요청했다. 그러자 여성은 가장 친한 동성 친구를 자매와 비슷하게 취급했고 남성은 가장 친한 동성 친구를 사촌과 비슷하게 취급했다. 다시 말하면 여성의 경우 가까운 친구와의 우정은 남성의 우정보다 훨씬 끈끈하며 일반적으로 애인과 맺는 관계와도 닮아 있다.

제이컵 비질Jacob Vigil은 젊은 성인들이 대화하는 데 투입하는 시간(전화 또는 대면)에서도 마찬가지로 성별에 따른 차이를 발견했다. 여성은 절친한 친구와 대화를 나누는 데 평균 17.5시간을 사용한 반면(그 시간의 상당 부분은 내밀한 이야기를 나누는 시간이었다) 남성은 평균 12시간만 대화에 썼다. 우리의 연구 결과와 마찬가지로 제이컵의 연구에서도 남성은 친구와 대화보다 같이 신체 활동하는 것을 좋아했다. 사교적 스트레스를 받으면 남성은 타인의 동정과 위로를 피하기 위해 상대가 멀어지도록 하는 행동을 해서 혼자가 되려고 한다. 반면 여성은 울음을 터뜨리는 것과 같은 행동으로 동정과 위로를 유도하고 상대가 다가오도록 한다. 남성과 여성은 위험에 대한 반응에서도 이와 비슷한 차이를 나타냈다. 여성은 소리를 지르는 반면 남성은 그 자리에 얼어붙어 입을 다물어버리거나 입을 열어 욕설을 내뱉는다. 다음에 롤러코스터를 타러 갈 때 남녀의 반응을 관찰해보라.

시라 가브리엘Shira Gabriel과 웬디 가드너Wendi Gardner는 성인 남녀에게 자기 참조적인 문장("나는……") 여러 개를 제시하고 완성하도록 했다. 그러자 여성은 친밀한 관계를 강조하는 내용을 많이 쓴 반면 남성은 집단적 상호의존(즉 어떤 집단에 소속되어 있다)을 강조했다.

감정적 경험을 묘사하는 짧은 일화들을 읽고 나중에 세부 내용을 기억해보라고 하자 여성은 이야기 속 인물들의 관계를 주로 기억한 반면 남성은 집단적 측면을 기억하는 경향이 있었다. 애나 머친은 남성과 여성이 애인과 절친한 친구들을 바라보는 시각의 차이에 관한 연구에서 여성이 남성보다 절친한 친구에게 훨씬 강한 친밀감을 표현한다는 사실을 발견했다. 하지만 애정의 상대를 향한 표현은 남녀 간에 별 차이가 없었다. 여성의 절친한 친구에 대한 친밀감은 비슷한 학력, 유머, 신뢰도, 행복과 관련이 있었으며 남성의 절친한 친구와의 친밀감은 우정이 지속된 기간, 비슷한 경제 능력, 사교성, 신뢰도, 사회 인맥의 수준과 관련이 있었다. 즉 남성의 인간관계에서 친밀함은 여성의 친밀함과는 크게 다른 원리가 있었다.

성별에 따른 우정 유형의 차이는 또 하나의 신기한 인간 행동인 무리 짓기를 이해하는 데 도움이 된다. 무리 짓기는 인간 사회조직의 매우 중요한 특징으로서, 대개의 경우 누가 누구와 친구가 되느냐를 결정하는 데 중요한 역할을 한다. 실제로 무리는 그 무리에 들어올 자격을 얻어 임의로 엮이게 된 사람들 사이에 긴밀한 우정이 싹틀 수 있는 환경을 제공한다. 이런 의미에서 친척(확대가족)도 하나의 무리라 할 수 있다. 직능 단체, 종교 집단, 취미나 운동 동아리, 식사를 함께 하는 무리, 토론 클럽, 그리고 로터리 클럽Rotary(사회봉사와 세계 평화를 표방하는 전문 직업인들의 사교 클럽-옮긴이), 라운드테이블 클럽 Round Table(20세기 영국에서 만들어진 사업가들과 전문직 종사자들의 사교 클럽-옮긴이), 석공 조합인 메이슨Mason, 부족사회의 비밀 클럽들을 비롯해서 당신이 생각해낼 수 있는 모든 이익 단체도 마찬가지다. 이 무리들은 모두 유대감 증진을 목적으로 한다. 이런 무리들은 우리가 선택해서 가입하지만, 확대가족이나 힌두교의 카스트 같은 무리는 태어날 때부터 정해져 있으므로 우리가 어떤 사람들과 같은 무리에 들어갈지를 선택할 수 없다. 하지만 남성과 여성은 무리를 대하는 방식에도 뚜렷한 차이를 보인다. 남성은 무리를 통해 즐거움을 얻고 일의 효율을 높이려고 한다. 미국의 진화심리학자인 로버트 커즈번Rob Kurzban이 진행한 협동에 관한 일련의 실험들에 따르면, 일의 성공 여부(즉 돈을 벌 수 있는지 여부)가 집단 내의 협동에 달려 있을 때 남성은 여성보다 신속하게 집단을 구성하고 협동했다.

무리들은 배타적인 분위기를 만들어 공동체 내의 다른 사교 집단과 차별화하기 위해 고유한 의식이나 소품을 정하기도 한다. 이런 종류의 집단의식은 특히 남성에게 잘 맞는 것 같다. 남성은 약간의 자기 절제가 필요하고 조용히 의식을 주재하는 사람에게 집중해야 하는 연설, 노래, 건배, 행진 같은 의식을 즐기는 듯하다. 특히 남성들은 모두가 남성으로 이뤄진 무리에서 그런 의식을 치르기를 좋아한다. 그런 맥락에서 남성들은 행사의 여러 순서들 사이, 잠시 쉬는 시간에 대화가 가능한데도 조용히 앉아 있곤 한다. 그런데 여성들은 이런 사교적 환경을 그다지 좋아하지 않아서 자발적으로 작은 대화 집단을 형성한다. 사람들이 밤 늦게 택시를 탈 때도 매우 비슷한 패턴이 발견된다. 젊은 남자들이 밖에서 밤 늦게까지 놀다가 택시를 타고 집에 갈 때는 조용히 간다. 반면 젊은 여자들이 택시를 타면 잠시도 쉬지 않고 수다를 떨고, 심지어는 한 사람이 여러 대화에 동시에 참여하기도 한다. 내 말을 못 믿겠으면 택시를 탈 때 운전기사에게 물어보라.

이것은 남녀의 우정 유형 차이를 반영하는 현상이다. 여성들의 우정은 집중도가 높고 친밀하며(집단에 대한 소속감보다 개인적인 관계가 더 중요하다) 남성들의 우정은 가볍고 익명에 가까운 집단의 형태를 띤다(집단에 소속된 개개인보다 집단에 대한 소속감이 더 중요하다).

그녀의 심리

몇 년 전 사망한 앤 캠벨(그녀에게 경의를 표하는 의미에서 고전이 된 그녀의 책 제목을 소제목으로 사용했다. 책의 원제는 *A Mind of Her Own*이다)은 영국의 저명한 진화심리학자로서 명성을 떨친 인물이다. 특히 그녀는 여성의 심리와 행동에 지대한 관심을 기울였고, 페미니즘은 진화심리학을 받아들이기를 꺼리지만 사실은 페미니즘과 진화심리학이 일치하는 부분이 아주 많다고 강력하게 주장했다. 페미니즘과 진화심리학이 서로의 주장을 뒷받침한다는 것이다. 앤 캠벨의 책에 실린 연구 대부분은 그녀가 미국에 체류하는 동안 수행한 뉴욕의 여성 갱단에 관한 연구였다. 〈웨스트 사이드 스토리West Side Story〉를 현실로 옮겨놓았다고 보면 된다. 앤 캠벨의 중요한 발견 중 하나는, 여성은 남성과 똑같이 공격적이지만 그들의 공격은 남성과 다른 이유로 시작되며 보통 다른 방식으로 표현된다는 것이다. 갱단이라는 맥락에서는 남녀 모두 연애 관계에 대한 위협이 공격을 유발하는 본질적인 원인이었지만, 남성은 지위에 대한 위협에 반응했고 여성은 남자 친구와의 관계를 위협당할 때 공격적일 확률이 높았다. 갱단의 여성에게 남자 친구는 그들이 원하는 자원에 접근할 기회를 제공했으므로(그리고 궁극적으로는 성인으로서 재생산의 경로에 필요했으므로), 그 여성들은 남성들이 영역이나 명예를 두고 싸우는 것만큼이나 사납게 남자 친구를 두고 싸웠다. 남자들이 싸울 때는 몸으로 싸운 반면 여성들은 심리전을 펼쳤다. 대개는 상대의 섹스 상대로서의 평판과 자존감을 훼손하려고 했다.

이러한 민족지적 발견은 여러 편의 실험 연구를 통해 확인됐다. 타니아 레이놀즈와 로이 바우마이스터(아마도 관계에 관심을 가지고 실험을 하는 사회심리학자들 중에 가장 유명한 사람들일 것이다)는 사적인 사교 활동에 위협이 가해질 때 여성들의 반응을 관찰하는 일련의 실험을 진행했다. 예컨대 여성들에게 "이 여성이 방금 당신의 사교 모임에 들어왔습니다"(위협이 없는 상황) 또는 "이 여성이 당신의 남자 친구에게 꼬리를 치고 있었습니다"(위협이 있는 상황)라는 문장과 함께 매력적인 여성의 사진을 보여주었다. 다른 문장들도 있었는데 절반은 긍정적이고("이 여성은 자선단체에 기부를 합니다") 절반은 부정적("이 여성은 지난번 남자 친구를 두고 바람을 피웠습니다")이었다. 그러고 나서 여성들에게 이 짧은 문장에 담긴 정보를 사교 모임의 다른 사람들에게 전달해서 뒷담화를 하고 싶은 마음이 얼마나 드는지를 평가하도록 했다. 여성들은 위협이 있는 상황에서는 부정적인 정보를, 위협이 없는 상황에서는 긍정적인 정보를 전달할 확률이 높았다. 특히 그들 자신이 경쟁적인 성향일 때 적극적으로 뒷담화를 하려고 했다. 그리고 경쟁 상대가 매력적인 외모를 가지고 있거나 자극적인 옷차림을 하고 있을 경우 응답자들이 뒷담화를 할 확률은 더 높아졌다. 다시 말하면 여성들은 경쟁 상대가 자신의 연애를 위협한다고 간주될 때 경쟁 상대에 관한 사교적 정보를 공유하는 전략을 더 적극적으로 사용한다.

최근에 존 아처는 성별에 따른 행동의 차이에 관해 매우 포괄적인 리뷰를 했다. 그가 얻은 결론은 남성은 공격할 때 폭력을 사용하기 쉽고, 여성보다 목표 지향적이고, 일관되게 섹스를 지향sexually oriented한다는 것이었다. 한편 여성은 언어능력 검사에서 남성보다 높은 점수를 받았고, 더 친사회적이고, 공감 능력이 우수하고, 짝을 신중하게 선택하려고 노력했다. 또한 여성은 남성보다 자기 억제와 조절을 잘했다. 특히 어릴 때 그 차이가 두드러졌다. 아처가 인용한 연구 중 한 편은 53개 국가에서 잠재적 이익이 있을 때 사람들이 위험을 얼마나 감수하느냐를 조사한 결과 성별에 따른 차이가 일관되게 나타났으며 남성이 더 많은 위험을 감수했다는 사실을 알아냈다. 동아프리카의 수렵-채집 부족인 하드자Hadza족에 관한 실험 연구에서도 비슷한 성별 차이가 나타났다. 두 차례의 도박 게임에서 남성이 더 많은 위험을 감수한 것이다.

육체적 폭력과 남성의 긴밀한 관계는 전 세계 어디서나 일관되게 나타난다. 그렇다고 해서 여성은 몸싸움을 절대 안 하고 폭력적으로 사람을 살해하지 않는다는 말은 아니다. 하지만 여성들은 상체의 힘이 남성들보다 약하기 때문에 몸으로 싸우면 남성들보다 타격을 덜 입히게 된다. 좋든 나쁘든, 우리가 11장에서 살펴본 대로 남성에게는 육체적 폭력 또는 폭력을 가하겠다는 위협이 갈등을 빠르고 효율적으로 해결하는 수단이다. 육체적 힘의 우위에 있거나 우리 편이 수가 더 많을 때 이런 수단은 더욱 효과적이다. 하지만 때로는 여성도 자신이 거느린 남성에게 대신 폭력을 행사하도록 함으로써 육체적 폭력에 관여한다.

남녀의 역할 차이는 중세 아이슬란드 바이킹족의 모험담에 생생하게 묘사되어 있다. 1~2건만 빼고 모든 살인은 남성이 저지르지만, 종종 여성도 막후에서 결정적인 역할을 한다. 예컨대 볼숭가 사가 Völsungasaga에서 브린힐트Brynhild는 남편 군나르를 충동질해서 자신의 예전 애인이자 군나르의 친형인 시구르트Sigurd가 그녀를 속였다는 이유로 그를 죽이도록 한다. 또 락스다엘라 사가Laxdaellasaga에서는 토르게르드Thorgerd와 구드룬Gudrun이 자신들이 상대 집안에서 당한 모욕에 대한 복수를 각자의 남편에게 시킨다. 심지어 구드룬은 남편 볼리Bolli에게 그와 함께 자란 형제 카르탄Kjartan을 죽이는 일에 가담하지 않으면 이혼하겠다고 협박한다. 고대 노르웨이 사회에서는 남자아이를 동맹을 맺은 집안에 보내 그 집안 아들과 함께 자라게 하는 풍습이 있었다. 이렇게 해서 남자아이들끼리 평생의 유대를 맺고, 그들이 성인이 되고 나서 의지할 수 있는 사회적 지지 집단을 키우도록 했다. 이런 제도 때문에 두 남자는 싸움에 끼어들려고 하지 않았지만 결국에는 압박을 이기지 못하고 싸움에 나서게 된다. 사랑이 우정을 이겼다.

우리가 바이킹의 모험담(바이킹의 모험담은 허구가 아니라 한 가문의 역사다)에서 받은 인상은, 남성을 들들 볶으면 그들 자신의 이성적인 판단에 어긋나는 어떤 행동을 하게 만들기가 쉬운 반면 여성은 훨씬 계산적이고 복수심이 깊다는 것이다. 철학자 아리스토텔레스는 기원전 350년에 이와 비슷한 결론에 도달했다. 그는 인간 행동을 유심히 관찰한 결과 남성은 충동적으로 행동하기를 좋아하고, 여성은 침착하고 계산적이라고 주장했다. 영국 왕정복고 시대의 시인인 윌리엄 콩그리브의 유명한 시 구절을 보라.

하늘의 분노도 증오로 바뀐 사랑에는 못 미치고,
지옥의 격노도 멸시당한 여자에는 못 미친다.
Heav'n has no rage, like love to hatred turn'd,
Nor Hell a fury, like a woman scorn'd.

남성과 여성은 질투의 동기에서도 차이를 보인다. 진화심리학자 데이비드 버스David Buss를 비롯한 여러 연구자들의 분석에 따르면 남성들은 애인/배우자의 성적 불륜에 쉽게 분노하는 반면 여성들은 애인/배우자의 감정적 불륜에 분노한다. 이 차이는 남성들이 바람맞을 위험(아이를 공들여 키웠는데 알고 보니 다른 남자와의 사이에서 태어난 아이인 경우)을 더 많이 걱정하는 한편 여성들은 남성의 한정된 자원이 자신의 아이가 아닌 다른 아이에게 분배될 것을 걱정한다. 사실 이처럼 남녀의 질투가 다르다는 것에는 오래된 기원이 있을지도 모른다. 여성의 인간관계는 감정적으로 강렬하며 집중적이다. 여자아이들은 가까운 친구가 다른 누군가와 우정을 쌓기 시작하면 금방 질투를 하지만, 남자아이들은 '눈에 보이지 않으면 멀어진다'는 식이라서 친구가 다른 누구와 가까워져도 크게 상관하지 않는다(이 점에 관해서는 15장에서 자세히 살펴보자).

전반적으로 남녀의 사교적 질투(성적인 질투가 아니더라도)의 차이는 여성의 사교술이 남성보다 우수하기 때문에 생긴다. 남성들은 여성들이 다른 사람의 마음 상태를 직관적으로 알아내는 것을 놀랍고 신기하게 여긴다. 여성들은 어떤 문제가 생기면 저절로 알아차린다. 때로는 문제의 인물이 그 자리에 없어도 알아차린다. 여성들은 그것을 어떻게 알아냈는지, 또는 무엇 때문에 그렇게 생각했는지를 말로 설명하지 못할 때도 있다. 하지만 그들은 정말로 알고 있으며 보통은 그들의 판단이 옳다. 여성은 남성에게 없는 여섯 번째 감각을 가진 것만 같다.

얼굴에 표현된 감정을 여성이 남성보다 훨씬 정확하게 알아본다는 실험적 증거는 상당히 많이 있다. 몇 년 전 주디스 홀Judith Hall은 비언어적 신호를 해석하는 능력의 남녀 차이에 관한 연구 75편을 검토한 결과, 여성의 해석 능력이 더 우수하다는 일관된 흐름을 발견했다. 남녀의 뇌 백질 부피의 차이(3장을 참조하라)를 감안할 때 특히 흥미로운 점은, 여성은 시각과 청각 중 한 가지만 활용할 경우보다 시각과 청각을 동시에 활용할 경우에 남성과 점수 차이가 많이 났다. 여성에게는 여러 통로로 얻은 정보를 혼합하고 결합하는 능력이 있지만 남성은 그런 작업을 쉽게 수행하지 못하는 듯하다. 최근에 주디스 홀은 데이비드 마츠마토David Matsumato와 함께 미국인 학생들에게 백인과 일본인의 얼굴 표정 사진을 보여주고 실험을 했는데, 사진을 아주 잠깐(단 0.2초) 보여주었기 때문에 의식적으로 생각하고 분석할 시간이 없는 환경에서도 여성들은 남성들보다 정확했다. 리사 펠드먼 배럿의 실험실에서 진행된 여러 편의 연구들 중 하나는 900명이 넘는 사람에게 20개의 사교적 상황을 제시하고 이야기 속의 사람이 어떤 감정을 느꼈을지 알려달라고 요청했다. 객관적인 평가자들이 점수를 매겨보니 여성들의 응답이 남성들의 응답보다 감정에 대한 인지와 이해도 점수가 높았다. 나이와 사회경제적 지위와 언어 지능(언어 지능은 보통 여성이 더 우수하다)이라는 변수를 통제해도 결과는 마찬가지였다.

다른 사람의 감정을 유추하는 능력은 정신화 능력과 결부되어 있을 가능성이 높다. 정신화 능력이란 6장에서 살펴본 대로 사람들의 사회적 네트워크 규모를 결정하는 핵심 요인 중 하나인 인지능력을 의미한다. 우리는 여섯 편의 연구에서 다차원 정신화 과제로 사람들의 정신화 능력을 측정했다. 한 번을 제외하고 모든 경우에 여성이 상당한 차이로 남성을 앞질렀고, 그 예외적인 경우에서조차 전체적으로는 여성이 우위였다. 거의 모든 심리적, 육체적 특징과 마찬가지로 남성과 여성이 겹치는 부분도 상당히 넓지만(어떤 남성들은 어떤 여성들보다 정신화 능력이 우수하다), 전체적인 패턴은 일관되게 나타났다(어떤 여성은 모든 남성들보다 우수하다).

티나 스트롬바흐Tina Strombach와 토비아스 칼렌처는 실험 대상자들에게 그들 각자의 사회적 네트워크에 속한 어떤 사람과 보상금을 나눠 가질지, 아니면 혼자 다 가질지를 결정하도록 했다. 다른 어떤 일을 처리하라는 지시를 받는 동시에 이런 결정을 내려야 할 때 사람들이 어떻게 대처할지를 관찰하기 위한 실험이었다. 이렇게 설계된 실험에서는 심리학자들이 말하는 '인지적 하중cognitive load'이 만들어진다. 이럴 때는 뇌가 가진 자원의 일부를 다른 과제로 돌려야 한다. 현실 세계에서 우리가 멀티태스킹을 하고 있을 때 바로 이런 일이 벌어진다. 일상적인 예로는 누군가와 대화를 하면서 또는 라디오를 들으면서 운전하는 상황이 있다. 다른 누군가에게 관심을 기울이면 주의가 분산되므로 우리가 수행해야 하는 과제에 집중하기가 어려워진다. 실험 결과 남성들의 결정 과제 점수(보상을 나눠 가질 것인가, 말 것인가)는 주의 분산 과제(인지적 하중)의 영향을 많이 받은 반면, 여성들의 점수는 주의 분산 과제의 영향을 많이 받지 않았다(오히려 일부 여성은 인지적 하중이 있을 때 점수가 조금 더 높았다). 다시 말하면 여성은 정말로 멀티태스킹이 가능한 반면 남성은 한 번에 한 가지 일에 집중할 때 결과가 더 좋다.

사교성 측면에서 남녀 차이의 적어도 일부는 생애 초창기부터 나타난다. 따라서 남녀 차이가 순전히 문화 적응과 양육의 결과라고 말하기는 어렵다. 제니퍼 코넬란Jennifer Connellan과 사이먼 배런-코언 Simon Baron-Cohen은 100명의 신생아를 대상으로 주의력 검사를 했다. 그들은 제니퍼의 얼굴 사진을 보여준 다음, 그 얼굴의 주요 요소들 (제니퍼의 눈, 입 등)이 똑같이 있긴 하지만 뒤죽박죽으로 섞여 있는 모빌을 보여주었다. 그들은 이 2가지를 차례로 보여주었을 때 아기들이 얼마나 오래 쳐다봤는지를 측정했다(절반은 얼굴을 먼저, 절반은 모빌을 먼저 보여주었다). 아기들의 3분의 1 정도는 특별히 어느 한쪽을 선호하지 않았지만, 한쪽을 선호했던 아기들 중에서 남자 아기들은 모빌을 훨씬 좋아했고 여자 아기들은 사람의 얼굴을 더 좋아했다. 선호도의 비율은 양쪽 다 2:1이었다. 다른 연구에서도 여자아이들은 남자아이들보다 양육자와 눈을 오래 마주치며 사교적 결례라는 개념을 남자아이들보다 먼저 이해한다는 사실이 입증됐다. 전반적으로 여자아이들과 여자 어른들은 남자아이들과 남자 어른들보다 음성에 많이 의지한다. 여자아이들은 남자아이들보다 일찍, 더 효과적으로 언어를 습득하며 대화에 더 많은 시간을 사용한다. 부모가 대화를 시도할 때 10대 남자아이들이 흔히 보이는 불만스러운 반응만 봐도 이를 확인할 수 있다. 이러한 차이는 원숭이에게서도 발견된다. 나탈리 그리노Natalie Greeno와 스튜어트 셈플Stuart Semple의 붉은털원숭이rhesus macaques의 발성 빈도에 관한 훌륭한 연구는 암컷 원숭이들이 수컷보다 사교적임을 입증했다. 따라서 이런 특징은 인간이라는 종이 출현하고 인간 고유의 양육 습관이 만들어지기 한참 전에 생겨난 것으로 짐작된다.

성별과 사교 유형

엘리 피어스는 우리의 대규모 유전학 연구 자료를 활용해서 연애 관계의 질을 나타내는 하나의 중요한 지표(성적 개방성 지표), 그리고 더 넓은 사회적 네트워크 참여를 반영하는 하나의 지표(5-층에 속하는 친한 친구들의 수)와 상관관계가 있는 요인들을 알아봤다. 엘리는 이 두 지표가 서로 다른 정신적 시스템에 의해 좌우된다는 사실을 발견했다. 성적 개방성 지표는 충동성의 수준과 친밀한 관계 경험 척도 Experience of Close Relationships Scale(관계 유형이 얼마나 따뜻한가 또는 차가운가를 나타내는 지표)의 불안 지수에 의해 결정되며, 5-층 친구들의 수는 애착 척도Attachment Scale(지역사회에 얼마나 안착해 있다고 느끼는지, 스스로 공감 능력이 얼마나 좋다고 느끼는지)의 회피 지수에 의해 결정된다. 이것은 남녀 모두에게 해당하는 이야기였다. 하지만 남성에게는 이 2가지 시스템이 완전히 분리되어 있고 여성에게는 2가지 시스템이 상호 연결되어 있는 것 같았다. 여성의 공감 지수는 충동성 척도와 강한 상호작용을 보여주었는데, 이는 여성은 자신의 연애가 전체 사회적 네트워크에 어떤 의미를 지니는지를 고려했다는 뜻이다. 그래서 여성은 남성보다 효과적으로 연애를 가족과 친구들의 이해관계와 일치시킬 수 있었다.

애나 머친의 친밀한 관계 연구에 따르면 동종선호는 연애 관계에서도 중요하고 동성 간의 친구 관계에서도 중요하다. 유머 감각은 여자들끼리의 친구 관계에서 친밀도를 예측하는 요인이었지만 남성 및 여성의 연애 관계의 친밀도에는 아무런 영향을 미치지 못했다. 육체적 매력과 운동 능력도 마찬가지였다. 여성의 경우 연애 상대와의 친밀도는(가까운 친구의 경우와 달리) 경제력, 외향성, 신뢰도, 친절의 정도가 유사할 때 높게 나타났다. 때로는 성격, 지위와 자원, 상호 지원, 공통의 관심사와 활동이 다른 어떤 것보다 중요했다. 그러나 남성의 경우 이런 요인들 가운데 어떤 것도 애정 관계의 친밀도에 영향을 미치지 않았으며 그나마 유의미한 영향을 미치는 요인은 배우자의 협력 성향이었다. 남자들의 애정 관계의 친밀도에 큰 영향을 미치는 유일한 요인은 접촉의 빈도였다. 이것은 남성의 우정이 아주 좋은 시기에도 '보이지 않으면 멀어진다'는 원칙을 따른다는 사실과도 통한다.

흥미롭게도 선물을 주는 행위와 감정적 지원은 여성들의 관계의 친밀도에 정반대의 효과를 나타냈다. 선물을 많이 받을수록 관계는 덜 친밀해졌다. 감정적 지원의 효과는 그 반대였다(지원을 많이 받을수록 관계는 더 친밀해졌다). 두 번째 결과는 쉽게 이해되지만 첫 번째 결과는 아리송하게 느껴진다. 설득력 있는 가설은 선물은 관계를 '발전'시키는 과정의 일부지만 관계가 성립된 다음에 그 관계를 '유지'시키지는 않는다는 것이다. 그리고 선물은 받을 사람이 이미 정해져 있을 수도 있다. 우리의 대학원생이었던 마크 다이블Mark Dyble은 사람들이 크리스마스에 지인들에게 선물을 하는 데 돈을 얼마나 쓰는지를 조사했다. 남성과 여성이 가까운 친척과 친구들에게 쓰는 돈의 액수는 큰 차이가 없었지만, 덜 가까운 친척과 친구들에게 쓰는 돈의 액수에는 유의미한 차이가 있었다. 여성이 남성보다 인심이 좋았다. 그리고 여성들은 사람들 각자에게 적합한 선물을 고민하고 선택하는 일에 더 많은 노력을 들였다.

애나 머친의 우정 연구에서 우리는 남성과 여성이 서로 다른 요인에 집중한다는 사실을 발견하고 흥미를 느꼈다. 여성의 경우 친구 관계를 가장 잘 예측하는 요인은 비슷한 수준의 학력, 유머 감각, 신뢰도, 긍정적 기질, 함께 하는 활동의 수, 상호 지원의 수준이었다. 특히 가까운 동성 친구들의 경우 디지털 수단(전화, 페이스북, 이메일 등)을 통한 접촉의 빈도를 통해 관계의 질이 예측 가능했다. 남성의 경우 우정의 질을 가장 잘 예측하는 요인은 우정이 지속된 기간, 공동의 추억, 상호 지원, 함께 하는 활동의 수, 비슷한 경제적 지위(술집이나 사교 행사에서 번갈아 술을 사야 하기 때문에 경제력이 중요한 것으로 짐작된다), 외향성, 신뢰도, 풍부한 사회적 인맥이었다. 이 결과는 절친한 친구의 성별과 무관했다.

하지만 이 점에 있어서 남녀의 차이는 눈여겨볼 필요가 있다. 남성 우정의 친밀감은 여성과는 전혀 다른 원리로 생겨난다는 해석이 가능하기 때문이다. 특히 눈에 띄는 사실은 과거를 공유하는 것이 남성과 여성의 친밀감에 정반대 효과를 지닌다는 것이다. 과거를 공유하는 관계가 남성에게는 긍정적이었던 반면 여성에게는 부정적으로 작용했다(여성들끼리는 과거를 공유한다는 것이 강조될수록 친밀감의 수준이 낮아졌다). 이러한 차이는 남성은 집단 활동(대부분의 집단은 공통의 과거를 강력한 토대로 삼는다. 어느 집단이나 역사를 가지고 있으니까)을 선호하며 여성은 단 둘이서 하는 활동(일대일 관계에서는 과거를 공유하는 것은 상대적으로 덜 중요하다. 예컨대 현재 서로에게 얼마나 털어놓고 이야기할 수 있는가가 더 중요하다)을 선호한다는 것을 반영한다.

성별에 따라 관계의 기초가 다르다는 것은 조이스 베넨슨Joyce Benenson의 연구에 자세히 설명되어 있다. 베넨슨은 평생에 걸쳐 우정의 본질을 탐구한 사람인데, 그녀의 연구들 중 두 편이 지금 하는 이야기와 관련이 있다. 첫 번째 연구에서 베넨슨은 2명의 동성 친구들에게 같이 편안하게 휴식을 취하도록 한 다음 젠더 중립적인 온라인 컴퓨터 게임을 시키고 서로 경쟁하도록 했다. 그러자 경쟁을 벌이기 전과 게임을 마치고 잠시 협력적 과제를 수행하는 동안에 남성들이 여성보다 서로에게 가까이 다가가고 신체 접촉을 하는 일에 시간을 많이 썼다. 남성 친구들은 본의 아니게 경쟁을 해야 하는 상황의 전과 후에 의도적으로 친근한 행동을 함으로써 경쟁의 결과를 기꺼이 수용하고 그 후에도 협력을 계속하겠다는 의사를 전달한 것이다. 남성들은 친구가 선제공격을 하거나 복수에 나설 위험을 줄이기 위해 그렇게 행동했다는 것이 베넨슨의 주장이다. 실제로 남성들은 경쟁 과제가 우정을 파괴할 것을 예상한 것처럼, 경쟁에 임하기 전에 일부러 친구와 더 많이 접촉하는 모습을 보였다. 마치 앞으로 일어날 일에 서로 기분이 상하지 않도록 안전장치를 마련하는 것 같았다. 적어도 이 표본에서는 여성은 이런 준비를 남성만큼 잘하지 못했다. 베넨슨과 공저자들은 그 원인이 인류의 진화 과정에서 사회집단과 그 집단의 이익을 외부의 공격으로부터 보호하기 위해 실용적인 동맹을 형성하는 능력을 길러야 했던 것은 여성이 아닌 남성이기 때문이라고 주장했다. 베넨슨의 선행 연구에서는 인간관계 내에서 발생하는 긴장과 스트레스를 남성이 더 잘 견딘다는 결과가 나왔다. 관계가 왜 깨지고 언제 깨지는가를 이것으로 설명할 수 있을지는 다음 장에서 알아보자.

조이스 베넨슨의 다른 연구에서는 동성의 성인 2명에게 컴퓨터 게임을 시키고 가상의 다른 성인 2명과 경쟁하도록 했다. 실험 대상자인 성인 2명에게는 각자 전략을 구사해도 되고 연합해도 되지만 상금은 각자의 게임 성적에 따라 결정될 것이라고 말했다. 실험 결과 여성들은 상대편이 연합했다는 소식을 들었을 때 그들과 맞서기 위해 대항 동맹을 맺는 경우가 많았다. 하지만 상대편이 동맹으로 위협을 가하지 않았을 때는 남녀의 행동이 동일했다. 앞서 베넨슨이 4세 아이들을 대상으로 한 실험에서도 같은 결과가 나왔다. 4세 여자아이들은 사교적 위험에 대항하기 위해 배타적인 동맹을 결성할 확률이 남자아이들보다 훨씬 높았다.

사회언어학자 제니퍼 코츠Jennifer Coates는《여성, 남성, 언어Women, Men and Language》라는 책에서 남성과 여성의 대화 유형이 완전히 다르다고 설명한다. 여성들의 대화는 매우 협력적이다. 화자가 어떤 이야기를 하면 청자는 '맞장구'를 치는 표현("맞아!", "응, 응!", "그러게!")을 자주 사용하고, 화자가 말을 마무리할 때 청자가 그 말의 마지막 부분을 합창하듯 같이 말해주기도 한다. 반면 남성들의 대화는 조금 더 경쟁적이고 심지어는 전투적이다. 그들의 대화는 서로를 놀리는 것에 가깝고, 맞장구는 거의 찾아볼 수 없으며, 화자와 겹치는 말을 하면 무례한 것으로 간주된다. 이처럼 대화 유형이 확연히 다르기 때문에, 대화 집단의 규모가 너무 커져서 쪼개지는 순간 남성과 여성이 따로 대화하는 것은 자연스러운 일인지도 모른다. 하지만 남녀의 대화 유형이 크게 다르다면 애인 사이에서도 자칫하면 대화가 갈등으로 치달을 위험이 있을 것이다. 도대체 연애하는 남녀는 어떻게 다투지 않고 대화를 할까? 나의 대학원생이었고 현재는 스코틀랜드 정부에서 통계를 담당하는 사라 그레인저Sarah Grainger는 연인인 남녀가 어떻게 싸우지 않고 대화를 나누는지 알아보기 위해 카페에서 연인들을 관찰했다. 대부분 여성들이 대화 유형을 남성에게 맞추고 있었다. 전체 인구의 절반에게는 놀라운 일이 아니겠지만.

위험 감수 역시 성별에 따른 차이가 일관되게 나타나는 행동이다. 남자 청소년과 청년들은 일반적으로 위험을 많이 감수하는 편이고 여자들보다 훨씬 큰 위험을 감수한다. 다소 밋밋한 사례로 몇 년 전에 내가 보구슬라프 파블로프스키, 라진더 아트왈Rajinder Atwal과 함께 수행한 몇 편의 연구가 있다. 그중 하나는 특정한 정류장에서 다음 버스를 타기까지 지체되는 시간이 예측 불가능한 조건에서 사람들이 아침에 도심으로 들어가는 버스를 놓칠 위험을 얼마나 감수하느냐를 알아보는 연구였다. 그 연구는 겨울에 진행됐기 때문에 더욱 흥미로웠다. 버스를 놓칠 경우 단순히 시간 비용만 발생하는 것이 아니라 추위 속에 오래 서 있어야 하는 비용도 발생하기 때문이다. 또 한 편의 연구는 더 심각한 위험을 다뤘다. 이 연구는 성인들이 혼잡한 도심에서 횡단보도로 길을 건너려고 할 때의 위험 감수 성향을 측정했다. 둘 다 남자들이 훨씬 위험한 결정을 했다. 버스를 놓치고 추위 속에서 다음 버스를 기다려야 한다는 것은 아주 큰 비용은 아니겠지만, 남자들은 여자들보다 더 아슬아슬한 선택을 했고 오랫동안 추위 속에서 다음 버스를 기다려야 했다. 두 번째 경우 남성들은 연령과 무관하게 신호가 바뀌기를 기다리는 시간이 여성들보다 짧았고, 빨간 신호일 때도 여성들보다 훨씬 위험한 상황(위험도는 다가오는 차와의 거리로 측정)에서 길을 건넜다. 더욱 의미심장한 결과는, 차가 가까이에서 빠르게 다가오고 있을 때 길을 건너려고 하는 남자들의 행동은 길을 건너기 위해 기다리는 여자들이 있느냐 없느냐에 따라 달랐다는 것이다. 남성의 위험 감수 성향은 여성 관객이 있을 때 한층 높아졌다. 남성에게 위험 감수는 일종의 짝짓기 광고인 듯하다. '내 유전자가 얼마나 우수한지 보세요. 나는 진짜 위험한 일에 뛰어들었다가도 멀쩡하게 빠져나올 수 있어요.'

자극을 추구하는 데서도 남성과 여성의 차이가 뚜렷했다. 이러한 차이를 확인하는 방법으로는 '주커먼의 자극 추구 척도Zuckerman's Sensation Seeking Scalerk'라는 고전적인 척도가 널리 인정받고 있다. 주커먼의 자극 추구 척도는 전율과 모험 추구(TAS: 스카이다이빙, 암벽등반 등의 활동을 지표화), 탈억제(DIS: 마약 남용, 알코올 과다 섭취, 기물 파손, 위험한 섹스와 같은 행동 지표화), 경험 추구(ES: 여행, 환각성 약물과 음악), 권태 감수성(BS: 지루함을 잘 느껴 영화관에 가는 등의 활동을 해야만 하는 경향을 지표화)의 4개 하위 척도로 구성된다. 지금은 이 척도의 질문 대다수가 시대에 뒤떨어진 것처럼 보이기도 하지만, 이 척도는 1970년대에 처음 만들어진 이후로 계속해서 광범위하게 사용된 방법이다. 캐서린 크로스Catherine Cross와 질리언 브라운Gillian Brown은 이 척도가 처음 활용된 35년 전부터 현재까지 자극 추구에 관한 남녀 차이가 사회성의 문화적 요소에 따라 달라졌는지 여부를 알아봤다. 그들은 총점의 남녀 차이는 35년 전과 같다는 사실을 발견했다. 특히 탈억제 하위 척도와 권태 감수성 하위 척도의 점수 차이는 거의 똑같이 유지되고 있었다. 전율과 모험 추구 척도에서는 남녀의 점수 차가 꾸준히 줄어들었는데, 그 주된 원인은 남성이 고위험 활동을 하려는 의지가 감소했기 때문이다. 간단히 말하자면 성별에 따른 위험 감수 성향의 차이 중 일부는 생물학적 원인에서 비롯된 것이며, 이런 차이는 쉽게 사라지지 않을 수도 있다고 판단된다.

마지막 사례는 '엄마어(모성어)motherese'라고 불리는 말하기 유형에서 남녀의 차이가 뚜렷하게 나타난다는 것이다. 엄마어란 여성들이 아기에게 말을 걸 때 자연스럽게 사용하게 되는 매우 독특한 말하기 방식으로서, 높은 음색으로 노래하듯이 오르락내리락하고 과장된 소리를 내가며 같은 말을 반복한다. 이런 언어는 아기들을 진정시키는 효과가 있다. 마릴리 모노Marilee Monnot의 연구는 엄마가 '엄마어'로 말을 걸어준 시간이 길었던 아기들이 체중 증가가 빠르고 중요한 발달 단계를 더 일찍 통과한다는 사실을 입증했다. 남자들은 아무리 열심히 노력해도 엄마어를 잘하지 못했다. 특히 남자들은 목소리 음색 자체가 너무 낮아서 높은 소리를 내려고 노력해도 잘 되지 않았다. 결과적으로 남자들이 말을 걸면 아기들은 진정되지 않고 오히려 무서워했다. 그래서 최근에 영어권에서 '엄마어'를 '부모어parentese'로 바꿔 부르려고 했던 움직임은, 의도는 좋았지만 번지수가 틀린 것이었다. 애석하지만 명칭을 바꾼다고 해서 남자의 음색이 여자보다 한 옥타브나 낮다는 불편한 진실이 없어지지는 않는다.

남녀의 인지능력

남녀의 2가지 해부학적 차이를 알면 당신은 놀랄지도 모른다. 당신이 샤워젤을 사러 가 진열대에서 마음에 드는 제품을 찾는다고 하자. 비누와 샤워젤은 남성용과 여성용으로 나뉘어 진열되어 있고, 여성들의 진열대에 놓인 제품은 남성용 제품과 크게 다르다(그리고 더 비쌀 것이다). 왜 남성용과 여성용 샤워젤이 따로 있는지 생각해본 적이 있는가? 단순히 제조 업체들이 여성이 쓰는 물건을 더 비싸게 팔려고 그런 것은 아니다. 몇 년 전 그들은 남성은 피부에 거친 질감이 닿을 때 더 민감하게 반응하고 여성은 부드러운 질감에 더 민감하게 반응한다는 사실을 발견했다. 그래서 그들은 남성용 샤워젤을 거칠거칠하게 만들고 여성의 샤워젤은 보드랍게 만든다. 모두가 좋아하는 젠더 중립적 비누는 없다.

두 번째 차이는 더욱 놀랍다. 사람의 망막에는 3가지 수용체 세포(또는 원뿔 수용체)가 있고 수용체 세포의 종류별로 색을 다르게 본다. 각각의 수용체 세포는 서로 다른 파장의 빛에 민감하게 반응한다. 각각의 수용체가 반응하는 빛의 파장은 약 430, 545, 570나노미터이며, 이 빛들이 우리 눈에는 파랑, 초록, 빨강으로 보인다. 초록과 빨강 수용체는 X염색체 위에 있고, 파랑은 7번 염색체 위에 있다. 그래서 빨강을 인식하지 못하는 적색맹은 남성에게만 나타난다. 남성은 X염색체를 하나만 가지고 있으므로 빨강 원뿔세포 유전자에 결함이 있으면 문제가 생기지만, 여성은 다른 X염색체에 예비 유전자를 가지고 있어서 괜찮다. 게다가 빨강 원뿔세포 유전자가 가장 민감하게 반응하는 빛의 파장은 가변성을 지닌다. 그래서 여성은 약간 다른 파장에 가장 민감하게 반응하는 빨강 원뿔세포 유전자를 물려받은 경우 미세한 차이가 나는 2가지 빨강(빨강과 유사 빨강)을 구별할 수 있다(남성은 절대 못 한다). 이런 사람들을 사색형 색각tetrachromacy 또는 사색자four-colour vision라고 하는데, 사색자는 일반적으로 생각하는 것보다 훨씬 흔하다. 다양한 추정치가 있지만 아마도 전체 여성의 4분의 1이 사색자일 것이다. 빨강, 유사 빨강, 초록, 유사 초록, 파랑의 5가지 색을 구별할 수 있는 오색자pentachromacy 여성은 이보다 훨씬 드물다. 남녀의 이런 차이는 인간에게만 나타나는 특이한 현상은 아니다. 구대륙의 원숭이들과 유인원들은 모두 삼색자이지만, 신대륙의 일부 원숭이들은 암컷이 아주 정상적인 삼색자인 반면 수컷은 3가지 색 중에 2가지밖에 못 본다(그리고 수컷들이 인지하는 2가지 색의 종류는 개체마다 다르다). 그러니까 아내가 자신이 보기에는 전혀 다른 색의 옷 2벌을 놓고 잘 어울리느냐고 물을 때 남자들이 어리둥절해져서 "그럼, 잘 어울리지"라고 대답하는 데는 아주 단순한 이유가 있을지도 모른다. 남자들이여, 여기서 명백한 교훈을 하나 얻어보자. 다음번에는 모호한 대답을 하라.

사실 남자와 여자의 뇌는 다른 점이 정말 많다. 우선 3가지만 이야기해보자. 남성의 뇌는 여성의 뇌보다 크다(뇌 크기의 차이는 약 10퍼센트로, 몸 크기의 평균적인 차이와 거의 같다). 하지만 여성의 뇌에 백질(그리고 뇌 내의 영역들을 서로 연결하는 전선 역할을 하는 뉴런들)이 훨씬 많고, 여성의 전전두피질이 더 크다. 또 여성의 뇌는 남성의 뇌보다 성인기에 일찍 도달하는데, 이 차이는 남녀가 사회적으로 성숙하는 시기의 차이와 일치한다. 백질의 부피 차이는 남성과 여성이 뇌의 여러 영역들을 통합적으로 처리하는 능력에 중요한 함의를 지닌다. 여성이 멀티태스킹을 잘하는 이유도 백질의 부피 차이로 설명된다. 또 여러 가지 감각을 통해 얻은 정보를 통합하는 능력도 여성이 더 우수하다는 해석이 가능하다. 보통 이런 일들은 뇌의 여러 영역에서 처리하기 때문이다. 그래서 여성은 사교 활동의 세계에서도 여러 사람을 각자 다르게 대하는 데 어려움이 없고, 짝을 선택할 때도 서로 경쟁하는 준거들 사이에서 균형을 찾아낸다. 그리고 뇌 영상 촬영 연구에서는 여성의 우측 전전두피질, 특히 안와전두피질의 부피가 더 크다는 증거가 있다. 우측 전전두피질과 안와전두피질은 사교적 감정 반응, 정신화, 사회적 네트워크 크기를 관리하는 데 중요한 역할을 하는 것으로 짐작되는 영역들이다(이 점에 관해서는 3장과 6장에서 살펴봤다).

　2개의 성염색체인 X염색체와 Y염색체가 우리의 생물학적 성을 결정한다는 것은 분명한 사실이지만, 이 성염색체들은 때때로 생식세포(또는 성세포)가 생산되는 과정에서 복제되고, 그 결과 독특한 결합으로 이어지기도 한다. 복제된 성염색체 중에 가장 흔한 것으로는 XXY 또는 XXXY염색체(이것을 클라인펠터 증후군이라고 하는데, 각각 남자 신생아 1000명 중 1명과 5만 명 중 1명꼴로 발생한다), XYY염색체(초남성 증후군이라고 하는데, 남자 신생아 1000명 중 1명꼴로 발생한다), 그리고 X0/X 단일 염색체(터너 증후군이라고 하며, 여자 신생아 5000명 중 1명꼴로 발생한다)가 있다. 성염색체 이상이 있는 사람들은 대부분 이런저런 발달장애로 고생하며 불임인 경우도 있다.

　인간 여성의 신체 구조와 뇌는 포유류의 기본값이다. 이 기본값에서 남성의 표현형으로 전환하려면 태아가 발달하는 도중에 Y염색체가 테스토스테론의 생산을 촉진해야 한다. 사실 이것은 Y염색체가 하는 유일한 일로 보인다. 하지만 남성 표현형으로의 전환은 "남성이 되기 위한 경쟁the race to be male"이라 불리는 환경적 요인에 의존한다. 남성 표현형으로 전환하려면 태아의 몸이 지방세포를 저장하기에 충분히 커져야 한다(아기들이 태어나는 순간에 남자 아기들의 몸집이 더 큰 이유 중 하나다). 임신 8주 이후의 태아가 어떤 결정적인 시점에 영양을 공급받지 못했다면 태아의 몸이 충분히 커지지 못할 수도 있다. 전환 스위치가 켜지지 않으면 태아가 발달하는 동안 생식소gonad가 테스토스테론을 충분히 생산하지 못해서 기본값인 여성의 뇌를 남성의 뇌로 전환하지 못하고, 결과적으로 남성의 신체 구조를 발달시키지 못한다(하지만 이런 아기들은 사춘기가 지나고 나서 더욱 남성화된 체형으로 발달하거나 뛰어난 운동선수가 될지도 모른다). 이런 여성은 남성의 XY성염색체를 가지고 있지만 해부학적으로나 심리학적으로는 여성이며, 일반적으로 생식소가 기능을 수행하지 못해서 불임이다. 생식소는 처음에 염색체 이상을 일으킨 원인이기도 하다. 이런 발생 이상은 스와이어 증후군Swyer Syndrome이라는 이름으로 알려져 있으며 여자 신생아 10만 명당 1명 정도로 나타난다.

가장 혼란스러운 사례는 1940년대에 여자 육상 200미터 세계신기록 보유자였던 네덜란드 선수 푸크예 딜레마Foekje Dillema일 것이다. 딜레마는 1950년에 유전자 성별 검사가 도입됐을 때 그 검사를 거부했지만(당시 체육계의 권력자들은 크게 분노했다), 나중에 이뤄진 검사에서는 그녀가 표현형으로는 여성이지만 유전적으로는 XX/XY모자이크형(세포의 일부는 XX였고 일부는 XY였다)이라는 결과가 나왔다. 다양한 형태의 모자이크 유전자는 동물 사이에서는 드물지 않지만(그리고 식물의 세계에는 매우 흔하지만), 이런 종류의 성별 모자이크는 극히 드문 것 같다. 특히 인간의 성별 모자이크는 드문 사례다. 성별 모자이크는 생물학에는 단순한 것이 없다는 교훈을 준다.

이처럼 희귀한 유전자 조합들은 자연의 실험을 가능케 하며, 이 실험은 X염색체와 Y염색체가 각기 어떻게 남녀의 지각력 차이를 만드는지에 대한 통찰을 제공한다. 스톡홀름의 유명한 연구소인 카롤린스카 신경과학 연구소에 소속된 이방카 사빅Ivanka Savic은 XY염색체를 가진 남성과 XXY염색체를 가진 남성들(즉 정상 남성들과 클라인펠터 증후군 남성들), 그리고 정상적인 XX염색체를 가진 여성들의 뇌를 촬영하고 그들의 혈액 표본에서 성호르몬 수치를 측정했다. 그 결과 어떤 사람이 X염색체를 많이 가지고 있을수록 편도체, 미상핵, 측두엽, 뇌섬엽(이 영역들은 대부분 감정 반응과 관련이 있다)의 부피가 작고 두정엽, 전두엽 중에서 안와전두피질과 맞닿아 있는 부분들의 부피가 큰 것으로 나타났다. Y염색체의 경우 그 자체로는 어떤 효과가 발견되지 않았다. 그리고 테스토스테론 수치가 이런 차이와 관련이 있다는 증거가 나왔다. 아마도 테스토스테론은 표현형의 전환에 관여하는 것으로 보인다. 운동피질에 속하는 영역들과 소뇌는 Y염색체 등가물이 없는 X염색체 유전자의 통제를 받고, 편도체와 해마 같은 대뇌변연계의 영역들은 Y염색체 등가물이 없는 X염색체 유전자와 테스토스테론의 영향을 동시에 받는 것으로 보인다. 암스테르담 자유대학의 유디 반헤멘Judy van Hemmen은 스와이어 증후군인 여성(XY)들을 대상으로 비슷한 분석을 한 결과, 기본적으로 그들의 뇌 구조는 여성의 뇌 구조에 더 가깝다는 사실을 알아냈다. 따라서 혈액 속을 순환하는 테스토스테론은 일반적으로 발달 초기에 남성의 뇌로 전환하는 데서 핵심 역할을 하는데 스와이어 증후군인 여성들의 경우에는 그런 전환이 일어나지 않았다는 추론이 가능하다. 이러한 결과들이 게놈 각인의 효과와 유사하다는 사실은 우리의 대뇌변연계(우리의 감정 반응을 관장하는)가 아버지 쪽 유전자에 의해 결정되는 한편 우리의 신피질(고차원적 사고 능력을 관장하는)을 결정하는 시스템은 어머니 쪽 유전자에서 비롯된다(3장을 참조하라)는 것을 시사한다.

남성과 여성의 뇌가 과제를 수행하는 능력은 다르지 않지만 과제를 처리하는 방식이 다르다는 증거가 많아지고 있다. 캐나다 중부에 위치한 앨버타 대학의 에밀리 벨Emily Bell은 남성과 여성이 단어 생성, 공간 지각, 기억의 3가지 인지적 과제를 뇌의 어느 영역에서 수행하는지를 알아봤다. 이 인지적 과제들은 상상력을 최대한 발휘하더라도 사교적 성격의 과제는 아니었으므로 성별에 따른 차이가 있을 것 같지 않았지만, 실험을 해보니 남성과 여성은 뇌의 서로 다른 영역에서 그 과제를 처리했다. 단어 생성 과제를 수행할 때 남성은 여성에 비해 전전두피질(즉 그들은 더 열심히 생각해야 했다), 두정엽, 대상회 영역의 활동량이 더 많았다. 반면 기억 과제에서는 남성이 여성에 비해 두정엽과 후두엽 영역의 활동량이 더 많았다. 두 경우 모두 남녀가 과제를 얼마나 잘 수행했는지는 별다른 차이가 없었다.

현대사회의 잘못된 통념은 공간지각 과제나 지도 작성 과제를 남성이 여성보다 잘 수행하리라고 믿게 만든다. 하지만 실제로는 과제가 어떤 것이냐에 따라 결과가 달라진다. 에밀리 벨의 연구에서 공간 지각 과제 점수는 남성이 여성보다 높았지만 그 과제가 뇌에서 처리되는 방식은 차이가 없었다. 그러나 오스트리아의 인스브루크 대학에 있는 엘리자베스 바이스Elizabeth Weiss의 연구진이 공간 회전 과제(여러 가지 도형을 회전시켰을 때의 모양을 상상하는 능력으로, 지도 작성에 꼭 필요한 능력이다)로 실험을 했을 때는 남녀가 뇌의 어느 영역에서 과제를 수행하는지가 확실히 달랐다. 남성이 과제를 처리할 때는 두정엽피질이 많이 활성화된 반면 여성이 과제를 처리할 때는 우측 전두엽피질이 더 활발하게 움직였다(우측 전두엽피질은 적극적인 사고를 담당한다). 종적 영상 촬영 연구들은 이런 차이가 아주 어린 시절부터 발견되며 청소년기를 거쳐 성인기에 들어서도 유지된다는 증거를 제공한다.

밀라노 대학의 알리체 프로베르비오Alice Proverbio와 그녀의 동료들은 사람들에게 인물과 풍경 사진을 보여주고 그들이 사진을 볼 때 뇌의 전기적 활동을 기록했다. 여성은 사교적인 장면에 남성보다 훨씬 강한 반응을 나타냈고, 특히 측두엽과 대상피질에 속한 영역들이 활발하게 움직였다. 다시 말하면 여성은 태생적으로 남성보다 사교적 세계에 강하게 반응한다. 영국 바이오뱅크에 관한 다닐로 프츠도크의 분석(3장을 참조하라)에서는 남녀가 다양한 사교성 지표에 의해 뇌의 보상회로(특히 충격의지핵)가 변화를 일으키는 양상이 뚜렷한 차이를 나타냈다. 친한 친구가 별로 없는 남성들, 사회적 네트워크 크기가 작고 사회경제적 지위가 낮은 남성은 충격의지핵이 더 작았지만 여성의 경우에는 그런 차이가 발견되지 않았다. 하지만 가족 관계에 만족도가 높다고 답한 여성은 복측 전전두피질ventromedial prefrontal cortex의 부피가 더 컸다. 남성의 경우 복측 전전두피질의 부피는 오직 섹스 상대의 수와 상관관계를 나타냈다. 복측 피질은 보상의 경험과 일정한 연관을 지니고 있으므로, 이러한 결과는 남성과 여성이 사교 활동에서 보상으로 받아들이는 부분이 서로 다르다(여성은 다른 사람과의 상호작용을 보상으로 인식하고, 남성은 섹스하는 것을 보상으로 인식한다)는 추측으로 이어진다.

이와 같은 보상 체계의 신경해부학적 차이는 보상 체계의 생리학에서도 동일하게 나타난다. 토비아스 칼렌처는 최근의 연구에서 다른 누군가와 상금을 나눠 가지도록 하는 실험에 참여하는 남성과 여성이 도파민에 반응하는 방식이 달랐다는 사실을 발견했다. 여성은 도파민에 대한 뇌의 반응이 화학적으로 감소할 때 더 이기적으로 바꾸었지만 남성은 같은 조건에서 더 친사회적으로 변화했다. 이와 유사한 뇌 촬영 연구에서는 여성이 이기적인 결정이 아닌 친사회적 결정을 할 때 선조체(도파민 흡수와 관련이 있는 뇌의 영역)의 활동량이 증가했지만 다른 영역의 활동량은 변화가 없었다. 반면 남성은 친사회적 결정을 할 때 아무런 변화가 없었다.

～〜

때때로 유전자가 사교성에 끼치는 영향은 성격의 다른 측면에 의해 중화된다. 우리의 대규모 유전자 연구에서 엘리 피어스는 남성의 도파민 수용체 유전자가 사회성적 성향 지표SOI(무작위 성교의 경향을 수치화한 것)에 미치는 영향이 충동성에 의해 중화된다는 것을 밝혀냈다. 반대로 여성의 경우 엔도르핀 수용체 유전자와 바소프레신 유전자의 변이는 각각 경험에 대한 개방성에 영향을 끼쳤고, 경험에 대한 개방성은 다시 SOI 점수에 영향을 끼쳤다. 이와 유사하게 여성의 엔도르핀 수용체 유전자가 가까운 친구 수에 끼치는 영향은 외향성이라는 성격 요소에 의해 중화됐다. 하지만 남성의 경우에는 그렇지 않았다.

～〜

이 장에서 남녀의 사교성 차이와 그 차이의 신경생물학적 원인에 대한 증거들을 간단히 살펴본 결과, 남성과 여성은 2개의 전혀 다른 사교 세계에 살고 있다는 것이 명백해졌다. 남성과 여성이 공존할 수 없다는 말은 아니다. 단지 남성과 여성이 관계에 접근하는 방법이 많이 다르다는 뜻이다. 그렇지만 성별에 따른 차이가 절대적이지는 않다는 점도 기억하자. 성별에 따른 사교성의 차이는 일부가 겹치는 2가지의 분포 방식일 뿐이다. 체격에 비유를 해보자. 평균적으로 남성은 여성보다 키가 크지만, 모든 남성이 모든 여성보다 키가 큰 것은 아니다. 체격이 어떤 특징에 영향을 미치는 주된 요인이라면 남성과 여성은 그 특징에서 차이를 보이겠지만, 어떤 여성은 어떤 남성보다 그 특징을 많이 나타낼 것이다. 또한 우리는 지나친 일반화를 해서는 안 된다. 남녀의 사교 유형에 오래된 기원을 가진 차이가 존재한다고 해서 모든 특징에 차이가 있다는 것은 아니다.

14장

그들은 왜
멀어졌을까

"내가 어떤 사람과의 우정을 끝내려면 그저 그 사람을 자주 만나지 않으면 된다.
그러면 그 사람은 내 기억에서 서서히 사라지고,
나의 우정 네트워크에서 점점 바깥쪽 층으로 밀려나
나중에는 지인이 되어 가장 바깥쪽 층에 속하게 된다.
하지만 절친한 친구들끼리의 우정은 종종 연애와 비슷한 양상을 띤다."

세상에서 가장 짧은 이야기를 소개한다. 이 이야기는 단 두 문장으로 이뤄져 있다.

"우리 헤어져!"
"저 남자/여자가 누구더라?"

우리는 인간 심리의 본성에 워낙 익숙해져 있으므로 위의 문장만 가지고도 어려움 없이 나머지 이야기를 엮어낼 수 있다. 우리는 곧바로 이야기의 배경을 파악하며 두 주인공의 생각과 기분을 짐작한다. 우리는 다음에 어떤 일이 벌어질지, 이 이야기가 어떻게 끝날지도 안다. 이것은 우리에게 '정신화'라는 아주 특별한 능력이 있어서 우리가 다른 사람들의 마음을 읽어낼 수 있기 때문이며, 한편으로는 실생활에서 관계가 깨지는 일이 워낙 자주 있어서 첫 문장만 들어도 답변이 절반쯤 예상되기 때문이다. 2012년 영국통계청은 영국에서 부부의 42퍼센트는 이혼으로 끝난다는 추정치를 발표했다.

관계가 깨지는 방법은 둘 중 하나다. 서서히 멀어지거나, 산사태처럼 와르르 무너지거나. 우리는 후자는 연애 관계에서 생기는 일이라고 생각하는 경향이 있다. 연애는 대부분 대놓고 악감정을 드러내며 끝나기 때문이다. 반면 우정은 일반적으로 친밀감이 연애보다 약하기 때문에 실패하더라도 타격이 작다. 그래서 우정은 조용히 식는 경우가 많다. 내가 어떤 사람과의 우정을 끝내려면 그저 그 사람을 자주 만나지 않으면 된다. 그러면 그 사람은 내 기억에서 서서히 사라지고, 나의 우정 네트워크에서 점점 바깥쪽 층으로 밀려나 나중에는 지인이 되어 가장 바깥쪽 층에 속하게 된다. 하지만 절친한 친구들끼리의 우정은 종종 연애와 비슷한 양상을 띤다. 가족 관계도 마찬가지다.

친구 관계와 혈연관계가 다르다는 점은 대학으로 떠난 청소년들에 관한 우리의 연구에서도 명백하게 밝혀졌다. 고등학교 시절의 옛 우정은 금방 희미해졌다. 대학에서 새로운 사람들을 만난 결과 옛 우정은 새로운 우정으로 대체됐기 때문이다. 우리가 어떤 사람과 관계를 맺고 있는데 친밀감을 유지하기에 충분할 정도로 그 사람을 자주 만나지 않는다면 우정은 시들해진다. 특히 둘 중 누구도 그런 상태를 타파하려는 의욕을 가지지 않는다면 우정은 깨진다. 그래서 그런 관계는 대부분 의도보다는 우연에 의해 조용히 시들해진다. 우정으로 가는 길은 다시 만나자는 좋은 의도로 포장되어 있으며, 틀림없이 상당한 양의 죄책감으로도 포장되어 있을 것이다. '우리 언제 한번 만나야지……' 하지만 다른 중요한 일들이 끼어들기 때문에 그 '언제'

는 절대로 오지 않는다. 그와 반대로 가족 관계는 대서양 한복판에서 꼼짝 못 하게 되는 것과 같은 사교적 상황도 이겨낼 수 있다. 그 이유 중 하나는 가족의 견인력(혈연 혜택)이고 또 하나의 이유는 가족 네트워크가 긴밀하게 엮여 있는 덕분에 사람들이 서로의 안부를 완전히 놓치지는 않기 때문이다. 친척 중에 마당발인 사람이 서로의 안부를 전해주면서 빈틈을 메운다. 의절하지 않는 한 우리는 친척 관계에서 벗어날 수 없다.

친척들은 친구들보다 너그럽다. 오랫동안 연락을 못 해도 용서해주고, 불가피하게 신뢰를 깨는 사건이 생겨도 용서해준다. 우리는 친척들이 못마땅할 때도 있지만, 비상사태가 발생하면 거의 항상 그들을 도와주려고 한다. 하지만 이처럼 가족과 친척에게 더 많이 참아줄 때의 단점은, 우리가 선을 넘는 행동을 지나치게 자주 하면 관계에 급격한 균열이 생겨서 회복이 불가능해진다는 것이다.

엔드게임

그렇다면 누가 누구와 사이가 나빠질까? 우리가 이 문제를 들여다봤더니 놀랍게도 관계의 단절에 관한 연구는 너무나 적었다. 관계가 깨지는 이유에 관한 연구들은 있었지만 그 연구들은 애인이나 절친한 친구 같은 친밀한 관계에 초점을 맞추고 있었다. 친구 관계가 가족 관계보다 취약한지 아닌지, 가까운 관계가 먼 관계보다 위험한지 아닌지를 알려주는 연구는 찾아볼 수 없었다. 이 공백을 메우기 위해 우리는 온라인 연구 한 편을 설계했고, 사람들에게 지난 1년 동안 관계가 깨진 경험에 대해 알려달라고 요청했다. 응답자 540명 중 413명이 12개월 동안 총 902회 관계가 깨졌다고 답했다. 평균을 내면 한 사람이 1년 동안 1.5회 정도 관계가 깨지는 경험을 하고 있었다. 여성은 남성보다 관계가 깨진 횟수가 조금 더 많았지만 차이가 크지 않았고 통계적으로 유의미하지도 않았다. 응답자들은 150명 정도로 구성되는 넓은 범위의 사회적 네트워크 내에서 생각하라는 요청을 받았기 때문에, 모든 인간관계를 기준으로 하면 1년에 1.5명은 전체의 1퍼센트 정도로 매우 적다. 하지만 자주 만나지 않는 사람들과는 갑자기 관계를 끝내지도 않기 때문에, 관계가 깨진 경우는 대부분 가장 안쪽 원에 속한 사람들과의 결별이었다. 가장 안쪽 원에 속한 사람들의 수가 평균 15명이므로, 우리가 얻은 결과는 안쪽 핵심 원에 속한 사람들의 약 10퍼센트가 매년 주변으로 밀려난다는 것을 의미한다. 만약 우리가 매년 가장 안쪽 원에 속하는 사람들의 10퍼센트를 잃어버린다면, 10년만 지나도 우리는 가장 안쪽 층 2개에 속한 사람들 모두와 관계가 단절될 것이다. 하지만 거짓말쟁이의 사례와 마찬가지로 어떤 사람들은 보통 사람들보다 관계를 훨씬 자주 깨뜨린다. 지난 12개월 동안 1회 이상 관계가 깨졌다고 답한 사람들 중 62퍼센트는 1~2개의 관계가 깨졌고, 30퍼센트는 3~4개의 관계가 끝났으며, 8퍼센트는 5~10개의 관계가 깨진 사람들이었다. 하지만 그중 1명은 1년 동안 자그마치 21개의 관계가 깨졌다고 답했다. 그랬다는 것은 그 사람에게 중요한 사람들 거의 모두와 사이가 나빠졌거나, 아니면 한 사람과 여러 번 사이가 틀어졌다는 뜻이다.

관계가 깨지는 사태의 절반은 관계를 맺은 지 3년 이내에 발생하며, 나머지 절반의 대부분은 당신이 거의 평생 알고 지냈던 사람들, 주로 가까운 가족과의 결별이다. 다시 말하면 결별은 관계의 아주 초창기에 발생하거나 관계를 맺은 지 한참 지나서 발생하며 그사이에 일어날 가능성은 매우 낮다. 데이터에 따르면 친척이 아닌 사람과의 결별이 친척과의 결별보다 먼저일 가능성이 높다. 일반적으로 친척이 아닌 사람과는 3년이 지나서, 친척들과는 7년이 지나서 결별하는 사태가 생긴다. 이러한 차이는 혈연 혜택의 반영이며, 친척들은 우리의 잘못된 행동을 더 많이 참아주므로 그들이 폭발하려면 한계선까지 밀어붙여야만 한다는 사실과도 관련이 있다.

결별 중에 놀랄 만큼 비중이 컸던(4분의 1 정도) 것은 가까운 가족 구성원과의 결별이었다. 하지만 가족은 150명 친구 중 거의 절반을 차지하기 때문에, 가족과의 결별이 전체의 4분의 1이라는 것은 가족과 결별할 가능성이 친구들과 결별할 가능성의 절반밖에 안 된다는 뜻이다. 앞서 말한 것처럼 가족 관계는 혈연 혜택을 받기 때문에 결별이 어느 정도 예방되는 것이다. 그럼에도 불구하고 우리가 평생 맺을 수 있는 가장 친밀한 3가지 관계인 부모, 애인, 가장 친한 친구와의 관계가 깨지는 사건은 전체의 3분의 1에 달했다. 3가지 관계가 차지하는 비율은 대체로 비슷했다. 여성은 남성에 비해 부모와의 결별 또는 애인과의 결별이 많았다. 우리는 보통 부모가 둘이고 애인은 단하나고 가장 친한 친구도 하나이기 때문에, 이 결과는 그래도 부모와의 관계에 결별을 막아주는 장치가 존재한다는 것을 보여준다. 아버지 또는 어머니와 결별하는 횟수는 애인 또는 가장 친한 친구와 결별하는 횟수의 절반밖에 안 된다. 애인과의 관계가 깨지는 것은 이해할 수 있는 일이지만, 가까운 가족과의 관계가 자주 깨진다는 점은 약간 거슬린다. 이러한 결과가 거슬리는 이유는 우리가 처참하게 실패했을 때 우리를 돕기 위해 백방으로 애쓸 사람들은 가까운 친척이기 때문이다. 형제자매와의 관계가 깨지거나 이모, 삼촌, 조카와 같은 가까운 친척과의 관계가 깨지는 일은 대부분 부모 중 남아 있던 한쪽이 세상을 떠난 후에 생긴다. '죽음은 사람의 밑바닥을 드러낸다: 장례와 가족 분쟁', '부모가 돌아가신 후 형제자매와 소통하는 법', '죽음 (부모의 죽음)이 우리를 갈라놓을 때까지', '부모와 사별한 후 가족 분쟁을 피하는 법'과 같은 이름의 웹사이트가 10개도 넘는 것을 보면 이런 일은 무척 흔한 모양이다. 확실히 이런 일은 우리가 상상하는 것보다는 훨씬 보편적으로 발생한다. 최근 미국에서 수행한 전국 단위의 대규모 표본조사에 따르면 부모 중 1명의 사망은 대부분 형제자매 사이의 관계에 부정적인 영향을 미쳤다. 대개 갈등은 스트레스를 유발하는 2가지 원인 중 하나에서 비롯된다. 2가지 원인이란 죽어가는 부모를 돌보는 책임을 형제 중 1명이 거의 다 떠맡았다는 사실과 유산 상속에 관한 분쟁이다. 그리고 드물게는 장례식을 어떻게 치러야 할지를 두고 갈등이 생기기도 한다. 마치 부모가 형제지간의 오래된 싸움에 뚜껑을 덮어 누르고 있었는데, 그 부모가 죽자 그들이 서로 말을 나누도록 해주던 유일한 이유가 없어진 것처럼 보인다. 이런 갈등은 영원히 끝나지 않는 경우가 다반사다.

물론 이런 것들은 특별한 경우다. 이런 일은 평생 한 번이고 그 일에 관련된 사람들도 한정되어 있다. 그럼에도 불구하고 이런 일들은 가장 견고한 관계도 압력을 받으면 흔들린다는 것을 보여준다. 가까운 가족 구성원의 죽음은 설령 예견된 일이었다 해도 스트레스가 되고, 그 스트레스는 우리가 하는 모든 일에 영향을 준다. 평소에는 겉으로 드러나지 않던 모든 약점이 드러나고 모든 단층선이 쪼개져 폭발할 위험이 생긴다.

우리의 조사에서는 사이가 나빠지는 대상도 성별에 따라 확연히 갈렸다. 우리는 부모, 애인, 지인 등 응답자들이 각각 특정할 수 있는 24가지 관계 유형을 제시했다. 그러자 여성은 24가지 관계가 모두 깨진 적이 있다고 답했지만 남성은 24가지 중 14가지 관계만 깨진 적이 있다고 답했다. 남성은 자녀, 의붓형제, 이모/삼촌, 사촌, 양부모, 먼 친척들과 사이가 나빠진 경험이 없었다. 여성은 이 모든 관계가 끊겼던 적이 있다고 답했다. 하지만 특정한 유형의 친척들과 관계가 끊겼던 빈도는 다른 관계 유형에서 관계가 끊겼던 빈도보다 훨씬 낮았다. 여성은 남성에 비해 자손, 애인, 절친한 친구가 아닌 친구, 친형제가 아닌 친척(형제 또는 자매)과 관계가 끊길 확률이 높았다. 반대로 남성은 친형제, 동료, 같은 집에 사는 사람들과 사이가 나빠질 확률이 더 높았다. 남성들은 남성과 사이가 나빠질 확률과 여성과 사이가 나빠질 확률이 동일했지만 여성들은 남성보다 다른 여성과 사이가 나빠질 확률이 2배 가까이 높았다. 즉 여성과 여성의 관계는 특별히 취약하다.

왜 우정에 금이 갈까

관계와 관계의 파괴에 관한 유명한 연구로는 영국의 전설적인 사회심리학자 마이클 아가일Michael Argyle(나는 학생이던 1960년대에 그와 함께 수업을 들었다)의 연구가 있다. 1980년대에 그는 동료인 모니카 헨더슨Monika Henderson과 함께 우정의 토대가 되는 법칙들을 알아보기 위해 여러 편의 광범위한 실험 연구를 했다. 그들은 관계를 안정적으로 유지하는 데 반드시 필요한 6가지 핵심 법칙을 찾아냈다.

1) 그 사람이 없는 자리에서도 그의 편을 들어준다
2) 그 사람과 중요한 소식을 공유한다
3) 감정적 지원이 필요할 때 지원을 해준다
4) 서로를 신뢰하고 비밀을 털어놓는다
5) 도움이 필요할 때 자발적으로 도와준다
6) 그 사람을 행복하게 해주려고 노력한다

마이클과 모니카는 이 6가지 규칙 중 하나라도 위반하면 관계는 약해지고, 여러 개의 규칙을 깨뜨리면 관계는 망가져버린다고 주장했다.

마이클과 모니카의 연구에 따르면 사람들은 과거에 깨진 관계들을 떠올릴 때 자신은 긍정적으로 행동했지만 상대가 부정적으로 행동했다고 생각하는 경향이 있었다. 이것은 '귀인 오류'라 불리는 고전적인 형태의 심리 편향이다("내가 틀렸을 리는 없으니까 네가 틀린 거야"). 또 젊은 사람들(즉 20세 미만인 사람들)은 나이 든 사람들보다 공개적 비난을 심각한 일로 받아들였다. 그리고 여성들은 관계 파괴의 원인으로 시간을 공평하게 할당하지 않는 것, 긍정적 평가와 감정적 지지를 주지 못하는 것을 꼽은 반면, 남성들은 자신을 농담의 표적으로 삼거나 공개적으로 조롱하는 것과 같은 부정적 사건을 꼽았다. 남성은 여성에 비해 이런 종류의 장난에 잘 대처하지 못하는 듯하다. 아마도 남성들에게 평판이 더 중요하기 때문일 것이다. 하지만 모두가 남성이고 서로를 가볍게 놀리면서 즐기는 집단에서는 이 법칙이 적용되지 않았다.

우리는 관계 파괴 연구에서 대상자들에게 관계가 깨지는 11가지 이유를 제시하고 선택하도록 했다. 대상자들이 가장 자주 생기는 일부터 가장 드문 일까지 순서대로 나열한 결과는 다음과 같다. 관심 부족, 소통 실패, 서서히 멀어짐, 질투, 알코올 또는 약물 문제, 관계에 대한 집착, 제삼자와의 경쟁, 다른 사람들의 '방해', 피로, 오해, 문화적 차이. 관계를 깨뜨리는 주요 원인 3가지(그냥 멀어지는 것은 제외)는 관심 부족, 소통 실패, 질투였다. 적어도 우리 연구에 참여한 사람들에게는 이 3가지가 그들의 관계가 깨진 사건 전체의 50퍼센트를 차지했다. 그 사건들 중 일부는 관계 역학의 문제를 명확하게 드러내지만 다른 일부는 '우정의 일곱 기둥'과 관련된 동종선호의 문제를 보여준다.

이런 결과가 나온 이유 중 하나는 우리가 가까운 관계를 당연하게 생각하기 때문이다. 우리의 기대치는 너무 높아져 있다. 이 점에 대한 훌륭한 설명은 뜻밖에도 네덜란드에 위치한 막스 플랑크 심리언어학 연구소의 언어학자 시메온 플로이드Simeon Floyd와 닉 엔필드Nick Enfield 그리고 2명의 동료들이 제시했다. 원래 그들은 감사를 표현하는 말이 얼마나 자주 사용되는지를 알아보려고 했다. 우리는 사람들이 친절을 베풀 때마다 감사의 말을 할까? 이 점을 알아보기 위해 그들은 세계 각지(남아메리카, 유럽, 아프리카, 남아시아, 오스트레일리아)에서 8개 언어로 진행된 대화의 데이터베이스를 뒤졌다. 그들은 어떤 사람이 뭔가를 부탁하는 내용이 포함된 대화 1500편을 찾아낸 다음 그 부탁이 받아들여졌는지(약 1000편의 대화), 그리고 부탁을 했던 사람이 감사를 표현하는 말(예컨대 "감사합니다")로 답했는지 여부를 조사했다. 평균적으로 부탁을 했던 사람이 '감사합니다'라고 답했거나 '감사합니다'와 비슷한 의미의 말로 답한 경우는 약 5.5퍼센트에 불과했다. 영국인이 가장 정중했고(부탁 건수의 14.5퍼센트), 에콰도르의 차팔라 인디언이 감사 인사를 가장 적게 했다(0퍼센트). 현대사회의 통념과 달리 사람들은 일상적인 호의에 대해서는 감사의 표현을 자주 하지 않았다. 그러나 그들이 조사한 대화는 대부분 가족 구성원들 또는 가까운 친구들끼리의 대화였다. 그런 대화에서 우리는 감사의 표현을 잘 하지 않는다. 우리는 가족과 친구들이 우리의 부탁을 당연히 들어주기를 기대한다. 그것은 우정의 '계약 조건'에 포함되니 감사할 필요가 없다고 생각한다. 실제로 우리는 가까운 사람들이 우리의 부탁을 들어주었을 때 '감사합니다'라는 인사는 고사하고 뭔가를 부탁할 때 '부탁합니다'라는 표현도 잘 사용하지 않는다. 그저 그 사람들이 의무적으로 호의를 베풀어주기를 기대한다. 당신은 어떻게 하고 있는지 한번 돌아보라. 감사의 표현은 우리가 일반적으로는 이타적 행동을 기대하지 않는 낯선 사람이나 덜 가까운 사람들을 위한 것이다. 그러나 문제가 있다. 어떤 방식으로도 감사를 표현하지 않는 상황이 반복되면(만약 미소로 감사를 표현했다면 연구자들이 분석한 언어 데이터베이스에는 녹음되지 않았겠지만) 나중에는 관계가 틀어지게 된다. 호의에 보답하지 않으면 원망이 싹트고 신뢰와 책임감은 서서히 잠식된다.

관계가 깨진 원인에 관한 응답에서는 남녀 차이가 뚜렷하게 나타났다. 남성들은 서서히 멀어짐, 알코올 또는 약물 문제, 제삼자와의 경쟁, 다른 사람의 개입이라는 응답이 많았다. 여성들은 소통 실패, 질투, 피로감 때문에 상대를 덜 좋아하게 됐다는 응답이 많았다. 이런 결과를 보면 남성은 남을 비난하는 경향이 있고 여성은 자신을 비난하는 경향이 있는 것도 같다. 연애 관계든 아니든 남성과 여성의 가까운 관계들이 특히 취약한 이유 중 하나는, 애나 머친의 조사 결과처럼 남성과 여성이 서로에게 전혀 다른 기대를 가지기 때문이다. 사회심리학자 제프리 홀은 이 문제 하나를 탐구하기 위해 약 9000명을 대상으로 진행된 36편의 연구를 검토했다. 그 결과 전반적으로 여성이 남성보다 관계에 대한 기대치가 높았다. 특히 호혜성(의리, 신뢰, 서로에 대한 관심과 지지), 진실성과 교감(자기를 드러내고 내밀한 이야기를 하려는 의지)에 대한 기대가 높았다. 교감의 차이는 흔히 '배려와 친교tend and befriend(남성의 투쟁-도피 반응에 상응하는 여성의 행동을 지칭하는 표현으로 사용됨-옮긴이)로 묘사되는 여성의 행동 특성을 반영한다.

반면 남성은 단 한 가지 항목에 대해서만 여성보다 기대치가 높았다. 제프리 홀은 그 항목을 '주체성agency(신체 활동에 참여하고 지위를 얻기 위해 노력하는 성향)'이라고 명명했다. 특히 남성은 높은 지위를 가진 동성 친구들과의 우정을 추구한다는 점에서 차이가 두드러졌다. 연령과 혈통이라는 변수를 통제해도 이런 차이는 동일하게 나타났지만, 연령이 높을수록 차이가 커졌다. 애인 및 절친한 친구들에 관한 애나 머친의 연구에서도 관계에 대한 남녀의 기대 차이가 종종 불화의 씨앗이 된다는 것이 드러났다. 사교 유형의 차이 같은 단순한 문제도 메시지에 혼란을 일으켜 갈등을 유발할 가능성이 있다. 남성들의 우정은 그들의 대화와 마찬가지로 여성들의 우정보다 대결적이다. 남성들은 상대를 놀리는 농담을 더 많이 하고 상대보다 높은 점수를 받으려고 애쓴다. 남성들은 이런 행동을 친해지려는 것으로 간주하지만 여성들은 위협 또는 공격으로 인식하기도 한다. 그런 행동에 대해 여성은 남성보다 훨씬 빨리 불쾌감을 느낀다.

이혼 통계도 이런 결론을 뒷받침한다. 영국에서 2017년에 접수된 이혼 신청의 3분의 2가량은 여성이 접수한 것이었고, 동성 부부의 이혼 신청 중에서는 4분의 3이 여성 동성애자 부부(남성 동성애자 부부가 아니고)의 이혼 신청이었다. 두 경우 모두 이혼 사유 중에 가장 많았던 것은 '비이성적인 행동'이었다. 그리고 여성이 비이성적인 행동을 이혼 사유로 꼽는 비율이 높았다(여성은 52퍼센트, 남성은 37퍼센트). 레즈비언 부부의 이혼 사유 중에도 비이성적인 행동이 가장 많았다(전체의 83퍼센트. 게이 동성애자 부부의 이혼 사유 중 비이성적인 행동은 73퍼센트였다). 이것은 여성과 여성의 가까운 관계가 더 취약하며, 남성들은 관계를 위태롭게 하는 사건들에 덜 민감하게 반응하거나 그런 사건을 잘 알아차리지 못한다는 또 하나의 증거가 된다.

사회적 네트워크에 관한 우리의 초기 연구 중에 성격과 가까운 친구 및 가족의 수를 알아본 연구가 있다. 이 연구의 주제는 루스 윌슨 Ruth Wilson(당시에는 우리의 학생이었고 나중에 런던에서 교사가 됐다)이 제안한 것이었다. 이 연구의 결과 중 하나는 나를 깜짝 놀라게 했지만, 지금 돌이켜보면 그 결과는 관계에 균열이 생기는 이유와 밀접한 관련이 있는 것 같다. 내가 놀랐던 이유는 신경증 척도 점수가 높은 여성들이 다른 사람들에 비해 여자 친척의 수가 훨씬 적고 남자 친척의 수는 비슷했기 때문이다(덧붙이자면, 그 여성들은 임상적 정신병 환자는 아니었다. 신경증 점수가 높다는 것은 단순히 불안, 기분 변화, 걱정, 분노, 절망, 고독, 우울감이 평균보다 높다는 뜻이다. 이런 사람들은 다른 측면에서는 전적으로 정상이다). 우리가 이 결과를 보고 당혹스러웠던 이유는 신경증 점수가 높은 사람들 모두가 평균보다 여성이 적은 집안에 태어났을 리가 없기 때문이었다. 생물학적으로 그런 일은 있을 수 없다. 그럴듯한 가설은 단 하나, 그런 여성들이 여자 친척들을 힘들게 했기 때문에 그 친척들이 더 이상 그들과 교류하지 않는다는 것이었다.

멕시코와 영국 학생들의 고독감에 관한 애나 히틀리의 연구는 왜 이런 일이 벌어지는가에 관한 하나의 설명을 제시한다. 애나 히틀리는 여성이 남성보다 고독감을 많이 느낀다고 답변한 사실을 발견했다. 애착 안정성이 낮은 사람들, 평소에 자신이 감정적 지원을 제대로 받지 못한다고 여기고 자신의 인간관계에 불안을 느끼는 사람들은 안정적 애착을 가진 사람보다 고독을 많이 느꼈다. 바로 이런 것들이 기대의 불일치를 낳고 관계 파괴의 위험을 높이는 조건이다. 이런 사람들은 골칫거리가 되기 쉽다. 걸핏하면 당신의 집 문을 두드리거나 전화를 걸어서 자기 삶의 불행을 토로하는 사람들. 결국에는 당신도 지쳐서 갖은 방법으로 그들을 피하게 된다.

만약 이 설명이 맞는다면 이것은 재앙을 자초하는 행동이다. 여자 친척들은 세상 모든 사람이 당신을 버렸을 때도 전력을 다해 당신을 도와줄 유일한 집단이다. 따라서 여자 친척들과 결별한 여성들은 사실상 최고의 지지 기반을 스스로 밀어낸 것과 같다. 이것은 매우 비생산적인 전략으로 보이지만 인간관계가 얼마나 예민한가를 상기시키는 현상이다. 우리가 함부로 행동하면 상대를 잃을 수도 있다는 것이다. 가까운 친척들은 먼 친척들보다 오래 참아주겠지만, 결국에는 누구나 자기의 행동에 대한 대가를 치러야 한다. 우리 모두 바쁜 사람들이고 우리 자신의 사회적 네트워크를 챙겨야 한다는 것도 문제다. 만약 당신이 나에게 지나치게 많은 시간을 할애해달라고 강요한다면, 내가 다른 친구들에게 할애할 시간은 줄어든다. 하지만 다른 친구들도 나에게는 중요한 사람들이다. 삶의 모든 일은 대체 가능한 여러 선택지 사이의 타협과 절충이다. 그러니까 늘 불평과 호소만 하는 사람이 되는 것은 신뢰를 깨는 것만큼이나 우정에 해롭다.

부부간 결별에 관한 문헌에 등장하는 중요한 문제 중 하나는 결별이나 이혼 후에 남성이 우울증에 걸리거나 자살할 위험이 더 크다는 것이다. 그것은 남성들의 우정이 더 가볍기 때문에 이혼과 같은 상황에서 남자들은 충분한 감정적 지원을 하지 못해서일 수도 있다. 하지만 상황을 악화시키는 다른 요인도 있다. 다른 일들과 마찬가지로 부부 공동의 사회적 네트워크를 만들고 관리하는 책임을 기본적으로 여성이 짊어지기(다른 일들도 그렇지만) 때문이다. 보통 여성이 남성보다 사교 활동에 적극적이므로 남성들은 종종 아내의 친구들이 주도하는 사회적 네트워크에 편입된다. 아내가 사교 행사를 계획하고 남편은 그냥 따라가기 때문이다. 아내들은 종종 남편들에게 오래전에 사귄 남자 친구들과 연락해보라고 조언하지만, 남편들은 어깨만 으쓱하고 만다. 원인이야 어떻든 간에 남성들은 배우자와 이혼하거나 사별하고 나면 자기 가족 외에 사회적 네트워크가 하나도 없는 상태가 될지도 모른다. 좋은 의도에서 남자들이 감정 표현을 더 잘하도록 만들려는 시도들이 있었고, 나중에 발생할 문제를 예방하기 위해 어린 시절부터 남자아이들에게 감정 표현을 가르치려는 시도도 있었지만, '그런 노력은 그냥 폭풍 속의 외침에 불과한가?'라는 의문이 생긴다. 아마도 우리는 남성과 여성이 사교적 측면에서 실제로 많이 다르다는 사실을 인정하지 못하는 것 같다.

거절당할 때의 고통

불행하게 끝난 관계는 큰 고통이다. 눈물이 날 정도로 고통스럽다. 우리 중 4분의 3 정도는 결별이든 죽음이든 간에 사랑하는 사람을 잃은 것이 인생에서 가장 비극적이고 힘든 일이었다고 말할 것이다. 그리고 그런 경험을 '가슴이 찢어지게 아프다'라고 묘사할 것이다. 이별의 슬픔은 분명 심리적 현상이지만, 거의 모든 나라에서 사랑하는 사람과 이별하는 아픔을 설명할 때 육체적 고통을 나타내는 언어를 사용한다. 뇌에서 정신적 고통을 감지하는 영역이 육체적 고통을 느끼는 영역과 동일하기 때문이다.

이러한 사실을 입증하는 데 가장 크게 기여한 사람은 아마도 미국의 신경과학자인 나오미 아이젠버거일 것이다. 나오미는 사교적 거절을 당할 때 뇌에서 벌어지는 일을 알아보기 위해 인디애나주 퍼듀 대학의 킵 윌리엄스Kip Williams가 개발한 '사이버볼cyberball'이라는 단순한 스크린 게임을 활용했다. 사이버볼은 3명이 참여하는 게임이다. 당신(일반적으로 화면 아래쪽에 2개의 손으로 표시된다)이 있고, 화면 위 오른쪽과 위 왼쪽에 다른 '플레이어' 2명이 있는데 이들은 사실 소프트웨어가 조종하는 아바타들이다. 그리고 1쌍의 손에서 다른 쌍의 손으로 이동하는 가상의 공이 있다. 당신은 조이스틱을 움직여서 누구에게 공을 던질지, 언제 공이 당신에게 오도록 할지를 결정할 수 있다. 당신은 인터넷을 통해 연결된 실제 인물들과 가상의 공놀이를 하고 있다고 믿게 된다. 화면 속의 3명은 서로 공을 주고받는다. 그러다가 갑자기 2명의 아바타들이 당신을 끼워주지 않고 자기들끼리만 공을 주거니받거니 한다. 이 간단한 설정은 진짜 거절당할 때의 느낌과 똑같은 날카롭고 부정적인 감정을 유발한다.

실험 결과 사이버볼 게임에서 사교적으로 배제된 사람의 뇌에서 활동량이 증가한 영역들은 전측 대상회 피질ACC(뇌의 두 반구 사이의 틈 깊숙이 위치한다)과 전측 섬상세포군AI(머리의 양쪽 측면의 피질 안쪽에 위치한다)이었다. 실험 대상자가 스스로 밝힌 불쾌함의 정도가 클수록 이 영역들이 활성화된 정도도 컸다. 이 영역들은 육체적 통증에 반응하는 뇌의 영역들과 정확히 일치한다. 하지만 통증 '자극'을 느끼는 영역들(체지각 피질somatosensory cortex과 후측 뇌섬엽이 여기에 포함된다)과는 일치하지 않는다. 즉 ACC와 AI는 통증을 '감지'하는 영역으로 판단된다. 만성 통증으로 고생하는 사람들의 ACC와 AI가 손상될 경우 그들은 통증을 느낄 수는 있지만 더 이상 통증 때문에 고통을 받지는 않는다. 체지각 피질과 후측 뇌섬엽을 제거하면 그들은 통증을 아예 느끼지 못한다. ACC와 AI는 뇌에서 엔도르핀 수용체 밀도가 가장 높은 영역들 중 하나다.

뇌에서 육체적 고통과 사교적 고통을 관장하는 영역이 같다는 증거는 다양한 문헌에서 발견된다. 한 연구는 사교적으로 따돌림을 당할 때와 육체적 통증이 수반되는 과제를 수행할 때의 뇌 활동을 조사했는데, ACC와 AI의 활동이 상당히 많이 겹쳤다. 다른 연구들도 사교적 트라우마는 육체적 통증에 대한 민감성을 높이며, 몸에 고통스러운 염증이 있을 때 사교적 고통에 더 민감해진다는 사실을 발견했다. 한 연구에서는 대상자들에게 2주 동안 약국에서 판매하는 진통제를 권장량만큼 복용하도록 하고 나서 사교적 배제 과제를 수행하게 했다. 그러자 그들은 따돌림을 당하는 것에 덜 민감하게 반응했으며(불쾌했다는 응답이 줄었다) ACC와 AI의 활동량 감소를 나타냈다. OPRM1 유전자는 엔도르핀 수용체를 조절하는데, 실험 대상자 중 1~2명은 이 유전자의 대립형질을 가지고 있어서 육체적 통증에 특별히 민감한 사람들이었다. 이런 사람들은 사교적 거절에도 유난히 민감했고, 사교적 배제 실험이 진행되는 동안 ACC와 AI의 활동량이 다른 사람들보다 많았다. 당연한 결과일 수도 있지만 사교적 배제에 유난히 민감하게 만드는 요인들인 낮은 자존감, 타인에 대한 과민성, 사교적으로 외톨이라는 느낌, 애착 척도에서 불안이 극도로 높은 쪽에 위치하는 것 등은 모두 사교적 따돌림을 당할 때 ACC와 AI의 활동 증가와 관련이 있었다. 역으로 배제에 대한 민감성을 줄이는 요인들, 예컨대 사교적 지원을 받는 것이나 회피적 애착 유형(차가운 사교 유형)인 것은 ACC와 AI의 활동량을 감소시켰다. 거절에 특히 민감한 대상자들은 사람들이 부정적인 표정을 짓는 동영상만 보여줘도 ACC의 활동량이 증가했다. 제니퍼 스미스Jennifer Smith(당시 우리의 학생이었다)가 사이버볼 게임을 이용해 설계한 실험에서는 대상자들이 거절을 당한 후에 통증 역치(엔도르핀 양을 판단하는 지표)가 증가했지만, 초등학교 때 괴롭힘을 당했다고(하지만 중학교 때는 당하지 않았다고) 답한 사람들의 경우 통증 역치가 훨씬 커졌다. 이런 결과로 보아 사교 경험은 아주 오랫동안 영향을 끼치며 어른이 되고 나서도 사교적 상황에 더 민감해지게 만드는 것으로 보인다.

또한 한 연구에서는 최근에 연애 관계가 깨진 사람들에게 전 애인의 사진을 보면서 그 사람과 있었던 일을 생각하라고 부탁했다. 그러자 ACC와 AI의 활동이 특히 활발해졌다. 이와 마찬가지로 최근에 세상을 떠난 사랑하는 사람의 사진을 보고 있을 때도 ACC와 AI의 활동량이 증가했다. 최근에 아기를 낳은 여성들에게 다른 사람의 아기가 미소 짓는 사진을 보여주었을 때도 ACC의 활동량이 증가했다. 거절이라는 주제를 다룬 그림을 보는 동안에는 수용적인 장면을 그린 그림을 볼 때에 비해 ACC와 AI의 활동량이 크게 증가했다.

흥미롭게도 파충류의 뇌에는 ACC에 상응하는 영역이 없는 것 같다. 이러한 사실로 미뤄보아 ACC는 파충류보다 고등한 척추동물(조류와 포유류)에서 진화한 듯하다. 아마도 동물들이 처음 새끼를 돌보기 시작하고 아직 홀로 생활하지 못하는 새끼를 걱정하기 시작했을 무렵에 ACC가 진화했을 것이다. 햄스터의 뇌에서 수술로 ACC를 제거하면 모성 행동이 사라진다. ACC가 없는 햄스터는 새끼들에게 전혀 관심을 보이지 않으며 길 잃은 새끼들을 되찾거나 둥지로 돌려보내려고도 하지 않는다. 하지만 다른 모든 사교적 측면에서 그 햄스터들의 행동은 완벽하게 정상이다. 설치류의 새끼들에게서 ACC를 제거할 경우 엄마에게서 멀리 떨어져 있을 때 내는 구슬픈 울음소리를 적게 낸다. ACC를 전기적 방법으로 자극할 때도 구슬픈 울음소리는 억제된다. 그렇다면 우리가 타인을 향해 느끼는 유대감은 포유동물들의 엄마와 새끼 간의 유대를 형성하고 강화하기 위해 설계된 메커니즘에서 비롯됐다는 추론이 가능하다. 우리는 단순히 이 메커니즘을 일반화해 다른 성인들(물론 여기에는 애인도 포함된다)에게로 확장했을 뿐이다. ACC가 사교적 관계를 관리하는 데 중요한 역할을 한다는 것은 인간의 ACC에 병변이 생기면 타인의 의견에 대한 고려가 줄어든다는 사실로 확인된다. 이 영역에 발작이 일어나는 것은 좋은 일이 못 된다. ACC가 손상되면 설령 다른 모든 기능을 그대로 수행할 수 있더라도, 정상적으로 말을 하고 육체적으로 아주 건강할지라도, 자신이 한 말에 대한 사람들의 반응을 알아차리지 못해서 다른 사람을 모욕하게 될 수도 있고 세심한 배려를 하지 못할 수도 있다. 우정을 유지하기에 좋은 조건은 아니다.

울음과 우정의 연관성

우리가 슬플 때나 괴로울 때 하는 정말로 이상한 행동이 하나 있다. 내가 이상하다고 한 것은 다른 어떤 종도 그런 행동을 하지 않아서 생물학적으로 설명되지 않는 행동이기 때문이다. 이 행동은 울음이다. 울음은 우정과 긴밀한 관련이 있다. 관계는 종종 눈물로 끝나기 때문이다. 대부분의 동물의 눈에서 분비되는 눈물은 눈동자 표면을 촉촉하게 유지하고 먼지를 씻어내며 불가피하게 눈에 쌓이는 오염 물질을 씻어내기 위한 것이다. 그러나 오직 인간만이 눈물을 줄줄 흘릴 줄 안다. 엉엉 울면서 눈물을 흘리는 행동은 육체적 통증에 대한 반응일 수도 있지만, 정말로 특이한 점은 울음과 눈물이 정신적 고통에 대한 반응인 경우가 더 많다는 것이다. 사교적 거절의 고통, 사랑하는 사람의 죽음에서 비롯된 고통, 심지어는 다른 사람의 고통에 공감하는 감정도 육체의 상처보다 강한 힘으로 눈물을 짜낸다. 실제로 이런 일로 감정이 격앙된 상황에서 우리는 그냥 펑펑 울어도 된다는 위로를 듣곤 한다. 사람들은 실컷 울면 기분이 나아질 거라고 말해준다. 울음에 관해 생각할 때 더 이상한 점이 하나 있다. 인기를 끌었던 영화의 다수는 우리를 웃게 만드는 영화가 아니라 울게 만든 영화였다는 것이다. 코미디 영화는 보통 시시한 작품으로 간주되고 비극은 진지한 예술 작품으로 인정받는다.

이 이상한 행동에 대해 과학은 아직 만족스러운 설명을 내놓지 못했다. 하나의 가설은 울음이 다른 사람의 동정을 유발해서 그 사람이 우리에게 뭔가를 해주거나 우리를 울게 만든 어떤 행동을 멈추도록 한다는 것이다. 실제로 사람들이 폭행을 당할 때는 잘 울지 않는다는 것을 보면, 울음은 자신을 공격하는 사람이 물러나도록 하려는 행동은 아닌 것 같다. 만약 우리가 신체적 폭력에 대한 반응으로 울음을 터뜨린다면 그것은 폭행이 끝난 후일 가능성이 높다. 로버트 프로바인이 인간의 감정 행동에 관한 인지적 연구에서 입증한 대로, 눈물은 확실히 우리 안에서 일정한 연민을 불러일으킨다. 프로바인은 사람들에게 눈물을 흘리는 얼굴 사진을 보여주었다. 그러자 사람들은 그 사진이 표정은 똑같지만 눈물이 없는 사진보다 더 슬프다고 인식했다. 울고 있는 아기는 누군가가 안고 달래준다. 하지만 여기서 불편한 질문들이 나온다. 왜 생명을 위협당하는 상황이 아닐 때도 실컷 울고 나면 기분이 좋아지는가? 로미오와 줄리엣이 서로 꼭 끌어안은 채 죽었다고 해서 당신이 왜 우는가? 동정심을 유발하는 것은 진화의 과정에서 훨씬 중요한 어떤 것의 부산물로 짐작된다. 울음의 진정한 효능은 우리가 정신적 고통을 느낀다는 사실에서 비롯된다. 울음에는 엔도르핀 시스템이 관여하는 것으로 보인다. 엔도르핀 시스템은 뇌 내의 아스피린을 제공하므로 정신적 고통은 당연히 엔도르핀 반응을 촉발하며, 엔도르핀 반응은 우리에게 약간의 아편을 주입해 고통을 완화하는 동시에 기분이 나아지도록 한다. 다시 말하면 울음의 기원은 다른 사람의 동정심을 유발해서 간접적으로 우리에게 이로운 결과를 이끌어내는 것보다는 울음을 통해 기분을 전환하는 직접적인 효과와 관련이 있는 것 같다.

화해가 어려운 이유

가까운 가족 관계는 연애 관계와 마찬가지로 재앙으로 끝날 위험
이 높은 것 같다. 가까운 가족과는 화해하기도 가장 어렵다. 왜냐하
면 그 결별은 험악하게 끝나기 때문이다. 우리가 온라인으로 수집한
900회 정도의 결별 표본 중에서 45퍼센트 가까이는 조사가 실시된
시점에 화해에 이르지 못한 상태였다. 물론 그 결별의 일부는 최근
에 일어난 일이었으므로 아직 화해하기에 충분한 시간이 없었을 것
이다. 결별 사례의 40퍼센트 정도는 일주일 내로 화해가 이뤄졌지만
일주일이 지나면 화해하는 비율이 급격히 감소했고, 1년이 지나자
단 1퍼센트로 줄어들었다. 우리의 데이터에 따르면 평균적으로 우
리는 2.3년에 1회씩 관계의 결별을 경험한다. 그러니까 성인이 되고
나서 평생 30회 정도의 결별을 경험하는 셈이다. 만약 화해가 이뤄
지려면 통상 관계가 단절된 지 1~2주 만에 화해가 이뤄진다. 그렇지
않으면 결별은 반영구적 상태가 되고 양쪽 다 화해의 과정을 시작하
려고도 하지 않는다.

관계 단절에 관한 우리의 연구에서는 대상자들에게 화해가 이뤄
진 과정을 알려달라고 요청했다. 가장 보편적인 행동은 단순한 사과
였다(성공한 화해의 절반 정도). 두 번째로 많았던 응답에는 사과도 화
해를 위한 노력도 포함되지 않았다. 다름을 솔직하게 인정하거나, 손
해를 금전적으로 보상하거나, 그저 '유예기간time out'(두 사람이 한동
안 연락하지 않았더니 격한 감정이 가라앉았다)을 두거나 했다는 답변이
대부분이었다. 이러한 답변은 화해가 이뤄진 경우의 40퍼센트라는

상당한 비중을 차지했다. 조금 놀라울 수도 있지만, 꽃다발을 들고 갑자기 찾아가는 식의 화해는 가장 드문 경우였다. 선물을 주거나, 일반적으로 사교적 유대를 강화하는 어떤 신체 활동 내지 사교 활동에 참여함으로써 화해했다는 응답은 15퍼센트 미만이었다.

대체로 여성들은 관계가 깨질 경우 화해하지 못하는 기간이 남성들보다 길었다. 여성이 다른 여성과 결별한 사례의 47퍼센트는 화해하지 못한 상태였고, 여성이 남성과 결별한 경우는 40퍼센트가 화해하지 못한 상태였다. 반면 남성들은 여성과 결별한 경우 37퍼센트, 다른 남성과 결별한 경우 33퍼센트가 화해하지 못한 상태였다. 남성이든 여성이든 배우자와의 결별은 부모 또는 절친한 친구와의 결별보다 화해할 확률이 훨씬 높았다. 그리고 절친한 친구와 결별한 경우 화해할 확률이 가장 낮았다. 당연한 이야기지만 양쪽 당사자들이 가장 괴로워하는 경우는 결별하고 나서 화해하지 못했을 때였고, 그런 경우에 결별 이후 관계의 감정적 친밀도 차이가 가장 컸으며, 특히 남성보다 여성이 그 차이가 크다고 느꼈다. 또 여성은 어떤 것을 화해의 징표로 받아들이느냐에 대해 남성보다 까다로웠다.

여성은 남성에 비해 용서를 쉽게 하지 못하는 것으로 나타났다. 이것은 시인들과 극작가들이 항상 다루는 주제기도 하다. 기원전 430년에 희곡을 쓴 에우리피데스는 그의 반영웅 메데이아가 남편 이아손을 위해 모든 것을 희생했는데도 바람둥이 이아손이 그녀를 버리고 그리스 공주에게 가자 메데이아가 격노해서 남편의 정부는 물론이고 그녀 자신의 아이들(이아손의 아이들이기도 했다)까지 죽여버리는 끔찍한 복수를 감행하도록 만들었다. 그래서 그는 메데이아를 살인자인 동시에 피해자로 만들었다.

여기서 피해에 관한 근본적인 질문들이 제기된다. 만약 이것이 연애 관계에만 적용되는 이야기라면, 단순히 여성이 남성의 경솔한 배신의 피해자가 될 때가 더 많고 남성의 무심함과 관심 부족으로 큰 고통을 받기 때문이라고 해석하면 된다. 하지만 여성은 애인과의 관계는 물론이고 절친한 여자 친구와의 관계에서도 상대를 쉽게 용서하지 못한다. 이것은 아마도 절친한 친구(영원한 단짝 친구)들과의 우정은 연애 관계만큼이나 강렬하고 감정적 친밀도도 높아서일 것이다. 아니면 여성의 인간관계가 남성이 맺고 있는 다소 가벼운 관계보다 더 강렬하고, 그래서 여성이 남성보다 쉽게 원한을 품는 것인지도 모른다.

사실 인간관계를 연구하는 학자들 사이에는 오래전부터 여성들의 관계가 남성들의 관계보다 취약하다는 합의가 있었다. 그 이유는 여성들의 관계가 한층 더 친밀하고 감정이 많이 개입되기 때문일 것이다. 이러한 현상은 여러 문화권에서 공통적으로 목격된다. 예컨대 조이스 베넨슨과 아테나 크리스타코스Athena Christakos의 10대 청소년들의 절친한 동성 친구에 관한 연구에서는 여자아이들의 우정이 남자아이들보다 지속 기간이 짧았다. 또 여자아이들은 동성 친구와의 관계가 끝날 가능성을 상상할 때 남자아이들보다 스트레스를 많이 받았다. 여자아이들은 친구에게 상처를 주는 어떤 행동을 할 가능성이 더 높았고, 우정이 파괴되는 경험을 남자아이들보다 많이 했다.

그러나 관계의 취약성은 상황에 따라 다르고 관계에서 발생하는 갈등의 수위에 따라 다르다. 베넨슨은 인류학자 리처드 랭엄Richard

Wrangham과 함께 진행한 실험 연구에서 동성의 친구 2명이 단어 게임을 하며 경쟁하도록 했다. 경쟁 게임이 끝난 후에는 두 친구에게 화해할 기회를 주거나 주지 않은 상태에서 협력이 요구되는 단어 찾기 게임을 시켰다. 실험 결과 여자 친구들은 경쟁 게임을 마친 후에 직접적인 접촉(나란히 앉아 수다를 떤다)을 하면 협동 과제에서 점수가 유지 또는 향상되었지만 남자 친구들의 경우는 그렇지 않았다. 반대로 경쟁 게임을 마친 후 신체적 접촉이 허용되지 않았을 경우 여자 친구들은 협력이 원활하지 않았지만 남자 친구들은 별다른 변화가 없었다. 남성들의 관계는 우호적인 상호작용의 기회가 있느냐 없느냐에 큰 영향을 받지 않았다. 대화가 남성들의 관계 지속에 거의 아무런 영향을 미치지 못했다는 우리의 연구 결과를 생각하면 이것은 자연스러운 일 같기도 하다. 이 실험의 설정은 실생활에서 관계, 특히 여성들의 관계를 불안정하게 만드는 감정적 부담이 큰 사건들과는 맥락이 많이 달랐지만, 그들이 경쟁하고 나서 대화할 시간을 가지느냐 마느냐라는 약한 개입으로도 여성들의 협력 수준에 변화를 일으켰다는 점에서 이 실험의 결과는 유의미하다.

여성들의 관계가 남성들보다 취약하다는 것은 국가 단위의 이혼 통계에서도 확인된다. 평균적으로 이성 결혼은 동성 결혼보다 오래 지속된다. 영국통계청에 따르면 2017년 이혼한 부부들의 혼인 기간의 중위값은 이성 결혼의 경우 12.2년이었지만 동성 결혼의 경우 3.5년밖에 안 되고, 여성 동성 부부의 경우는 2.8년에 불과했다. 실제로 여성 동성 부부들이 헤어지는 비율이 남성 동성 부부들이 파경을 맞이하는 비율보다 높은 것은 서유럽 모든 국가에서 공통적으로 나타나는 현상이다. 이성 결혼의 이혼 신청 3분의 2가량은 여성이 한다는 사실을 이 점과 함께 생각해보면, 일반적으로 여성들의 관계가 더 취약하고 균열이 잘 생긴다는 결론이 나온다.

〜

이 장의 대부분은 남성과 여성이 서로 다른 사교적 세계에 살고 있다는 가설을 강화하는 내용이었다. 그러면 도대체 어떻게 남성과 여성이 연애 관계를 유지할 수 있느냐라는 철학적인 의문이 생겨난다. 그리고 생물학적 재생산이라는 덜 중요한 문제를 제쳐놓더라도 남성과 여성이 관계를 맺는 대신 동성끼리 관계를 맺을 때 결과가 더 나쁠 수도 있겠다는 생각이 든다. 이혼 통계에 따르면 실제로 동성 결혼의 결과가 더 좋지 못하다. 그렇다면 이성 관계가 더 잘 유지되도록 하는 다른 어떤 요인이 있다고 봐야 한다. 하나의 가능성은 당연히 아이들의 존재다. 이혼 통계에 따르면 아이가 없는 부부들(특히 아이가 없는 것이 자발적인 선택이 아닌 경우)이 아이가 있는 부부들보다 이혼율이 높다(그러나 자녀가 5명 이상인 대가족 생활을 하는 부부들은 이혼율이 매우 높다는 증거도 있다. 아마도 힘든 육아로 스트레스가 많아서일 것이다). 아이들에 대한 공통의 관심과 책임이 있으면 부부 각자가 아이들의 미래를 생각해서 썩 만족스럽지 못한 관계라도 기꺼이 참기 때문에 이혼 위험은 낮아진다.

15장

나이에 따른
우정의 변화

"사실 아동기와 성인기 사이의 긴 정체 상태는 정말 특이한 현상이다.
영장류가 아닌 동물들은 이런 시기가 아예 없고,
어떤 종도 인간처럼 긴 사춘기를 보내지 않는다.
그리고 사춘기 청소년들이 능력을 키워야 하는 영역은 사교 세계밖에 없다."

〈언 채일리치 베라*An Chailleach Bheara*〉는 19세기 아일랜드의 유명한 시로서 신랄하기 이를 데 없는 작품이다. 이 시의 제목은 "비라의 베일 두른 수녀"* 또는 "딩글의 노부인" 등으로 그때그때 다르게 번역됐으며, 존 몬태규의 훌륭한 번역을 따라 "비라의 할망구The Hag of Beare"로도 알려져 있다. 이 시는 나이 듦의 불가피한 현실과 사회적 고립에 대한 한탄으로 일관하고 있는데, 이렇게 비유가 풍부한 시가 또 있을까 싶을 정도다.

Is me Caillech Berri Bui, no-meilinn leini mbithnui.

나는 영국령 버진아일랜드의 비라에 사는 나이 든 여인네. 한때는 날마다 새 옷을 입었지.

---

* 채일리치Chailleach는 아일랜드 고어로 '베일 두른 사람'이라는 뜻이다. 수녀 또는 할머니를 가리키는 말로도 사용됐다.

시는 이렇게 시작된다. 그녀는 속내를 숨김없이 드러내며 한탄을 계속한다. 아름다운 옷을 입고 뽐내며 포도주를 마시고, 맛있는 음식을 즐기고, 왕족과 춤을 추고, 파티에서 주목받던 그녀가 지금은 늙고 굶주리고 뼈가 앙상한 백발의 노인이 되어 누더기 같은 옷을 걸치고 있다고. 한때는 왕족과 젊은 신사들이 그녀의 집 앞에 줄을 서서 구애했지만, 지금은 노예* 한 사람도 그녀에게 눈길을 주지 않는다.

그녀는 이렇게 통곡한다.

신이시여, 제가 지금 가진 몸뚱이를 도로 찾아가시면 더할 나위 없이 감사하겠습니다.

그녀는 신에게 간청한다. 이미 다음번 생을 예약하는 비용으로 그녀의 한쪽 눈을 받아갔으니, 이제 몸의 나머지 부분도 다 가져가서 끝을 내달라고.

사실 이것은 오랜 세월 동안 수없이 되풀이된 이야기다. 나이 들고 병약해지면 외출하기가 어려워 방 안에서 홀로 지난 일을 곱씹으며 서서히 죽어간다는 이야기들. 고대의 어떤 사회에서는, 심지어는 20세기에 들어서도, 노인들은 다른 사람들에게 짐이 되기 전에 스스로 목숨을 끊었다. 동아프리카의 마사이 부족 사회에서 노인들은 때가 왔다고 판단되면 숲속에 들어가서 가시나무 밑에 자리를 잡고 불

---

* 이 맥락에서 '노예'란 바이킹족 노예 상인들이 노예로 팔아먹은 영국 본토의 켈트족 또는 전쟁에서 포로로 잡은 아일랜드인을 가리킨다. 중세 중반까지만 해도 부유한 사람들은 흔히 노예를 거느리고 살았다.

가파른 운명을 기다리곤 했다. 운이 좋은 노인은 평화롭게 굶어 죽거나 탈수로 사망했고, 그렇지 않으면 하이에나에게 죽임을 당했다. 날씨가 추운 북극지방에 사는 이누이트족 노인 중에 자기 몸뚱이를 끌고 신속하게 움직이지 못하는 사람들은 부족에 짐이 되니 자신을 죽여달라고 부탁하거나(보통은 칼로 찔러 죽이거나 목을 졸라 죽였다) 부족이 이동할 때 홀로 남아서 저체온증으로 죽음을 맞이했다. 고대 일본에는 가난한 가족들이 쇠약해진 노인을 산속에 버리는 '우바스테'라는 풍습이 있었다.

고대사회의 이런 관행들은 현대사회의 맥락에서는 무척 잔인해 보일 수도 있지만, 역사상 지금처럼 물질적으로 풍요로운 시대가 없었으므로 우리가 현재의 기준으로 과거를 재단해서는 안 된다. 과거를 조금 더 너그러운 시선으로 봐야 하는 두 번째 이유는 지금도 상황이 나빠지면 그런 관행이 다시 나타날 수 있다는 것이다. 1990년대에 경제 상황이 급격히 나빠졌을 때 미국에서는 친척들이 병원 앞마당에 버리고 간 노인들이 7만 명에 이르렀다. 2000년대 들어 일본 경제가 쇠락의 길을 걷자 일본에서는 병원과 자선단체 앞에 노인들이 버려지는 사건이 급증했다. 흔히 '노인 유기granny dumping'라 불리는 이런 사건들은 빙산의 일각이다. 서구 선진국의 도시와 마을에는 혼자 외출할 수가 없어서 일주일 내내 타인과 접촉하지 못하는 노인들이 부지기수다. 무료 급식을 배달하는 사람이 오는 시간이나, 구호단체 사람이 와서 하루에 15분간 노인들의 옷을 갈아입혀주는 시간을 빼면 그들은 온종일 혼자 지낸다. 우리가 1장에서 살펴본 대로 고독은 현대사회의 가장 큰 사망 원인이다. 하지만 일단은 우리가 어린 시절에 사귀는 친구들과의 우정 이야기에서 시작하자.

사교 활동을 학습하다

사교적 세계는 우리가 일상생활에서 관리해야 하는 것들 중에 가장 복잡한 세계일 것이다. 정말 많은 과학자들이 동물이 처리해야 하는 가장 복잡한 일은 '먹이 찾기'라고 생각한다. 나의 관찰에 따르면 그런 과학자들의 문제는 그들 자신이 사교 생활을 많이 하지 않는다는 것이다. 더 너그러운 견해는 우리가 성인이 될 무렵에는 사교술을 다 익혀서 제2의 본성처럼 되기 때문에 사교 활동이 얼마나 어려운 것인지를 잊어버린다는 것이다. 아이들은 아주 일찍부터 우정이라는 개념을 이해하지만(적어도 우정이라는 단어를 어떻게 사용하는지는 이해하지만) 어떤 아이가 정말로 자신의 친구인지 아닌지를 분간하기까지는 아주, 아주 오래 걸린다.

아기가 성인과 같은 수준의 사교술을 획득하려면 20년 이상 걸린다. 이것은 영장류가(우리 인간도 당연히 포함해서) 다른 동물들에 비해 아주 긴 아동기를 갖는 주된 이유일 것이다. 트레이시 조프Tracy Joffe는 오래전, 우리 연구진의 객원 연구자였던 시절에 영장류의 신피질 부피를 가장 잘 예측하는 요인은 사회화 기간의 길이라는 사실을 입증했다. 여기서 사회화 기간이란 이유기(젖을 떼는 시기)와 사춘기(성적 성숙기) 사이의 기간이다. 큰 컴퓨터를 가지고 있는 것만으로는 충분하지 않고, 그 컴퓨터에 소프트웨어를 채워 넣어야 한다. 그리고 우리 영장류는 그 소프트웨어를 채우기 위해 아동기와 사춘기에 오랜 학습의 과정을 거친다.

내가 최초로 참여했던 뇌 영상 촬영 연구는 퀜틴 딜리Quentin Deeley의 연구였다. 그는 사람들이 다양한 감정이 담긴 표정을 뇌의 어느 영역에서 처리하는지를 알아보려고 했다. 그가 발견한 바에 따르면 20대 중반까지는 전전두피질에서 이 작업을 주로 수행하지만(우리가 다른 사람의 표정에 담긴 감정을 이해하려면 열심히 생각해야 한다는 뜻) 20대 중반 이후에는 그런 작업이 의식의 지평선 밑으로 내려간다. 우리가 얼굴 표정을 이해하는 데 능숙해져서 자동화가 가능하기 때문이다. 다소 건방진 해석이지만 우리는 10대 청소년들이 인간관계에 많은 어려움을 겪는 이유가 여기에 있다고 생각했다. 청소년들은 모든 것을 자잘한 것 하나까지 섬세하게 작동시키면서 앞으로 나아가야 하는 반면, 사교술을 이미 익힌 성인들은 거의 의식하지 못하는 상태에서 사교 활동을 하다가 까다로운 문제가 생길 때만 의식적으로 집중하면 된다.

우리가 6장에서 살펴본 것처럼, 정신화 또는 마음 읽기는 '의도의 차수' 또는 '단계'로 알려진 일련의 수준들로 구성된다. 어떤 의미로든 자의식을 가진 동물들은 대부분 1차 의도 수준에서 살아간다. 그 동물들은 자신이 세계에 관해 어떻게 느끼는지를 안다. 걸음마를 하는 아기들도 바로 이런 의미에서 1차 의도 수준이지만, 그 아기들이 만 5세쯤 되면 발달의 유리천장을 깨뜨리고 2차 의도, 즉 마음 이론을 획득한다. 이 시점에 그들은 훌륭한 동물행동학자(타인의 과거 행동을 기반으로 그 사람이 미래에 할 행동을 예측할 줄 안다)에서 훌륭한 심리학자(타인의 행동에 숨겨진 의도를 이해한다)로 발전한다. 그래서 그들은 타인의 행동을 보다 정확하게 예측하며 그것을 활용해 타인의 행동을 효과적으로 조종한다. 그들은 타인의 이야기를 해석하는 방법을 알아냈기 때문에 거짓말도 천연덕스럽게 해낸다. 이제부터 아이들은 서서히 의도의 차수를 높여나가서, 10대 중반에서 후반의 어느 시점에 이르면 성인과 동일하게 5차 의도를 처리하는 능력을 갖추게 된다.

대니 호커-본드Dani Hawker-Bond는 우리와 함께 대학원에 다니던 시절에 5세부터 사춘기까지의 발달이 어떻게 이뤄지며 이 발달 과정이 한 아이가 한 번에 같이 놀 수 있는 아이들의 수(아이들의 자연스러운 집단 규모를 의미한다)에 영향을 미치는지를 알아보기로 했다. 우선 그는 학교의 놀이 시간 중 임의의 순간을 골라 아이들 개개인이 평균 몇 명과 상호작용을 하는가를 측정했다. 그러고는 그 아이를 다른 교실로 데려가 우리의 정신화 과제를 어린이용으로 변형해서 정신화 능력을 측정했다. 한 아이가 동시에 상호작용하는 아이들의 수는 5세 때는 평균 2명이었다가 연령이 높아질수록 늘어나 11세 때는 3.5명 정도로 증가했다. 이 책의 9장에 나오는 대로 성인들의 대화 집단 규모가 최대 4명이라는 점을 감안하면, 아이들은 10대 초반부터 성인과 비슷한 규모로 집단적 상호작용을 할 수 있는 셈이다. 집단 규모의 증가는 이 아이들이 연쇄적으로 처리할 수 있는 의도의 차수와도 상당 부분 일치한다.

이처럼 아이들이 자랄수록 정신화에 능숙해지는 패턴은 런던 대학의 아이로이즈 더몬셀Iroise Dumontheil의 연구에 훌륭히 기록되어 있다. 아이로이즈는 사람들이 다른 사람의 관점에서 세상을 바라보는 능력을 평가하는 수단으로서 이른바 '감독 과제Director's Task'를 활용했다. 실험 대상자는 부분적으로 가림막이 설치된 선반의 한쪽에 앉아서 맞은편에 앉아 있는 '감독'으로부터 이 선반에서 저 선반으로 물건을 옮기라는 지시를 받는다. 어떤 물건은 감독에게는 보이지 않는 선반에 있는 다른 물건들과 중복되기 때문에, 감독이 볼 수 있는 물건만 옮기는 것이 중요하다. 이것은 의도성과는 다르다. 이것은 조망 수용perspectivetaking 능력(타인의 사고, 상황, 감정 등을 그 사람의 입장에서 이해하는 능력 – 옮긴이)을 평가하는 방법이다. 하지만 조망 수용은 의도성의 중요한 선행 요건이므로 의도성 능력을 알려주는 하나의 지표를 제공한다. 아이로이즈는 8세, 11세, 13세, 16세의 아이들과 25세 성인들을 대상으로 실험을 했다. 연령이 높아질수록 답변은 정확해졌고, 젊은 성인들의 점수가 가장 높았다. 따라서 조망 수용 능력은 20대 중반까지 지속적으로 길러진다는 판단이 가능하다. 이러한 결론은 퀜틴 딜리의 뇌 영상 촬영 연구의 결론과 동일하다.

이러한 인지 패턴은 아이들 우정의 여러 가지 행동주의적 측면들과 상당히 일치한다. 아이들은 5세가 되어 마음 이론 능력을 획득하기 전까지는 어떤 게임이나 사교 상황에서 배제될 때 거절당한 느낌을 받거나 속상해하지 않는다. 누군가와 친구가 되고 싶은 자신의 마음과 그 사람이 자신과 기꺼이 친구가 되려고 하는 마음을 구별하지도 못한다. 5세 미만 아이들에게 우정이란 관계라기보다는 꼬리표와 같은 것이다. 5세 정도에 마음 이론을 획득하고 나면 아이들은 자기 중심적 관점에서 사교 중심적 관점으로 전환해서 다른 사람들의 기분이 어떤지, 자기 자신이 집단에서 얼마나 잘 어울리는가를 알아차린다. 이 아이들은 나중에 10대 청소년이 되고 나서도 마음 이론을 계속 발전시킨다.

나의 예전 동료들인 스테파니 버넷-헤이즈Stephanie Burnett-Heyes와 제니퍼 로Jennifer Lau는 14세와 17세 청소년들이 고전적인 경제 게임을 어떻게 하는지를 비교했다. 청소년들은 자신이 받은 돈 전부를 혼자 가질 수도 있고 친구들과 나눠 가질 수도 있었다. 연구자들은 한 학교의 학생 전체를 대상으로 게임을 진행했기 때문에 학생들에게 다른 모든 학생과의 관계가 어떤지를 물어볼 수 있었고, 이 답변을 토대로 관계의 호혜성이 얼마나 높은가를 알아볼 수 있었다. 14세 청소년들은 자신이 강한 사교적 연계를 가지고 있다고 평가한 친구들 (즉 자신이 특히 좋아하고 신뢰하는 친구들)에게 돈을 나눠주는 선택을 했다. 17세 청소년들도 같은 선택을 했지만, 그들은 친구들이 실제로 자신의 감정에 얼마나 호응하는가에 따라 자신이 그 친구들에게 이끌리는 정도를 조절했다. 아이들은 17세 무렵에 이르러서야 관계는 쌍방향이며, 상대방이 뭐든지 자기 뜻대로 해주는 노예(또는 부모!)가 아니라 사람이라는 사실을 이해하기 시작한다. 이 차이는 매우 중요하다. 영장류의 사교 생활은 사교적 세계가 작동하는 방식을 이 정도로 정교하게 이해하고 있어야 가능하기 때문이다. 그런데도 대부분의 동물학 연구와 심리학 연구, 그리고 경제학 연구들은 사교성이란 순전히 내가 다른 사람을 조종해서 나에게 유리한 행동을 하도록 만드는 것이라는 가정을 토대로 진행되는 것 같다.

간단히 말해서 우리가 성인들의 사교 세계에서 성공적으로 생활하기 위해 필요로 하는 기술들은 복잡하고 미묘한 것들이다. 이런 기술들은 우리가 물리적 세계에서 살아남기 위해 필요한 기술들보다 훨씬 복잡하고 미묘하다. 우리는 사교술을 가지고 태어나지 않는다. 사교술은 습관처럼 구사하기에는 너무 복잡하기 때문이다. 이런 기술들은 맥락에 따라 달라지며, 우리는 지시와 연습을 통해 이런 기술들의 바탕이 되는 법칙들을 하나하나 공들여 배워야 한다. 이런 기술들을 완전히 습득하기까지는 놀랍도록 긴 시간이 소요된다. 인간과 원숭이와 유인원들이 그토록 긴 사춘기를 보내는 주된 이유가 여기에 있다. 제니퍼 로의 지적에 따르면 사실 아동기와 성인기 사이의 긴 정체 상태는 정말 특이한 현상이다. 영장류가 아닌 동물들은 이런 시기가 아예 없고, 어떤 종도 인간처럼 긴 사춘기를 보내지 않는다. 그리고 사춘기 청소년들이 능력을 키워야 하는 영역은 사교 세계밖에 없다.

어린 시절의 우정

아주 어린아이들은 상호작용을 하면서 놀기보다 같은 공간에서 따로 놀이를 하는 경향이 있다. 그래서 어린아이들은 특정한 놀이 상대를 선호하는 경우가 별로 없다. 하지만 그 아이들이 만 4세 또는 5세가 되어 마음 이론을 획득할 무렵에는 자기와 성별이 같은 친구와 노는 것을 더 좋아하기 시작한다. 이러한 성 구별이 훨씬 일찍 시작된다는 증거도 있다. 몇몇 연구에서는 유아들이 이성보다 동성 아기들을 더 오래 쳐다본다는 결과를 얻었다. 만 2세가 넘은 유아들은 이성보다 동성의 유아가 같이 놀자고 했을 때 반응을 더 잘한다. 유치원에 들어갈 무렵이면 동성의 놀이 친구에 대한 선호도는 더 확고해지고, 만 8세 또는 9세가 되면 동성의 놀이 모둠이 표준으로 자리 잡는다. 한 연구에서는 취학 전 아동들이 스스로 만든 우정 네트워크에 속한 아이들 중 11퍼센트만이 이성이었다. 유치원을 졸업할 무렵에는 동성 선호가 수업 시간의 상호작용으로도 확장되어, 같이 놀 친구는 물론이고 같이 활동할 친구로도 동성을 선호한다.

사춘기가 되면 이런 패턴에 필연적인 변화가 찾아온다. 10대 중반에서 후반으로 넘어가면서 남자아이들과 여자아이들은 점점 많이 섞인다. 특히 일찍 성숙하는 여자아이들이 이성에게 관심을 가지며, 남자아이들은 이런 현상이 덜해서 한동안 동성 친구들과 노는 것을 더 좋아한다. 그래서 여자아이들은 자신에게 관심을 더 많이 나타내는 몇 살 위의 남자아이들과 어울리게 된다. 그래도 대다수 청소년은 이성 친구들보다 동성 친구를 더 가깝게 느낀다고 이야기한다. 클레어 메타Clare Mehta와 조넬 스트로JoNell Strough의 연구에 따르면 10대 아이들이 작성한 친구 목록의 72퍼센트는 동성이었다. 또 한 편의 연구에서는 14세와 15세 청소년들에게 친한 친구 10명의 이름을 알려달라고 했다. 평균적으로 10명 중 동성 친구는 6명, 이성 친구는 단 2명이었다. 10대를 대상으로 이뤄진 세 번째 연구에 따르면 남자아이들은 주어진 시간의 3분의 2를 남자아이들과 보냈고 여자아이들은 3분의 2를 여자아이들과 보냈다. 물론 10대 후반으로 가면 사랑이 모든 것을 이긴다. 그럼에도 불구하고 동성 친구들의 우정은 감정적 지원(특히 여자아이들에게는)이라는 측면에서 계속해서 중요한 역할을 담당하며, 우리가 13장에서 살펴본 대로 이런 역할은 성인기까지 이어진다.

어릴 때부터 남녀가 분리되는 이유 중 하나는 남자아이들의 놀이가 격해서 여자아이들이 빠져버리기 때문이다. 엠마 파월Emma Powell이 학교 쉬는 시간에 7~10세 아동을 대상으로 연구를 진행한 결과, 남자아이들이 여자아이들보다 '뭔가를 가지고'(축구공, 운동장의 체육 시설 등) 놀 확률이 높으며 놀이에 격렬한 움직임(달리기, 레슬링)이 포함될 확률이 훨씬 높았다. 물건을 가지고 놀 때도 서로 다른 종류의 장난감에 끌리는 경향이 뚜렷했다. 남자아이들은 중장비와 탈것 장난감을 좋아했고 여자아이들은 인형, 소꿉놀이 장난감을 선호했다.

장난감과 사교 유형의 남녀 차이는 문화 적응의 결과라는 주장이 자주 나온다. 하지만 이런 주장들은 공상에 가깝다. 우리는 원숭이들에게서도 동일한 성별 차이를 발견한다. 제리앤 알렉산더Gerianne Alexander와 멜리사 하인스Melissa Hines는 캘리포니아주의 국립영장류연구센터에 있는 대형 사육장에서 자라는 그리벳원숭이 새끼들의 놀이 활동을 연구했다. 수컷 원숭이들은 암컷에 비해 '남성적'이라고 미리 정의된 장난감(공, 장난감 자동차 등 남자아이들이 일반적으로 선호하는 장난감)을 가지고 노는 데 많은 시간을 썼고, 암컷 원숭이들은 '여성적'이라고 미리 정의된 장난감(인형, 부드러운 헝겊 고릴라 등 여자아이들이 일반적으로 선호하는 장난감)을 가지고 놀면서 시간을 보냈다. 하지만 암컷과 수컷들이 '중립적인' 장난감(책, 부드러운 헝겊 강아지)을 가지고 노는 데 쓴 시간에는 차이가 없었다. 실험 결과는 암컷과 수컷 중 어느 쪽이 우세한가, 그래서 어느 쪽이 접근권을 더 많이 가지고 있나와 무관했다. 개별 개체들의 권력 서열은 그 어떤 장난감과의 접촉 빈도와도 상관관계가 없었기 때문이다.

야생 원숭이와 유인원들의 놀이 유형도 성별에 따른 차이가 컸다. 엘리자베스 론스데일Elizabeth Lonsdale은 제인 구달의 연구지로 유명한 탕가니카 호숫가의 곰베 국립공원에서 얻은 데이터를 기반으로 미성숙한 수컷 침팬지들이 암컷보다 훨씬 사교성이 좋다는 사실을 알아냈다. 미성숙한 암컷 침팬지들은 직계가족과 모계 친척들하고만 상호작용을 했던 반면, 수컷은 넓은 범위의 또래 침팬지 및 어른 침팬지들과 상호작용하기를 좋아했다. 이러한 차이의 원인 중 하나는 암컷들은 수컷들이 만든 시끌벅적한 놀이 모둠에 끼지 않으려 했기 때문이다.

우리는 겔라다개코원숭이에게서도 이런 면을 발견했다. 12개월까지의 새끼 원숭이들은 암컷과 수컷이 함께 하는 놀이 모둠에서 아주 점잖게 놀았다. 하지만 새끼 원숭이들이 자라는 동안 수컷들의 놀이는 점점 거칠어졌다. 수컷들은 활기차게 서로를 쫓아다니고 '킹 오브 더 캐슬king of the castle' 놀이(아이들 중 1명이 왕 역할을 맡아 높은 곳에 올라가 있고, 다른 아이들이 그 왕을 밀거나 잡아당기는 놀이-옮긴이)와 레슬링을 하고 놀았다. 생후 3년(사춘기)이 되면 암컷들은 놀이 모둠에서 완전히 물러났고, 새끼들과 상호작용하며 시간을 보내는 것을 더 좋아했다. 때때로 암컷 원숭이들은 마치 뱃속에 아기가 있는 것처럼 나뭇가지나 돌멩이를 배에 올려놓고 다니기도 했다. 수컷들은 절대로 이런 행동을 하지 않았다. 내가 럼섬Isle of Rum(스코틀랜드 서부 해안에서 조금 떨어진 곳)과 그레이트 오르메(웨일스 북서쪽 가장자리)에서 여러 해 동안 관찰했던 야생 염소 무리에서도 어린 수컷들이 어린 암컷들보다 더 활기찬 놀이를 했다.

소냐 칼렌버그Sonya Kahlenberg는 다른 야생 침팬지 집단에서 비슷한 현상을 목격했다. 그녀가 14년 동안 관찰한 것을 종합한 결과, 사춘기 암컷 침팬지들은 나뭇가지를 가지고 놀거나 나뭇가지를 운반하는 행동을 수컷보다 4배 더 많이 했다. 암컷이 나뭇가지를 손에 들고 있거나 운반하는 모습을 보면 그 나뭇가지를 아기로 생각하면서 놀고 있는 것 같았다. 우리의 겔라다개코원숭이들 중에서도 미성숙한 암컷(하지만 수컷은 절대 아니었다)은 아기들을 자주 안아주었고, 그 아기의 엄마가 젖을 먹이거나 다른 원숭이들과 상호작용하는 동안 아기를 돌봐주곤 했다. 한번은 사춘기 암컷 원숭이 한 마리가 서열이 낮은 엄마 원숭이에게 아기를 돌려주지 않고 버티는 모습을 봤다. 사춘기 암컷 원숭이가 아기를 잘못 다루고 있어서 아기가 큰 소리로 울고 있었고 엄마 원숭이는 매우 불안해했다. 그 엄마 원숭이는 강제로 아기를 빼앗으려고 했다가 사춘기 암컷 원숭이가 반발하면 서열이 더 높은 그 원숭이의 엄마가 와서 딸 편을 들고 자신에게 복수할 것임을 알고 있었다.

13장에서 우리는 남자들이 집단을 형성하는 경향이 있는 반면 여성은 일대일 관계에 집중한다는 점을 살펴봤고, 사교 유형의 남녀 차이가 어린아이에게서도 관찰된다는 점을 알아봤다. 아동 발달에 관한 문헌에 나오는 확실한 발견들 중 하나는 남자아이들이 여자아이들보다 큰 모둠을 지어서 논다는 것이다. 엠마 파월은 7세에서 10세 아이들을 대상으로 한 연구에서 남자아이들이 여자아이들보다 모둠을 지어 노는 시간이 많았고 모둠의 규모도 더 컸다는 사실을 발견했다. 아이들 모두 자신에게 주어진 시간의 13퍼센트 정도를 혼자 보냈지만, 여자아이들 여럿이 모여 놀 때는 큰 모둠보다 작은 모둠일 때가 14배 많았던 반면, 남자아이들은 작은 모둠보다 큰 모둠에 있을 때가 2배 가까이 많았다. 조이스 베넨슨이 만 4세와 5세 아이들이 꼭두각시 인형을 쳐다보는 시간을 측정한 결과, 여자아이들은 꼭두각시 인형이 둘씩 짝을 지어 상호작용하는 모습을 보기를 좋아하는 반면 남자아이들은 꼭두각시 인형이 집단 속에서 상호작용하는 모습을 더 좋아했다. 베넨슨이 이 아이들의 놀이 네트워크를 분석한 결과(누구와 놀기를 좋아하는지를 아이들에게 물어봤다), 평균적으로 여자아이들의 놀이 상대는 1.3명이었고 남자아이들의 놀이 상대는 2.0명이었다(이 차이는 통계적으로 유의미하다). 즉 남자아이들은 집단을 선호하고 여자아이들은 일대일을 선호했다.

도나 에더Donna Eder와 모린 핼리넌Maureen Hallinan은 1년 동안 11세 아이들에게 6주 간격으로 친한 친구들의 이름을 알려달라고 요청하는 방식으로 연구를 진행했다. 그들은 여자아이들의 우정에 가장 자주 나타나는 패턴은 짝이라는 사실을 발견했다. 남자아이들은 삼각형 패턴이 많았고, 반드시 모든 관계가 호혜적이지는 않았다. 또 도나와 모린은 실제로 삼각관계가 될 경우 여자아이들끼리라면 1명이 소외되어 삼각형이 깨질 확률이 높은 반면 남자아이들은 2명이 같이 놀다가 1명이 새로 들어와서 삼각형을 이룰 확률이 더 높다는 사실을 알아냈다. 도나와 모린은 이러한 차이 때문에 여자아이들은 남자아이들보다 새로운 사교적 환경(또는 학교)에 적응하기가 더 어려울 것이라고 주장했다. 그들은 12세와 13세 아이들을 대상으로 이뤄진 선행 연구를 인용했다. 그 선행 연구에서는 실험실에서 관계가 탄탄한 동성 친구들에게 새로운 아이를 소개했다. 남자아이들은 여자아이들보다 먼저 새로운 아이에게 말을 걸었고, 그 아이의 의견에 귀를 기울였고, 실험 후에 새로운 아이를 평가할 때도 더 좋은 점수를 줬다.

짐작하건대 여성들의 우정이 더 취약한 이유는 남성과 여성의 우정의 강도가 다르기 때문인 것 같다. 조이스 베넨슨은 10대 청소년들의 표본을 활용해 이 점을 연구했다. 여자아이들은 남자아이들보다 친한 동성 친구들과 우정이 깨진 횟수가 더 많았다. 여자아이들은 만약 친구와 관계가 깨지면 남자아이들보다 훨씬 마음이 좋지 않을 것이라고 답했다. 그리고 우정이 깨진 사건은 그들의 삶에 부정적인 영향을 끼칠 것이라고 생각했다. 또한 여자아이들은 절친한 친구가 자신을 속상하게 만든 적이 있다고 답한 비율이 남자아이들보다 훨씬 높았다. 하지만 그 친구와 친하게 지낸 기간은 여자아이들이 훨씬 짧았다. 아동기 후반에서 청소년기 전반까지 남자아이들과 여자아이들의 우정은 질적으로 크게 다른 것으로 나타났다. 여자아이들의 우정이 훨씬 강렬하고 집중적이었다. 남자아이들의 우정은 성인 남자들과 마찬가지로 '눈에 보이지 않으면 마음에서도 멀어진다'는 단순한 성격을 띠고 있었다.

어린 시절의 경험은 우리의 성인기를 결정한다. 어린 시절에 인기가 없었거나 적응을 잘 못했던 경우 성인이 되고 나서 정신과 진료를 받거나, 군대에서 불명예제대를 하거나, 법정에 서게 될 확률이 높다. 양극성 장애를 앓는 성인의 3분의 1 정도가 아동기에 사교적 고립을 경험했던 사람들이다(양극성 장애가 없는 성인들은 아동기에 사교적 고립을 경험한 비율이 0에 가깝다). 8세부터 10세까지의 아이들을 대상으로 한 어느 연구에 따르면, 인기 있는 아이들은 친구 사귀는 법을 더 잘 알고 있었고 자신이 하고 싶은 말을 더 잘 전달했다. 그런 아이들은 친구들과 긍정적 강화를 많이 주고받았으며, 몽상보다는 사교적인 활동에 시간을 많이 썼다.

11장에서 우리는 부부 연구자인 테리 모피트와 애브샬롬 카스피가 더니든 종적 연구 데이터를 분석했다는 사실을 언급했다. 분석 결과 아동기에 행동장애 진단을 받았던 사람들(아동보호기구나 경찰이 행동장애로 인정한 사람들)이 21세 때 2명 이상의 상대와 무분별한 섹스를 하고 있을 확률은 아동기에 행동장애가 없었던 사람의 2배에 달했고, 의도하지 않은 임신 등으로 부모가 되어 있을 확률은 약 3배였다. 또 그들은 성인이 되고 나서 애인에게 폭력을 행사했거나, 위험한 섹스를 했거나, 성교로 전염되는 질병에 걸렸을 확률도 일반인보다 높았다. 다른 연구들에서도 입증된 것처럼, 모피트와 카스피의 연구에서도 여자들은 행동장애에 우울증이 수반되는(또는 행동장애가 우울증으로 표현되는) 경우가 많았지만 남자들은 행동장애가 외부로 표출되는(즉 다른 사람들에게 화풀이를 하는) 경우가 더 많았다. 21세가 된 시점에 우울증 진단을 받을 확률은 여자가 남자보다 2배 높았다. 어릴 때 조현병 진단을 받았던 성인의 3분의 2가량은 21세가 되기 전에 행동장애 증상이 나타난 적이 있었다.

물론 모든 사람이 이런 문제로 힘들어하는 것은 아니다. 표본 전체에서 아동기 또는 청소년기에 반사회적 행동을 나타낸 적이 있는 사람은 4분의 1 정도에 불과했다. 그리고 이 사람들의 대부분은 성인기에 선량한 시민이 됐으며 더 이상 반사회적 행동의 징후를 나타내지 않았다. 하지만 그들이 평생 비행을 저지르며 살지 않는다 할지라도, 행동장애를 극복한 아이들은 대부분 나중에 성인기로 전환할 때 어려움을 겪는다. 어린 시절의 경험 때문에 학력이 낮거나, 약물 남용 문제가 있었거나, 10대 때 부모가 되는 바람에 미래에 제약이 생겼기 때문이다.

소피 스콧Sophie Scott은 신경과학자로는 드물게 웃음에 관심을 가진 사람이었다. 그리고 웃음은 우리의 공통 관심사였기 때문에, 나는 스탠드업 코미디를 해보라는 그녀의 충고를 따르기도 했다(한 번으로 충분했다……). 그녀의 연구진은 정신병적 행동 진단을 받은 청소년 또는 정신병 발병 위험이 있는 청소년에게 진짜로 깔깔 웃는 소리를 들려주었을 때 뇌의 중요한 2개 영역에서 반응이 정상적인 청소년보다 훨씬 약하다는 사실을 발견했다. 뇌의 중요한 2개 영역이란 운동 보조 영역과 전방 섬엽anterior insula을 가리킨다. 전방 섬엽은 엔도르핀 시스템과 관련이 있는 영역이라는 점에서 특히 흥미롭다.

평생을 함께하는 친구들

사회학자들은 우리가 노년기에 접어들면 사회적 네트워크가 작아진다는 것을 오래전부터 알고 있었다. 그리고 그들은 우리 각자가 평생 대단히 안정적으로 유지되는 '관계의 핵'을 하나씩 가지고 있다는 사실도 오래전부터 알고 있었다. 관계의 핵이란 우리와 아주 가까운 직계가족과 친구로서 우리에게 감정적, 사교적 지원을 제공하며 이를테면 헌신적인 하인들처럼 평생 우리와 함께하는 사람들이다. 우리가 그들을 필요로 할 때 그들은 항상 도움을 주며 우리의 필요를 채워주려고 애쓴다. '관계의 핵'에 관해서는 상당히 차이 나는 2가지 이론이 있다. 우정의 사회적 감정 이론(우리는 나이가 들수록 까다로워져서 감정적으로 가치 있는 몇몇 친구와의 우정에 집중한다)과 호위 이론(평생 우리를 지지하는 친구들로 이뤄진 비교적 안정적인 집단이 우리 삶의 동반자가 되어준다)이다. 2가지 이론은 사회적 네트워크의 서로 다른 부분을 가리키고 있으므로 양립 불가능한 것은 아니지만, 친한 친구 관계의 역학에 관해 대조적인 견해를 표현하고 있다.

베를린 막스 플랑크 연구소에 있는 코르넬리아 브르주스Cornelia Wrzus의 연구진은 문헌 조사를 통해 227편의 사회적 네트워크 연구(내 연구 한 편도 여기에 포함된다)를 추출해서 네트워크가 평생 어떻게 변화했는지를 알아봤다. 그것은 10세에서 85세에 이르는 17만 7500명의 개인들을 포함하는 아주 큰 표본이었다. 이 표본에는 서양 사람과 비서양 사람이 모두 포함된다는 점도 중요하다. 연구에 따라 '관계'와 '사회적 네트워크'의 정의가 다를 때가 많아서 정확한 비교를 하기는 어렵지만, 네트워크 규모의 평균은 약 125명이었고 나이를 기준으로 하면 뚜렷한 역∩자 모양이 나타났다. 처음에는 나이가 들수록 네트워크의 규모가 커지고, 20대 중반과 30대 초반에 네트워크 규모가 정점에 도달하며, 그러고 나서는 서서히 감소해서 노년에 접어든다. 이는 우리의 크리스마스카드 연구에서 발견된 것과 일치한다. 코르넬리아 브르주스의 연구에서 네트워크에 포함된 가족 구성원들은 계속 일정하게 유지되었던 반면(예상 가능한 결과였다), 사적인 요소(즉 지지 네트워크)와 우정의 요소들은 연령이 높아질수록 확대되다가 나중에는 감소했다. 적어도 이런 변화의 일부는 성적 성숙, 결혼, 출산과 같은 삶의 자연스러운 사건들로 설명이 가능하다. 이런 사건들은 대부분의 사람에게 비슷한 연령대에 찾아오기 때문이다. 삶 속의 다른 사건들, 즉 이사, 이혼, 배우자의 사망처럼 산발적이고 예측 불가능한 사건들은 우정 네트워크 규모를 갑자기 축소시킨다. 이혼과 배우자 사망이 네트워크 규모를 축소시키는 주된 이유는 배우자의 친구들과 만날 일이 줄어들기 때문이다.

헬레네 펑Helene Fung과 동료 연구자들이 수행한 소규모 연구는 네트워크의 다양한 요소들이 어떻게 변화하는지를 연구했다는 점, 그리고 같은 지역(샌프란시스코)에 거주하는 2개의 서로 다른 민족 집단(유럽계 미국인과 아프리카계 미국인)을 대상으로 삼았다는 점에서 흥미롭다. 이 연구의 표본은 185명밖에 안 되지만 18세부터 94세까지 다양한 연령대를 포괄하고 있었다. 연구진은 절친한 친구들(가장 안쪽의 5-층)의 수는 6명으로 안정적으로 유지됐지만 친한 친구들(사실상 15-층에 속하는 연민 집단)의 수는 연령이 높아질수록 감소했다는 결과를 얻었다. 이러한 결과는 두 민족 집단에 공통으로 나타났다. 그리고 이러한 결과는 우리가 나이가 들면 우리에게 남은 시간과 에너지를 더 중요한 '기대서 울 수 있는' 친구들에게 쓰기 위해 덜 가까운 친구들을 희생시킨다는 것을 시사한다. 물론 우리 자신이 같이 있어도 별로 재미가 없어지니까 친구들이 서서히 우리를 떠나고, 우리에게 가장 큰 책임감을 느끼는 사람들만이 우리를 계속 찾아온다는 설명도 얼마든지 가능하다.

내가 알토 대학의 키모 카스키 연구진과 함께 수행한 전국 단위 휴대전화 데이터베이스 분석은 18세부터 평생 사회적 접촉의 패턴이 변화하는 모습을 보여준다. 이런 연구들은 항상 단면 연구 방식으로 이뤄지긴 하지만, 표본이 엄청나게 크기 때문에 전체적인 패턴은 확실하고 신뢰도가 높다. 쿠날 바타차리야Kunal Bhattacharya가 주도한 연구는 1개월 동안 개개인이 전화를 건 사람들 수의 평균(사실상 15-층 또는 연민 집단)을 활용해 연령에 따른 네트워크 규모의 변화를 알아봤다. 쿠날은 18세 때는 전화를 건 사람 수가 평균 12명이었다가 25세 때 18명으로 절정에 도달하고 이후로는 지속적으로 감소해서 80세 때는 약 8명이 된다는 결과를 얻었다. 전화를 건 사람 수는 30세 때 특히 가파르게 감소했는데, 우리는 이때쯤 첫아이가 태어나서 그런 것으로 추측했다. 30이라는 숫자는 평균 초혼 연령(이 데이터를 제공한 남유럽의 국가에서는 평균 초혼 연령이 29세였다)에 아주 가까웠기 때문이다. 사람들이 절친한 친구들에게 골고루 전화를 거는 정도evenness는 노년이 되면서 급격히 감소했다. 70세가 되면 대다수의 통화가 5~6명에게 집중되고 나머지 사람들에게는 아주 가끔씩만 전화를 걸었다. 반면 생애 초기에는 통화가 자신의 사회적 네트워크에 포함된 사람들에게 고루 분포되어 있었다.

놀라운 사실 하나는 35세 전까지는 남성이 여성보다 더 많은 수의 친구들에게 전화를 걸었는데 35세 이후에는 순위가 뒤바뀌었다는 것이다. 35세 이후에 여성이 한 달 동안 전화를 건 사람들의 수는 남성이 전화를 건 사람들의 수보다 1.5배 많았다. 1년으로 따지면 5명이나 차이가 났다. 그 이유 중 하나는 남성은 나이가 들면서 연락하는 친구들이 줄어드는 반면 여성은 보통 전화를 거는 친구들이 늘어난다(적어도 노년기에 도달하기 전까지는)는 것이다. 다시 말하면 연령에 따른 네트워크 규모의 변화에도 남녀 차이가 있다. 여성은 나이들수록 사교적으로 변하지만 남성은 덜 사교적이 된다.

20세 때는 대부분의 전화를 연령이 비슷한 사람들(또래들)에게 걸었고, 두 번째로 50대쯤 되는 사람들에게 전화를 많이 걸었는데 이들은 당연히 부모일 것이다. 20대의 또래 간 통화는 대부분 젊은 남성이 다른 남성에게 건 전화였고, 여성이 남성에게 건 전화(아마도 상대에게 관심이 있어서일 것이다)는 그보다 적었다. 놀랍게도 여성이 다른 여성에게 건 전화는 빈도에서 1, 2위와 차이가 많이 나는 3위였다. 이 패턴은 일관되게 유지되다가 50세가 되면 전화 걸기 패턴에 극적인 변화가 생긴다. 이제 20대에게 거는 전화가 갑자기 증가하고(아마도 성인이 된 자녀들일 것이다), 다음으로는 50대인 사람들(배우자와 또래 친구)에게 전화를 많이 건다. 20대에게 거는 전화만 놓고 보면 빈도가 가장 높은 전화는 50대 여성이 젊은 남성에게 거는 전화였고, 50대 남성이 젊은 남성에게 거는 전화가 근소한 차이로 2위를 차지했다. 50대 여성이 젊은 여성에게 거는 전화와 50대 남성이 젊은 여성에게 거는 전화는 그보다 훨씬 적었다. 50대의 엄마 아빠들(아빠들은 엄마들보다 소극적이었다)은 주로 아들들에게 전화를 걸었고 딸들에게는 신경을 덜 쓰고 있었다. 그것은 아마도 아들들이 멀리 떨어져 살고 있었고 딸들은 아직 가까운 곳에 살고 있어서인지도 모른다(이 나라는 가톨릭 국가다). 50대 여성이 비슷한 연령대의 여성에게 거는 전화는 빈도가 훨씬 낮았다. 50대 여성은 노력의 대부분을 자녀로 짐작되는 사람들에게 쏟고 있었다. 이 패턴은 60대와 70대에도 별다른 변화 없이 유지됐으며, 10년 단위로 연령대가 바뀔 때마다 2개의 고점이 점점 오른쪽으로 이동했다.

미시간 대학의 크리스틴 아요우치Kristine Ajrouch와 그녀의 동료들은 40~93세 사이인 미국인 1700명의 사회적 네트워크와 정신 건강을 조사했다. 그 결과 나이가 들수록 남자들의 사회적 네트워크 중심부(즉 그들의 지지 모둠)는 7.4명에서 6.1명으로 감소한 반면 여성들의 사회적 네트워크 중심부는 8.1명에서 6.4명으로 감소했다. 그리고 친구들의 연령은 나이에 비례해서 증가했다. 친구는 당연히 그냥 친구로서 의미가 있지만, 노년의 친구들은 우리가 혼자 하기 힘든 장보기를 척척 해주는 존재도 아니기 때문에 물리적인 영역에서는 큰 도움이 못 된다. 크리스틴의 조사에 따르면 나이가 들면서 친구들과의 근접성도 떨어지고 접촉의 빈도도 줄어들었는데, 둘 다 바람직한 일은 아니다. 노년기에는 아주 가까운 곳에 살아서 쉽고 빠르게 당신을 찾아올 수 있는 친구들이 필요하다. 교육을 더 많이 받은 사람들은 더 큰 네트워크를 가지고 있으므로 학력은 일반적으로 유리하게 작용하는 것 같다. 특히 남자들의 경우 학력이 사회적 네트워크에 유리하게 작용했으며, 당연한 이야기지만 대부분 집에 머무르며 가사를 담당했던 여성은 남성보다 작은 사회적 네트워크를 가지고 있었다.

사회적 네트워크에 극적인 변화를 일으키는 요소들

이혼과 배우자의 죽음 같은 삶의 중대한 사건들은 살아남은 사람의 사회적 네트워크에 극적인 변화를 일으킨다. 이혼과 사별은 둘 다 슬픔을 수반하며, 슬픔은 우리로 하여금 사회적 상호작용을 줄이게 만든다. 이혼이나 사별을 겪고 나면 네트워크에서 배우자 쪽 절반이 순식간에 사라지며 그중에서도 가벼운 우정이 먼저 사라진다. 그래서 고독과 사회적 고립이 증폭된다.

그리 놀라운 이야기는 아니지만, 유럽과 미국 양쪽에서 진행된 연구들에 따르면 연령대가 같은 경우 이혼한 사람은 배우자가 있는 사람에 비해 덜 행복하고, 우울증이 더 많고, 사회적 고립의 정도가 크고, 부정적인 사건과 건강 문제를 더 많이 겪는다. 이것이 이혼의 트라우마 때문인지 아니면 든든한 지원군인 친구들을 잃어서인지는 명확하지 않다. 이혼과 친구의 상실은 모두 건강과 웰빙을 해칠 수 있기 때문이다. 이런 연구들에서는 배우자를 먼저 떠난 사람들이 배우자에게 버림받은 사람들보다 사교적 측면에서 덜 힘든지 여부도 불분명하다. 일반적으로 연구에서는 두 경우를 구별하지는 않지만, 아마도 후자가 더 큰 정신적 충격과 감정적 동요를 겪고 상처를 많이 받을 것이다. 일반적으로 이혼을 하면 생활수준이 낮아지고 집을 옮겨야 한다는 스트레스가 커지며, 혼자 양육비(반대의 경우 자녀를 자주 만나지 못하는 비용)를 감당해야 한다. 이런 것들은 모두 정신적, 육체적 건강에 나쁜 영향을 끼칠 가능성이 높다.

코르넬리아 브르주스는 생애 사건의 영향을 분석한 결과 이혼 후에 가족 네트워크의 규모가 작아지는 주된 이유는 배우자의 가족과 관계가 끊기기 때문이라는 사실을 알아냈다. 다른 네트워크의 층들은 크게 변화하는 것 같지 않았다. 그럼에도 불구하고 배우자의 가족을 잃으면 전체 네트워크에 커다란 구멍이 뚫릴 것은 분명하다. 그들 중 일부는 그저 우연히 만난 친구들이 아니라 더 상위에 위치할 만큼 자주 만나던 사이였기 때문이다. 영국과 벨기에 여성의 네트워크에 관한 우리의 표본에서 전형적인 150명 네트워크의 절반 정도는 가족이었고, 그중에서 30퍼센트는 배우자의 가족이었다(약 23명). 그래서 우리는 우리의 네트워크에 배우자의 확대가족 전체를 포함시키지는 않지만, 우리가 실제로 만나고 연락을 계속 하려고 노력하는 사람들은 우리의 150명 네트워크에서 상당히 큰 비중을 차지한다. 20명쯤 되는 사람들을 한꺼번에 잃어버리는 사건은 우리의 사교 생활에 아주 큰 구멍을 만든다.

대부분의 사람은 시간이 흐르면 이혼의 트라우마에서 벗어난다. 하지만 회복의 속도는 각자의 자원에 따라 다르다. 지원을 제공하는 친구와 가족이 많고, 소득 수준이 높고 고학력인 사람들은 트라우마에 적게 시달리고 회복도 빠르다. 이혼한 사람의 정신적 태도도 중요한 것 같다. 이혼을 새로운 시작의 기회, 심지어는 새로운 직업을 가질 기회로 바라보는 사람들은 이혼을 개인적인 실패로 바라보는 사람들보다 회복이 빠르다. 원래 정신 건강에 문제가 있었던 사람들(정신 질환이 이혼의 원인이었을지도 모른다)은 대개 이혼에 적응하는데 더 큰 어려움을 겪는다. 그들이 먼저 이혼을 요구했더라도 마찬가지다.

재혼도 중요한 역할을 한다. 새로운 연애 상대는 당연히 감정적, 심리적 지원을 줄 것이기 때문이다. 하지만 사회학적 증거들을 보면 이혼한 후에 재혼할 확률은 남성이 여성보다 높으며 남성이 더 빨리 재혼한다. 그리고 남성이 재혼하는 경우 대개는 원래의 배우자보다 10~15년 젊은 사람과 결혼한다. 어떤 의미에서 이것은 여성들이 관계에 감정적으로 더 깊이 관여하기 때문에 똑같은 경험을 다시 하기를 주저한다는 사실을 반영한다. 한 번 물리면 두 번째는 조심하게 되는 법이니까. 그러나 여기에는 엄마들이 자녀 양육권을 가지는 경우가 많다는 사실도 작용할 것이다. 자녀 양육은 불가피하게 재혼에 걸림돌이 된다. 독신 남성들은 대개 다른 남자의 아이라는 짐을 짊어지려고 하지 않기 때문이다.

말이 나온 김에, 전 남편의 자녀는 아주 강력한 영향을 주기 때문에 과거에는 데이트 업체에서 여성들에게 광고에 자녀 이야기를 아예 넣지 말라고 조언했다. 자녀가 있다고 하면 답장을 한 통도 받지 못하기 때문이다. 데이트 중개 업체 한곳에 물어보니 여성들은 대부분 그런 상황을 겪기 전까지는 그런 조언을 무시한다고 했다. 나와 여러 번 프로젝트를 같이 했던 역사인구학자 에카르트 볼란트Eckart Voland 는 독일 대서양 연안의 크룸혼 지역의 18세기와 19세기 데이터에서 이것과 매우 유사한 사실을 발견했다. 자녀가 하나 있는 젊은 과부들이 재혼할 확률은 그 아이가 살아남을 경우보다 그 아이가 사망할 경우에 유의미하게 높았다. 농촌이었던 크룸혼에서는 결혼의 경제적 혜택이 워낙 컸기 때문에 혼자서 가난에 허덕이며 아이를 키우려고 애쓰는 것보다 아기가 죽도록 방치한 다음 재혼 기회를 얻어서 아이를 더 많이 낳는 것이 유리했다고 짐작된다. 나는 존 라이셋의 도움을 받아 현대 영국의 낙태 통계에서도 유사한 패턴을 발견했다. 연령별로 임신을 종결할 확률은 그 후에 결혼할 통계적 확률과 비례 관계였다.

일반적으로 배우자의 사망은 이혼과 똑같이 큰 상처로 남는 사건이며 사회적, 정신적으로도 비슷한 결과를 낳는다. 코르넬리아 브르주스는 어떤 사람의 배우자가 사망한 날로부터 2년 동안 그 사람의 우정 네트워크 규모는 상당한 폭으로 줄어들지만 지원 네트워크의 규모는 커진다는 사실을 발견했다. 전체 네트워크의 규모가 줄어드는 것은 가벼운 친구들과 접촉하는 빈도가 줄어들기 때문인 듯하다. 그 밖에 사교 활동의 동기가 사라지고, 너무 슬퍼 가벼운 사교적 상호작용을 할 여유가 없다는 사실도 작용할 것이다. 지원 네트워크 규모가 커지는 것은 슬퍼하는 사람 주위로 친구들과 가족이 모여들기 때문이라고 짐작된다.

배우자와 사별한 후에도 이혼 후와 거의 같은 법칙이 적용된다. 도와줄 친한 친구와 가족이 많은 사람들, 종교 활동에 열심인 사람들, 적극적인 관심사 또는 취미가 있어서 집 밖으로 자주 나가는 사람들이 슬픔에 잘 대처하고 빨리 회복한다. 하지만 이 법칙은 아주 정확하지는 않다. 왜냐하면 배우자가 사망한 정황도 각자 다르고 정신적 회복력도 개인 차가 있기 때문이다. 젊은 시절의 사별은 노년의 사별보다 상처가 더 깊고 회복하기도 어렵다. 노년의 죽음은 어느 정도 예견된 일이기 때문이다. 배우자가 오랫동안 병으로 고생하다가 사망한 경우라면 갑작스럽게 사망하는 경우보다는 대처하기가 쉽다.

그럼에도 불구하고 어떤 죽음이든 간에 배우자의 죽음은 일정한 기간 동안 슬픔을 가져올 수밖에 없으며, 때때로 그 슬픔은 예상보다 훨씬 깊고 절망적이다.

노년의 우정

나이가 들면 노년 특유의 공포를 느끼게 된다. 우리는 더 이상 젊은 시절에 믿었던 것처럼 우리 자신이 천하무적이라서 언제까지나 살아 있을 거라고 장담할 수가 없다. 우리는 친구와 가족이 죽는 모습을 너무 많이 봤다. 인간의 육체는 결국 쇠약해진다는 것을 경험하기 시작한다. 에너지와 기력이 없어서 과거에 했던 일을 이제 못한다. 새벽까지 술을 마시거나 춤을 추며 놀았던 것이 언제적 일인지 모르겠다. '비라의 할망구'가 알려주는 것처럼 노년은 목적지 없는 길 위의 고독한 장소다. 점점 심각해지는 사회적 고립은 우리의 웰빙(우리가 1장에서 살펴본 것처럼)만이 아니라 우리의 인지능력에도 매우 나쁜 영향을 끼쳐 쇠퇴의 악순환을 일으킬 수도 있다. 우리는 사람을 점점 적게 만나고, 또 그렇기 때문에 인지능력이 감퇴하고, 인지능력이 떨어지니 사람들과 흥미로운 대화를 나누기가 어려워져서 사람을 더 안 만나게 된다.

마리아-빅토리아 순수네기Maria-Victoria Zunzunegui의 연구진은 마드리드 외곽 레가네스 지방에 사는 65세 이상의 사람들 1500명 이상을 인터뷰하고 4년간 그들을 추적했다. 그녀는 사회적 인맥이 별로 없고 사교 활동이 부족한 사람들이 인지능력 감퇴의 위험이 크다는 사실을 발견했다. 인지능력 감퇴가 가장 적었던 사람들은 친척들과 정기적으로 만나며 공동체 참여와 사교 활동을 자주 하는 사람들이었다. 친구들의 정기적인 상호작용은 특히 여성의 인지능력을 보호하는 효과가 있었고, 남성에게서는 그런 효과가 발견되지 않았다.

1984년 미국 보건복지부는 요양원에서 생활하는 미국의 노인 7000명을 대상으로 6년간 추적연구를 시작했다. 신체 활동과 사회적 상호작용이 신체 기능에 미치는 영향을 알아보는 것이 연구의 목표였다. 연구를 시작하는 시점에 인터뷰 대상자들의 평균 연령이 77세였으므로 연구가 끝나기 전에 상당수가 사망했고, 그래서 어떤 사람이 사망했는지 아닌지를 그 사람의 육체 건강의 기능적 지표로 사용할 수 있었다. 신체 활동의 양과 사교적 상호작용의 양은 둘 다 독립적으로 미래의 사망 위험과 관련이 있었다. 게다가 신체 활동과 사교 활동이 사망률에 미치는 효과는 젠더, 연령, 학력, 소득, 혈통, 만성질환 병력에 의한 다른 어떤 영향과도 무관했다. 신체 활동과 사교 활동은 배우자를 잃고 홀로 남겨지는 충격으로부터 남성과 여성 모두를 보호하는 효과가 있었다. 최근에 배우자와 사별한 사람들은 사망 위험이 유의미하게 증가했지만, 그들이 신체 활동 또는 사교 활동에 적극적인 경우 사망 위험은 감소했다. 우정은 정말로 우리에게 유익하다.

노년은 모든 면에서 우리에게 불리한 하강 국면을 가져온다. 오래된 친구들은 죽거나 멀리 떠나가는데 새로운 친구를 사귀기는 어려워진다. 이제 우리는 인구의 다수에 해당하는 젊은 사람들과 공통점이 많지 않기 때문이다. 에너지가 줄어들기 때문에 우리는 외출을 적게 하며 신체 활동을 하기도 어려워진다. 인지능력이 감퇴하기 때문에 사람들과 대화할 때도 예전처럼 재치 있고 매력적인 답변을 하기가 어렵다. 그래서 우리는 아주 흥미로운 대화 상대가 못 된다. 우리는 사회적, 정치적 발전의 속도를 따라잡지 못하기 때문에 사람들이 흥미를 가질 만한 주제라든가 유행하는 농담을 잘 모를 수도 있다. 사교 생활이 빈약해지면 육체적 건강은 물론이고 인지적 웰빙에도 좋지 않고, 치매에 걸릴 위험이 높아져 요양원에 가야 할지도 모른다. 한마디로 전망은 그리 밝지 않다. 이런 것들은 약으로 치료할 수 있는 증상도 아니고 정신적인 문제도 아니며, 전통적인 의학으로는 해결책을 찾지 못하는 '어중간한 상태'에 해당한다. 그래서 노인들의 정신과 신체 건강을 유지하는 방편으로 사교 클럽과 사교 활동을 제안하는 것이 더욱 중요하다.

노년기에 사회적 상호작용이 줄어드는 데는 다른 요인들도 있지만 무엇보다 이동 능력이 떨어지기 때문이다. 노년기에는 사람들이 사교 모임 장소에 가기가 어려워지고, 나중에는 움직일 수 없어 집 안에만 있게 된다. 그런 측면에서 본다면 인터넷의 보급은 우리 시대 특유의 해결책이 될지도 모른다. 그래서 이 책의 마지막 장에서는 디지털 세계와 소셜 미디어가 지금의 노인 세대와 인터넷과 함께 성장한 젊은 세대의 미래에 어떤 기회를 주는지를 살펴보려고 한다.

16장

온라인의 친구들

"의사소통이 의미가 있으려면
그 소통에 의미를 부여하는 관계가 존재해야 한다.
우정을 쌓는 과정, 그리고 공동체를 만드는 과정은
단순히 메시지를 보내거나 전자기기가 자동으로 띄워주는
생일 축하 인사를 전달하는 것보다 훨씬 복잡하다."

몇 년 전 미국의 젊은 기자 한 사람과 '던바의 수'에 관한 인터뷰를 했다. 그녀의 전문 취재 분야는 광활한 온라인 게임의 세계였다. 전 세계 수백만 사람들이 즐기는 '세컨드 라이프Second Life'와 '월드 오브 워크래프트World of Warcraft'와 같은 게임들을 다루고 있으며 그녀 자신도 열성적인 플레이어라고 했다. 그녀는 온라인 세계야말로 인간의 행동을 연구하기에 딱 맞는 장소라고 열심히 나를 설득했다. 유명한 게임은 대부분 목표 달성을 위해 다른 플레이어들과 동맹을 맺어서 자원을 얻고, 자원을 얻어야 다음 단계로 나아갈 수 있다. 그녀는 게임 애호가다운 열정으로 나에게 게임 세계의 동맹 구조가 우리 일상 속의 공동체들과 거의 같으며, 게임 세계에서는 동맹이 훨씬 빠르게 맺어지고 깨진다는 점만 다르다고 알려주었다. 그녀의 말에 따르면 더 중요한 사실은 온라인 동맹에 무임승차자와 사기꾼들을 관리하는 자경自警 메커니즘이 있다는 것이었다.

그녀의 설명을 듣고 흥미를 느낀 나는 온라인 게임 데이터를 수집하기 위한 연구 자금 지원을 받으려고 몇 번 시도했지만 실패했다. 하지만 머지않아 나는 게임 세계에서 생성되는 데이터의 양이 어마어마해서 그런 데이터를 확보하기 위해서는 통계물리학자 수준의 수학 실력과 컴퓨터 능력을 갖춘 사람들이 필요하다는 사실을 깨달았다. 내 주변에는 그런 사람들이 없었다. 그런데 몇 년 후, 정확히 그런 능력을 갖춘 사람들 몇몇이 내 연구실 문을 두드렸고 이런 종류의 연구에 흥미를 표시했다. 어떤 사람들은 '페이스북' 세계의 진짜 우정에 흥미를 가지고 있었고, 또 어떤 사람들은 게임 세계의 가상의 우정에 흥미가 있다고 했다.

온라인 세상의 우정

2장에서 나는 대다수 사람은 페이스북 페이지에 친구로 등록한 사람들의 수가 오프라인 친구들의 수보다 많지 않으며, 간혹 페이스북 친구가 실제 친구보다 많은 사람은 그저 넓은 대면 세계에서 일반적인 경우라면 친구라기보다 지인으로 간주할 사람들을 '온라인 친구'로 등록해놓은 것으로 보인다고 설명했다. 사실 소셜 네트워크 사이트들은 우리가 오프라인 친구들과 상호작용을 하는 장소일 뿐이지 새로운 친구를 사귀는 곳이 아니다. 페이스북은 그냥 우리 할아버지와 할머니에게 전화가 그랬던 것과 같이 소통의 매개체일 뿐 그 이상은 아니다. 그렇다고 해서 사람들이 온라인에서 새로운 친구를 사귀지 않는다고 주장하려는 것은 아니다. 때때로 사람들은 온라인에서 친구를 사귄다. 하지만 그런 일은 사람들이 생각하는 것만큼 자주 일어나지는 않는다. 대부분의 사람은 자신이 원래 알던 사람들을 온라인 친구로 등록한다.

현실에서는 소셜 네트워크 사이트가 물을 흐리고 있다. 소셜 네트워크 사이트들은 의도적으로 우리에게 최대한 많은 사람을 '친구'로 등록하라고 설득하기 때문이다. 그 주된 이유는 광고 비즈니스 모델의 이익을 위해서였다. 2007년을 전후해서 사람들은 그들이 페이스북을 비롯한 소셜 네트워크 사이트에서 '친구'를 맺은 사람들이 대체 누구인가라는 의문을 품기 시작했다. 시스템은 그들에게 친구의 친구의 친구와 친구가 되라고 권했다. 그들은 전혀 모르는 사람들이 자신의 포스팅을 보고 사적인 '대화'를 읽을 수 있다는 사실에 불편함을 느꼈다. 그 무렵 누군가가 사람은 한 번에 150명 정도와 관계를 형성할 수 있다는 이론을 내놓았다. 그 이론은 150이라는 수가 일상생활에서 실질적인 의미를 가진다는 즉각적인 깨달음으로 이어졌고, 사람들이 자신의 페이지에 등록한 '친구'의 수를 줄이려고 애쓰는 '잘라내기culling' 바람이 불었다. 심지어는 광고주들이 우리에게 '친구'의 수를 줄이면 어떤 보상을 해주겠다고 제안하면서 친구 수 줄이기가 일종의 게임처럼 되기도 했다. 그 후로 150은 '던바의 수'로 알려지게 됐다. 그래서 적어도 나는 페이스북에 감사할 이유가 있는 사람이다.

시간이 흐르면서 또 하나의 문제가 생겨났다. 그 문제는 부모였다. 부모들은 대개 자녀와 자녀 친구들의 '소식을 보기'(즉 감시하기) 위해 페이스북을 시작했다. 젊은 페이스북 사용자들은 부모들 때문에 진짜로 올리고 싶은 내용을 올릴 수 없다는 제약을 느끼기 시작했다. 게다가 고용주들도 페이스북에서 피고용인들을 살피기 시작했다. 플로리다나 태국에서 여름휴가를 보낸 사진들이 페이스북 페이지에 올라온 것을 보고 지역 학교 이사회(미국의 지역 학교들을 운영하는 위원회)들이 기겁한 탓에 특정한 시기에 일자리를 잃은 교사들이 많았다는 소문도 돌았다. 실생활에서 우리와 접촉하는 사람들은 소규모 집단으로 깔끔하게 분할되며 서로 겹치거나 상호작용할 일이 거의 없다. 그래서 우리는 상황에 맞게 다양한 페르소나persona(개인이 사회적 지위나 역할에 따라 가면을 바꿔 쓰듯이 드러내는 성격들을 가리킨다-옮긴이)를 보여줄 수 있었다. 페이스북은 우리와 접촉하는 사람 중 다수가 하나의 공동체에 등록하게 해주었고, 그 결과 모든 사람이 우리의 여러 모습을 볼 수 있도록 했다. 그것은 페이스북의 인기가 내리막을 걷게 된 중요한 원인 중 하나였다. 특히 젊은 사용자들은 왓츠앱WhatsApp과 스냅챗Snapchat처럼 사생활이 보장되는 플랫폼으로 옮겨갔다.

이것은 전혀 다른 2가지 경로로 얻은 증거를 토대로 한 추측이다. 첫째 경로는 사람들이 어떻게, 그리고 왜 소셜 네트워크 사이트를 사용하는가에 관한 연구들이었다. 이런 연구들 중 하나인 니콜 엘리슨Nicole Ellison의 연구는 대학생들의 압도적 다수가 현재의 친구들과 관계를 유지 또는 강화하기 위해, 그리고 더 중요하게는 예전에 기숙사 방을 같이 썼던 친구들 또는 수업을 같이 들었던 친구들과 인연이 끊기지 않도록 하기 위해 페이스북을 하고 있다는 사실을 알아냈다. 내가 증거를 얻은 또 하나의 경로는 일부러 아주 친한 사람들하고만 소통하도록 설계된 네트워크 사이트의 성장이다. 미국의 소셜 네트워크 사이트인 패스닷컴Path.com은 초기에는 사용자가 등록할 수 있는 친구 수를 50명으로 제한했다가 사용자들의 압력에 의해 150명으로 늘렸다. 네덜란드의 카마릴라Camarilla라는 웹사이트는 스스로 '세계에서 가장 작은 소셜 네트워크'라고 홍보하고 있는데, 이 웹사이트는 사용자 1명당 친구를 15명까지만 허용한다. 폐쇄적인 소규모 집단 내에서 서로 이야기를 나누고 이미지를 교환할 수 있는 왓츠앱 같은 서비스의 인기가 폭발적으로 높아지는 현상은 소수의 사람들과 사적인 대화를 나누고 싶은 욕구를 입증한다. 이런 증거들을 종합해보면 대다수 사용자는 페이스북과 같은 대규모 인터넷 플랫폼의 개방성이 어떤 종류의 사회적 교류에는 괜찮다고 생각하지만 사교 생활의 모든 영역에 적합하다고 생각하지는 않는 것 같다. 우리는 여전히 우리의 사생활을 소중히 여긴다.

그래도 의문은 남는다. 우리의 온라인 사교 세계는 오프라인 대면 세계와 닮은 구석이 있을까? 인간 정신의 숨겨진 인지능력은 온라인과 오프라인 사교 활동을 얼마나 도와주고 얼마나 제약하는가?

젊은 미국인 기자가 나에게 온라인 게임 세계에 관심을 가지라고 설득한 지 한참 지난 시점에 나는 학술회의에서 오스트리아의 물리학자 스테판 서너를 만났다. 그 학술회의는 코번트리 대학에서 통계물리학 연구를 주도하는 사람으로서 나와 스테판을 둘 다 알고 있던 랄프 케나Ralph Kenna(그의 학생인 패드레이 매카론은 나의 박사후 연구원이 됐다. 과학은 인맥으로 얽히고설켜 있다)가 조직한 자리였다. 스테판은 우연한 만남의 결과로 오스트리아 온라인 게임인 파르두스

Pardus의 데이터에 접근할 권한을 얻어냈다고 했다. 그때 나도 정확히 그런 프로젝트를 염두에 두고 있었다. 파르두스는 미래의 우주를 배경으로 하는 게임이고 플레이어는 30만 명 정도 된다. 플레이어들은 각자의 아바타가 있으며(그래서 게임 세계에서 보통 그렇듯이 플레이어들의 실명은 노출되지 않는다), 서로 경쟁하거나 동맹을 맺어 과제를 해결하고, 부를 축적하기 위해 부동산을 취득하거나 다른 플레이어들을 기습해서 자원을 빼앗는다. 게임은 당연히 가상공간에서 이뤄지지만 빠르게 진화하면서 자연스러운 사회적 행동의 패턴들을 보여준다(플레이어들은 상대가 과거에 했던 행동을 기억하고 있으며 나쁜 행동이나 약속 위반은 처벌을 받는다). 스테판과 디디에 소네트(우리의 사회구조 데이터를 가지고 프랙털 분석을 수행했던 인물)는 동맹 형성의 패턴을 분석한 결과, 우리가 대면 세계와 디지털 세계의 소셜 네트워크에서 찾아낸 것과 사실상 똑같은 위계적인 원들을 발견했다. 원들의 크기는 아주 비슷했고 원 크기의 상대적인 비율도 거의 일치했다.

스테판 서너의 연구진은 파르두스 게임을 하는 사람들 개개인의 행동을 더 자세히 살펴봤다. 여성은 남성에 비해 자신과 다른 사람의 상호작용에 긍정적이었고 남자들보다 긍정적인 행동을 많이 이끌어냈다. 반대로 남성은 부정적인 행동을 더 많이 했고 부정적인 행동을 이끌어내기도 했다. 또 여성들의 거래 네트워크는 남성에 비해 성별을 토대로 형성되는 경향이 뚜렷했다. 여성끼리의 거래는 플레이어들이 무작위로 상호작용한다고 가정할 때의 기댓값보다 많았다. 남성이 여성을 지목해서 거래하는 경우도 비슷하게 많았지만, 여성이 남성과 거래하거나 남성들끼리 거래하는 경우는 상대적으로 드물었다. 여성은 남성보다 상호작용하는 상대의 수가 약 15퍼센트 많았고, 여성의 거래 네트워크는 남성보다 밀집도가 25퍼센트나 높았다. 다시 말하자면 여성은 이미 거래를 했던 사람들과 다시 거래할 가능성이 더 높다. 여성은 동종선호가 강하고 안정성을 매우 중요시했다. 또 여성은 자기 친구들과 갈등을 일으키는 사람을 공격할 확률이 남성보다 높았다. 남성은 인맥이 좋은 사람들을 선택하려고 했고, 여성은 관계에 호혜적 보답을 하기 위해 많은 노력을 기울였다.

이런 결과가 말해주는 것은, 가상 환경에서 지구 반대편에 있을지도 모르는 낯선 사람들과 게임할 때조차도 우리는 현실의 대면 상호작용을 관리하기 위해 사용하는 것과 같은 사회구조들을 반영하는 자연스러운 상호작용 패턴들을 따른다는 것이다. 짐작하건대 사회구조의 형성은 우리 뇌에 깊이 박혀 있는 어떤 것에서 비롯되기 때문에 모든 인간에게 공통적이고 쉽게 바꿀 수 없는 특징인 듯하다.

수단이 중요하다

확실히 휴대전화는 우리에게 참으로 신기하고 다양한 기능을 제공한다. 우리는 휴대전화로 이메일을 확인하고, 처음 가보는 술집에 가는 길을 찾아내고, 전화기를 잃어버렸을 때 전화기의 위치를 추적한다(전화를 걸지 않고도 알아낸다!). 친구에게 전화를 걸고 문자를 보내는 것이야 당연하고, 위키피디아로 뭔가를 찾아보기도 한다. 누군가에게 전화를 건다는 개념은 거의 100년 동안 우리와 함께했다. 하지만 문자 보내기는 최근에 생겨난 기능이고 그것이 도입된 과정도 우연에 가까웠다. 문자메시지를 발명한 기술자들이 2세대 휴대전화 (벽돌만 했던 초창기 휴대전화보다 작았다)에 그 기능을 넣은 이유는 단지 그것이 기술적으로 가능했고, 사람들이 기차 시각이나 날씨 소식을 주고받을 때 문자메시지가 유용하리라고 생각했기 때문이다. 그때만 해도 프로그래머들은 대부분 남성이었으므로 사람들이 문자메시지를 사교 목적에 사용하리라는 생각을 하지 못했을 것이다. 그러나 기능이 보급된 지 몇 달 만에 사람들은 열심히 서로에게 문자메시지를 보내고 있었다. 아마도 "안녕! 나 지금 네 생각을 하고 있어!"라는 말이 대부분이었을 것이다.

그때부터 문자메시지는 생활의 일부가 됐고, 일상적인 소통 수단이 되어 이제 문자가 없는 사교 생활은 상상하기가 어려울 정도다. 문자메시지는 가장 많이 사용되는 소통의 통로 중 하나로 자리 잡았다. 아마도 문자메시지는 특정한 개인을 지목해서 보낼 수 있기 때문에 여전히 사적인 성격이 강한 것 같다. 물론 그것은 문자메시지가 비밀스러운 것이라고 가정하고 지나치게 노골적인 메시지를 보냈던 사람들에게는 낭패였다. 그들은 디지털 세계가 모든 것을 영구적으로 저장한다는 사실을 잊었던 것이다. 문자메시지에는 비공개라는 유용한 요소가 있긴 하지만(따지고 보면 문자를 보낼 때는 누군가가 엿들을 염려가 없으니까) 말로 하는 소통과 똑같은 친밀감을 전달하지는 않는다. 그래서 우리는 어떤 종류의 소통을 위해서만 문자메시지를 사용하는 것 같다. 우리는 좋은 소식을 전할 때는 문자메시지를 더 많이 사용하지만, 나쁜 소식을 전해야 할 때는 옛날 방식대로 전화를 선호한다. 아마도 우리가 즉각적인 공감과 위로를 받고 싶어 하기 때문일 것이다. 문자메시지는 사교적 소통의 통로가 되기도 하지만 속도가 느리고 섬세하지 못하다. 당신이 누군가와 문자메시지를 주고받고 있었는데, 우아하고 재치 있는 답변을 입력하는 동안 상대는 전화기를 껐을지도 모른다. 당신은 아무런 답장을 받지 못한다. 그러면 당신은 감정적으로 버림받은 것이 된다. 당신이 상대의 기분을 상하게 하는 말을 했던 것인가, 아니면 그저 상대는 당신의 사랑 고백이나 세상에 대한 신랄한 비판에 관심이 없었던 것인가?

물론 문자를 기반으로 하는 소통에는 많은 위험이 도사리고 있다. 그중 하나는 '보내기' 버튼이다. 보내기 버튼의 문제는 작지 않다. 몇 년 전에 나는 '홀로코스트 추모일 기금(1940년대 홀로코스트 희생자들을 추모하는 사업을 하는 영국의 자선단체)'으로부터 그해의 홀로코스트 추모일 메시지 작업을 도와달라는 요청을 받았다. 주제는 사람들이 결과를 생각해보지 않고 너무 성급하게 보내기 버튼을 눌러버리기 때문에 디지털 미디어가 괴롭힘의 수단이 될 수 있다는 것이었다. 그리고 1930년대를 회고하면서, 우리는 왜 어떤 사건을 목격하면서도 목소리를 내지 못하는가를 이야기하고자 했다. 홀로코스트 추모일 기금은 사람들의 디지털 미디어 사용에 관한 조사를 통해 온라인에서 괴롭힘을 당했거나 혹은 남을 괴롭혔던 경험에 관해 알아봤다. 그리고 나에게 그 조사 결과에 관한 보고서를 작성해달라고 부탁했다. 응답자의 4분의 1에 달하는 사람들은 온라인에서 한 말을 나중에 후회한 적이 있으며 대면 대화였다면 절대로 그런 말을 안 했을 것이라고 답했다.

설문 조사 응답자들의 절반가량은 그들이 부적절한 메시지를 보낸 적이 있다고 답했고, 4분의 1은 그 메시지가 상대방의 기분을 상하게 할 수도 있다는(또는 이미 상하게 했다는) 사실을 나중에 알아차렸다고 답했다. 흥미롭게도 연령별로 답변에 뚜렷한 차이가 나타났다. 18~25세 응답자의 30퍼센트는 어떤 것을 소셜 미디어 사이트에 올리고 나중에 후회한 적이 있었지만, 55세 이상인 응답자들 중에서는 단 12퍼센트만 그런 후회를 한 적이 있다고 답했다. 이것은 디지털 미디어를 이용하는 기술은 저절로 획득하는 것이 아니라 학습해야 한다는 증거일 수도 있다. 또 하나의 이유는 젊은 사람들은 메시지를 보내기 전에 자신이 작성한 내용을 다시 읽어보지 않는다고 답한 비율이 높았다는 데 있다. 특히 남성들은 더욱 그랬다. 여성들의 40퍼센트는 항상 자신이 쓴 내용을 확인하고 보낸다고 답했지만, 남성들 중에서는 25퍼센트만 확인을 하고 있었다.

확인하지 않고 메시지를 보내는 것은 인터넷상의 괴롭힘이 많아진 원인 중 하나일 수도 있다. 응답자의 3분의 1 이상이 온라인 괴롭힘을 목격한 적이 있거나 직접 당한 적이 있다고 답했다. 그중 절반 이하의 응답자들이 피해자를 옹호하기 위해 개입했고, 13퍼센트는 괴롭힘을 부추겼다고 인정했다. 대면 세계에는 우리로 하여금 입을 열기 전에 자제하도록 만드는 자연스러운 사회적 금기들이 있다. 하지만 우리가 각자 방에 있을 때는 그런 금기들이 없으므로 우리의 분노와 좌절을 고스란히 키보드에 쏟아낸다.

응답자의 절반 이상은 소셜 미디어가 일상적인 대면 상호작용을 잠식했다고 생각하고 있었다(그때가 2012년이었는데도!). 응답자의 절반은 도움이 필요하거나 조언을 구할 때는 사람을 대면으로 만나고 싶다고 답했다(하지만 응답자의 3분의 1은 대면보다 전화를 사용하겠다고 답했다). 이번에도 연령 효과가 크게 작용했다. 나이 든 사람들은 친한 친구들을 만날 때나 감정적 지원을 받고 싶을 때 모두 대면 상호작용을 원했다.

여기서 흥미로운 질문이 제기된다. 우리는 일상적으로 사회 네트워크를 관리할 때(뉴스를 전달하거나 위안을 구할 때는 제외) 전화와 문자메시지를 동일한 방법으로 사용하는가? 또 한 사람의 알토 대학 학생인 사라 헤이다리Sara Heydari가 우리의 고등학교 데이터에서 문자메시지 트래픽량을 분석했더니, 전화 통화와 똑같은 패턴이 나타났다. 사람들이 문자메시지를 사용하는 패턴은 사람들 각자의 통화 패턴과 일치했다. 사람들이 친구와 가족에게 문자메시지를 배분하는 양상은 마치 지문처럼 고유한 양상을 띠었다. 문자메시지 지문은 전화 걸기 지문과 똑같은 모양이었을 뿐 아니라 시간이 지나도 동일하게 유지됐다. 하지만 사람들이 전화를 거는 친구들의 목록은 사람들이 문자메시지를 보내는 친구들의 목록과 일치하지는 않았다. 적어도 전화를 걸거나 문자를 보내는 '빈도'로 산출한 선호도의 순서는 일치하지 않았다. 우리는 어떤 사람(가족)에게는 전화를 걸고 어떤 사람(친구)에게는 문자메시지를 자주 보낸다. 하지만 몇몇 사람에게는 전화를 거는 빈도와 문자메시지를 보내는 빈도가 같았는데, 이 사람들은 보통 우선순위 목록의 맨 앞에 위치한 사람들이었다. 가장 자주 접촉하는 사람들과는 통화도 많이 하고 문자메시지도 많이 보냈지만, 자주 접촉하지 않는 사람들에게는 문자메시지만 보내는 경향이 있었다.

우리의 대학원생이었던 타티아나 블라호비크Tatiana Vlahovic는 한 무리의 사람들에게 2주 동안 날마다 가장 친한 사람 5명과 연락한 내역을 모두 기록해달라고 요청했다. 그녀는 사람들이 사용한 소통 수단을 조사하고 사회심리학의 표준 '행복도'(또는 만족도) 척도를 사용해 모든 상호작용을 평가했다. 소통 수단은 대면, 전화, 화상전화, 메신저, 문자메시지, 이메일로 분류했다(마지막의 '이메일'에는 페이스북과 같은 소셜 네트워크 사이트도 포함된다). 그러자 놀라운 결과가 나왔다. 대면 또는 화상전화를 통한 상호작용은 다른 어떤 수단을 사용한 것보다 만족도가 높고 즐거웠다는 평을 받았으며 나머지 소통 수단들은 점수 차가 별로 없었다. 이러한 결과를 간접적으로 뒷받침하는 연구로는 애정 관계 및 절친한 친구 관계에 관한 애나 머친의 대규모 연구가 있다. 애나 머친은 전화와 이메일을 통한 접촉의 빈도는 가까운 친구 또는 애인들의 친밀감에 측정 가능한 영향을 끼치지 않았다는 사실을 발견했다. 친한 친구들과는 대면 접촉을 자주 하는 것이 중요했다. 남자들의 우정은 더욱 그렇다. 가상으로 축구를 하거나 술을 마실 수는 없으니까.

화상전화에 대한 만족도가 대면과 비슷하게 높았다는 사실은 즐거운 대화의 조건에 관해 2가지 중요한 결론을 시사한다. 첫째, 화상전화와 대면의 2가지 수단만이 심리학자들이 '임재성co-presence'이라고 부르는 느낌을 준다. 임재성이란 같은 방 안에 있다는 느낌이다. 문자 기반 매체는 불가피하게 거리감을 만들어낸다. 전화도 거리감을 피해갈 수 없다. 임재성이 확보되는 소통은 키보드의 가장자리에는 존재할 수 없는 친밀함을 자아낸다. 둘째 결론은 '몰입'이라는 개념과 관계가 있다. 몰입이란 음악에서 비롯된 용어로서 음악이 고유한 흐름을 따라 저절로 흘러나오는 것 같은 느낌으로, 특히 여럿이 함께 연주하고 있을 때의 느낌을 가리킨다. 우리가 의식적으로 통제하지 않아도 음악이 저절로 만들어지는 느낌. 때때로 사람들은 이런 의미에서 대화가 음악과 비슷하다고 말한다. 대화가 끊기거나 갑자기 멈추는 바람에 모두가 할 말을 찾는 어색한 침묵의 순간 없이 순조롭게 흘러갈 때를 관찰해보면 대화는 정말로 음악에 가깝다.

대화의 속도와 번갈아 말하기는 매우 미묘한 단서들에 의존한다. 그 단서 중 일부는 청각적 자극이고(예컨대 화자가 이제 말을 끝내고 다른 누군가에게 무대를 넘기려고 한다는 신호를 보낼 때는 음이 높아진다) 일부는 시각적 자극이다(우리는 보통 누군가를 겨냥해서 말할 때는 그 사람을 쳐다보지 않지만 말을 끝내기 직전에 그 사람을 힐끗 본다). 하지만 이보다 더 중요한 것은 우리가 누군가에게 말을 하고 있는 동안에 얻는 수많은 시각적 단서일 것이다. 우리는 농담을 끝내기도 전에 상대의 얼굴에 떠오르는 미소를 본다. 우스운 이야기를 활자로 읽으면 대면으로 들을 때만큼 우습지 않다. 대화에서는 아주 우습다고 생각할 만한 내용을 차가운 활자로 보면 부자연스럽게 느껴진다. 그리고 우리가 재치 있는 답변이라고 했던 말들을 문자메시지나 이메일로 써서 며칠 뒤에 읽어보면 재미가 훨씬 덜하다(그리고 그 메시지를 받는 사람은 그게 어떤 말에 대한 대답이었는지를 기억하지 못한다).

이런 맥락에서 특별히 중요한 것은 웃음이었다. 타티아나는 사람들에게 일상적인 상호작용을 하다가 웃었는지 웃지 않았는지를 알려달라고 했다. 진짜 웃음, 가상의 웃음, 웃는 표정 이모티콘, LOL(영어에서 '큰 소리로 웃다laugh out loud'의 약자. 하지만 베이비붐 세대는 이 두 음문자를 전혀 다른 것으로 받아들인다.)(LOL이 인터넷에서 널리 사용되기 전에는 '사랑을 담아Lots of love' 또는 '행운을 빈다Lots of Luck'라는 뜻으로 통했다고 한다.-옮긴이)과 같은 두음 문자를 모두 웃음으로 간주했다. 조사 결과 어떤 형태로든 웃음이 포함된 상호작용은 어떤 소통 수단을 사용했느냐와 무관하게 즐겁고 만족스러웠다는 평가를 받았다. 다시 말하면 내용을 보고 웃음을 터뜨리게 만드는 페이스북 포스트는 웃음을 유발하는 진짜 대화만큼이나 좋은 평가를 받았다. 그러니까 중요한 것은 대화가 웃음을 유발하는 과정이라는 이야기가 된다.

대면 상호작용에는 당신이 하려는 말의 언어적 내용을 넘어서는 어떤 특별한 매력이 있는 것 같다. 실제로 당신이 누군가에게 집중하고 있다는 사실만으로도 어떤 친밀함이 만들어진다. 당신이 하려는 말이 무엇인지는 중요하지 않다. 우리가 어떤 사람과 대화를 나눌 때 그 사람의 눈 흰자위를 볼 수 있다는 것이 중요하다는 견해도 있다. 도쿄 테크놀로지 연구소의 고바야시 히로미Kobayashi Hiromi와 고시마 시로Kohshima Shiro는 인간의 눈이 흰색의 공막(안구 중앙의 홍채를 둘러싸고 있는 섬유조직)을 가지고 있다는 점에서 독특하다고 지적했다. 다른 영장류는 모두 홍채 색과 눈 주변 털 색에 가까운 갈색 또는 진한 갈색의 공막을 가지고 있다. 다른 종과 비교할 때 인간의 공막은 홍채의 크기에 비해 훨씬 크다. 우리의 두 눈은 얼굴에서 두드러져 보인다. 짙은 색 홍채를 흰색 조직이 둘러싸고 있기 때문에 누군가가 우리를 똑바로 쳐다보고 있는지 아닌지를 쉽게 알 수 있다. 실제로 우리는 눈을 전혀 마주치지 않거나 계속 바닥을 내려다보는 사람과 대화할 때 어색하다고 느낀다. 목소리에 아무런 표현도 담기지 않는 사람과의 대화에 매력을 느끼기가 어려운 것과 마찬가지다.

코로나바이러스감염증-19COVID-19와 관련된 '봉쇄'는 우리에게 뜻밖이긴 하지만 매우 유익한 실험의 기회를 주었다. 나는 봉쇄를 통해 2가지를 새롭게 발견했다고 생각한다. 하나는 좋은 것이고, 다른 하나는 좋지는 않지만 매우 유용한 것이다. 좋은 측면은 사람들이 친구나 가족을 만나지 못하는 상황에서 아주 창조적인 방법으로 인터넷의 디지털 기능을 활용해 그들과의 관계를 유지했다는 것이다. 화상 합창단, 노래 이어 부르기, 화상 식사라는 방법이 등장했다. 특히 화상 식사는 문자메시지를 사교적으로 활용한 것과 마찬가지로 인간의 창의력을 보여주는 전형적인 사례다. 모든 사람이 똑같은 음식을 만든 다음 자리에 앉아서 가상의 공동 식사를 코스별로 함께 즐긴다. 화상 식사에서 흥미로운 점은 사람들이 대부분 친구보다는 가족과 함께 식사를 한다는 것이다. 앞에서도 말했지만 가족은 중요한 존재다. 부정적인 측면은 줌과 스카이프 같은 어플리케이션들이 대규모 사교 모임에는 적합하지 않았다는 것이다. 화상회의에서는 사실상 한 번에 한 사람만 말을 할 수 있으므로 강연 같은 형식으로 바뀌게 마련이다. 모든 사람이 큰 탁자에 둘러앉아 있을 때처럼 어떤 이야기는 특정한 사람과 따로 나눌 수가 없다. 다시 말하자면 화상회의에 모인 사람들은 여러 개의 소규모 대화로 분할될 수가 없다. 그 결과 외향적인 사람이 대화를 주도하는 동안 수줍음이 많거나 내향적인 사람들은 침묵을 지키게 된다. 업무 관련 회의라면 그래도 되겠지만, 3~4인이 넘는 사람들이 대화를 나누는 매개체로서 화상회의 어플리케이션이 효과적인지는 잘 모르겠다.

페이스북을 비롯한 디지털 미디어들은 우리가 사람들을 쉽게 만날 수 없을 때 우정이 현상 유지되도록 하는 데는 좋을지 모른다. 하지만 내가 느끼기에 디지털 미디어가 하는 일은 우정을 지속적으로 강화하지 않을 때 우정이 자연스럽게 식어가는 속도를 늦춰줄 뿐인 것 같다. 결국 진짜 친한 사이가 아닌 다음에야 디지털 세계의 어떤 것도 그 친구 관계가 그냥 아는 사람(예전에 알고 지내던 사람)과의 관계로 조용히 변해가는 현상을 막아주지는 못한다. 우정이 계속되기를 원할 경우 그저 '불꽃'을 다시 일으키기 위해서라도 때때로 그 친구를 만나는 일이 반드시 필요하다. 대면 상호작용의 감정적인 성격, 그리고 우리의 목소리와 표정에 담을 수 있는 함축된 감정, 이런 것들은 정말로 중요하다. 그리고 눈빛이 마주칠 때의 감각은 다음과 같은 메시지를 전한다. '나는 당신과 시간을 보내기 위해 노력했어요.'

소셜 미디어가 친구 관계를 바꿀 수 있을까

인터넷을 통한 소셜 네트워킹은 지난 수십 년 동안 큰 성공을 거둔 사례 중 하나임이 틀림없다. 단순히 소셜 네트워킹 사이트를 소유하고 운영하는 기업들의 금전적 성공만이 아니라, 자신의 아침 식사 사진을 올려 많은 '친구'들의 감탄을 자아낸 덕분에 삶이 달라진 사용자들의 입장에서도 성공이었다. 하지만 반짝이는 표면 아래서 거품처럼 보글거리는 불안도 있었다. 디지털 세계가 사람들의 정신적 웰빙에 영향을 미칠 수 있으며 우리의 도덕적, 정치적 견해가 선의를 가진 사람들과 부도덕한 사람들에 의해 조종당할 수도 있다는 우려가 나왔다. 우리가 보기에 세계는 디지털 낙관론자와 비관론자로 나뉜다. 낙관론자들은 지식에 쉽게 접근할 수 있다는 장점과 인종, 연령, 사회경제적 지위에 크게 구애받지 않고 세계 각지의 다른 문화권에 속한 사람들을 만날 기회가 생긴다는 장점이 단점보다 훨씬 크다고 생각한다. 비관론자들은 인터넷 사용의 대부분이 의미 있는 사교활동이 아니라는 사실을 지적한다. 인터넷 사용의 대부분을 차지하는 것은 정보 검색 또는 혼자 즐기는 오락(포르노그래피, 영화 감상, 비사교성 온라인 게임)이다. 또 우리는 친구들이 즐거운 시간을 보내고 있다고 올린 포스트를 보면서 더 우울해진다.

중요한 연구를 여러 편 발표한 밥 크라우트Bob Kraut는 직장 때문에 새로운 도시로 이사한 성인들을 대상으로 종적 연구를 수행했다. 그는 인터넷을 사용한 시간이 길었던 사람들은 대면 세계에서 새로운 친구를 사귀는 일에 시간을 적게 썼으며, 그래서 그들의 우울감 및 고독 수치가 높아졌다는 사실을 발견했다. 인터넷을 날마다 사용하기 시작한 73가구의 사람들 169명을 2년 동안 조사한 다른 연구에서 밥 크라우트는 어떤 사람이 인터넷을 많이 사용할수록 한집에 사는 가족과의 소통은 줄어들었고 사회적 네트워크 규모는 작아졌으며 우울과 고독을 느낄 확률은 커졌다는 사실을 알아냈다.

대부분은 인터넷을 통한 상호작용에 썩 만족스럽지 못한 뭔가가 있다는 사실을 안다. 그중 하나가 인터넷에서는 미국 서부 개척 시대의 무법자처럼 행동하게 된다는 것이다. 인터넷에서 우리는 생각보다 행동이 앞선다. 내가 앞에서 언급한 홀로코스트 추모일 기금의 조사는 우리의 현재에 관해 특별히 흥미로운 사실 2가지를 알려주었다. 첫째, 페이스북 친구들이 모두 실제 친구는 아니라는 것이다. 사람들은 페이스북 친구가 몇이나 되느냐와 무관하게 자신이 가진 '진짜' 친구가 13명쯤 된다고 답했다. 13이라는 응답은 연민 집단(또는 15-층)과 대략 일치한다. 실제로 사회학자 캐머런 말로Cameron Marlow가 페이스북의 자체 데이터를 분석한 결과, 특정 상대에게 페이스북 메시지를 보내는 포스팅 활동은 대부분 10명(남자의 경우) 또는 16명(여자의 경우)으로 이뤄진 핵집단core group 내에서 이뤄졌다. 페이스북 친구를 맺은 사람의 수가 50명이든, 150명이든, 500명이든 그 점에서는 차이가 없었다. 나는 토머스 제이 퍼지가 영국에서 한 조사에서도 같은 결과를 발견했다. 일반적으로 사람들은 페이스북에 친구로 등록된 사람들 중 16~20퍼센트만 진짜 친구로 간주할 수 있다고 답했다.

사람들의 주된 걱정은 디지털 세계가 아이들에게 미치는 영향인 듯하다. 그런 걱정은 대개 인터넷이 집단 괴롭힘이나 극단적 선동의 공간이 된다는 사실과 관련이 있다. 요즘 10대 청소년들과 젊은이들이 정신적으로 취약한 원인은 자신은 도서관에 틀어박혀서 난해한 주제에 관해 이미 제출 기한을 넘긴 리포트를 쓰고 있는데, 친구들은 근사한 파티를 즐기고 있다는 포스트를 끝없이 읽기 때문이다. 실제로는 다른 사람들이 다 그렇게 재미있게 지내고 있지는 않을 것이다. 하지만 인터넷에서는 항상 잘 지내고 있는 모습을 보여야 할 것만 같다. 그래서 이 모든 과정의 동력이 되는 감정의 소용돌이는 우리를 급속도로 우울하게 만든다.

하지만 10대들은 태어날 때부터 온라인에 있었던 것이나 마찬가지기 때문에 상황이 그렇게 절망적이지는 않을지도 모른다. 에이미 오번Amy Orben(아마도 나의 박사과정 학생들 중에 가장 열심히 공부했던 사람인 것 같다. 지금은 케임브리지 대학의 연구교수로 있다)은 영국, 아일랜드, 미국의 몇몇 데이터를 분석했다. 이 데이터들은 모두 수만 명 대상의 전국 단위 대규모 조사의 결과로서 사람들의 활동과 감정에 관해 자세히 질문한 결과를 포함하고 있었다. 오번은 온라인에서 보낸 시간의 양이 아이들의 행복감에 영향을 끼치는지 여부를 알아보려고 했다. 짧게 답하자면 답은 '그렇다'였다. 인터넷 사용은 부정적인 영향이 있었다(온라인에서 보내는 시간이 길어질수록 행복감은 낮아졌다). 하지만 통계학적으로 그 효과는 크지 않았다. 행복감에 부정적인 영향이 훨씬 큰 변수는 경찰에 연행되는 것, 과음, 온라인 괴롭힘, 그리고 중독성 없는 마약류 복용이었다. 안경을 써야 하는 것도 전자기기 사용과 비슷한 수준의 부정적인 영향이 있었다. 반면 좋은 음식(특히 과일과 채소)을 먹는 것은 웰빙에 아주 긍정적으로 작용했다(하지만 나는 이것을 단순히 식단의 효과라기보다는 균형 잡힌 태도로 삶에 접근하도록 하는 집안 분위기와 관련이 있다고 본다).

종적 연구에서 얻은 데이터는 강력하지는 않지만 유의미한 장기적 효과를 보여준다. 삶에 대한 만족도가 높아지면 1년 후에 전자기기 사용 시간이 줄어들었다. 역으로 전자기기 사용 시간이 늘어나면 1년 후에 삶에 대한 만족도가 낮아졌다. 그러나 그 효과가 크지는 않았으므로, 오번은 젊은 세대의 전자기기 사용에 대해 언론이 떠들썩하게 문제 삼는 것이 약간은 과장이라는 결론에 도달했다. 여학생들의 경우 삶의 만족도에 부정적인 효과가 더 컸던 것은 공부와 학교 환경이었으며 친구 관계에 대한 걱정이 그 뒤를 이었다. 남학생들의 경우 친구 관계의 질은 삶에 대한 만족도에 별다른 영향을 주지 않거나 아예 영향을 미치지 않았다. 이것은 어느 정도 예상 가능한 결과였다.

하지만 청소년들이 온라인에서 무엇을 하며 어떻게 그 활동을 하느냐가 많은 차이를 낳기도 한다. 옥스퍼드 대학의 앤디 프르지빌스키Andy Przybylski와 네타 와인스타인Netta Weinstein은 10대에 관한 데이터를 분석한 결과, 온라인에서 보내는 시간이 길어질수록 정신 건강이 유의미하게 저하된다는 사실을 알아냈다. 온라인에서 보내는 시간이 영화를 보는 시간이든, 게임을 하는 시간이든, 일반적인 컴퓨터 사용 시간이든, 그냥 스마트폰을 만지작거리는 시간이든 간에 결과는 같았다. 주목할 만한 결과는 평일에 온라인에서 보내는 시간이 주말에 온라인에서 보내는 시간보다 더 부정적으로 작용했다는 것이다. 어쩌면 인터넷을 하느라 숙제를 끝마치지 못해서 좋지 않은 일이 연쇄적으로 생기는 것은 아닐까? 어떤 경우든 청소년들은 온라인에서 보내는 시간이 전혀 없는 경우에도 삶에 대한 만족도가 약간 낮았다. 내 생각에 온라인에 아예 접속하지 않고 심지어 스마트폰도 사용하지 않는 청소년은 정서적으로 매우 안정된 상태는 아닐 것 같다. 따라서 온라인 활동의 극단적인 침체는 누군가가 공부 또는 교회 성가대 활동이 너무 즐거워서 모든 시간을 그 활동에 쏟아붓는다는 신호가 아니라, 심각한 문제가 있다는 신호일 수도 있다. 아이슬란드 청소년 1만 500명 이상을 대상으로 실시한 최근 조사에서 잉이비요르 토리스도티르Ingibjorg Thorisdottir의 연구진은 소셜 미디어의 적극적 활용이 불안과 우울 증상을 감소시킨 반면 수동적 활용은 정반대로 작용해 불안과 우울 증상을 심화시켰다는 결과를 얻었다. 자존감 결여, 오프라인 또래 집단의 지지, 부정적인 신체 이미지 같은 전형적인 위험 요인들을 통제했을 때도 결과는 같았다.

조금 더 깊이 들어가면 이런 효과에도 남녀 차이가 있는 것 같다. 캐러 부커Cara Booker, 이본 켈리Yvonne Kelly, 아만다 새커Amanda Sacker는 영국 밀레니엄 연구(2000년 9월에서 2002년 1월 사이에 영국 1만 9244가정에서 태어난 신생아들을 대상으로 진행된 종적 연구)의 데이터를 분석한 결과 소셜 미디어 사용과 행복감의 관계에 뚜렷한 성별 차이가 있음을 확인했다. 특히 여자아이들은 10세 때 소셜 미디어를 많이 사용하면 14세 때 행복도가 낮았지만, 남자아이들은 그런 상관관계를 나타내지 않았다. 또 연구자들은 소셜 미디어 사용이 행복도에 직접적인 영향을 미친다는 것과 온라인 괴롭힘은 행복도에 간접적인 영향을 미친다는 것을 알아냈다. 소셜 미디어를 많이 사용하는 것은 수면 부족, 낮은 자존감, 부정적인 신체상과 관련이 있었는데, 이 3가지 요소는 모두 행복도를 낮추었다.

위스콘신 대학의 레슬리 셀처Lesley Seltzer는 동료들과 함께 이 맥락에서 유용한 연구를 수행했다. 그들은 8~12세 여자아이들이 엄마와 대면 또는 메신저로 대화를 나누고 나서 스트레스를 유발하는 과제를 수행한 다음에 그 아이들의 소변에 함유된 코르티솔(스트레스 호르몬)과 옥시토신(이른바 '사랑 호르몬')의 수치를 측정했다. 그들은

'아동용 사회적 스트레스 테스트Trier Social Stress Test for Children'라는 과제를 사용했다. 이 과제는 아무런 감정을 표현하지 않는 어른과 함께 일련의 언어 및 수학 문제를 푸는 것으로, 아이들에게 스트레스를 유발한다고 알려져 있다. 레슬리 셀처의 연구진은 아이들이 엄마에게 메시지만 보낼 수 있었을 때보다 엄마와 직접 대화할 수 있었을 때 코르티솔 수치가 낮고 옥시토신 수치가 높았다는 사실을 발견했다. 그러니까 위안을 얻기 위해 디지털 미디어를 사용해도 실제로는 마음을 달래주는 효과가 없으며, 스트레스가 풀리는 것이 아니라 스트레스가 더 쌓일지도 모르는 일이다.

이 점에 관해서는 아직 전부 결론이 난 것은 아니지만, 나는 또 다른 측면에서 인터넷에서 사는 것을 우려하고 있다. 15장에서 우리는 성인들의 사교 세계를 항해하는 데 필요한 사교술은 워낙 복잡하기 때문에 그 기술을 다 익히려면 꼬박 25년 정도가 걸린다는 사실을 알아봤다. 우리는 인생의 모래 놀이터에서 이런 기술을 가다듬는다. 모래 놀이터의 특징은 어떤 아이가 내 얼굴에 대고 모래를 발로 찰 때 내가 그냥 모래 놀이터를 빠져나와서 달아나면 안 된다는 것이다. 나는 정신을 똑바로 차리고 외교와 타협의 기술을 익혀야 한다. 그래야 어른들의 세계를 잘 헤쳐나갈 수가 있다. 또 하나의 중요한 사실은 인생의 모래 놀이터가 수많은 사람으로 이뤄진 우주라는 것이다. 우리가 모래 놀이터에서 하는 모든 활동은 여러 사람에게 반향을 일으키기 때문에 우리는 사람들 각자의 다양한 관심사와 우리의 관심사가 조화를 이루도록 해야 한다.

만약 아이들이 온라인에서 시간을 많이 보낸다면 그들은 2가지 측면에서 그들에게 반드시 필요한 경험을 쌓지 못할 수도 있다. 첫째, 온라인에서 아이들이 하는 상호작용의 대부분은 여럿이 함께 하는 집단 상호작용이 아니라 일대일 상호작용이다. 둘째, 어떤 아이가 자신의 얼굴에 가상의 모래를 발로 찰 때 아이들은 그냥 접속을 중단하면 된다. 타협하는 방법을 배울 필요가 없다. 이런 식이라면 그 아이들의 사교술은 발달하지 못할 것이고, 그 결과 그 아이들이 감당할 수 있는 사회적 네트워크의 크기는 작아질 것이다. 또 그 아이들은 거절, 공격, 실패를 다루는 데도 서툴 것이다. 걱정스러운 점은 나의 우려가 맞는지 아닌지는 한 세대가 지나봐야 안다는 것이다. 그리고 그때가 되면 너무 늦을지도 모른다.

～～～

소셜 네트워크 사이트의 부상과 새로운 형태의 디지털 소셜 미디어는 2000년대 들어서 생긴 가장 중요한 사회적 사건이었다. 소셜 네트워크 사이트와 새로운 형태의 소셜 미디어는 문자 그대로 우리의 사교 생활에 혁명을 일으켰다. 우리가 이 책에서 우정을 탐색하며 알게 된 것들을 돌이켜보면, 이처럼 새로운 상호작용의 방식들은 우리에게 2가지 결정적인 통찰을 제공한다. 첫 번째 통찰은 이 새로운 매체들이 과거였다면 대면 만남을 지속하지 못해서 조용히 식어버렸을 우정을 유지시켜준다는 것이다. 특히 요즘처럼 이사를 많이 다니는 시대에, 우리가 아는 사람이 하나도 없는 곳에 가게 될 때 소셜 네트워크는 우리의 정신적 웰빙에 특히 이롭다. 고독이 우리를 삼켜

버릴 수도 있는 상황에서 오래된 친구들과의 접촉은 우리의 고독감을 덜어주고 새로운 사교 환경에 적응할 시간을 벌어준다.

디지털 미디어가 광범위한 실험의 가능성을 열어준 덕분에 우리는 사교 세계가 어떤 제약을 받으며 왜 그런 제약을 받는지를 알아볼 수 있었다. 그리고 그 과정에서 또 하나의 통찰을 얻었다. 우리의 온라인 사교 세계가 오프라인 사교 세계와 사실상 동일하다는 것은 사교적 제약이 우리가 소통에 사용하는 매체가 아닌 우리의 정신에서 비롯됨을 의미한다. 사회적 네트워크의 규모에 제한이 있는 것은 인지적 제약 때문에 우리가 사교 활동에 무한정 참여할 수 없기 때문이고, 사회적 네트워크의 구조를 결정하는 것은 시간의 제약이다. 디지털 세계의 독창적인 기술이 그런 제약을 바꿀 수는 없다. 첨단 기술은 우리의 견해를 더 많은 청중에게 전파하도록 도와줄 수는 있어도 우리에게 새로운 인간관계를 만들어주거나 오래된 관계를 보수해주지는 못한다. 바다의 등대가 위험을 알리는 신호를 보낼 뿐 지나가는 배와 대화를 나누지는 않는 것과 마찬가지다. 관계를 맺고 보수하는 작업은 오래된 방법대로 직접적인 소통을 통해 이뤄져야 한다. 의사소통이 의미가 있으려면 그 소통에 의미를 부여하는 관계가 존재해야 한다. 우정을 쌓는 과정, 그리고 공동체를 만드는 과정은 단순히 메시지를 보내거나 전자기기가 자동으로 띄워주는 생일 축하 인사를 전달하는 것보다 훨씬 복잡하다. 우리는 사람들과 대화를 나누고 그들과 함께 사교 활동에 참여해야 한다. 그런 활동에는 일정 정도의 신체 접촉과 가벼운 애정 표현의 몸짓이 포함되는데 온라인에서는 그런 것이 불가능하다.

| 더 읽을거리 |

1장. 왜 지금 우정을 말하는가

Arbes, V., Coulton, C. & Boekel, C. (2014). *Men's Social Connectedness*. Hall & Partners: Open Mind.

Burton-Chellew, M. & Dunbar, R.I.M. (2015). Hamilton's Rule predicts anticipated social support in humans. *Behavioral Ecology* 26: 130-137.

Cacioppo, J.T., Fowler, J.H. & Christakis, N.A. (2009). Alone in the crowd: the structure and spread of loneliness in a large social network. *Journal of Personality and Social Psychology* 97: 977.

Cacioppo, J.T. & Patrick, W. (2008). *Loneliness: Human Nature and the Need for Social Connection*. WW Norton & Company.

Christakis, N.A. & Fowler, J.H. (2007). The spread of obesity in a large social network over 32 years. *New England Journal of Medicine* 357: 370-379.

Christakis, N.A. & Fowler, J.H. (2008). The collective dynamics of smoking in a large social network. *New England Journal of Medicine* 358: 2249-2258.

Christakis, N.A. & Fowler, J.H. (2009). *Connected: The Surprising Power of Our Social Networks and How They Shape Our Lives*. Little, Brown Spark.

Cruwys, T., Dingle, G.A., Haslam, C., Haslam, S.A., Jetten, J. & Morton, T.A. (2013). Social group memberships protect against future depression, alleviate depression symptoms and prevent depression relapse. *Social Science & Medicine* 98: 179-186.

Cundiff, J.M. & Matthews, K.A. (2018). Friends with health benefits: the long-term benefits of early peer social integration for blood pressure and obesity in midlife. *Psychological Science* 29: 814-823.

Curry, O. & Dunbar, R.I.M. (2011). Altruism in networks: the effect of connections. *Biology Letters* 7: 651-653.

Curry, O. & Dunbar, R.I.M. (2013). Do birds of a feather flock together? The relationship between similarity and altruism in social networks. *Human Nature* 24: 336-347.

Dunbar, R.I.M. (2019). From there to now, and the origins of some ideas. In: D. Shankland (ed) *Dunbar's Number*, pp. 5-20. London: Royal Anthropological Institute, Occasional Papers No. 45 (Sean Kingston Publishing).

Dunbar, R.I.M. (2020). *Evolution: What Everyone Needs to Know*. New York: Oxford University Press.

Elwert, F. & Christakis, N.A. (2008). The effect of widowhood on mortality by the causes of death of both spouses. *American Journal of Public Health* 98: 2092-2098.

Fowler, J.H. & Christakis, N.A. (2008). Dynamic spread of happiness in a large social network: longitudinal analysis over 20 years in the Framingham Heart Study. *British Medical Journal* 337: a2338.

Granovetter, M. (1973). The strength of weak ties. *American Journal of Sociology* 78: 1360-1380.

Grayson, D.K. (1993). Differential mortality and the Donner Party disaster. *Evolutionary Anthropology* 2: 151-159.

van Harmelen, A.L., Gibson, J.L., St Clair, M.C., Owens, M., Brodbeck, J., Dunn, V., . . . & Goodyer, I.M. (2016). Friendships and family support reduce subsequent depressive symptoms in at-risk adolescents. *PloS One* 11: e0153715.

Heatley Tejada, A., Montero, M. & Dunbar, R.I.M. (2017). Being unempathic will make your loved ones feel lonelier: loneliness in an evolutionary perspective. *Personality and Individual Differences* 116: 223-232.

Holt-Lunstad, J., Smith, T. & Bradley Layton, J. (2010). Social relationships and mortality risk: a metaanalytic review. *PLoS Medicine* 7: e1000316.

Holt-Lunstad, J., Smith, T.B., Baker, M., Harris, T. & Stephenson, D. (2015). Loneliness and social isolation as risk factors for mortality: a meta-analytic review. *Perspectives on Psychological Science* 10: 227-237.

Kim, D.A., Benjamin, E.J., Fowler, J.H. & Christakis, N.A. (2016). Social connectedness is associated with fibrinogen level in a human social network. *Proceedings of the Royal Society, London*, 283B: 20160958.

Lally, Maria: https://www.telegraph.co.uk/women/womenslife/11886089/Lonely-Why-are-we-all-feeling-so-lonesome-even-when-surrounded.html

McCullogh, J.M. & York Barton, E. (1991). Relatedness and mortality risk during a crisis year: Plymouth colony, 1620-1621. *Ethology and Sociobiology* 12: 195- 209.

Madsen, E., Tunney, R., Fieldman, G., Plotkin, H., Dunbar, R.I.M., Richardson, J. & McFarland, D. (2007). Kinship and altruism: a cross-cultural experimental study. *British Journal of Psychology* 98: 339-359.

Pressman, S.D., Cohen, S., Miller, G.E., Barkin, A., Rabin, B.S. & Treanor, J.J. (2005). Loneliness, social network size, and immune response to influenza vaccination in college freshmen. *Health Psychology* 24: 297.

Rosenfeld, M.J., Thomas, R.J. & Hausen, S. (2019). Disintermediating your friends: How online dating in the United States displaces other ways of meeting. *Proceedings of the National Academy of Sciences* 116: 17753-17758.

Rosenquist, J.N., Murabito, J., Fowler, J.H. & Christakis, N.A. (2010). The spread of alcohol consumption behavior in a large social network. *Annals of Internal Medicine* 152: 426.

Rosenquist, J.N., Fowler, J.H. & Christakis, N.A. (2011). Social network determinants of depression. *Molecular Psychiatry* 16:273.

Santini, Z., Jose, P., Koyanagi, A., Meilstrup, C., Nielsen, L., Madsen, K., Hinrichsen, C., Dunbar, R.I.M. & Koushede, V. (2020). The moderating role of social network size in the temporal association between formal social participation and mental health: a longitudinal analysis using two consecutive waves of the Survey of Health, Ageing and Retirement in Europe (SHARE). *Social Psychiatry and Psychiatric Epidemiology* (in press).

Spence, J. (1954). *One Thousand Families in Newcastle*. Oxford: Oxford University Press.

Smith, K.P. & Christakis, N.A. (2008). Social networks and health. *American Journal of Sociology* 34: 405-429.

Steptoe, A., Shankar, A., Demakakos, P. & Wardle, J. (2013). Social isolation, loneliness, and all- cause mortality in older men and women. *Proceedings of the National Academy of Sciences* 110:5797-5801.

Yang, Y.C., Boen, C., Gerken, K., Li, T., Schorpp, K., & Harris, K.M. (2016). Social relationships and physiological determinants of longevity across the human life span. *Proceedings of the National Academy of Sciences*, USA, 113: 578-583.

2장. 던바의 수

Burton-Chellew, M. & Dunbar, R.I.M. (2011). Are affines treated as biological kin? A test of Hughes' hypothesis. *Current Anthropology* 52: 741-746.

Casari, M. & Tagliapietra, C. (2018). Group size in socialecological systems. *Proceedings of the National Academy of Sciences*, USA, 115: 2728-2733.

Dàvid-Barrett, T. & Dunbar, R.I.M. (2017). Fertility, kinship and the evolution of mass ideologies. *Journal of Theoretical Biology* 417: 20-27.

Dunbar, R.I.M. (1995). On the evolution of language and kinship. In: J. Steele & S. Shennan (eds.) *The Archaeology of Human Ancestry: Power, Sex and Tradition*, pp. 380-396. London: Routledge.

Dunbar, R.I.M. (2016). Do online social media cut through the constraints that limit the size of offline social networks? *Royal Society Open Science* 3: 150292.

Dunbar, R.I.M. & Dunbar, P. (1988). Maternal time budgets of gelada baboons. *Animal Behaviour* 36: 970-980.

Dunbar, R.I.M. & Sosis, R. (2017). Optimising human community sizes. *Evolution and Human Behavior* 39: 106-111.

Dunbar, R.I.M. & Spoors, M. (1995). Social networks, support cliques and kinship. *Human Nature* 6: 273-290.

Dunbar, R.I.M., Arnaboldi, V., Conti, M. & Passarella, A. (2015). The structure of online social networks mirrors those in the offline world. *Social Networks* 43: 39-47.

Gonçalves, B., Perra, N., Vespignani, A. (2011). Modeling users' activity on Twitter networks: validation of Dunbar's Number. *PloS One* 6: e22656.

Haerter, J.O., Jamtveit, B., & Mathiesen, J. (2012). Communication dynamics in finite capacity social networks. *Physics Review Letters* 109: 168701.

Hill, R.A. (2019). From 150 to 3: Dunbar's numbers. In: D. Shankland (ed) *Dunbar's Number*, pp. 21-37. London: Royal Anthropological Institute Occasional Papers No. 45.

Hill, R.A. & Dunbar, R.I.M. (2003). Social network size in humans. *Human Nature* 14: 53-72.

Hughes, A.L. (1988). *Evolution and Human Kinship*. Oxford: Oxford University Press.

Killworth, P.D., Bernard, H.R., McCarty, C., Doreian, P., Goldenberg, S., Underwood, C., et al. (1984). Measuring patterns of acquaintanceship. *Current Anthropology*

25:381-397.

MacCarron, P., Kaski, K. & Dunbar, R.I.M. (2016). Calling Dunbar's numbers. *Social Networks* 47:151-155.

O'Gorman, R. & Roberts, R. (2017). Distinguishing family from friends. *Human Nature* 28: 323-343.

Pollet, T., Roberts, S.B.G. & Dunbar, R.I.M. (2011). Use of social network sites and instant messaging does not lead to increased offline social network size, or to emotionally closer relationships with offline network members. *Cyberpsychology, Behavior and Social Networking* 14: 253- 258.

Pollet, T., Roberts, S.B.G. & Dunbar, R.I.M. (2013). Going that extra mile: individuals travel further to maintain face-to-face contact with highly related kin than with less related kin. *PLoS One* 8: e53929.

Pollet, T.V., Roberts, S.B.G. & Dunbar, RI.M. (2011). Extraverts have larger social network layers but do not feel emotionally closer to individuals at any layer. *Journal of Individual Differences* 32: 161-169.

Rennard, B.O., Ertl, R.F., Gossman, G.L., Robbins, R.A., & Rennard, S.I. (2000). Chicken soup inhibits neutrophil chemotaxis in vitro. *Chest* 118: 1150-1157.

Rhoades, G.K. & Stanley, S.M. (2014). *Before "I Do": What Do Premarital Experiences Have to Do with Marital Quality Among Today's Young Adults?* The National Marriage Project, University of Virginia.

Roberts, S.B.G. & Dunbar, R.I.M. (2015). Managing relationship decay: network, gender, and contextual effects. *Human Nature* 26:426-450.

Roberts, S.B.G., Dunbar, R., Pollet, T.V. & Kuppens, T. (2009). Exploring variations in active network size: constraints and ego characteristics. *Social Networks* 31: 138-146.

Sutcliffe, A.J., Binder, J. & Dunbar, R.I.M. (2018). Activity in social media and intimacy in social relationships. *Computers in Human Behavior* 85: 227-235.

Sutcliffe, A., Dunbar, R.I.M., Binder, J. & Arrow, H. (2012). Relationships and the social brain: integrating psychological and evolutionary perspectives. *British Journal of Psychology* 103: 149-168.

Wolfram, S.: http://blog.stephenwolfram.com/2013/04/data-science-of-the-facebook-world/

3장. 당신의 뇌가 친구를 만드는 방법

Bickart, K.C., Hollenbeck, M.C., Barrett, L.F., & Dickerson, B.C. (2012). Intrinsic amygdala–cortical functional connectivity predicts social network size in humans. *Journal of Neuroscience* 32: 14729-14741.

Dunbar, R.I.M. (1991). Functional significance of social grooming in primates. *Folia Primatologica* 57: 121-131.

Dunbar, R.I.M. (1992). Neocortex size as a constraint on group size in primates. *Journal of Human Evolution* 22: 469-493.

Dunbar, R.I.M. (1993). Coevolution of neocortex size, group size and language in humans. *Behavioral and Brain Sciences* 16: 681- 735.

Dunbar, R.I.M. & MacCarron, P. (2019). Group size as a tradeoff between fertility and predation risk: implications for social evolution. *Journal of Zoology* 308: 9-15.

Dunbar, R.I.M. & Shultz, S. (2010). Bondedness and sociality. *Behaviour* 147: 775-803.

Dunbar, R.I.M. & Shultz, S. (2017). Why are there so many explanations for primate brain evolution? *Philosophical Transactions of the Royal Society, London,* 244B: 201602244.

Fox, K.C., Muthukrishna, M. & Shultz, S. (2017). The social and cultural roots of whale and dolphin brains. *Nature Ecology & Evolution* 1: 1699.

Hampton, W.H., Unger, A., Von Der Heide, R.J. & Olson, I.R. (2016). Neural connections foster social connections: a diffusion-weighted imaging study of social networks. *Social Cognitive and Affective Neuroscience* 11: 721-727.

Kanai, R., Bahrami, B., Roylance, R. & Rees, G. (2012). Online social network size is reflected in human brain structure. *Proceedings of the Royal Society, London,* 279B:1327-1334.

Keverne, E.B., Martel, F.L. & Nevison, C.M. (1996). Primate brain evolution: genetic and functional considerations. *Proceedings of the Royal Society, London,* 263B: 689-696.

Kiesow, H., Dunbar, R.I.M., Kable, J.W., Kalenscher, T., Vogeley, K., Schilbach, L., Wiecki., T. & Bzdok, D. (2020). 10,000 social brains: sex differentiation in human brain anatomy. *Science Advances* 6: eeaz1170.

Kwak, S., Joo, W.T., Youm, Y. & Chey, J. (2018). Social brain volume is associated with in-degree social network size among older adults. *Proceedings of the Royal Society,*

London, 285B:20172708.

Lewis, P.A., Rezaie, R., Browne, R., Roberts, N. & Dunbar, R.I.M. (2011). Ventromedial prefrontal volume predicts understanding of others and social network size. *NeuroImage* 57: 1624-1629.

Meguerditchian, A., Marie, D., Margiotoudi, K., Roth, M., Nazarian, B., Anton, J.-L. & Claidiere, N. (in press). Baboons (*Papio anubis*) living in larger social groups have bigger brains. *Evolution and Human Behavior.*

Morelli, S.A., Leong, Y.C., Carlson, R.W., Kullar, M. & Zaki, J. (2018). Neural detection of socially valued community members. *Proceedings of the National Academy of Sciences, USA,* 115:8149-8154.

Noonan, M., Mars, R., Sallet, J., Dunbar, R.I.M. & Fellows, L. (2018). The structural and functional brain networks that support human social networks. *Behavioural Brain Research* 355:12-23.

Parkinson, C., Kleinbaum, A.M. & Wheatley, T. (2017). Spontaneous neural encoding of social network position. *Nature Human Behaviour* 1: 0072.

Pérez-Barbería, J., Shultz, S. & Dunbar, R.I.M. (2007). Evidence for intense coevolution of sociality and brain size in three orders of mammals. *Evolution* 61: 2811-2821.

Powell, J., Lewis, P.A., Roberts, N., García-Fiñana, M. & Dunbar, R.I.M. (2012) Orbital prefrontal cortex volume predicts social network size: an imaging study of individual differences in humans. *Proceedings of the Royal Society, London,* 279B: 2157-2162.

Powell, J., Kemp, G., Dunbar, R.I.M., Roberts, N., Sluming, V. & García-Fiñana, M. (2014). Different association between intentionality competence and prefrontal volume in left- and right-handers. *Cortex* 54: 63- 76.

Sallet, J., Mars, R.B., Noonan, M.A., Neubert, F.X., Jbabdi, S., O'Reilly, J.X., Filippini, N., Thomas, A.G. & Rushworth, M.F.S. (2013). The organization of dorsal prefrontal cortex in humans and macaques. *Journal of Neuroscience* 33:12255-12274.

Shultz, S. & Dunbar, R.I.M. (2007). The evolution of the social brain: Anthropoid primates contrast with other vertebrates. *Proceedings of the Royal Society, London,* 274B: 2429-2436.

Shultz, S. & Dunbar, R.I.M. (2010). Social bonds in birds are associated with brain size and contingent on the correlated evolution of life-history and increased parental investment. *Biological Journal of the Linnean Society* 100: 111-123.

Shultz, S. & Dunbar, R.I.M. (2010). Encephalisation is not a universal macroevolutionary phenomenon in mammals but is associated with sociality. *Proceedings of the National Academy of Sciences, USA*, 107: 21582-21586.

Zerubavel, N., Bearman, P.S., Weber, J. & Ochsner, K. N. (2015). Neural mechanisms tracking popularity in real-world social networks. *Proceedings of the National Academy of Sciences, USA*, 112: 15072-15077.

4장. 우정의 원

Arnaboldi, V., Passarella, A., Conti, M. & Dunbar, R.I.M. (2015). *Online Social Networks: Human Cognitive Constraints in Facebook and Twitter Personal Graphs.* Amsterdam: Elsevier.

Binder, J.F., Roberts, S.B.G. & Sutcliffe, A.G. (2012). Closeness, loneliness, support: Core ties and significant ties in personal communities. *Social Networks* 34: 206-214.

Buys, C.J. & Larson, K.L. (1979). Human sympathy groups. *Psychological Reports* 45: 547-553.

Cartright, D. & Harary, F. (1956). Structural balance: a generalization of Heider's theory. *Psychological Review* 63: 277-292.

Curry, O., Roberts, S.B.G. & Dunbar, R.I.M. (2013). Altruism in social networks: evidence for a "kinship premium". *British Journal of Psychology* 104: 283-295.

Dunbar, R.I.M., MacCarron, P. & Shultz, S. (2018). Primate social group sizes exhibit a regular scaling pattern with natural attractors. *Biology Letters* 14: 20170490.

Dunbar, R.I.M., Arnaboldi, V., Conti, M. & Passarella, A. (2015). The structure of online social networks mirrors those in the offline world. *Social Networks* 43: 39-47.

Grove, M. (2010). Stone circles and the structure of Bronze Age society. *Journal of Archaeological Science* 37: 2612-2621.

Hamilton, M.J., Milne, B.T., Walker, R.S., Burger, O. & Brown, J.H. (2007). The complex structure of hunter-gatherer social networks. *Proceedings of the Royal Society, London*, 274B: 2195-2202.

Hill, R., Bentley, A. & Dunbar, R.I.M. (2008). Network scaling reveals consistent fractal pattern in hierarchical mammalian societies. *Biology Letters* 4: 748-751.

Jenkins, R., Dowsett, A.J. & Burton, A.M. (2018). How many faces do people know? *Proceedings of the Royal Society*, London, 285B: 20181319.

Klimek, P. & Thurner, S. (2013). Triadic closure dynamics drives scaling laws in social multiplex networks. *New Journal of Physics* 15: 063008.

Kordsmeyer, T., MacCarron, P. & Dunbar, R.I.M. (2017). Sizes of permanent campsites reflect constraints on natural human communities. *Current Anthropology* 58: 289-294.

MacCarron, P., Kaski, K. & Dunbar, R.I.M. (2016). Calling Dunbar's numbers. *Social Networks* 47:151-155.

Miritello, G., Moro, E., Lara, R., Martínez-López, R., Belchamber, J., Roberts, S.B.G. & Dunbar, R.I.M. (2013). Time as a limited resource: communication strategy in mobile phone networks. *Social Networks* 35: 89-95.

Molho, C., Roberts, S.G., de Vries, R.E. & Pollet, T.V. (2016). The six dimensions of personality (HEXACO) and their associations with network layer size and emotional closeness to network members. *Personality and Individual Differences* 99: 144-148.

Pollet, T.V., Roberts, S.B.G. & Dunbar, RI.M. (2011). Extraverts have larger social network layers but do not feel emotionally closer to individuals at any layer. *Journal of Individual Differences* 32: 161-169.

Sutcliffe, A., Bender, J. & Dunbar, R.I.M. (2018). Activity in social media and intimacy in social relationships. *Computers in Human Behavior* 85: 227-235.

Sutcliffe, A., Dunbar, R.I.M. & Wang, D. (2016). Modelling the evolution of social structure. *PLoS One* 11: e0158605.

Sutcliffe, A., Dunbar, R.I.M., Binder, J. & Arrow, H. (2012). Relationships and the social brain: integrating psychological and evolutionary perspectives. *British Journal of Psychology* 103: 149-168.

Takano, M. & Fukuda, I. (2017). Limitations of time resources in human relationships determine social structures. *Palgrave Communications* 3: 17014.

Tamarit, I., Cuesta, J., Dunbar, R.I.M. & Sanchez, A. (2018). Cognitive resource allocation determines the organisation of personal networks. *Proceedings of the National Academy of Sciences, USA*, 115: 1719233115.

Wellman, B. & Wortley, S. (1990). Different strokes from different folks: Community ties and social support. *American Journal of Sociology* 96: 558-588.

Whitmeyer, J.M. (2002). A deductive approach to friendship networks. *Journal of Mathematical Sociology* 26: 147- 165.

Zhou, W-X., Sornette, D., Hill, R.A. & Dunbar, R.I.M. (2005). Discrete hierarchical organization of social group sizes. *Proceedings of the Royal Society, London,* 272B: 439-444.

5장. 사회적 지문

Aledavood, T., López, E., Roberts, S.B.G., Reed-Tsochas, F., Moro, E., Dunbar, R.I.M. & Saramaki, J. (2015). Daily rhythms in mobile telephone communication. *PLoS One* 10: e0138098.

Aledavood, T., López, E., Roberts, S.B.G., Reed-Tsochas, F., Moro, E., Dunbar, R.I.M. & Saramaki, J. (2016). Channelspecific daily patterns in mobile phone communication. In: S. Battiston, F. De Pellegrini, G. Caldarelli & E. Merelli (Eds.) *Proceedings of ECCS 2014*, pp. 209-218. Berlin: Springer.

Barrett, L., Dunbar, R.I.M. & Lycett, J. (2000). *Human Evolutionary Psychology.* Macmillan/Palgrave and Princeton University Press.

Bhattacharya, K., Ghosh, A., Monsivais, D., Dunbar, R.I.M. & Kaski, K. (2017). Absence makes the heart grow fonder: social compensation when failure to interact risks weakening a relationship. *EPJ Data Science* 6: 1-10.

Dàvid-Barrett, T. & Dunbar, R.I.M. (2014). Social elites emerge naturally in an agent-based framework when interaction patterns are constrained. *Behavioral Ecology* 25: 58-68.

Devaine, M., San-Galli, A., Trapanese, C., Bardino, G., Hano, C., Saint Jalme, M., .. . & Daunizeau, J. (2017). Reading wild minds: A computational assay of Theory of Mind sophistication across seven primate species. *PLoS Computational Biology* 13: e1005833.

Dunbar, R.I.M. (1998). Theory of mind and the evolution of language. In: J. Hurford, M. Studdart-Kennedy & C. Knight (eds) *Approaches to the Evolution of Language,* pp. 92-110. Cambridge: Cambridge University Press.

Ghosh, A., Monsivais, D., Bhattacharya, K., Dunbar, R.I.M. & Kaski, K. (2019). Quantifying gender preferences in human social interactions using a large cellphone dataset. *EPJ Data Science* 8: 9.

Jo, H.-H., Saramaki, J., Dunbar, R.I.M. & Kaski, K. (2014). Spatial patterns of close relationships across the lifespan. *Scientific Reports* 4: 6988.

Kraut, R., Patterson, M., Lundmark, V., Kiesler, S., Mukophadhyay, T. & Scherlis, W. (1998). Internet paradox: A social technology that reduces social involvement and psychological well-being? *American Psychologist* 53: 1017.

Lu, Y-E., Roberts, S., Lio, P., Dunbar, R.I.M. & Crowcroft, J. (2009). Size matters: variation in personal network size, personality and effect on information transmission. In: *Proceedings of IEEE International Conference on Social Computing, Vancouver, Canada, 2009.* IEEE Publications.

Martin, J.L. & Yeung, K.T. (2006). Persistence of close personal ties over a 12-year period. *Social Networks* 28: 331-362.

Mok, D. & Wellman, B. (2007). Did distance matter before the Internet?: Interpersonal contact and support in the 1970s. *Social Networks* 29: 430-461.

Monsivais, M., Bhattacharya, K., Ghosh, A., Dunbar, R.I.M. & Kaski, K. (2017). Seasonal and geographical impact on human resting periods. *Scientific Reports* 7: 10717.

Monsivais, D., Ghosh, A., Bhattacharya, K., Dunbar, R.I.M. & Kaski, K. (2017). Tracking urban human activity from mobile phone calling patterns. *PLoS Computational Biology* 13: e1005824.

Roberts, S.B.G. & Dunbar, R.I.M. (2015). Managing relationship decay: network, gender, and contextual effects. *Human Nature* 26: 426-450.

Saramäki, J., Leicht, E., López, E., Roberts, S.B.G., Reed-Tsochas, F. & Dunbar, R.I.M. (2014). The persistence of social signatures in human communication. *Proceedings of the National Academy of Sciences, USA* 111: 942-947.

DeScioli, P. & Kurzban, R. (2009). The alliance hypothesis for human friendship. *PLoS One* 4: e5802.

Smoreda, Z. & Licoppe, C. (2000). Gender-specific use of the domestic telephone. *Social Psychology Quarterly* 63: 238-252.

Sutcliffe, A., Dunbar, R.I.M. & Wang, D. (2014). Modelling the evolution of social structure. *PLoS One* 11: e0158605.

6장. 우정과 뇌의 메커니즘

Amiez, C., Sallet, J., Hopkins, W.D., Meguerditchian, A., Hadj-Bouziane, F., Hamed, S.B., et al. (2019). Sulcal organization in the medial frontal cortex provides insights into primate brain evolution. *Nature Communications* 10: 3437.

Astington, J.W. (1993). *The Child's Discovery of the Mind.* Cambridge (MA): Cambridge University Press.

Baron-Cohen, S., Leslie, A.M. & Frith, U. (1985). Does the autistic child have a theory of mind? *Cognition* 21: 37-46.

Carlson, S.M., Moses, L.J. & Breton, C. (2002). How specific is the relation between executive function and theory of mind? Contributions of inhibitory control and working memory. *Infant and Child Development* 11: 73-92.

Casey, B.J., Somerville, L.H., Gotlib, I.H., Ayduk, O., Franklin, N.T., Askren, M.K., Jonides, J., Berman, M.G., Wilson, N.L., et al. (2011). Behavioral and neural correlates of delay of gratification 40 years later. *Proceedings of the National Academy of Sciences, USA*, 10: 14998-15003.

Crockett, M.J., Braams, B.R., Clark, L., Tobler, P.N., Robbins, T.W. & Kalenscher, T. (2013). Restricting temptations: neural mechanisms of precommitment. *Neuron* 79: 391-401.

Dunbar, R.I.M., & Launay, J. & Curry, O. (2016). The complexity of jokes is limited by cognitive constraints on mentalizing. *Human Nature* 27: 130-140.

Dunbar, R.I.M., McAdam, M. & O'Connell, S. (2005). Mental rehearsal in great apes and humans. *Behavioral Processes* 69: 323-330.

Happé, F. (1994). *Autism: An Introduction to Psychological Theory.* London: University College London Press.

Hardin, G. (1968). The tragedy of the commons. *Science* 162: 1243-1248.

Kinderman, P., Dunbar, R.I.M. & Bentall, R.P. (1998). Theory-of-mind deficits and causal attributions. *British Journal of Psychology* 89: 191-204.

Krupenye, C., Kano, F., Hirata, S., Call, J. & Tomasello, M. (2016). Great apes anticipate that other individuals will act according to false beliefs. *Science* 354: 110-114.

Launay, J., Pearce, E., Wlodarski, R., van Duijn, M., Carney, J. & Dunbar, R.I.M. (2015). Higher-order mentalising and executive functioning. *Personality and Individual Differences* 86: 6-14.

Lewis, P.A., Rezaie, R., Browne, R., Roberts, N. & Dunbar, R.I.M. (2011). Ventromedial prefrontal volume predicts understanding of others and social network size. *NeuroImage* 57: 1624-1629.

Lewis, P., Birch, A., Hall, A. & Dunbar, R.I.M. (2017). Higher order intentionality tasks are cognitively more demanding. *Social, Cognitive and Affective Neuroscience* 12: 1063-1071.

Mars, R.B., Foxley, S., Verhagen, L., Jbabdi, S., Sallet, J., Noonan, M.P., Neubert, F-X., Andersson, J., Croxson, P., Dunbar, R.I.M., et al. (2016). The extreme capsule fiber complex in humans and macaque monkeys: a comparative diffusion MRI tractography study. *Brain Structure and Function* 221: 4059- 4071.

Passingham, R.E., & Wise, S.P. (2012). *The Neurobiology of the Prefrontal Cortex: Anatomy, Evolution, and the Origin of Insight.* Oxford: Oxford University Press.

Powell, J., Lewis, P., Dunbar, R.I.M., García-Fiñana, M. & Roberts, N. (2010). Orbital prefrontal cortex volume correlates with social cognitive competence. *Neuropsychologia* 48: 3554-3562.

Powell, J., Kemp, G., Dunbar, R.I.M., Roberts, N., Sluming, V. & García-Fiñana, M. (2014). Different association between intentionality competence and prefrontal volume in left- and right-handers. *Cortex* 54: 63-76.

Santiesteban, I., Banissy, M.J., Catmur, C. & Bird, G. (2012). Enhancing social ability by stimulating right temporoparietal junction. *Current Biology* 22: 2274-2277.

Shultz, S. & Dunbar, R.I.M. (2010). Species differences in executive function correlate with hippocampus volume and neocortex ratio across non-human primates. *Journal of Comparative Psychology* 124: 252-260.

Stiller, J. & Dunbar, R.I.M. (2007). Perspective-taking and memory capacity predict social network size. *Social Networks* 29: 93-104.

7장. 시간과 접촉의 마법

Carter, C.S., Grippo, A.J., Pournajafi-Nazarloo, H., Ruscio, M.G. & Porges, S.W. (2008). Oxytocin, vasopressin and sociality. *Progress in Brain Research* 170: 331-336.

Charles, S., Dunbar, R. & Farias, M. (2020). The aetiology of social deficits within mental health disorders: The role of the immune system and endogenous opioids. *Brain, Behavior and Immunity–Health* 1: 100003.

Donaldson, Z.R. & Young, L.J. (2008). Oxytocin, vasopressin, and the neurogenetics of sociality. *Science* 322: 900-904.

Dunbar, R.I.M. (1991). Functional significance of social grooming in primates. *Folia Primatologica* 57: 121-131.

Dunbar, R.I.M. (2010). The social role of touch in humans and primates: behavioural function and neurobiological mechanisms. *Neuroscience & Biobehavioral Reviews* 34: 260-268.

Dunbar, R.I.M., Korstjens, A. & Lehmann, J. (2009). Time as an ecological constraint. *Biological Reviews* 84: 413-429.

Gursul, D., Goksan, S., Hartley, C., Mellado, G.S., Moultrie, F., Hoskin, A., Adams, E., Hathway, G., Walker, S., McGlone, F. & Slater, R. (2018). Stroking modulates noxious-evoked brain activity in human infants. *Current Biology* 28: R1380-R1381.

Henrich, J., Boyd, R., Bowles, S., Camerer, C., Fehr, E., Gintis, H., et al. (2005). "Economic man" in cross-cultural perspective: Behavioral experiments in 15 small-scale societies. *Behavioral and Brain Sciences* 28: 795-815.

Inagaki, T.K. & Eisenberger, N.I. (2013). Shared neural mechanisms underlying social warmth and physical warmth. *Psychological Science* 24: 2272-2280.

Inagaki, T.K., Ray, L.A., Irwin, M.R., Way, B.M., & Eisenberger, N. I. (2016). Opioids and social bonding: naltrexone reduces feelings of social connection. *Social Cognitive and Affective Neuroscience* 11: 728-735.

Johnson, K. & Dunbar, R.I.M. (2016). Pain tolerance predicts human social network size. *Scientific Reports* 6: 25267.

Keverne, E.B., Martensz, N. & Tuite, B. (1989). Beta-endorphin concentrations in cerebrospinal fluid of monkeys are influenced by grooming relationships. *Psychoneuroendocrinology* 14: 155-161.

Lehmann, J., Korstjens, A.H. & Dunbar, R.I.M. (2007). Group size, grooming and social cohesion in primates. *Animal Behaviour* 74: 1617-1629.

Loseth, G.E., Ellingsen, D.M. & Leknes, S. (2014). Statedependent μ-opioid Modulation of Social Motivation–a model. *Frontiers in Behavioral Neuroscience* 8: 430.

Machin, A. & Dunbar, R.I.M. (2011). The brain opioid theory of social attachment: a review of the evidence. *Behaviour* 148: 985-1025.

Nave, G., Camerer, C. & McCullough, M. (2015). Does oxytocin increase trust in humans? A critical review of research. *Perspectives on Psychological Science* 10: 772-789.

Nummenmaa, L., Manninen, S., Tuominen, L., Hirvonen, J., Kalliokoski, K.K., Nuutila, P., Jaaskelainen, I.P., Hari, R., Dunbar, R.I.M. & Sams, M. (2015) Adult attachment style is associated with cerebral μ-opioid receptor availability in humans. *Human Brain Mapping* 36: 3621-3628.

Nummenmaa, L., Tuominen, L., Dunbar, R.I.M., Hirvonen, J., Manninen, S., Arponen, E., Machin, A., Hari, R., Jääskeläinen, I.P. & Sams, M. (2016). Reinforcing social bonds by touching modulates endogenous μ-opioid system activity in humans. *NeuroImage* 138: 242-247.

Olausson, H., Wessberg, J., Morrison, I., McGlone, F. & Vallbo, A. (2010). The neurophysiology of unmyelinated tactile afferents. *Neuroscience and Biobehavioral Reviews* 34: 185-191.

van Overwalle, F. (2009). Social cognition and the brain: a metaanalysis. *Human Brain Mapping* 30: 829-858.

Pearce, E., Wlodarski, R., Machin, A. & Dunbar, R.I.M. (2017). Variation in the β-endorphin, oxytocin, and dopamine receptor genes is associated with different dimensions of human sociality. *Proceedings of the National Academy of Sciences*, USA, 112 114: 5300-5305.

Pearce, E., Wlodarski, R., Machin, A. & Dunbar, R.I.M. (2018). The influence of genetic variation on social disposition, romantic relationships and social networks: a replication study. *Adaptive Human Behavior and Physiology* 4: 400-422.

Pellissier, L.P., Gandía, J., Laboute, T., Becker, J.A. & Le Merrer, J. (2018). μ opioid receptor, social behaviour and autism spectrum disorder: reward matters. *British Journal of Pharmacology* 175: 2750- 2769.

Resendez, S.L. & Aragona, B.J. (2013). Aversive motivation and the maintenance of monogamous pair bonding. *Reviews in the Neurosciences* 24: 51- 60.

Resendez, S.L., Dome, M., Gormley, G., Franco, D., Nevarez, N., Hamid, A.A. & Aragona, B.J. (2013). μ-opioid receptors within subregions of the striatum mediate pair bond formation through parallel yet distinct reward mechanisms. *Journal of Neuroscience* 33: 9140-9149.

Seyfarth, R.M. & Cheney, D.L. (1984). Grooming, alliances and reciprocal altruism in vervet monkeys. *Nature* 308: 541.

Sutcliffe, A., Dunbar, R.I.M., Binder, J. & Arrow, H. (2012). Relationships and the social brain: integrating psychological and evolutionary perspectives. *British Journal of Psychology* 103: 149-168.

Suvilehto, J., Glerean, E., Dunbar, R.I.M., Hari, R. & Nummenmaaa, L. (2015).

Topography of social touching depends on emotional bonds between humans. *Proceedings of the National Academy of Sciences, USA*, 112: 13811-16.

Suvilehto, J., Nummenmaa, L., Harada, T., Dunbar, R.I.M., Hari, R., Turner, R., Sadato, N. & Kitada, R. (2019). Cross-cultural similarity in relationship-specific social touching. *Proceedings of the Royal Society, London*, 286B: 20190467

8장. 우정을 견고하게 만드는 것들

Bandy, M.S. (2004). Fissioning, scalar stress, and social evolution in early village societies. *American Anthropologist* 106: 322 333.

Brown, S., Savage, P.E., Ko, A.M.S., Stoneking, M., Ko, Y.C., Loo, J.H. & Trejaut, J.A. (2014). Correlations in the population structure of music, genes and language. *Proceedings of the Royal Society, London*, 281B: 20132072.

Cohen, E., Ejsmond- Frey, R., Knight, N. & Dunbar, R.I.M. (2010). Rowers' high: behavioural synchrony is correlated with elevated pain thresholds. *Biology Letters* 6: 106-108.

Davila Ross, M., Owren, M.J. & Zimmermann, E. (2009). Reconstructing the evolution of laughter in great apes and humans. *Current Biology* 19: 1-6.

Dezecache, G. & Dunbar, R.I.M. (2012). Sharing the joke: the size of natural laughter groups. *Evolution and Human Behaviour* 33: 775-779.

Dunbar, R.I.M. (2012). Bridging the bonding gap: the transition from primates to humans. *Philosophical Transactions of the Royal Society, London*, 367B: 1837-1846

Dunbar, R.I.M. (2014). *Human Evolution*. Harmondsworth: Pelican and New York: Oxford University Press.

Dunbar, R.I.M. (2017). Breaking bread: the functions of social eating. *Adaptive Human Behavior and Physiology* 3: 198-211.

Dunbar, R.I.M., Kaskatis, K., MacDonald, I. & Barra, V. (2012). Performance of music elevates pain threshold and positive affect. *Evolutionary Psychology* 10: 688-702.

Dunbar, R.I.M., Baron, R., Frangou, A., Pearce, E., van Leeuwen, E.J.C., Stow, J., Partridge, P., MacDonald, I., Barra, V., & van Vugt, M. (2012). Social laughter is correlated with an elevated pain threshold. *Proceedings of the Royal Society, London, 279B*, 1161-1167.

Dunbar, R.I.M., Launay, J., Wlodarski, R., Robertson, C., Pearce, E., Carney, J.

& MacCarron, P. (2017). Functional benefits of (modest) alcohol consumption. *Adaptive Human Behavior and Physiology* 3: 118-133.

Dunbar, R.I.M., Teasdale, B., Thompson, J., Budelmann, F., Duncan, S., van Emde Boas, E. & Maguire, L. (2016). Emotional arousal when watching drama increases pain threshold and social bonding. *Royal Society Open Science* 3: 160288.

Gray, A., Parkinson, B. & Dunbar, R. (2015). Laughter's influence on the intimacy of self-disclosure. *Human Nature* 26: 28-43.

Hockings, K. & Dunbar, R.I.M. (Eds.) (2019). *Alcohol and Humans: A Long and Social Affair*. Oxford: Oxford University Press.

Keverne, E.B., Martensz, N. & Tuite, B. (1989). Beta-endorphin concentrations in cerebrospinal fluid of monkeys are influenced by grooming relationships. *Psychoneuroendocrinology* 14: 155-161.

Manninen, S., Tuominen, L., Dunbar, R.I.M., Karjalainen, T., Hirvonen, J., Arponen, E., Hari, R., Jääskeläinen, I., Sams, M. & Nummenmaa, L. (2017). Social laughter triggers endogenous opioid release in humans. *Journal of Neuroscience* 37: 6125-6131.

Pearce, E., Launay, J. & Dunbar, R.I.M. (2015). The ice-breaker effect: singing mediates fast social bonding. *Royal Society Open Science* 2: 150221.

Pearce, E., Launay, J., van Duijn, M., Rotkirch, A., Dàvid-Barrett, T. & Dunbar, R.I.M. (2014). Singing together or apart: The effect of competitive and cooperative singing on social bonding within and between sub-groups of a university fraternity. *Psychology of Music* 44: 1255-73.

Provine, R.R. (2001). *Laughter: A Scientific Investigation*. Harmondsworth: Penguin.

Rennung, M. & Goritz, A.S. (2015). Facing sorrow as a group unites. Facing sorrow in a group divides. *PloS One* 10: e0136750.

Robertson, C., Tarr, B., Kempnich, M. & Dunbar, R.I.M. (2017). Rapid partner switching may facilitate increased broadcast group size in dance compared with conversation groups. *Ethology* 123: 736-747.

Sherif, M., Harvey, O.J., White, B.J., Hood, W. & Sherif, C.W. (1961). *Intergroup Conflict and Cooperation: The Robbers Cave Experiment*. Norman OK: The University Book Exchange.

Tarr, B., Launay, J. & Dunbar, R.I.M. (2014). Silent disco: dancing in synchrony leads to elevated pain thresholds and social closeness. *Evolution and Human Behavior* 37:

343-349.

Tarr, B., Launay, J., Cohen, E., & Dunbar, R.I.M. (2015). Synchrony and exertion during dance independently raise pain threshold and encourage social bonding. *Biology Letters* 11: 20150767.

Tarr, B., Launay, J. & Dunbar, R.I.M. (2017). Naltrexone blocks endorphins released when dancing in synchrony. *Adaptive Human Behavior and Physiology* 3: 241-254.

Weinstein, D., Launay, J., Pearce, E., Dunbar, R. & Stewart, L. (2014). Singing and social bonding: changes in connectivity and pain threshold as a function of group size. *Evolution and Human Behavior* 37: 152-158.

9장. 우정의 언어

Anderson, E., Siegel, E.H., Bliss-Moreau, E. & Barrett, L.F. (2011). The visual impact of gossip. *Science* 332: 1446-1448.

Beersma, B. & Van Kleef, G.A. (2011). How the grapevine keeps you in line: Gossip increases contributions to the group. *Social Psychological and Personality Science* 2: 642-649.

Bryant, G.A. & Aktipis, C.A. (2014). The animal nature of spontaneous human laughter. *Evolution and Human Behavior* 35: 327-335.

Bryant, G.A., Fessler, D.M.T., Fusaroli, R., Clint, E., Aarøe, L., Apicella, C.L., et al. (2016). Detecting affiliation in colaughter across 24 societies. *Proceedings of the National Academy of Sciences, USA* 113: 1524993113.

Carney, J., Wlodarski, R. & Dunbar, R.I.M. (2014). Inference or enaction? The influence of genre on the narrative processing of other minds. *PLoS One* 9: e114172.

Cowan, M.L., Watkins, C.D., Fraccaro, P.J., Feinberg, D.R. & Little, A.C. (2016). It's the way he tells them (and who is listening): men's dominance is positively correlated with their preference for jokes told by dominant-sounding men. *Evolution and Human Behavior* 37: 97-104.

Curry, O. & Dunbar, R.I.M. (2011). Altruism in networks: the effect of connections. *Biology Letters* 7: 651-653.

Dahmardeh, M. & Dunbar, R.I.M. (2017). What shall we talk about in Farsi? Content of everyday conversations in Iran. *Human Nature* 28: 423-433.

Dàvid-Barrett, T. & Dunbar, R.I.M. (2014). Language as a coordination tool evolves slowly. *Royal Society Open Science* 3: 160259.

Dezecache, G. & Dunbar, R.I.M. (2013). Sharing the joke: the size of natural laughter groups. *Evolution and Human Behavior* 33: 775-779.

Dunbar, R.I.M. (2009). Why only humans have language. In: R. Botha & C. Knight (Eds.) *The Prehistory of Language*, pp. 12-35. Oxford: Oxford University Press.

Dunbar, R.I.M. (2014). *Human Evolution*. Harmondsworth: Pelican and New York: Oxford University Press.

Dunbar, R.I.M. (2016). Sexual segregation in human conversations. *Behaviour* 153: 1-14.

Dunbar, R.I.M., Duncan, N. & Nettle, D. (1995). Size and structure of freely forming conversational groups. *Human Nature* 6: 67-78.

Dunbar, R.I.M., Duncan, N. & Marriot, A. (1997). Human conversational behaviour. *Human Nature* 8: 231-246.

Dunbar, R.I.M., Robledo del Canto, J.-P., Tamarit, I., Cross, I. & Smith, E. (in press). Nonverbal auditory cues allow relationship quality to be inferred during conversations.

Dunbar, R.I.M., Baron, R., Frangou, A., Pearce, E., van Leeuwen, E.J.C., Stow, J., Partridge, P., MacDonald, I., Barra, V., & van Vugt, M. (2012). Social laughter is correlated with an elevated pain threshold. *Proceedings of the Royal Society, London*, 279B, 1161-1167.

Freeberg, T.M. (2006). Social complexity can drive vocal complexity: group size influences vocal information in Carolina chickadees. *Psychological Science* 17: 557-561.

Gray, A., Parkinson, B. & Dunbar, R.I.M. (2015). Laughter's influence on the intimacy of self-disclosure. *Human Nature* 26: 28-43.

Kniffin, K.M. & Wilson, D.S. (2005). Utilities of gossip across organizational levels. *Human Nature* 16: 278-292.

Krems, J. & Dunbar, R.I.M. (2013). Clique size and network characteristics in hyperlink cinema: constraints of evolved psychology. *Human Nature* 24: 414-429.

Krems, J., Neuberg, S. & Dunbar, R.I.M. (2016). Something to talk about: are conversation sizes constrained by mental modeling abilities? *Evolution and Human Behavior* 37: 423-428.

Mehl, M.R., Vazire, S., Holleran, S.E. & Clark, C.S. (2010). Eavesdropping on happiness: Well-being is related to havingless small talk and more substantive conversations. *Psychological Science* 21: 539-541.

Mehrabian, A. (2017). *Nonverbal Communication*. London: Routledge.

Mehu, M. & Dunbar, R.I.M. (2008). Naturalistic observations of smiling and laughing in human group interactions. *Behaviour* 145: 1747-1780.

Mehu, M., Grammer, K. & Dunbar, R.I.M. (2007). Smiles when sharing. *Evolution and Human Behavior* 6: 415-422.

Mehu, M., Little, A. & Dunbar, R.I.M. (2007). Duchenne smiles and the perception of generosity and sociability in faces. *Journal of Evolutionary Psychology* 7: 183-196.

Mesoudi, A., Whiten, A. & Dunbar, R.I.M. (2006). A bias for social information in human cultural transmission. *British Journal of Psychology* 97: 405-423.

Oesch, N. & Dunbar, R.I.M. (2017). The emergence of recursion in human language: mentalising predicts recursive syntax task performance. *Journal of Neurolinguistics* 43: 95-106.

O'Nions, E., Lima, C.F., Scott, S.K., Roberts, R., McCrory, E.J. & Viding, E. (2017). Reduced laughter contagion in boys at risk for psychopathy. *Current Biology* 27: 3049-3055.

Provine, R.R. (2001). *Laughter: A Scientific Investigation*. Harmondsworth: Penguin.

Redhead, G. & Dunbar, R.I.M. (2013). The functions of language: an experimental study. *Evolutionary Psychology* 11: 845-854.

Reed, L.I., Deutchman, P. & Schmidt, K.L. (2015). Effects of tearing on the perception of facial expressions of emotion. *Evolutionary Psychology* 13: 1474704915613915.

Scott, S.K., Lavan, N., Chen, S. & McGettigan, C. (2014). The social life of laughter. *Trends in Cognitive Sciences* 18: 618-620.

Stiller, J., Nettle, D., & Dunbar, R.I.M. (2004). The small world of Shakespeare's plays. *Human Nature* 14: 397-408.

Waller, B.M., Hope, L., Burrowes, N. & Morrison, E.R. (2011). Twelve (not so) angry men: managing conversational group size increases perceived contribution by decision makers. *Group Processes & Intergroup Relations* 14: 835-843.

Wiessner, P.W. (2014). Embers of society: firelight talk among the Ju/'hoansi Bushmen. *Proceedings of the National Academy of Sciences, USA*, 111: 14027-14035.

10장. 동종선호와 우정의 일곱 기둥

Argyle, M. & Henderson, M. (1984). The rules of friendship. *Journal of Social and Personal Relationships* 1: 211-237.

Backstrom, L., Bakshy, E., Kleinberg, J.M., Lento, T.M. & Rosenn, I. (2011). Center of attention: How facebook users allocate attention across friends. In *Fifth International AAAI Conference on Weblogs and Social Media.*

Burton-Chellew, M. & Dunbar, R.I.M. (2015). Hamilton's Rule predicts anticipated social support in humans. *Behavioral Ecology* 26: 130-137.

Cosmides, L., Tooby, J. & Kurzban, R. (2003). Perceptions of race. *Trends in Cognitive Sciences* 7: 173-179.

Curry, O. & Dunbar, R.I.M. (2013). Sharing a joke: the effects of a similar sense of humor on affiliation and altruism. *Evolution and Human Behavior* 34: 125-129.

Curry, O. & Dunbar, R.I.M. (2013). Do birds of a feather flock together? The relationship between similarity and altruism in social networks. *Human Nature* 24: 336-347.

Devine, T.M. (2012). *Scotland's Empire*. Harmondsworth: Penguin.

Domingue, B.W., Belsky, D.W., Fletcher, J.M., Conley, D., Boardman, J.D. & Harris, K.M. (2018). The social genome of friends and schoolmates in the National Longitudinal Study of Adolescent to Adult Health. *Proceedings of the National Academy of Sciences*, USA, 115: 702-707.

Dunbar, R.I.M. (2016). Sexual segregation in human conversations. *Behaviour* 153: 1-14.

Dunbar, R.I.M. (2018). The anatomy of friendship. *Trends in Cognitive Sciences* 22: 32-51.

Dunbar, R.I.M. (2019). From there to now, and the origins of some ideas. In: D. Shankland (ed.) *Dunbar's Number*, pp. 5-20. Royal Anthropological Institute Occasional Papers No. 45. Canon Pyon: Sean Kingston Publishing.

Floccia, C., Butler, J., Girard, F. & Goslin, J. (2009). Categorization of regional and foreign accent in 5- to 7-year-old British children. *International Journal of Behavioral Development* 33: 366-375.

Fowler, J.H., Settle, J.E. & Christakis, N.A. (2011). Correlated genotypes in friendship networks. *Proceedings of the National Academy of Sciences, USA*, 108: 1993-1997.

Hall, J.A. (2012). Friendship standards: The dimensions of ideal expectations. *Journal of Social and Personal Relationships* 29: 884-907.

Kinzler, K.D., Dupoux, E., & Spelke, E.S. (2007). The native language of social cognition. *Proceedings of the National Academy of Sciences*, USA, 104: 12577-12580.

Kinzler, K.D., Shutts, K., DeJesus, J. & Spelke, E.S. (2009). Accent trumps race in guiding children's social preferences. *Social Cognition* 27: 623-634.

Laakasuo, M., Rotkirch, A., van Duijn, M., Berg, V., Jokela, M., Dàvid-Barrett, T., Miettinen, A., Pearce, E. & Dunbar, R. (2020). Homophily in personality enhances group success among real-life friends. *Frontiers in Psychology* 11: 710.

Laniado, D., Volkovich, Y., Kappler, K. & Kaltenbrunner, A. (2016). Gender homophily in online dyadic and triadic relationships. *EPJ Data Science* 5: 19.

Launay, J. & Dunbar, R.I.M. (2016). Playing with strangers: which shared traits attract us most to new people? *PLoS One* 10: e0129688.

Machin, A. & Dunbar, R.I.M. (2013). Sex and gender in romantic partnerships and best friendships. *Journal of Relationship Research* 4: e8.

McPherson, M., Smith-Lovin, L. & Cook, J.M. (2001). Birds of a feather: homophily in social networks. *Annual Review of Sociology* 27: 415-444.

Nettle, D. & Dunbar, R.I.M. (1997). Social markers and the evolution of reciprocal exchange. *Current Anthropology* 38: 93-99.

Oates, K. & Wilson, M. (2002). Nominal kinship cues facilitate altruism. *Proceedings of the Royal Society, London*, 269B: 105-109.

Parkinson, C., Kleinbaum, A.M. & Wheatley, T. (2018). Similar neural responses predict friendship. *Nature Communications* 9: 332.

Pearce, E., Machin, A. & Dunbar, R.I.M. (2020). Sex differences in intimacy levels in best friendships and romantic partnerships. *Adaptive Human Behavior and Physiology* (in press).

Tamarit, I., Cuesta, J., Dunbar, R.I.M. & Sánchez, A. (2018). Cognitive resource allocation determines the organisation of personal networks. *Proceedings of the National Academy of Sciences, USA*, 115: 1719233115.

Thomas, M.G., Stumpf, M.P., & Härke, H. (2006). Evidence for an apartheid-like social structure in early Anglo-Saxon England. *Proceedings of the Royal Society, London*, 273B: 2651-2657.

Trudgill, P. (2000). *The Dialects of England*. New York: Wiley.

11장. 신뢰와 우정

Bacha-Trams, M., Glerean, E., Dunbar, R.I.M., Lahnakoski, J., Ryyppö, E., Sams, M. & Jääskeläinen, I. (2017). Differential inter-subject correlation of brain activity when kinship is a variable in moral dilemma. *Scientific Reports* 7: 14244.

Barrio, R., Govezensky, T., Dunbar, R.I.M., Iñiguez, G. & Kaski, K. (2015). Dynamics of deceptive interactions in social networks. *Journal of the Royal Society Interface* 12: 20150798.

Carlisi, C.O., Moffitt, T.E., Knodt, A.R., Harrington, H., Ireland, D., Melzer, T.R., Poulton, R., Ramrakha, S., Caspi, A., Hariri, A.R. & Viding, E. (2020). Associations between life-course-persistent antisocial behaviour and brain structure in a population-representative longitudinal birth cohort. *Lancet Psychiatry* 7: 245-253.

Cikara, M. & Fiske, S.T. (2012). Stereotypes and schadenfreude: Affective and physiological markers of pleasure at outgroup misfortunes. *Social Psychological and Personality Science* 3: 63-71.

Combs, D.J., Powell, C.A., Schurtz, D.R. & Smith, R.H. (2009). Politics, schadenfreude, and ingroup identification: The sometimes happy thing about a poor economy and death. *Journal of Experimental Social Psychology* 45: 635-646.

Devine, T.M. (2012). *Scotland's Empire. Harmondsworth*: Penguin.

Dunbar, R.I.M. (2020). *Evolution: What Everyone Needs to Know*. New York: Oxford University Press.

Dunbar, R.I.M., Clark, A. & Hurst, N.L. (1995). Conflict and cooperation among the Vikings: contingent behavioural decisions. *Ethology and Sociobiology* 16: 233-246.

Farrington, D.P. (2019). The development of violence from age 8 to 61. *Aggressive Behavior* 45: 365-376.

Iñiguez, G., Govezensky, T., Dunbar, R.I.M., Kaski, K. & Barrio, R. (2014). Effects of deception in social networks. *Proceedings of the Royal Society, London*, 281B: 20141195

Jensen, L.A., Arnett, J.J., Feldman, S.S. & Cauffman, E. (2004). The right to do wrong: lying to parents among adolescents and emerging adults. *Journal of Youth and Adolescence* 33: 101-112.

Knox, D., Schacht, C., Holt, J. & Turner, J. (1993). Sexual lies among university students. *College Studies Journal* 27: 269-272.

Little, A., Jones, B., DeBruine, L. & Dunbar, R.I.M. (2013). Accuracy in discrimination of self-reported cooperators using static facial information. *Personality and Individual Differences* 54: 507-512.

Machin, A. & Dunbar, R.I.M. (2016). Is kinship a schema? Moral decisions and the function of the human kin naming system. *Adaptive Human Behavior and Physiology* 2: 195-219.

Madsen, E., Tunney, R., Fieldman, G., Plotkin, H., Dunbar, R.I.M., Richardson, J. & McFarland, D. (2007). Kinship and altruism: a cross-cultural experimental study. *British Journal of Psychology* 98: 339-359.

Mealey, L., Daood, C. & Krage, M. (1996). Enhanced memory for faces of cheaters. *Ethology and Sociobiology* 17: 119-128.

Moffitt, T., Caspi, A., Rutter, M. & Silva, P. (2001). *Sex Differences in Antisocial Behaviour: Conduct Disorder, Delinquency, and Violence in the Dunedin Longitudinal Study*. Cambridge: Cambridge University Press.

Orstrom, E., Gardner, R. & Walker, J. (1994). *Rules, Games and Common-Pool Resources*. Ann Arbor: University of Michigan Press.

Palmstierna, M., Frangou, A., Wallette, A. & Dunbar, R.I.M. (2017). Family counts: deciding when to murder among the Icelandic Vikings. *Evolution and Human Behavior* 38: 175-180.

Reynolds, T., Baumeister, R.F., & Maner, J.K. (2018). Competitive reputation manipulation: Women strategically transmit social information about romantic rivals. *Journal of Experimental Social Psychology* 78: 195-209.

Serota, K.B., Levine, T.R., & Boster, F.J. (2010). The prevalence of lying in America: three studies of selfreported lies. *Human Communication Research* 36: 2-25.

Singer, T., Seymour, B., O'Doherty, J.P., Stephan, K.E., Dolan, R.J., & Frith, C.D. (2006). Empathic neural responses are modulated by the perceived fairness of others. *Nature* 439: 466.

Sofer, C., Dotsch, R., Wigboldus, D.H., & Todorov, A. (2015). What is typical is good: The influence of face typicality on perceived trustworthiness. *Psychological Science* 26: 39-47.

Sutcliffe, A., Wang, D. & Dunbar, R.I.M. (2015). Modelling the role of trust in social relationships. *Transactions in Internet Technology* 15: 2.

Wiessner, P. (2005). Norm enforcement among the Ju/'hoansi Bushmen. *Human*

Nature 16: 115-145.

Wlodarski, R. & Dunbar, R.I.M. (2016). When BOLD is thicker than water: processing social information about kin and friends at different levels in the social network. *Social, Cognitive and Affective Neuroscience* 11: 1952-1960.

12장. 연애는 우정에 대해 무엇을 알려줄 수 있을까

Acevedo, B.P., Aron, A., Fisher, H.E. & Brown, L.L. (2012). Neural correlates of long-term intense romantic love. *Social, Cognitive and Affective Neuroscience* 7: 145-159.

Bartels, A. & Zeki, S. (2000). The neural basis of romantic love. *NeuroReport* 11: 3829-3834.

Bartels, A. & Zeki, S. (2004). The neural correlates of maternal and romantic love. *NeuroImage* 24: 1155-1166.

Burton-Chellew, M. & Dunbar, R.I.M. (2015). Romance and reproduction are socially costly. *Evolutionary Behavioral Science* 9: 229-241.

Del Giudice, M. (2011). Sex differences in romantic attachment: A meta-analysis. *Personality and Social Psychology Bulletin* 37: 193-214.

Dunbar, R.I.M. (2012). *The Science of Love and Betrayal*. London: Faber & Faber.

Dunbar, R.I.M. & Dunbar, P. (1980). The pairbond in klipspringer. *Animal Behaviour* 28: 251-263.

Goel, V. & Dolan, R. J. (2003). Explaining modulation of reasoning by belief. *Cognition* 87: B11-B22.

Grammer, K. (1989). Human courtship behaviour: Biological basis and cognitive processing. In: A. Rasa, C. Vogel & E. Voland (Eds.) *The Sociobiology of Sexual and Reproductive Strategies*, pp. 147-169. New York: Chapman & Hall.

Harcourt, A.H., Harvey, P.H., Larson, S.G. & Short, R.V. (1981). Testis weight, body weight and breeding system in primates. *Nature* 293: 55-57.

Helle, S. & Laaksonen, T. (2009). Latitudinal gradient in 2D:4D. *Archives of Sexual Behavior* 38: 1-3.

Judge, T.A. & Cable, D.M. (2004). The effect of physical height on workplace success and income: preliminary test of a theoretical model. *Journal of Applied Psychology* 89: 428-441.

Kelly, S. & Dunbar, R.I.M. (2001). Who dares wins: heroism versus altruism in female mate choice. *Human Nature* 12: 89-105.

Machin, A. & Dunbar, R.I.M. (2013). Sex and gender in romantic partnerships and best friendships. *Journal of Relationship Research* 4: e8.

Manning, J.T., Barley, L., Walton, J., Lewis-Jones, D.I., Trivers, R.L., Singh, D., Thornhill, R., Rohde, P., Bereczkei, T., Henzi, P., Soler, M. & Szwed, A. (2000). The 2nd:4th digit ratio, sexual dimorphism, population differences, and reproductive success: evidence for sexually antagonistic genes? *Evolution and Human Behavior* 21: 163-183.

Markey, P.M. & Markey, C.N. (2007). Romantic ideals, romantic obtainment, and relationship experiences: The complementarity of interpersonal traits among romantic partners. *Journal of Social and Personal Relationships* 24: 517-533.

Murray, S.L. & Holmes, J.G. (1997). A leap of faith? Positive illusions in romantic relationships. *Personality and Social Psychology Bulletin* 23: 586-604.

Murray, S.L., Griffin, D.W., Derrick, J.L., Harris, B., Aloni, M. & Leder, S. (2011). Tempting fate or inviting happiness? Unrealistic idealization prevents the decline of marital satisfaction. *Psychological Science* 22: 619-626.

Nelson, E., Rolian, C., Cashmore, L. & Shultz, S. (2011). Digit ratios predict polygyny in early apes, *Ardipithecus*, Neanderthals and early modern humans but not in *Australopithecus*. *Proceedings of the Royal Society, London*, 278B: 1556-1563.

Palchykov, V., Kaski, K., Kertesz, J., Barabási, A.-L. & Dunbar, R.I.M. (2012). Sex differences in intimate relationships. *Scientific Reports* 2: 320.

Park, Y. & MacDonald, G. (2019). Consistency between individuals' past and current romantic partners' own reports of their personalities. *Proceedings of the National Academy of Sciences* 116: 12793-12797.

Pawlowski, B. & Dunbar, R.I.M. (1999). Withholding age as putative deception in mate search tactics. *Evolution and Human Behavior* 20: 53-69.

Pawlowski, B. & Dunbar, R.I.M. (1999). Impact of market value on human mate choice decisions. *Proceedings of the Royal Society, London*, 266B: 281-285.

Pawlowski, B. & Dunbar, R.I.M. (2001). Human mate choice strategies. In: J. van Hooff, R. Noë & P. Hammerstein (Ed.) *Economic Models of Animal and Human Behaviour*, pp. 187-202. Cambridge: Cambridge University Press.

Pawlowski, B., Dunbar, R.I.M. & Lipowicz, A. (2000). Tall men have more reproductive success. *Nature* 403: 156.

Pearce, E., Machin, A. & Dunbar, R.I.M. (2020). Sex differences in intimacy levels in best friendships and romantic partnerships. *Adaptive Human Behavior and Physiology* (in press).

Pearce, E., Wlodarski, R., Machin, A. & Dunbar, R.I.M. (2017). Variation in the β-endorphin, oxytocin, and dopamine receptor genes is associated with different dimensions of human sociality. *Proceedings of the National Academy of Sciences, USA*, 114: 5300-5305.

Pearce, E., Wlodarski, R., Machin, A. & Dunbar, R.I.M. (2018). Associations between neurochemical receptor genes, 2D:4D, impulsivity and relationship quality. *Biology Letters* 14: 20180642.

Pew Research Center: https://www.pewresearch.org/fact-tank/2019/02/13/8-facts-about-love-and-marriage/

Smith, A. & Duggan, M. (2013). *Online Dating and Relationships*. Report of Pew Research Center.

Stone, E.A., Shackleford, T.K. & Buss, D.M. (2007). Sex ratio and mate preferences: A cross-cultural investigation. *European Journal of Social Psychology* 37: 288-296.

Versluys, T.M., Foley, R.A. & Skylark, W.J. (2018). The influence of leg-to-body ratio, arm-to-body ratio and intra-limb ratio on male human attractiveness. *Royal Society Open Science* 5: 171790.

Vohs, K.D., Finkenauer, C. & Baumeister, R.F. (2011). The sum of friends' and lovers' self-control scores predicts relationship quality. *Social Psychological and Personality Science* 2 138-145.

Waynforth, D. & Dunbar, R.I.M. (1995). Conditional mate choice strategies in humans: evidence from 'Lonely Hearts' advertisements. *Behaviour* 132: 755-779.

Whitty, M.T. (2015). Anatomy of the online dating romance scam. *Security Journal* 28: 443-455.

Whitty, M.T. (2018). Do you love me? Psychological characteristics of romance scam victims. *Cyberpsychology, Behavior, and Social Networking* 21: 105-109.

Whitty, M.T. & Buchanan, T. (2012). The online romance scam: a serious cybercrime. *CyberPsychology, Behavior, and Social Networking* 15: 181-183.

Wlodarski, R. & Dunbar, R.I.M. (2015). Within-sex mating strategy phenotypes: evolutionary stable strategies? *Human Ethology Bulletin* 30: 99-108.

Wlodarski, R., Manning, J. & Dunbar, R.I.M. (2015). Stay or stray? Evidence for alternative mating strategy phenotypes in both men and women. *Biology Letters* 11:

20140977.

Zahavi, A. & Zahavi, A. (1997). *The Handicap Principle: A Missing Part of Darwin's Puzzle*. Oxford: Oxford University Press.

13장. 우정과 젠더

Archer, J. (2004). Sex differences in aggression in real-world settings: A meta-analytic review. *Review of General Psychology* 8: 291-322.

Archer, J. (2019). The reality and evolutionary significance of human psychological sex differences. *Biological Reviews* 94: 1381-1415.

Bell, E.C., Willson, M.C., Wilman, A.H., Dave, S., & Silverstone, P.H. (2006). Males and females differ in brain activation during cognitive tasks. *Neuroimage* 30: 529-538.

Benenson, J.F. & Wrangham, R.W. (2016). Cross-cultural sex differences in post-conflict affiliation following sports matches. *Current Biology* 26: 2208-2212.

Benenson, J.F., Markovits, H., Thompson, M.E. & Wrangham, R.W. (2011). Under threat of social exclusion, females exclude more than males. *Psychological Science* 22: 538-544.

Benenson, J.F., Markovits, H., Fitzgerald, C., Geoffroy, D., Flemming, J., Kahlenberg, S.M., & Wrangham, R.W. (2009). Males' greater tolerance of same-sex peers. *Psychological Science* 20: 184-190.

Buss, D.M., Larsen, R.J., Westen, D., & Semmelroth, J. (1992). Sex differences in jealousy: evolution, physiology, and psychology. *Psychological Science* 3: 251-256.

Buss, D.M. (1989). Sex differences in human mate preferences: Evolutionary hypotheses tested in 37 cultures. *Behavioral and Brain Sciences* 12: 1-14.

Byock, J.L. (Ed.) (2004). *The Saga of the Volsungs*. Harmondsworth: Penguin.

Campbell, A. (2013). *A Mind of Her Own: The Evolutionary Psychology of Women*. Oxford: Oxford University Press.

Coates, J. (2015). *Women, Men and Language: A Sociolinguistic Account of Gender Differences in Language*. London: Routledge.

Connellan, J., Baron-Cohen, S., Wheelwright, S., Batki, A. & Ahluwalia, J. (2000). Sex differences in human neonatal social perception. *Infant Behavior and Development* 23: 113-118.

Cross, C.P., Cyrenne, D.L.M. & Brown, G.R. (2013). Sex differences in sensation-seeking: a meta-analysis. *Scientific Reports* 3: 2486.

Dàvid-Barrett, T., Rotkirch, A., Carney, J., Behncke Izquierdo, I., Krems, J., Townley, D., McDaniell, E., Byrne-Smith, A. & Dunbar, R.I.M. (2015). Women favour dyadic relationships, but men prefer clubs. *PLoS-One* 10: e0118329.

Del Giudice, M. (2011). Sex differences in romantic attachment: a meta-analysis. *Personality and Social Psychology Bulletin* 37: 193-214.

Dunbar, R.I.M. (2016). Sexual segregation in human conversations. *Behaviour* 153: 1-14.

Dunbar, R.I.M. & Machin, A. (2014). Sex differences in relationship conflict and reconciliation. *Journal of Evolutionary Psychology* 12: 109-133.

Dyble, M., van Leeuwen, A. & Dunbar, R.I.M. (2015). Gender differences in Christmas gift-giving. *Evolutionary Behavioral Science* 9: 140-144.

Barrett, L.F., Lane, R.D., Sechrest, L. & Schwartz, G.E. (2000). Sex differences in emotional awareness. *Personality and Social Psychology Bulletin* 26: 1027-1035.

Gardner, W.L. & Gabriel, S. (2004). Gender differences in relational and collective interdependence: implications for self-views, social behavior, and subjective well-being. In: A.H. Eagly, A.E. Beall, & R.J. Sternberg (Eds.) *The Psychology of Gender*, pp. 169-191. New York: Guilford Press.

Ghosh, A., Monsivais, D., Bhattacharya, K., Dunbar, R.I.M. & Kaski, K. (2019). Quantifying gender preferences in human social interactions using a large cellphone dataset. *EPJ Data Science* 8: 9.

Grainger, S. & Dunbar, R.I.M. (2009). The structure of dyadic conversations and sex differences in social style. *Journal of Evolutionary Psychology* 7: 83-93.

Greeno, N.C. & Semple, S. (2009). Sex differences in vocal communication among adult rhesus macaques. *Evolution and Human Behavior* 30: 141-145.

Hall, J.A. (1978). Gender effects in decoding nonverbal cues. *Psychological Bulletin* 85: 845-857.

Hall, J.A. & Matsumoto, D. (2004). Gender differences in judgments of multiple emotions from facial expressions. *Emotion* 4: 201-206.

van Hemmen, J., Saris, I.M., Cohen-Kettenis, P.T., Veltman, D.J., Pouwels, P.J.W. & Bakker, J. (2016). Sex differences in white matter microstructure in the human brain predominantly reflect differences in sex hormone exposure. *Cerebral Cortex* 27: 2994-3001.

Kiesow, H., Dunbar, R.I.M., Kable, J.W., Kalenscher, T., Vogeley, K., Schilbach, L., Wiecki., T. & Bzdok, D. (2020). 10,000 social brains: sex differentiation in human brain anatomy. *Science Advances* 6: eeaz1170.

Lycett, J. & Dunbar, R.I.M. (2000). Mobile phones as lekking devices among human males. *Human Nature* 11: 93-104.

Machin, A. & Dunbar, R.I.M. (2013). Sex and gender in romantic partnerships and best friendships. *Journal of Relationship Research* 4: e8.

McClure, E.B., Monk, C.S., Nelson, E.E., Zarahn, E., Leibenluft, E., Bilder, R.M., et al. (2004). A developmental examination of gender differences in brain engagement during evaluation of threat. *Biological Psychiatry* 55: 1047-1055.

McGauran, A. M. (2000). Vive la difference: the gendering of occupational structures in a case study of Irish and French retailing. *Women's Studies International Forum* 23: 613-627.

Madsen, E., Tunney, R., Fieldman, G., Plotkin, H., Dunbar, R.I.M., Richardson, J. & McFarland, D. (2007). Kinship and altruism: a cross-cultural experimental study. *British Journal of Psychology* 98: 339-359.

Mehta, C.M. & Strough, J. (2009). Sex segregation in friendships and normative contexts across the life span. *Developmental Review* 29: 201-220.

Monnot, M. (1999). Function of infant-directed speech. *Human Nature* 10: 415-443.

Pálsson, H. & Magnusson, M. (trans.) (1969) *Laxdaela Saga*. Harmondsworth: Penguin.

Pawlowski, B., Atwal, R. & Dunbar, R.I.M. (2007). Gender differences in everyday risk-taking. *Evolutionary Psychology* 6: 29-42.

Pearce, E., Wlodarski, R., Machin, A & Dunbar, R.I.M. (2019). Exploring the links between dispositions, romantic relationships, support networks and community inclusion in men and women. *PLoS One* 14: e0216210.

Proverbio, A.M., Zani, A. & Adorni, R. (2008). Neural markers of a greater female responsiveness to social stimuli. *BMC Neuroscience* 9: 56.

Reynolds, T., Baumeister, R. F. & Maner, J.K. (2018). Competitive reputation manipulation: Women strategically transmit social information about romantic rivals. *Journal of Experimental Social Psychology* 78: 195-209.

Rose, S. M. (1985). Same-and cross-sex friendships and the psychology of homosociality. *Sex Roles* 12: 63-74.

Savic, I., Garcia-Falgueras, A. & Swaab, D.F. (2010). Sexual differentiation of the human brain in relation to gender identity and sexual orientation. *Progress in Brain Research* 186: 41-62.

Schmitt, D.P., and 118 others. (2003). Universal sex differences in the desire for sexual variety: tests from 52 nations, 6 continents, and 13 islands. *Journal of Personality and Social Psychology* 85: 85-104.

Strombach, T., Weber, B., Hangebrauk, Z., Kenning, P., Karipidis, I. I., Tobler, P. N. & Kalenscher, T. (2015). Social discounting involves modulation of neural value signals by temporoparietal junction. *Proceedings of the National Academy of Sciences, USA*, 112: 1619-1624.

Vigil, J.M. (2007). Asymmetries in the friendship preferences and social styles of men and women. *Human Nature* 18: 143-161.

Weiss, E., Siedentopf, C.M., Hofer, A., Deisenhammer, E.A., Hoptman, M.J., Kremser, C., . . . & Delazer, M. (2003). Sex differences in brain activation pattern during a visuospatial cognitive task: a functional magnetic resonance imaging study in healthy volunteers. *Neuroscience Letters* 344: 169-172.

14장. 그들은 왜 멀어졌을까

Argyle, M. & Henderson, M. (1984). The rules of friendship. Journal of Social and *Personal Relationships* 1: 211-237.

Benenson, J.F. & Wrangham, R.W. (2016). Cross-cultural sex differences in post-conflict affiliation following sports matches. *Current Biology* 26: 2208-2212.

Dunbar, R.I.M. & Machin, A. (2014). Sex differences in relationship conflict and reconciliation. *Journal of Evolutionary Psychology* 12: 109-133.

Eisenberger, N.I. (2012). The pain of social disconnection: examining the shared neural underpinnings of physical and social pain. *Nature Reviews Neuroscience* 13: 421.

Eisenberger, N.I. (2015). Social pain and the brain: controversies, questions, and where to go from here. *Annual Review of Psychology* 66: 601-629.

Eisenberger, N.I., Lieberman, M.D. & Williams, K.D. (2003). Does rejection hurt? An fMRI study of social exclusion. *Science* 302: 290-292.

Floyd, S., Rossi, G., Baranova, J., Blythe, J., Dingemanse, M., Kendrick, K.H., . . . & Enfield, N.J. (2018). Universals and cultural diversity in the expression of gratitude. *Royal Society Open Science* 5: 180391.

Hall, J.A. (2011). Sex differences in friendship expectations: A meta-analysis. *Journal of*

Social and Personal Relationships 28: 723-747.

Heatley Tejada, A., Montero, M. & Dunbar, R.I.M. (2017). Being unempathic will make your loved ones feel lonelier: loneliness in an evolutionary perspective. *Personality and Individual Differences* 116: 223-232.

Master, S.L., Eisenberger, N.I., Taylor, S.E., Naliboff, B.D., Shirinyan, D. & Lieberman, M.D. (2009). A picture's worth: Partner photographs reduce experimentally induced pain. *Psychological Science* 20: 1316-1318.

Provine, R.R., Krosnowski, K.A. & Brocato, N.W. (2009). Tearing: Breakthrough in human emotional signaling. *Evolutionary Psychology* 7: 147470490900700107.

Rasmussen, D.R. (1981). Pair-bond strength and stability and reproductive success. *Psychological Review* 88: 274.

Roberts, S.B.G., Wilson, R., Fedurek, P. & Dunbar, R.I.M. (2008). Individual differences and personal social network size and structure. *Personality and Individual Differences* 44: 954-964.

Rotge, J.Y., Lemogne, C., Hinfray, S., Huguet, P., Grynszpan, O., Tartour, E., . . . & Fossati, P. (2014). A meta-analysis of the anterior cingulate contribution to social pain. *Social Cognitive and Affective Neuroscience* 10: 19-27.

UK Government Office of National Statistics: https://www.ons.gov.uk/peoplepopulat ionandcommunity/birthsdeathsandmarriages/divorce

15장. 나이에 따른 우정의 변화

Alexander, G.M. & Hines, M. (2002). Sex differences in response to children's toys in nonhuman primates (*Cercopithecus aethiops sabaeus*). *Evolution and Human Behavior* 23: 467-479.

Ajrouch, K.J., Blandon, A.Y. & Antonucci, T.C. (2005). Social networks among men and women: The effects of age and socioeconomic status. *Journal of Gerontology: Psychological Sciences and Social Sciences* 60: S311-S317.

Astington, J.W. (1993). *The Child's Discovery of the Mind*. Cambridge MA: Harvard University Press.

Bhattacharya, K., Gosh, A., Monsivais, D., Dunbar, R.I.M. & Kaski, K. (2016). Sex differences in social focus across the life cycle in humans. *Royal Society Open Science* 3: 160097.

Benenson, J.F. (1993). Greater preference among females than males for dyadic

Benenson, J.F. & Christakos, A. (2003). The greater fragility of females' versus males' closest same-sex friendships. *Child Development* 74: 1123-1129.

Burnett-Heyes, S., Jih, Y.R., Block, P., Hiu, C.F., Holmes, E.A. & Lau, J.Y. (2015). Relationship reciprocation modulates resource allocation in adolescent social networks: developmental effects. *Child Development* 86: 1489-1506.

Buz, J., Sanchez, M., Levenson, M.R. & Aldwin, C.M. (2014). Aging and social networks in Spain: The importance of pubs and churches. *International Journal of Aging and Human Development* 78: 23-46.

Deeley, Q., Daly, E.M., Azuma, R., Surguladze, S., Giampietro, V., Brammer, M.J., Hallahan, B., Dunbar, R.I.M., Phillips, M., & Murphy, D. (2008). Changes in male brain responses to emotional faces from adolescence to middle age. *NeuroImage* 40: 389-397.

Dumontheil, I., Apperly, I.A., & Blakemore, S.J. (2010). Online usage of theory of mind continues to develop in late adolescence. *Developmental Science* 13: 331-338.

Eder, D. & Hallinan, M.T. (1978). Sex differences in children's friendships. *American Sociological Review* 43: 237-250.

Fung, H.H., Carstensen, L.L. & Lang, F.R. (2001). Age-related patterns in social networks among European Americans and African Americans: Implications for socioemotional selectivity across the life span. *International Journal of Aging and Human Development* 52: 185-206.

Joffe, T.H. (1997). Social pressures have selected for an extended juvenile period in primates. *Journal of Human Evolution* 32: 593-605.

Kahlenberg, S.M. & Wrangham, R.W. (2010). Sex differences in chimpanzees' use of sticks as play objects resemble those of children. *Current Biology* 20: R1067-R1068.

Lonsdorf, E.V., Anderson, K.E., Stanton, M.A., Shender, M., Heintz, M.R., Goodall, J., & Murray, C.M. (2014). Boys will be boys: sex differences in wild infant chimpanzee social interactions. *Animal Behaviour* 88: 79-83.

Lycett, J. & Dunbar, R.I.M. (2000). Abortion rates reflect the optimization of parental investment strategies. *Proceedings of the Royal Society, London,* 266B: 2355-2358.

Mehta, C.M. & Strough, J. (2009). Sex segregation in friendships and normative contexts across the life span. *Developmental Review* 29: 201-220.

Moffitt, T., Caspi, A., Rutter, M. & Silva, P. (2001). *Sex Differences in Antisocial*

더 읽을거리 **569**

Behaviour. Cambridge: Cambridge University Press.

Palchykov, V., Kaski, K., Kertész, J., Barabási, A.-L. & Dunbar, R.I.M. (2012). Sex differences in intimate relationships. *Scientific Reports* 2: 320.

Powell, E., Woodfield, L.A. & Nevill, A.A. (2016). Children's physical activity levels during primary school break times: A quantitative and qualitative research design. *European Physical Education Review* 22: 82-98.

Unger, J.B., Johnson, C.A. & Marks, G. (1997). Functional decline in the elderly: evidence for direct and stress-buffering protective effects of social interactions and physical activity. *Annals of Behavioral Medicine* 19: 152-160.

Voland, E. (1988). Differential infant and child mortality in evolutionary perspective: data from 17th to 19th century Ostfriesland (Germany). In: L. Betzig, M. Borgerhoff-Mulder & P.W. Turke (eds) *Human Reproductive Behaviour: A Darwinian Perspective,* pp. 253-262. Cambridge: Cambridge University Press.

Wrzus, C., Hänel, M., Wagner, J. & Neyer, F.J. (2013). Social network changes and life events across the life span: a meta-analysis. *Psychological Bulletin* 139: 53.

Zunzunegui, M.V., Alvarado, B.E., Del Ser, T. & Otero, A. (2003). Social networks, social integration, and social engagement determine cognitive decline in community-dwelling Spanish older adults. *Journal of Gerontology: Psychological Sciences and Social Sciences* 58: S93-S100.

16장. 온라인의 친구들

Arnaboldi, V., Passarella, A., Conti, M. & Dunbar, R.I.M. (2015). *Online Social Networks: Human Cognitive Constraints in Facebook and Twitter Personal Graphs.* Amsterdam: Elsevier.

Blease, C.R. (2015). Too many 'Friends,' too few 'Likes'? Evolutionary psychology and 'Facebook Depression'. *Review of General Psychology* 19: 1-13.

Booker, C.L., Kelly, Y.J. & Sacker, A. (2018). Gender differences in the associations between age trends of social media interaction and well-being among 10-15 year olds in the UK. *BMC Public Health* 18: 321.

Camarilla: https://download.cnet.com/Camarilla-the-worldssmallest-social-network/3000-12941_4-77274898.html

Dunbar, R.I.M. (2012). *Speak Up, Speak Out.* London: Holocaust Memorial Day Trust.

Dunbar, R.I.M. (2012). Social cognition on the internet: testing constraints on social network size. *Philosophical Transactions of the Royal Society, London*, 367B: 2192-2201.

Dunbar, R.I.M. (2016). Do online social media cut through the constraints that limit the size of offline social networks? *Royal Society Open Science* 3: 150292.

Dunbar, R., Arnaboldi, V., Conti, M. & Passarella, A. (2015). The structure of online social networks mirrors those in the offline world. *Social Networks* 43: 39-47.

Ellison, N. B., Steinfield, C. & Lampe, C. (2007). Social capital and college students' use of online social network sites. *Journal of Computer-Mediated Communications* 12: 1143-1168.

Fuchs, B., Sornette, D. & Thurner, S. (2014). Fractal multi-level organisation of human groups in a virtual world. *Scientific Reports* 4: 6526.

Heydari, S., Roberts, S.B.G., Dunbar, R.I.M. & Saramaki, J. (2018). Multichannel social signatures and persistent features of ego networks. *Applied Network Science* 3: 8.

Kobayashi, H. & Kohshima, S. (1997). Unique morphology of the human eye. *Nature* 387: 767.

Kelly, Y., Zilanawala, A., Booker, C. & Sacker, A. (2018). Social media use and adolescent mental health: Findings from the UK Millennium Cohort Study. *EClinicalMedicine* 6: 59-68.

Kraut, R., Patterson, M., Lundmark, V., Kiesler, S., Mukophadhyay, T. & Scherlis, W. (1998). Internet paradox: A social technology that reduces social involvement and psychological well-being? *American Psychologist* 53: 1017.

Marlow, C. (2011). Maintained relationships on Facebook. http://overstated.net/

Orben, A. & Przybylski, A.K. (2019). The association between adolescent well-being and digital technology use. *Nature Human Behaviour* 3: 173.

Orben, A., Dienlin, T. & Przybylski, A.K. (2019). Social media's enduring effect on adolescent life satisfaction. *Proceedings of the National Academy of Sciences, USA*, 116: 10226-10228.

Przybylski, A.K. & Weinstein, N. (2017). A large-scale test of the Goldilocks Hypothesis: Quantifying the relations between digital-screen use and the mental well-being of adolescents. *Psychological Science* 28: 204-215.

Seltzer, L.J., Prososki, A.R., Ziegler, T.E. & Pollak, S.D. (2012). Instant messages vs. speech: hormones and why we still need to hear each other. *Evolution and Human*

Behavior 33: 42-45.

Szell, M. & Thurner, S. (2013). How women organize social networks different from men. *Scientific Reports* 3: 1214.

Thorisdottir, I.E., Sigurvinsdottir, R., Asgeirsdottir, B.B., Allegrante, J.P. & Sigfusdottir, I. D. (2019). Active and passive social media use and symptoms of anxiety and depressed mood among Icelandic adolescents. *Cyberpsychology, Behavior, and Social Networking* 22: 535-542.

Vlahovic, T., Roberts, S.B.G. & Dunbar, R.I.M. (2012). Effects of duration and laughter on subjective happiness within different modes of communication. *Journal of Computer-Mediated Commununication* 17: 436-450.

Friends

프렌즈

초판 1쇄 발행 2022년 1월 3일
초판 3쇄 발행 2022년 1월 28일

지은이 | 로빈 던바
옮긴이 | 안진이
발행인 | 김형보
편집 | 최윤경, 강태영, 이경란, 양다은, 임재희, 곽성우
마케팅 | 이연실, 김사룡, 이하영
디자인 | 송은비
경영지원 | 최윤영

발행처 | 어크로스출판그룹(주)
출판신고 | 2018년 12월 20일 제 2018-000339호
주소 | 서울시 마포구 양화로10길 50 마이빌딩 3층
전화 | 070-5080-4037(편집) 070-8724-5877(영업)
팩스 | 02-6085-7676
이메일 | across@acrossbook.com

한국어판 출판권 ⓒ 어크로스출판그룹(주) 2022

ISBN 979-11-6774-025-0 03400

만든 사람들
편집 | 최윤경, 양다은
표지디자인 | 오필민
본문디자인 | 송은비
본문조판 | 박은진
교정 | 안덕희